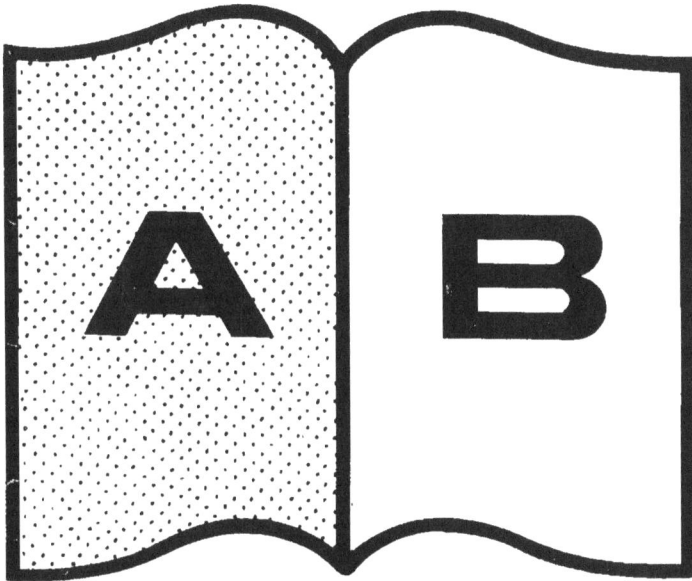

Contraste insuffisant

NF Z 43-120-14

M. D.

V. 164.
A.

LA
PERSPECTIVE
CVRIEVSE.

LA PERSPECTIVE CVRIEVSE
PAR LE P. F. IEAN FRANÇOIS NICERON PARISIEN
DE L'ORDRE DES MINIMES

Daret Sculpsit

A Paris Ieſ.?☉ eſüe de F.Langlois, rüe S.t Iacques aux Colonnes d'Hercule, auec priuil. du Roy 1652.

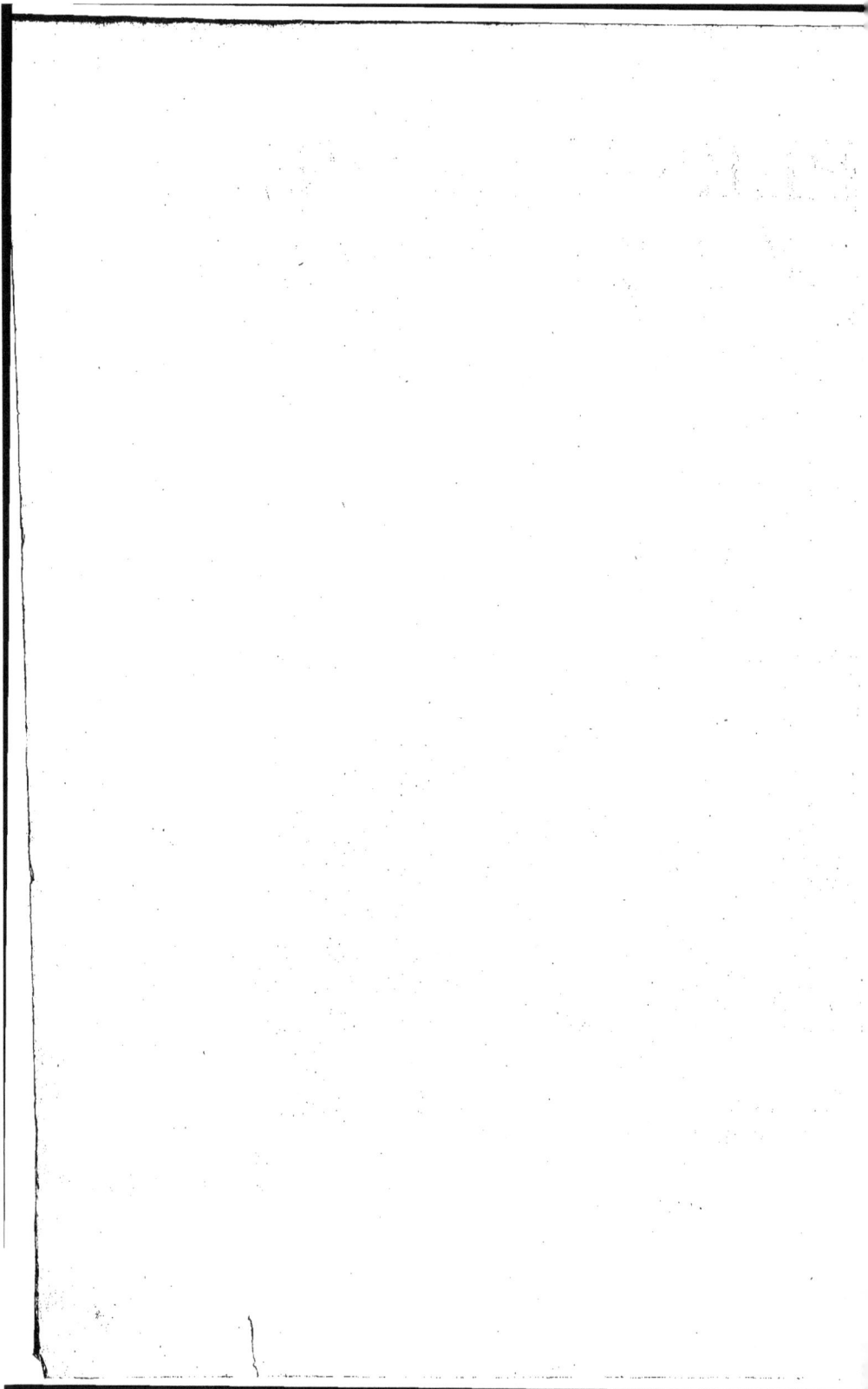

LA
PERSPECTIVE
CVRIEVSE
DV
REVEREND P. NICERON
MINIME
DIVISE'E EN QVATRE LIVRES.

AVEC

L'OPTIQVE ET LA CATOPTRIQVE
du R. P. MERSENNE du mefme Ordre, mife en
lumiere aprés la mort de l'Autheur.

OEVVRE TRES-VTILE AVX PEINTRES,
Architectes, Sculpteurs, Graueurs, & à tous autres
qui fe meflent du Deffein.

NISI QVI LEGITIME
NON CORONABITVR   CERTAVERI

A PARIS,

Chez IEAN DV PVIS, ruë Sainct Iacques,
à la Couronne d'or.

M. DC. LXIII.

AVEC PRIVILEGE DV ROY.

TABLE

DES PROPOSITIONS
CONTENVES AVX QVATRE
LIVRES DE LA

PERSPECTIVE CVRIEVSE.

LIVRE I.

a

Liure II.

A VANT-PROPOS.
p. 89.

PROP. PREMIERE. *Tandis que le mesme sommet de la pyramide visuelle demeure : le mesme obiet, ou la mesme image paroist tousiours, quelque changement qui arriue à la base coupée differemment.* p. 90.

PROP. II. *Faire vne chaire en Perspectiue si difforme, qu'estant veuë hors de son poinct, elle n'en ait nulle aparence.*
p. 92.

PROP. III. *Donner la methode de descrire toutes sortes de figures, images, & tableaux en la mesme façon, que les chaires de la precedente proposition, c'est à dire, qui semblent confuses en aparence, & d'vn certain point representent parfaitement vn obiet proposé.*
p. 93.

PROP. IV. *Descrire geometriquement en la surface exterieure, ou convexe d'vn cône, vne figure, laquelle quoy que difforme & confuse en aparence, estant neanmoins veuë d'vn certain point represente parfaite-*

Liure. III.

AVANT-PROPOS. p.147.

A PROPOSITION PREMIERE. *Conſtruire vne figure ou image en vn quadre, de ſorte qu'elle ne puiſſe eſtre veuë que par refle-xion en vn miroir plat, & que le quadre eſtant veu directement, on en repreſente vne autre toute differente.* p.151.

PROP. II. *Expliquer quelle doit eſtre la matiere des bons miroirs, ce qui entre en ſa compoſition, la maniere de les fondre, & ietter en moule, & de leur donner vn beau poly.* p.154.

PROP. III. *Eſtant donné vn miroir cylindrique conuexe perpendiculaire ſur vn plan parallele à ſa baſe, deſcrire en ce plan vne figure, laquelle, quoy que difforme & confuſe en aparence, produira au miroir par reflexion vne image bien proportionnée, & ſemblable à quelque obiet propoſé.* p.156.

PROP. IV. *Eſtant donné vn miroir cylindrique conuexe perpendiculaire ſur vn plan parallele à ſa baſe, deſcrire geometriquement en ce plan vne figure ou image, laquelle, quoy que difforme & confuſe en aparence, eſtant veuë d'vn certain point, produiſe par reflexion d'vn miroir vne image bien proportionnée, & ſemblable à quelque obiet propoſé.* p.162.

PROP. V. *Eſtant donné vn miroir conique conuexe ſur vn plan parallele à ſa baſe, le point de veuë eſtant en la ligne de l'axe, laquelle ſoit perpen-diculaire au meſme plan, eſloigné du meſme plan & de la pointe du miroir d'vne diſtance propoſée: deſcrire ſur ce plan autour du miroir vne*

PERMISSION DES SVPERIEVRS.

NOvs F. Pierre Apreft, Prouincial des Minimes en la Prouince de France, permettons l'impreffion du liure Intitulé la *Perfpectiue Curieufe*, compofé & augmenté par le P. Iean François Niceron Religieux de noftre Ordre & Prouince, auquel font adiouftés les liures de l'Optique & Catoptrique du P. Marin Merfenne Religieux du mefme Ordre, veus, examinés, & aprouués par les Theologiens de noftredit Ordre, aufquels nous en auons donné la commiffion; en foy de quoy nous auons figné la prefente en noftre Conuent de Nigeon, le 4. Nouembre 1651.

F. PIERRE APREST, PROVINCIAL.

PROBATION DES THEOLOGIENS DE L'ORDRE.

NOvs-fouffignez Religieux de l'Ordre des Minimes, ayant veu par commandement de noftre R. Pere Prouincial, les liures de la *Perfpectiue Curieufe*, du feu R. Pere Iean François Niceron Religieux & Theologien du mefme Ordre, reueus & augmentez, auec le Traité de l'Optique & Catoptrique du feu R. Pere Marin Merfenne auffi Religieux & Theologien de noftre Ordre, nous les auons approuuez, comme ne contenant rien de contraire à la foy Catholique, ny aux bonnes mœurs : Mais des chofes belles, curieufes, doctes & nouuelles, tres dignes de voir le iour pour le bien & la fatisfaction du public. Fait en noftre Conuent de Saint François de Paule prés la place Royale à Paris, ce 5. Nouembre 1651.

F. HILARION DE COSTE.

FRERE AMBROISE GRANJON.

PREFACE

R.P. Joannes Franciscus Niceron ex. Ordine Minimorum, egregijs animi dotibus c
Singulari Matheseωs peritia celebris, Obijt Aquis Sextijs 22 Septembris an. Dñi 1646, Ætat 3
Ære micat mentis vis ignea, vultibus ore:
Ars tibi quid fingis? Lux Niceronis erat

PREFACE.
AV LECTEVR.

SVR LE DESSEIN, L'INSCRIPTION, LE
sujet & l'ordre de ce traité : auec quelques auis necessaires pour
ceux qui le voudront lire auec fruit & conten-
tement.

OVTES les parties des Mathematiques ont de rares inuentions, & des subtilitez qui les ont fait estimer & cultiuer par les plus beaux esprits de l'antiquité, & qui les font encore aujourd'huy rechercher par les plus curieux de nostre siecle : mais il faut auoüer que celles-là ont quelque priuilege par dessus les autres, qui auec les veritez qu'elles demonstrent, & dont elles perfectionnent nos entendemens, nous fournissent mille commoditez dans l'execution de nos entreprises, & recreent nos sens, en exerçant l'industrie de ceux, qui ne se contentans pas de speculations inutiles, prennent plaisir de voir reüssir au dehors l'effet de ce qu'ils ont medité : C'est ainsi que l'Architecture tant Ciuile que Militaire, nous prescrit des regles pour l'ordre & la symmetrie des edifices ; qu'elle donne le moyen de fortifier, deffendre & attaquer les places ; & de dresser en plaine campagne des bataillons de toutes sortes, suiuant les lieux & les rencontres ; & que la Mechanique nous fournit en ses demonstrations la façon de dresser des Machines pour leuer des maisons toutes entieres. Or quand ces sciences nous prescriuent des regles, & nous donnent des inuentions par le seul discours, elles nous sont presque inutiles, iusques à ce que nous les reduisions en pratique, & que nous nous en seruions pour les commoditez de la vie, & pour la satisfaction de nos sens, qui semblent s'esleuer par dessus eux-mesmes, lors qu'ils ayent l'esprit pour considerer les rares productions des arts & des sciences : ce qui me fait renoncer à la maxime de Platon, qui rejettoit du rang des Mathematiques tout ce qui estoit attaché à la matiere, & qui croyoit que cette science s'esloignoit de sa pureté, quand

A

elle faifoit pareftre aux fens quelque effet fenfible & materiel des
veritez qu'elle enfeigne.

I'aime donc mieux fuiure le grand Archimede, qui a mis la perfection de ces fciences dans l'vfage, & dans la pratique : & l'on ne
peut nier que les Mathematiques prifes de la forte ne nous ayent
fourny de grandes vtilitez, & n'ayent produit des effets admirables par l'ayde des mechaniques, qui nous ont donné le Tour,
les Poulies, les Gruës, & les Cabeftans, dont nous ferions priuez fi
les Mathematiques fe fuffent contentées de la feule Theorie. Ie ne
veux pas icy parler des Hydrauliques, des Pneumatiques, & des
Automates, parce qu'il fuffit qu'on en voye la preuue en ce qui
concerne noftre fujet, & que nous confiderions que l'vfage de
l'Optique nous fornit de grands auantages pour l'accroiffement
des fciences, & pour la perfection des arts ; & de tres-agreables
diuertiffemens pour la fatisfaction de la veuë, qui eft le plus noble
de nos fens.

Il n'eft pas neceffaire de particularifer icy d'auantage, ny de prouuer par induction vne verité fi manifefte : tous les Autheurs qui ont
traité de l'Optique en ont parlé de la forte ; & fi nous faifons reflexion fur ce qui fe prefente iournellement à nos yeux, nous reco-
gnoiftrons ayfement fon excellence, & nous verrons que la Geometrie Pratique emprunte d'elle les Quadrans, les Arbaftilles, les
Baftons de Iacob, & plufieurs autres inftrumens pour mefurer les
longueurs, largeurs, hauteurs, & profondeurs, l'Aftronomie l'appelle auffi à fon fecours, pour bien iuger de la hauteur, & du mouuement des Planetes, par le moyen des Aftrolabes, & des autres inftrumens qui conduifent le rayon vifuel. La Philofophie naturelle verifie la plus part de fes experiences par fon moyen : l'Architecture prend ordre d'elle, pour la fymmetrie & la grace de fes
ouurages, qui ne font eftimez beaux, qu'entant qu'ils font agreables à l'œil dans leurs proportions : Et la peinture, que nous appellons la Princeffe des Arts, n'eft autre chofe qu'vne pure pratique de cette fcience, puis qu'il ne s'eft iamais veu bon peintre
qui n'y fut fçauant. Et ceux qui y reüffiffent maintenant à Paris,
comme les Sieurs Voüet premier Peintre du Roy, de la Hyre, &
quelques autres, font cognoiftre qu'ils fuiuent toutes les maximes
de l'Optique dans la conduite de leurs deffeins, & dans l'application de leur coloris.

Toutes les fautes que l'on remarque dans les tableaux de plufieurs peintres viennent de l'ignorance de ces principes ; par exemple s'ils veulent faire paroiftre vn pot de fleurs, planté droit au
milieu d'vne table, ils le mettent fur le bord : s'ils font des figures en efloignement, ils en affoibliffent le coloris, & ne diminuent
point la parfaite configuration de leurs parties, bien que la forme & la figure des objets fe defrobe pluftoft à nos yeux que la
couleur, par exemple, vne tour quarrée nous paroift ronde dans

l'esloignement, auãt que sa couleur s'euanouïsse L'optique a donc
autant d'auantage sur les autres sciences, comme la veuë sur les
autres sens : C'est pourquoy Villalpand dit en ses Commentaires sur Ezechiel, que la science de la Perspectiue est la premiere
en dignité, & la plus excellente de toutes, puis qu'elle s'occupe
à considerer les effets de la lumiere, qui donne la beauté à toutes les choses sensibles : & que par ce moyen l'on trace si à propos des lignes sur vn plan donné, qu'elles expriment des figures
solides qui trompent les yeux, & qui deçoiuent quasi le iugement
& la raison. En effet l'artifice de la peinture consiste particulierement à faire paroistre de relief ce qui n'est figuré qu'en plat.
C'est pourquoy les histoires nous font si grand estat de cet ouurage de Zeuxis, qui peignit si naïfuement des grappes de raisin,
que les oyseaux les venoient becqueter : & qu'elles rapportent la
piece de Parrhasius, qui trompa Zeuxis, par le moyen d'vn rideau qu'il representa si naïfuement, que Zeuxis le pria de le tirer pour voir la peinture qu'il croyoit estre chachée dessous,
mais si tost qu'il s'apperçeut de la tromperie, il se confessa vain-
cu, parce qu'il n'auoit trompé que des oyseaux, & que Parrhasius
auoit trompé vn excellent Peintre.

Nous desirerions cette sorte de perfection dans les ouurages
de nos Peintres; ce qui leur manque parce qu'ils ne sçauent pas
la Perspectiue, qui pourroit ayder à leur auancement. Plusieurs
Autheurs en ont dressé des methodes auec des exemples. Nous
auons celle de Viator en Latin & en François, imprimée il y a six
vingt ans; Albert Duret en parle dans sa Geometrie Pratique; &
Leon Baptiste Albert, au traité qu'il a fait de la Peinture. Iean
Cousin, du Cerceau, Salomon de Caus & Marolois en ont traité
fort amplement; & depuis eux, les sieurs Vaulezard, Herigone &
Desargues, qui en a donné vne methode generale & fort expeditiue, auec plusieurs autres beaux secrets pour la Perspectiue. Les
Italiens & les Allemans en ont aussi traité, comme Sebastien Serlio, Sirigati, Vignole, auec les Commentaires du R. P. S. Egnatio
Danti; Guide Vbalde, Daniel Barbaro; Fernando di Diano, Len-
kerus, Iamitserus, Fortius, & plusieurs autres : Ce qui fera peut-estre
qu'on s'estonnera qu'apres vn si grand nombre d'Autheurs qui
ont escrit de la Perspectiue ie m'en sois voulu mesler, comme si
ceux qui en recherchent la connoissance n'auoient pas dequoy
satisfaire plainement leur curiosité dans ces ouurages.

A la verité ce qui concerne la Perspectiue commune, par exemple, le racourcissement des plans & l'eleuation des figures solides,
a esté si bien expliqué par ces Autheurs, qu'il semble qu'on n'y
puisse rien desirer : & particulierement par Iean Cousin & Vignole, qui se sont rendus familiers & intelligibles : aussi n'estoitce-pas
mon premier dessein d'expliquer ces principes en ce Traité; mais
seulement de proposer les gentillesses de la Perspectiue curieuse,

PREFACE.

comprifes dans les trois derniers liures de cét ouurage , me perfuadant qu'apres m'y eſtre employé quelque temps ; & apres y
auoir découuert quelques noúueautez , ou du moins apres auoir
facilité les methodes & pratiques de ce qui eſtoit defia inuenté
pour mon vſage particulier , & pour me diuertir quelquesfois des
occupations plus ferieuſes , ie ne ferois pas choſe defagreable aux
ſçauans de leur prefenter le fruit de mes fpeculations , de mon
trauail & des experiences que i'ay faites fur ce fujet, afin qu'ils iouïſ-
fent auec contentement de ce que i'ay aquis auec peine.

Ie preuoyois encore que par ce moyen ie pourrois rendre la Perſpectiue plus recommandable , & que ie la ferois aymer à ceux qui
l'ont negligée iuſques à prefent, pour n'y auoir veu que des efpi-
nes : & qu'en leur propoſant ces noúueautez & ces gentilleſſes,com-
me les plus beaux attraits de cette fcience, ie la leur pourrois faire
rechercher auec ardeur pour leur contentement en de femblables
pratiques ; puis que la neceſſité & l'vtilité de fes preceptes ordinaires ne leur eſt pas vn aſſez puiſſant motif pour leur faire embraſſer
le trauail , fuiuant cette maxime qui dit

  Omne tulit punctum , qui miſcuit vtile dulci ;

que le bien vtile & l'agreable joints enſemble en vn meſme fujet
nous attirent plus puiſſamment à ſa recherche, que s'il n'eſtoit auan-
tagé que de l'vn ou de l'autre feparement.

  C'eſtoit là mon premier deſſein dans cét ouurage : mais comme
ie lifois quelquefois les Autheurs qui ont eſcrit de la Perſpectiue , &
particulierement ceux qui ont traité des cinq corps reguliers ; ie re-
marquay que ceux qui en auoient eſcrit en François s'y eſtoient
trompez , comme Iean Couſin , Marolois , & quelques-vns auſſi de
ceux qui en ont traité en Latin , par exemple , l'Autheur du liure intitulé *Syntagma,in quo varia eximiaque , &c.* remply d'vne quantité de
belles figures , fans autre precepte qu'vn general qu'il applique par
forme d'exemple à la pyramide ou au Tetraëdre le plus fimple
de tous ces corps ; mais auec erreur , comme ie montre dans le Corollaire de la 3. Propof. du premier liure , ce qui me fait croire
que ce n'eſt pas le meſme qui a fait les figures , & le difcours de ce
liure , ou qu'encore que ces figures femblent faites auec aſſez de
grace , fi elles eſtoient bien examinées on y trouueroit beaucoup
de fautes. Quant aux autres qui en ont eſcrit , ils ont des methodes fi abſtraites & fpeculatiues , comme Guide Vbalde ; ou fi em-
broüillées , comme Daniel Barbaro , qu'il eſt tres-difficile de les reduire en pratique , fi l'on n'a d'autres connoiſſances. Il y en a
d'autres qui fe feruent à cét effet de diuers inſtrumens , & qui fup-
poſent que l'on ait les corps deuant les yeux que l'on veut mettre en
Perſpectiue ; ce qui fe fait mechaniquement : mais l'on n'a pas plus
de fatisfaction ny de connoiſſance en faifant ces corps reguliers,
que fi on en faifoit d'irreguliers & à faintaifie , comme l'on verra
dans l'vfage de l'inſtrument vniuerſel de la Perſpectiue. Ia'y donc

voulu me fatisfaire moy-mefme en cecy, & defabufer & inftruire les
autres felon mon pouuoir: & pour ce fuiet i'en ay dreffé des methodes tirées de la nature & mefures Geometriques de ces corps
par les principes de la Perfpectiue, & ay ajoûté aux propofitions, par
forme de Corollaire, les fautes que i'ay remarqué en quelques-
vns de ces Autheurs: C'eft pourquoy i'explique en ce premier Liure, qui traite de ces corps, les principes & la methode generale de
la Perfpectiue commune, en faueur de ceux qui voudront l'exercer fur ces corps, & qui n'ont pas eftudié à cefte fcience; afin qu'ils
puiffent apprendre à racourcir & à mettre en Perfpectiue toutes fortes de plans, & à faire l'eleuation des figures folides, fans auoir befoin d'autres preceptes que de ceux qu'ils trouueront icy reduits
en abregé. Et fi la methode que ie propofe eft commune, & prife de
la feconde regle de Vignole, ie l'explique plus clairement, quoy
que plus briefuement, ce qui foulagera les praticiens, qui en tire-
ront cette vtilité, que par l'application des regles generales dont
nous nous feruons pour ces corps, ils pourront mettre en Perfpectiue tout ce qui fe prefentera de plus difficile, comme les faillies des
Tores, Liftes, Feüillets, Tigettes, Volutes, & autres ornemens
d'Architecture, pourueu qu'ils cognoiffent leurs mefures naturelles & Geometriques.

    Qant aux doctes, s'ils prennent la peine de lire cét ouurage, ils
ne doiuent pas trouuer mauuais qu'en certains endroits ie deduife
& repete quelques principes que ie fuppoferois fi i'auois à faire à
eux; mais mon deffein eft d'inftruire les fimples, & de faire en forte que ce que i'efcris foit compris de ceux qui ne font pas profeffion
des lettres. Neantmoins ce me fera vn furcroift de fatisfaction fi ie
puis plaire à ceux qui s'en meflent, pour lefquels i'y ay inferé quelques maximes & Theoremes, qui demandent le raifonnement.

    Or i'ay donné le nom de PERSPECTIVE CVRIEVSE, à cette
fcience, quoy qu'elle mefle l'vtile auec le delectable. Ie la nomme
auffi MAGIE ARTIFICIELLE; car les doctes fçauent que fi par cor-
ruption il a efté attribué aux pratiques & communications illicites
qui fe font auec les ennemis de noftre falut, il n'eft pas neantmoins
priué de fa propre fignification. Pic de la Mirande en fon Apologie
en traite fort au long, & monftre que la Magie Naturelle & l'Artificielle ne font pas feulement licites, mais qu'elles donnent la perfection à toutes les fciences: & dit que le mot de Mage n'eft ny Grec,
ny Latin, mais Perfan; & qu'il fignifie en cette langue la mefme chofe que le nom de Prophete, chez les Hebreux, celuy de Druides
chez les Gaulois, celuy des Gymnofophiftes chez les Indiens; & celuy des Sages parmy les Latins. Strabon dit que μάγοι vaut autant
comme ποφία ἀνὶ διαφέροντες, car la fcience les diftingue des autres
ce qu'vn Poëte a remarqué dans ces vers.

    Diuumque hominumque gnarus eft fummè Magus:
    Interpres eft Magus Dei, ac cæleftium.

de forte que nous pouuons appeller Magie Artificielle, celle
qui produit les plus admirables effets de l'induftrie des hommes:
Et fi Pererius, Boulanger, Torreblanca & les autres qui en traitent,
rapportent à la Magie Articielle la Sphere de Poffidonius, qui mon-
troit les mouuemens & les periodes des planettes: la colombe de
bois d'Architas qui voloit, les miroirs d'Archimede qui brufloient
dans le port les vaiffeaux ennemis ; fes machines , auec lefquelles il
les enleuoit: les Automates de Dædalus ; & la tefte de bronze faite
par Albert le Grand, qu'on dit qui parloit comme fi elle euft efté or-
ganizée ; & les ouurages admirables de Boëce, qui faifoit fiffler des
ferpens d'airain & chanter des oyfeaux de mefme matiere: fi, dif-je,
ces autheurs rapportent ces effets merueilleux & plufieurs autres
qui fe trouuent dans les hiftoires, à la puiffance & aux operations de
la Magie Artificielle, nous pouuons dire la mefme chofe des effets
de la Perfpectiue qui font auffi merueilleux : c'eft pourquoy Phi-
lon le Iuif dit en fon liure des loix fpeciales, que la vraye Magie, ou
la perfection des fciences confifte en la Perfpectiue, qui nous fait
connoiftre les beaux ouurages de la nature & de l'art, & qui a efté de
tout temps en grande eftime parmy les plus puiffans Monarques de
la terre; & les Perfes ne mettoient iamais le fceptre de leur Empire
qu'entre les mains des fçauans qui auoient conuerfé auec ceux qui
enfeignoient cette forte de Magie.

Quant à l'ordre de ce traité on le remarquera dans le Sommaire
des Propofitions , qui montre qu'aprez auoir donné dans le premier liure les principes & la methode generale de la Perfpectiue
practique fur les cinq corps reguliers & fur quelques autres reguliers compofez & irreguliers , & des figures difformes qui appartiennent à la vifion droite, lefquelles eftans veuës de leur point, paroiffent bien proportionnées. Au fecond ie traite de celles qui fe
voient par reflexion dans les miroirs plats , cylindriques & coniques: & dans le troifiefme , i'explique vne methode tres-facile
pour dreffer les tableaux, qui par vne douzaine de portraits de-
peints en vn mefme plan, & vûs par vn verre à facettes en repre-
fentant vn treiziefme different de ceux qu'on y voyoit fansle verre.

PRELVDES
GEOMETRIQVES

DEFINITIONS NECESSAIRES POVR l'intelligence de cette Perspectiue.

I.

ENCORE que le point Mathematique soit defini, ce qui n'a nulle partie, ou ce qui est indiuisible: neantmoins, parce que nous en parlons icy à l'égard des operations de la Perspectiue, est la plus petite marque que l'on puisse faire sur quelque plan ou ailleurs, soit auec vn crayon, ou vn stile bien delié, ou auec vne plume, ou quelqu'autre semblable instrument, de sorte qu'il paroisse indiuisible au sens, quoy qu'il soit diuisible Geometriquement en vne infinité de parties, puis qu'il a quelque quantité: la premiere figure marquée 1, dans la premiere planche le represente.

II.

La seconde figure de la mesme planche represente vne ligne droite, qu'on definit le plus court chemin d'vn point à l'autre ; vous la voyez en la mesme figure depuis A iusques à B : sa definition est vne longueur sans largeur; mais dans la pratique de cét art, elle est vn trait le plus delié que nous puissions former, car bien qu'il ne soit pas exempt de toute largeur, il n'est pas neantmoins sensiblement diuisible ; or l'on reüssira d'autant mieux dans les operations que cette ligne sera plus deliée, & plus subtile : c'est pourquoy, comme remarque Vitellion au 3. Theoresme de son 2. Liure, l'on doit s'imaginer vne ligne Mathematique, ou insensible, au milieu de cette ligne sensible.

III.

La troisiesme figure est vne ligne courbe, qui est aussi l'estenduë d'vn point à l'autre, mais non la plus courte, car si dans la troisiesme figure du point C iusques à D, l'on vouloit prendre le plus court chemin, ce seroit vne ligne semblable à celle qui dans la seconde figure va depuis A iusques à B.

IV.

Les lignes paralleles sont celles qui estant produites à l'infinyne se rencontrent iamais, comme sont en la quatriesme figure les lignes EF, GH. Les non paralleles, au contraire, estant produites se rencontrent à certain point où elles forment vn angle plan, qui est defini dans la huitiesme definition du premier des Elemens d'Euclide, l'inclination de deux lignes qui se touchent en vn mesme plan, & qui ne se rencontrét point directement, comme dans la cinquiesme figure, les lignes IK, LK, qui se rencontrent au point K, forment l'angle plan IKL: la definition ajouste, & ne se rencontrent point directement, comme vous pouuez voir en la mesme figure, que les lignes IM, LK, se rencontrant directement au point M, ne forment point d'angle, & ne font qu'vne mesme ligne droite.

V.

Angle solide est la rencontre de 3, 4 ou plusieurs angles plans; mais parce que l'on ne le peut representer sur le papier, si l'on ne le met en Perspectiue, vous en aurez l'exemple és corps que nous descrirons cy-apres.

VI.

La ligne perpendiculaire est celle qui tombe à plomb sur vne autre ligne; comme quand nous laissons pendre vn plomb sur quelque plan mis de niueau, où parallele à l'horison, il exprime vne ligne perpendiculaire: vous reconnoistrez qu'vne ligne est perpendiculairement abbaissée sur vne autre, quand elle fait les deux angles de part & d'autre égaux, & par consequent tous deux droits, suiuant la dixiesme definition du premier des Elemens d'Euclide, ce qui s'entendra mieux par la sixiesme figure, où la ligne A B tombant à plomb sur la ligne EC, fait l'angle ABC, & l'angle ABE egaux & droits: que si du point D sur la mesme ligne EC, on fait tomber obliquement la ligne DB, elle ne luy est pas perpendiculaire, puis qu'elle fait les angles de part & d'autre inegaux, l'vn obtus, l'autre aigu, lesquels sont definis en cette sorte: l'angle obtus est celuy qui est plus grand qu'vn droit, tel qu'est en la figure l'angle DBC, qui est plus grand que le droit ABC, de l'angle DBA. L'angle aigu est celuy qui est plus petit qu'vn droit, comme en la figure, l'angle DBE est plus petit que le droit ABE, de la quantité de l'angle DBA.

VII.

Le triangle est le plus simple d'entre les superficies comprises de lignes droites: il est diuisé en plusieurs especes.

Premierement, à raison de ses costez il est diuisé en triangle equilateral, isoscele & scalene: le triangle equilateral est celuy qui a les trois costez égaux, tel qu'est le triangle marqué 7. Le triangle isoscele est celuy qui n'a que deux costez égaux, & le troisiesme differe en grandeur des deux autres, comme dans la figure 8, où les costez AB, AC sont égaux, & le costé BC plus petit qu'aucun d'iceux. Le

scalene

ſcalene eſt celuy qui a tous ſes trois coſtez inégaux , comme
eſt le triangle marqué 9.

Secondement, le triangle eſt diuiſé à raiſon des angles qui le compoſent, en trois autres differentes eſpeces, à ſçauoir en orthogone,
amblygone, & oxygone; l'orthogone ou rectangle eſt celuy qui a vn
angle droit, comme ſi dans la ſixieſme figure du point A au point
C on mene vne ligne droite, le triangle ABC ſera orthogone. L'amblygone ou obtuſangle eſt celuy qui a l'vn de ſes angles obtus,
ou plus grand qu'vn droit, tel que ſeroit en la meſme figure le
triangle DBC, ſi du point D on menoit vne ligne droite au point
C. L'Oxygone ou acutangle eſt celuy qui a tous ſes trois angles
aigus ou moindres que les droits, tel que ſeroit, en la meſme figure, le triangle DBE, ſi du point D on menoit vne ligne droite iuſques en E.

VIII.

Le cercle eſt vne figure plate compriſe d'vne ſeule ligne courbe, que nous appellons circonference, laquelle eſt deſcrite par
l'vne des deux iambes du compas commun, l'autre demeurant
fixe & arreſtée en vn point, que nous appellons centre du cercle,
tel qu'eſt en la dixieſme figure qui le deſcrit, le point A. Le diametre du cercle eſt vne ligne qui paſſant par le centre s'eſtend de part
& d'autre iuſques à la circonference, comme la ligne BAC. Portion, ou arc de cercle eſt vne figure compriſe d'vne partie de circonference & d'vne ligne droite qui la ſouſtend, comme eſt la figure DEF.

IX.

Le quarré eſt vne figure compriſe de quatre lignes droites, egales & jointes enſemble à angles droits; l'onzieſme figure le repreſente; & la ligne qui eſt menée d'vn coin à l'autre oppoſé s'appelle
diagonale ou diametrale du quarré, telle qu'eſt en la meſme figure
la ligne GH.

X.

Le quarré long eſt vne figure telle que vous la voyez marquée du
nombre 12. qui eſt compoſée de quatre lignes droites jointes enſemble à angles droits auſſi bien que le quarré, mais inégales, c'eſt
à dire que deux d'icelles ſont plus grandes que les deux autres; en
ſorte neanmoins que chaque ligne eſt egale & parallele à celle qui
luy eſt oppoſée, on l'appelle auſſi parallelogramme: la ligne qui eſt
menée de l'vn de ſes coins à l'autre oppoſé, s'appelle auſſi diagonale ou diametrale, comme la ligne IK.

XI.

La treizieſme figure eſt encore vne eſpece de parallelogramme,
appellée Rhombe, ou plus communement lozange, qui eſt
compoſée de quatre coſtez égaux, mais d'angles inegaux, deux deſquels ſont obtus, & les deux autres aigus.

B

XII.

Rhomboide eſt vne figure preſque ſemblable à la precedente, car elle a quatre angles & quatre coſtez; mais auec ceſte difference que le Rhombe ayant ſes angles inégaux & ſes quatre coſtez égaux, le Rhomboide n'a ny ſes angles ny ſes coſtez égaux, comme vous pouuez voir en la quatorzieſme figure; il eſt la quatrieſme eſpece de parallelograme.

Toutes les autres figures de quatre coſtez qui ne ſont point compriſes ſous les precedentes definitions, c'eſt à dire qui ne ſont ny quarrez, ny quarrez longs, ny Rhombes, ny Rhomboides, ſont appellées trapezes, leſquelles pour eſtre irregulieres ſont de pluſieurs ſortes; la figure marquée 15, en repreſente vne, dont i'vſe au quatrieſme liure de ma Perſpectiue; le pentagone irregulier marqué 17 eſt appellé irregulier, pource qu'il n'a ny ſes angles ny ſes coſtez égaux, ce qu'a le pentagone regulier au nombre 16.

Au reſte le nombre des figures plates regulieres à pluſieurs coſtez procede à l'infiny : elles prennent leur nom de la quantité de leurs angles ou de leurs coſtez, comme l'on dit l'hexagone qui a ſix angles & ſix pans, à la figure 18. pour ce que ἕξ en Grec ſignifie ſix, & γωνία vn angle ou vn coin. Pour la meſme raiſon la figure heptagone en a ſept; voyez la figure 19; l'octogone en a huict, l'Enneagone neuf: le decagone dix; l'endecagone vnze: le dodecagone douze, &c. ce qui ſuffit pour entendre ce qui ſuit.

PROBLEMES.

Seruans à la conſtruction des figures contenuës és liures ſuiuans.

ENcore que les problemes que ie deſire propoſer pour ſeruir à la pratique de ceſte Perſpectiue puiſſent eſtre conſtruits en diuerſes manieres, neanmoins parce que les plus curieux ſe pourront contenter de ceux qui traitent expreſſement de la Geometrie pratique, ie n'en enſeigneray que les plus generaux, & qui peuuent ſeruir en tout rencontre pour la commodité de ceux qui ne ſont point encore exercez en la Geometrie.

PREMIERE PROPOSITION.

A vne ligne droite donnée, mener vne autre ligne droite parallele, d'vne diſtance donnée.

SOit en la fiure marquée 4, au haut de ceſte planche, la ligne donnée GH, à laquelle il faut mener vne parallele de la diſtance HF. Le compas eſtant ouuert de la diſtance donnée, du point G, comme centre, ſoit deſcrit vn arc de cercle marqué E, & du point H, comme centre, vne autre portion de cercle marquée F; en apres soit tirée la ligne EF, qui touche les deux arcs de cercle aux points E, F, sans les couper, & elle-sera la parallele requise, par la trente-cinquiesme definition du premier des Elemens d'Eucl. Ce probleme est de grand vsage, & sert dans toutes les operations de la Perspectiue commune, dont nous traiterons en ce premier liure : pour ce que, comme nous dirons dans la declaration des principes de la Perspectiue, la ligne horizontale est tousiours suposée parallele à la ligne de terre.

PROPOSITION II.

Sur vne ligne droite donnée, & d'vn point donné en icelle, esleuer vne ligne droite perpendiculaire.

SOit en la vintiesme figure, la ligne droite donnée AB, sur laquelle du point C, il falle esleuer vne perpendiculaire, ayant pris du point C, vn espace egal de part & d'autre, sur cette mesme ligne, comme CA, CB. Du point B, comme centre, & de tel interual qu'on voudra, pourueu qu'il soit plus grand que BC, soit descrit l'arc DE, & du point A, comme centre, & de l'interuale susdit soit descrit l'autre arc FG; & du point C, soit esleuée vne ligne droite, iusques au point H où ils l'entrecouperent tous deux, & elle sera la perpendiculaire demandée, par l'onziesme proposition du premier des Elemens d'Euclide.

PROPOSITION III.

Sur vne ligne droite donnée, d'vn point pris hors d'icelle, mener vne ligne droite perpendiculaire.

SOit la mesme ligne droite donnée AB, & le point donné hors d'icelle H, duquel il falle tirer vne perpendiculaire sur ladite ligne : du point H, comme centre, soit descrit l'arc de cercle qui coupe la ligne AB aux points IK, & la droite IK soit diuisée par le milieu au au point C; la ligne abaissée du point H sur le point C sera la requise, par la douziesme proposition du premier. Or comme il arriue souuent, qu'on a besoin d'vne ligne perpendiculaire sur l'extremité de quelqu'autre, il faut se seruir de la methode qui suit.

Dans la vingt-vniesme figure, soit la ligne proposée AB, & que au bout A, il falle mettre vne perpendiculaire : l'vne des iambes du compas demeurant immobile au point A, de quelque ouuerture que ce soit, par exemple de AC, soit portée l'autre iambe au point C, où elle demeure immobile, & de l'autre soient descrits les deux arcs de cercle DE; & du point E où l'vn des deux coupe la ligne AB, soit menée vne ligne droite par C, laquelle

B ij

coupera l'arc D, & du point de fon interfection foit menée vne ligne droite fur le point A, laquelle fera la perpendiculaire requife.

PROPOSITION IV.

Donner le moyen de connoiftre fi vne ligne eft perpendiculaire à vne autre.

L'On fçaura fi vne ligne droite eft perpendiculaire à vne autre, par exemple fi dans la figure 21. DA eft perpendiculaire à AB, en cette maniere. Du centre C, milieu de la ligne DE, de l'interuale CD, ou CE, foit defcrite la portion de cercle D A E, s'il paffe par le point A, l'angle fera droit; s'il paffe par deffus, il fera obtus: s'il coupe les lignes A D ou A B, il fera aigu, par la trente-vniefme propofition du troifiefme.

On le peut encore efprouuer d'vne autre maniere qui femble plus generale, en mettant fur la ligne A D cinq diuifions efgales prifes à difcretion, & fur la ligne AB, trois femblables, car le compas eftant ouuert de la grandeur de ces cinq premieres diuifions prifes enfemble, & l'vne de fes iambes eftant mife au point 3. fur la ligne AB, l'autre doit tomber fur le point 4, en la ligne A D, fi l'angle eft droit; s'il eft obtus, elle approchera vers 3, & s'il eft aigu elle s'approchera de 5. Cette preuue eft fondée fur la maxime de la trigonometrie, qui enfeigne qu'és triangles rectangles la racine quarrée de la fomme des quarrez des deux coftez, qui font l'angle droit, eft leur hypothenufe.

PROPOSITION V.

Diuifer vne ligne droite donnée en tant de parties égales que l'on voudra.

SOit, en la vingt-deuxiefme figure, la ligne droite AB, propofée à diuifer en fix parties égales: il faut aux extremitez de cette ligne tirer deux paralleles à l'oppofite l'vne de l'autre, comme vous voyez aux lignes AF, BD, qui fe defcriuent en formant des centres A & B, les arcs de cercles EF, CD, defquels on retranche des parties egales: cecy eftant fait foient prifes fur chacune des paralleles autant de parties qu'on voudra, & de quelque ouuerture qu'on voudra: de forte toutesfois qu'il y en ait toufiours vne moins que le nombre des parties, par lequel on veut diuifer la ligne A B en fix parties egales, il n'en faut prendre que cinq fur les paralleles, comme elles font marquées, & puis il faut conioindre ces diuifions par lignes droites 1, 5: 2, 4:3, 3: 4, 2: 5, 1: qui diuiferont la ligne A B en fix parties efgales, comme il eftoit requis.

Ceux qui fçauent l'vfage du compas de proportion, abrege-
ront cette operation, & plufieurs autres; car en portant la ligne
A B à l'ouuerture du nombre 120, fur la ligne des parties égales,
l'ouuerture du nombre 10, donnera la fixiefme partie, d'autant
que 20 eft contenu fix fois en 120; & ainfi de toutes les autres
diuifions de lignes droites; car il faut toufiours porter la ligne à
diuifer fur la ligne des parties égales à l'ouuerture de quelquenom-
bre qui fe puiffe commodement diuifer en autant de parties egales qu'on voudra diuifer la ligne; & puis il faut prendre auec le
compas l'ouuerture du quotient fur la mefme ligne: & l'on aura
le requis: par exemple, 20 eft le quotient de 120 diuifé par fix,
& par confequent toute la ligne eftant portée à l'ouuerture de
120, celle de 20 en doit donner la fixiefme partie.

PROPOSITION VI.

Diuifer vn cercle en 4, 8, 16, &c. parties egales.

SOit, en la vingt-troifiefme figure, le cercle à diuifer A C B D,
les deux diametres s'entrecoupans au centre E à angles droits
diuifent la circonference en quatre parties, égales aux points AC,
BD, & fi l'on mene des lignes droites d'A en C, de C en B, de B
en D, & de D en A, l'on peut infcrire audit cercle vn quarré parfait: fi l'on y veut infcrire vn octogone, l'on diuifera chaque quart
de cercle en deux parties égales; par exemple le quart de cercle
C B, en defcriuant de C & B comme centres, l'interuale pris à
difcretion (pourueu qu'il foit plus grand que la moitié du quart
de cercle) les arcs F & G qui s'entrecoupent dedans & dehors
la circonference, car la ligne menée par les points de leurs interfe-
ctions coupera cette proportion de circonference en deux parties
égales, & donnera la huitiefme partie du cercle, & par confequent le cofté de l'octogone infcrit au mefme cercle; laquelle
huitiefme partie de circonference diuifée en deux autres parties
égales, par la mefme methode, donnera la feiziefme partie de toute la circonference, & par confequent le cofté d'vne figure a feize
pans equilaterale, & equiangle, &c.

COROLLAIRE.

Remarquez que par cette propofition on peut diuifer tout arc de
circonference, quel qu'il foit, en 2, 4, 8, 16 parties egales, &c. encore que l'on ne connoiffe pas le centre.

PROPOSITION VII.

Sur vne ligne droite, & à vn point donné en icelle faire vn angle rectiligne
égal à vn angle rectiligne donné.

SOit, en la vint-cinquiesme figure, la ligne droite EF, sur laquelle, au point E, il falle faire vn angle rectiligne égal à l'angle rectiligne C A B de la figure 24. Du point A, comme centre,
d'interuale à discretion, soit descrit l'arc de cercle DC qui coupe les
deux lignes AB, AC, aux points D & C; & de la mesme ouuerture du
compas sur la ligne auec laquelle se doit faire l'angle proposé, du
point E comme centrre, soit descrit l'arc de cercle G H ; puis en
retranchant vne portion égale à celle qui est comprise entre les
points DC, que vous marquerez GH, soit menée vne ligne droite du point E passante par H, & elle formera l'angle HEG égal à
l'angle CAB ; ce qu'il falloit faire.

PROPOSITION VIII.

Dans vn cercle donné inscrire vn pentagone ou vn decagone regulier.

LA methode de constuire vn triangle equilateral sur vne ligne donnée se peut tirer de la septiesme figure de cette planche, dans laquelle des centres A & B, extremitez de la ligne droite donnée, de l'interuale A B, les arcs de cercle AC, BC estant
formez & s'entrecoupans au point C, & les lignes droites menées
du point de leur intersection C, en A & en B, formeront le triangle equilateral demandé. Dans la quatriesme proposition de ces
preludes, par la figure 23, i'ay enseigné la maniere d'inscrire en vn
cercle donné, vn quarré, vne figure à huict & seize pans, &c. L'hexagone d'ailleurs est tres-facile à descrire, comme l'on peut voir
dans la dix huitiesme figure, dans laquelle le demy diametre du
cercle ponctué AB, ou la mesme ouuerture de compas, auec laquelle ledit cercle a esté descrit est le costé de l'hexagone, qui y
doit estre inscrit, comme l'on void aux lignes A B, BC, CD, &c.
qui sont toutes egales : il faut encore sçauoir inscrire vn pentagone ou vn decagone regulier en vn cercle donné, car l'vn & l'autre
nous doit seruir pour former le plan geometral de l'icosedre, pour
le mettre en Perspectiue sur l'vn de ses angles solides : C'est pourquoy i'en ay voulu proposer vne methode facile : car encore que ce
probleme se puisse executer par l'onziesme proposition du quatriesme d'Euclide, en faisant vn triangle qui ait les angles qui sont
à la base, doubles de l'autre, & encore plus facilement par la methode qu'en apporte Albert Durer au 2. liu. de sa Geometrie pratique ; neantmoins parce que celle d'Euclide semble trop difficile

pour ceux qui s'adonnent à la pratique, à qui ie pretens principalement feruir en cét ouurage, & que d'ailleurs celle d'Albert Durer
eft fautiue, puis qu'il fait vn pentagone equilateral, qui n'eft pas
équiangle, comme l'a demonftré Clauius dans la vingt-néufiefme
propofition du 8. liu. de fa Geometrie pratique, ie crois que celle
que ie propofe eft la meilleure & la plus facile.

Soit donc, en la vint-fixiefme figure, le cercle ABCD, auquel il
faut infcrire vn pentagone equiangle & equilateral, ou vn decagone regulier : le cercle eftant diuifé en quatre parties egales, par les
deux diametres s'entrecoupans au centre K à angles droits, foit diuifé le demy diametre KC en deux parties égales au point E, duquel
point E, comme centre, de l'interuale EB, foit defcrit l'arc de cercle FB, dont la fouftendante, qui eft la ligne droite FB, eft le cofté
du pentagone requis, lequel eftant conduit fur la circonference de
B en G, de G en H, de H en I, de I en L, de L en B, formera le pentagone regulier ; ce qu'il falloit faire : Et la ligne FK comprife entre
l'extremité de l'arc FB, & le centre K, fera le cofté du decagone infcrit au mefme cercle, comme l'on peut voir aux deux coftez HD, D
I, qui font marquez.

APPENDICE I.

*De la commune diuifion du cercle en 360 degrez ou parties, qui fert à la
mefure des angles & à l'infcription de toutes fortes de polygones
reguliers, ou figures à plufieurs pans.*

LEs aftronomes ont diuifé la circonference du cercle en 360
parties égales, qu'ils appellent degrez ; & chacune de ces
parties en foixante autres parties, qu'ils appellent minutes, &c. Et
d'autant que cefte diuifion eft de grand vfage en la Geometrie pratique, pour la mefure des angles ; & que par fon moyen l'on peut infcrire dans vn cercle toutes fortes de polygones ou figures regulieres à plufieurs pans, ie me fuis propofé d'en dire quelque chofe fur
la vingt feptiefme & derniere figure de cefte premiere planche. Le
cercle eftant diuifé en 360 parties égales, chaque quart vaudra 90,
& chaque moitié 180, & d'autant que la mefure de l'angle eft la
quantité de l'arc terminé par les deux lignes qui le forment ; par
exemple la mefure de l'angle CAD, en la vingt-quatriefme figure, eft l'arc CD compris entre les lignes AC, AD, quand nous
fçaurons combien de degrez, ou combien de parties de circonference contient l'arc CD, nous connoiftrons la quantité de
l'angle CAB : Or pour fçauoir combien l'arc CD contient de
degrez, il faut fuppofer en premier lieu que la ligne AD, en la
vint-quatriefme figure, eft égale au demy-diametre AB de la
vint-feptiefme figure ; & partant ayant pris, en la vint-quatriefme
figure, auec le compas la diftance depuis D iufques à C, le com-

pas demeurant ouuert de cefte mefure, il faut mettre l'vne de fes iambes fur le point B, en la vint-feptiefme figure, & l'autre eftant conduite fur la circonference, tombera fur le 45 degré, & l'on connoiftra que l'angle A C D propofé en la vint-quatriefme figu-re eft de 45 degrez.

L'on peut encore faire la mefme chofe plus briefuement, & plus facilement fur le compas de proportion en cefte maniere: En la vint-quatriefme figure l'arc C D eftant fait à difcretion, foit tranfportée la ligne droite A C fur la ligne des cercles, à l'ouuer-ture de 60, puis auec le compas commun foit prife la diftance C D, laquelle eftant portée fur l'vne & l'autre iambe du compas de proportion, iufques à ce qu'elle face l'ouuerture de deux points egalement diftans du centre, donnera la quantité de l'angle re-quis; comme en l'exemple propofé dans la vingt-quatriefme fi-gure, la ligne A C eftant portée à l'ouuerture de 60 fur la ligne des cercles, la diftance C D fera iuftement l'ouuerture de 45, & par confequent la quantité de l'angle propofé, fera de 45 degrez.

Il eft facile, par ce moyen d'infcrire toutes fortes de polygones dans vn cercle donné, fi l'on fçait la quantité des angles de leurs centres: Or les angles du centre font ceux que forment deux li-gnes droites, qui du centre du cercle font menées à deux angles prochains, comme en la dix-huitiefme figure, l'angle du centre de l'hexagone eft l'angle B A C, que forment au centre A les li-gnes B A, C A: or la quantité de ces angles fe connoift, en di-uifant 300 par le nombre des coftez du polygone propofé : par exemple fi l'on a vn triangle à infcrire dans vn cercle, par ce que le triangle a trois coftez, il faut diuifer 360 par 3, d'où viendront 120 pour chaque cofté dudit triangle : pour vn pentagone, par ce qu'il a cinq coftez, diuifez 360 par 5, pour auoir 72, qui don-nent la quantité de l'angle du centre de ladite figure: c'eft pour-quoy prenant fur la circonference l'efpace de 72 degrez cinq fois de fuite, l'on marquera cinq points, puis eftant menées des lignes droites par ordre de l'vn à l'autre, l'on aura vn pentagone regulier, comme il eft requis.

L'on peut aufli vfer du compas de proporportion : car fi l'on por-te fur la ligne des cercles, à l'ouuerture du nombre 60, le demy-diametre du cercle, où l'on veut infcrire le polygone, l'ouuerture du nombre des degrez que contient l'angle interieur du polygo-ne ou de la figure reguliere, donnera le cofté de la mefme figu-re ; par exemple pour le pentagone defcrit en la 26. figure, apres auoir porté à l'ouuerture du nombre 60, le demy-diametre K C, l'ouuerture de 72 donnera B G pour le cofté du pentagone infcrit au mefme cercle : Voicy les angles interieurs des principales figu-res regulieres, pour ceux qui ne voudront pas prendre la peine de les chercher par la regle fufdite : ceux du triangle font de 120 de-grez:

grez : ceux du quarré de 90 : ceux du pentagone ou figure à cinq pans, de 72 : de l'exagone, ou figure à six pans, 60 : de l'heptagone ou figure à sept pans, 51 ⅖ : de l'octogone ou figure à huict pans, 45 : de l'Enneagone ou figure à neuf pans, 40 : du decagone, ou figure à dix pans, 36 : &c.

COROLLAIRE.

L'On inscrira tous les autres polygones dans le cercle, apres luy auoir inscrit, par le Corollaire de la 6. proposition, quelqu'vne des figures equilateres & equiangles ; car l'on aura d'autres figures qui auront deux fois autant de costez, si apres auoir diuisé les arcs en 2 parties égales, on y aiouste leurs soustendantes : par exemple, le triangle equilateral inscrit donnera l'exagone, le dodecagone & la figure de 24 costez ; &c. Et le quarré inscrit donnera l'hoctogone, & puis la figure de 16, de 32, de 64, & de 128 costez égaux.

L'on aura semblablement par l'eptagone de la figure 19. mise à la table, la figure de 14 costez inscrite au cercle, si l'on diuise E F. FG, &c. en 2 parties egales aux points H & I, & que l'on tire leurs soustendantes : & puis l'on inscrira les figures de 18, de 56 & de 112 costez, & ainsi des autres, iusques à l'infiny.

APPENDICE II.

IE mets encore icy vne autre maniere pour inscrire lesdites figures par le moyen du quart de cercle, dont Clauius a parlé sur la derniere prop. du 4. des Elemens, à fin que les Praticiens s'en puissent seruir.

Qu'on veille, par exemple, inscrire l'Enneagone, ou la figure de 9. costez, tant equilateral & qu'équiangle : il faut diuiser le quart de cercle en 9 parties égales par le moyen du compas de proportion ou du compas ordinaire ; ce qui est plus aysé que de diuiser le cercle entier. Et la ligne BD qui soustendera 4 de ces parties, sera le costé de l'Enneagone requis. Mais vne ou 2. leçons de l'vsage du compas de proportion enseignerót la maniere d'inscrire toutes sortes de figures dans le cercle, dont on verra vn exemple dans la 27 prop. du premier liure de cette Perspectiue.

Ie ne veux pas estre plus long en ces Preludes, parce qu'il suffira d'expliquer tout ce qui peut icy manquer, dans chaque lieu & en chaque matiere particuliere.

Fin des Preludes Geometriques.

LE
PREMIER LIVRE
DE LA
PERSPECTIVE
CVRIEVSE.

CONTENANT LES PRINCIPES DE LA
*Perspectiue, & vne methode generale pour racourcir, ou mettre en
Perspectiue toutes sortes de figures plates & solides; encore qu'elles ne touchent le plan qu'en vne ligne, ou en vn point, verifiée par
exemples és cinq corps reguliers & en quelques autres.*

DEFINITIONS.

'OPTIQVE generalement prise est vne science, qui
enseigne à bien iuger des objets de la veuë : elle comprend sous soy trois differentes especes,
dont la premiere, qui retient le nom commun
d'Optique, traite des objets qui se voient simplement & directement; on la nomme aussi Perspectiue : la seconde espece se nomme Catoptrique,
ou science des miroirs & des reflexions, pour ce qu'elle traite des
objets qui se voyent par reflexion qui se fait sur les corps polis,
comme quand nous voyons quelque chose dans vn miroir : la troisiesme espece s'appele Dioptrique ou Mesoptique, qui traite des
choses veuës à trauers de deux ou plusieurs milieux de differente
espece, par exemple de ce qui se void au trauers de l'air, & de l'eau
tout ensemble; ou de l'eau & du crystal, &c. Or ces trois especes
peuuent estre, ou Speculatiues, ou Pratiques; speculatiues, si elles
se contentent de donner les raisons de ces apparences : pratiques, si
elles prescriuent des regles & donnét des preceptes pour desseiner.
C'est en ceste derniere façon que nous traiterons de ces sciences;

C ij

ceux qui ayment la Pratique. Au premier & second liure nous traiterons des apparences, qui naiſſent de la viſion directe ; au troiſieſme, de celles qui ſe font par la reflexion des miroirs plats, cylindriques & coniques : Au quatrieſme & dernier, de celles qui ſe font
par le moyen des refractions des cryſtaux polygones, ou à facettes. Diſons donc pour la premiere partie de noſtre deſſein,
que

La Perſpective Pratique eſt vn art, qui enſeigne à repreſenter ſur
quelque plan que ce ſoit, les choſes comme elles apparoiſſent à la
veuë ; par exemple, ſi en la troiſieſme figure de la 3 planche, le triangle A B C eſtoit propoſé à repreſenter tel qu'il apparoiſt à l'œil,
eſtant veu du point F, perpendiculairement eſleué ſur le meſme
plan où eſt figuré ledit triangle, de la hauteur H F ; cét
art de Perſpective en donne la methode, tant pour cette figure
plate, que pour toutes ſortes d'autres figures plates & ſolides.

Or comme les Aſtronomes & les Geographes ſe ſeruent de certains points & de lignes, pour expliquer les phenomenes de l'vn
& l'autre globe, de meſme les inuenteurs de la Perſpective ont eſtably quelques points & certaines lignes, pour la conduite de cét art,
d'où vient que ſuiuant la diuerſité de leurs methodes, ils ſe ſont ſeruis des differentes lignes, leſquelles neantmoins tendent toutes à
meſme fin, & produiſent le meſme effet dans la pratique, qui eſt
de donner l'apparence d'vn objet en la Section : Or d'autant que
le mot de Section donne quelques-fois de la peine à ceux qui com-
commencent d'apprendre les principes de la Perſpective, nous
en dirons quelque choſe pour ſatisfaire aux amateurs de cét
art.

Ce que les Perſpectifs appellent communement Section, nous
la pouuons nommer, & la nommerons cy-apres le tableau, ou
champ de l'ouurage, par exemple ſi l'on donne vne toile, vn paroy, ou quelqu'autre plan, pour tracer deſſus quelque objet en
Perſpective, c'eſt, en termes de Perſpective, donner l'apparence de
l'objet propoſé dans la Section ; & à proprement parler, Section n'eſt
autre choſe qu'vn plan éleué à plomb ſur la ligne de terre & mis entre l'objet & la veuë, par où l'eſpece de l'objet paſſant à l'œil eſt imagi-
ginée laiſſer quelque marque & quelque veſtige de ſon apparence :
par exemple, ſi l'on mettoit à l'entrée de quelque chambre vne
porte de verre tranſparente, par laquelle celuy qui ſeroit dehors,
vis à vis de la porte, viſt tous les meubles de dedans mis naturellement en Perſpective ſur le plan diaphane ou tranſparant de ladite porte ; & ſuiuant, la pratique d'Albert Durer au 4. liure de ſa
Geometrie, s'il marquoit auec vn pinceau ſur le verre tous les endroits où paſſent les eſpeces de chaque choſe, par exemple d'vne
table, d'vne eſcabelle, &c. il auroit tout ce qui ſe peut voir dans la
chambre mis exactement en Perſpective, pourueu qu'il arreſtaſt
ſon œil dans vn point determiné ; or ce qui ſe feroit naturellement

par cette voye ſe pratique artificiellement & geometriquement,
par le moyen des lignes inuentées à ce ſujet : d'où vient que quelques autheurs, pour imiter plus preciſément la nature, ont eſtably
dans leur methode vne ligne de Section, laquelle eſt dans l'exemple propoſé, vne ligne droite à plomb priſe dans le plan diaphane
de cette porte, couppée & taillée par toutes les lignes des eſpeces
qui viennent du dedans de la chambre iuſques à l'œil du regardant
qui eſt dehors ; Neantmoins cette methode, quoy que bonne, &
plus approchante de la nature que celle que ie veux propoſer, me
ſemble embaraſſante, & ennuyeuſe, à cauſe des continuels tranſ-
ports qu'il faut faire d'vne ligne à vne autre : c'eſt pourquoy ie la laiſſe ; celuy qui la voudra cognoiſtre ou pratiquer la treuuera dans Salomon de Caus, & dans Vignole qui la declare au long dans la
premiere partie de ſa Perſpectiue. Or celle que ie donne eſt tres-
exacte & plus facile & plus prompte à l'operation, meſme ſelon le
ſentiment de ceux qui ont pratiqué l'vne & l'autre, comme Seba-
ſtien Serlio, qui au 2. liure de ſon Architecture la prefere à l'autre :
& Egnatio Danti, qui a commenté la Perſpectiue de Vignole, eſt
de meſme auis dans la Preface qu'il a faite ſur la ſeconde regle, & dit
que iamais Vignole ne s'en ſeruit point d'autre, depuis qu'il l'eut inuentée, & qu'il quitta la premiere, cóme eſtant plus longue & moins
commode : c'eſt pourquoy ie veux expliquer ſuccinctement ce qui
eſt neceſſaire pour racourcir toutes ſortes de plans, afin qu'apres
ie donne vne methode generale pour faire l'eleuation des corps
ſur ces plans, encore qu'ils ne les touchent, qu'en vne ligne, ou en
vn point.

Experience Optique qui enſeigne parfaitement la Perſpectiue.

Lors que dans vne chambre tellement fermée de tous coſtez
qu'il n'y entre aucune lumiere ſenſible, l'on fait vn trou à l'vne
des murailles ou des feneſtres, & que deuant ce trou l'on met à vne
certaine diſtance vn papier ou vn linge blanc, perpendiculaire à
l'Horizon, qui ſert de tableau pour retenir les images de dehors,
cette reception ſe fait ſi parfaitement que l'œil qui void cette peinture naturelle eſt tellement trompé, que ſi la ſcience & la raiſon ne
le corrigeoient, on croiroit que ce ſeroient les veritables obiets,
particulierement lors qu'on boûche ledit trou fait de la grandeur
d'vne piece de 2 o ſols, d'vn verre conuexe de lunette à longue veuë ;
car ces obiets de dehors n'enuoyent pas ſeulemét leurs grandeurs,
figures & couleurs, mais auſſi leurs mouuemens ; ce qui manquera
touſiours aux tableaux des peintres, quand meſme ils ſurpaſſeroient
Apelles, Protogene, Parrhaſius, Michel Ange & tous les autres
peintres, tant paſſez, que preſens & futurs, dont tous les peintres
ſculpteurs, miniateurs &c. demeurent d'accord, aprés qu'ils ont
conſideré cette Perſpectiue naturelle.

C iij

Mais pour auoir le plaifir entier de cette peinture, il faut' que ce trou foit expofé vers quelque lieu où beaucoup de monde paffe & fe pourmene, comme font les iardins, les allées, les parterres, les grandes ruës, & les marchez des villes, & des bourgs; les lieux où vôlent les pigeons & les autres oyfeaux, qu'il femble qu'on voye tous viuans & volans fur la charte, qui doit eftre blanche & affez large pour receuoir toutes les images qui paffent par le trou de la feneftre. Voyez cette forte de Perfpeĉtiue à la Samaritaine fur le Pont neuf.

Or lefdites images font d'autant plus grandes & plus viues que le verre conuexe eft partie d'vne plus grande fphere & mieux taillé & poli; & il faut efloigner la charte du trou, iufques à ce qu'on trouue le point ou le lieu le plus propre pour reprefenter lefdites images.

Cette façon de Perfpeĉtiue rauiffante à quelquefois tellement trompé l'œil que ceux qui eftoient dans la chambre, & qui apres auoir perdu leur bourfe, la voyoient entre les mains de ceux qui contoient & departoient leur argent dans vn bois, où vn parterre, croyoient que cette reprefentation fe fift par magie.

Et peut eftre que quelque Charlatan eut feduit plufieurs niaiz & ignorans, en leur perfuadant que cette vifion fe faifoit par la fcience occulte de l'Aftrologie, ou par la magie, dont ils font bien ayfes d'eftre foupçonnez pour auoir occafion d'abufer les fimples & d'en tirer ce qu'ils peuuent: car ayant donné le mot à ceux qui font de la partie, ou mefme qui peuuent ignorer cette fourbe, le magicien pretendu peut auec vn fifflet, ou autre fignal auertir ceux de dehors de comter ledit argent, ou de departir ce qu'il leur aura luy mefme fait dérober: & s'il y a quelqu'vn caché derriere la charte, qui face l'efprit, comme l'on dit, en parlant comme ceux qui font danfer les marionnettes, les fimples croiront que ce font les perfonnes du tableau qui parlent, car on leur void ouurir la bouche & remuer les levres: & fi-toft qu'on ouure la feneftre, le tout s'euanoüit, comme l'on raporte des Sabats, où l'on veut que les forciers affiftent, & qui peut eftre font abufez par les images de leur fantaifie, où les medicamens & les demons peuuent figurer des grotefques, qui perfuadent aux pauures gens qu'ils ont veu, & qu'ils font entierement allez és lieux qui leur font reprefentez. De mefme qu'ils croyroient auoir efté au Sabat, fi quelqu'vn fe veftoit comme l'on a couftume de prefenter les Demons, & qu'vne troupé de gaillards danfaffent autour de luy dans vn parterre, en reprefentát mille fotifes; car le tableau d'vne chambre bien fermée reprefenteroit fi naïfuement toute cette comedie, qu'à moins que de fçauoir cette experience, l'on fe perfuaderoit quelque forte de magie.

Ceux qui ont des lieux aux champs peuuent auoir cette forte de Perfpeĉtiue à petits frais; & fi l'on defire voir les images toutes droites qui paroiffent renuerfées, il y a plufieurs moyens de les redreffer, tant par le moyen des verres conuexes des lunettes, que par le miroir, & meſme de les agrandir, pour les faire pareſtre au naturel, comme i'ay veu faire à feu Monſieur le Brun, General de la monnoye.

Or ſi vn peintre imite tous les traits qu'il void, & qu'il y applique toutes les couleurs qui paroiſſent auec viuacité; il aura vne Perſpectiue auſſi parfaite qu'on la puiſſe raiſonnablement deſirer.

Mais parce qu'vne chambre n'eſt pas ayſée à tranſporter, ſi ce n'eſt qu'on la veüille faire comme vn pauillon de guerre ou de campagne, le Peintre peut auoir vne forme de porte-feüille, ou de lanterne tellement percée d'vn trou, comme ladite chambre, que ne receuant de la lumiere que par ce trou, il verra au fond ſur vn papier fort blanc toutes les campagnes, les foreſts, riuieres, maiſons, coſtaux & tout ce qui pourra enuoyer des rayons à ce trou, repreſenté en perfection : & ce par vne autre ouuerture qu'il fera à coſté du portefeüille, ou de quelqu'autre ſemblable inſtrument, ſans que le iour de cette ouuerture puiſſe nuire à telle peinture, qu'il imitera ſur le meſme lieu pour remporter auec ſoy vne peinture immobile priſe ſur la mobile qui s'éuanoüit auſſi-toſt que le premier trou eſt bouché, ou qu'il change de ſituation.

Auant que de quitter cette chambre l'on peut remarquer que les eſpeces, & les images des obiets exterieurs ſoient celeſtes ou terreſtres, ſont receuës dans le fond de l'œil ſur la retine, comme dans vne chambre obſcure, dót l'vuée eſt le trou par où entrent ces images, & le chriſtalin conuexe ſert de verre pour groſſir les images, ou pour les rendre plus diſtinctes : de ſorte que ſi l'on prend vn œil de bœuf ſi toſt qu'il eſt mort, & qu'on coupe ce qui eſt derriere, ſans offenſer la retine, on void à trauers les eſpeces des obiets qui paſſent dans l'œil ; & il eſt aiſé de faire vn gros œil artificiel où l'on verra tout ce qui ſe paſſe dans le veritable œil, ſi l'on huile le papier du derriere, qui ſoit eſloigné d'vn petit chryſtal, comme la retine eſt eſloignée du chryſtalin. Et meſme l'on peut faire ledit papier mobile, afin de l'approcher ou de le reculer du chryſtal conuexe ſuiuant que les objets ſeront plus ou moins proches de cét œil artificiel.

L'on peut auſſi accommoder quelque petite couuerture au chryſtal, qui le puiſſe plus ou moins deſcouurir, afin de voir la difference qu'il y a de voir lors qu'il n'y a qu'vne petite partie du chryſtalin découuerte, & quand il eſt plus deſcouuert ; & de comprédre ce qui rend la viſion plus diſtincte ou confuſe, & ce qui fait pareſtre les obiets également éloignez plus ou moins grands, comme il arriue au Soleil, & à la Lune dont la grandeur ſemble eſtre double ou triple de celle qu'ils ont à l'éleuation de 20, ou 30 degrez ſur l'horizon. Car ſi cela vient ſeulement de ce que leurs images ſont plus grandes ſur la retine au matin, qu'à midy, & aux autres temps que ces luminaires nous paroiſſent beaucoup moindres, l'on verra par les differens retreciſſemens de l'ouuerture du chryſtal, & des differens éloignemens de la retine de l'œil artificiel tout ce qui en arriuera.

Cette pratique monſtre tout ce qui ſe peut deſirer en ce ſuiet, ſi l'on en excepte la maniere dont l'ame eſt excitée par cette peinture; car nous ne ſçauons point comme noſtre ame agit, & comme elle eſt determinée par la tranſmiſſion de ce qui ſe fait ſur la retine iuſques au ſens commun, ou à l'imagination, & à l'eſprit; & partant il ſuffit de remarquer que ſi le peintre a vne chambre portatiue, comme ſont les chaires qui ſeruent pour porter les hommes dans les ruës, ou 4 grands chartons ioints enſemble où il puiſſe mettre la teſte, il aura telle Perſpectiue qu'il voudra, & qui ſe formera dans vn moment en toutes ſortes de lieux, car la chambre ſuſdite eſt vn grand œil, comme l'œil eſt vne petite chambre, ſi l'on deſire d'eſtre aydé par là, il faut voir la 28 figure de la 2. planche, où l'image de la pyramide ABC, qui paſſe par le trou H, eſt renuerſée en DEF, comme elle ſe renuerſe dans l'œil, parce que le rayon interieur A de la pyramide va au point D de la charte, de ſorte que la dextre de l'obiet tient la gauche du tableau, & la gauche la dextre, à cauſe que les rayons ſe croiſent dans le trou, auquel ſe rencontrét les deux ſommets de deux pyramides, dont l'vne a ſa baſe dans l'obiet, & l'autre à la ſienne dans le tableau. Or bien qu'il arriue la meſme choſe à l'œil dont le fond reçoit les images renuerſées, neantmoins nous les voyons droites, parce que nous portons l'imagination aux lieux d'où nous ſommes frappez. Cecy eſtant poſé, i'aioûte les principaux axiomes de l'optique, afin de mieux entendre ce qui ſuiura.

AXIOME I.

Tout ce qui ſe void, eſt veu ſous vn angle.

CEcy eſt aiſé à comprendre par la pyramide, dont la hauteur AB eſt veuë ſous l'angle AHB, cat il n'importe que le point H ſoit pris pour le trou d'vne chambre ou pour celuy de l'vuée, qu'on appelle la prunelle. Or chacun peut dire ſous quel angle il void chaque choſe, lors qu'il ſçait l'éloignemét de l'œil d'auec l'obiet, qui ſert de rayon au cercle dont l'arc, où ſa corde contient les degrez ou la partie du degré de l'angle ſous lequel on void l'obiet, par exemple lors qu'on void vn grain de ſable éloigné d'vn pied, parce que le diametre de ce grain eſt 12 égal à la 120 partie d'vn pouce & que mechaniquemét nous pouuós faire le quart de la circonference, égal à vn pied & demy, il eſt ayſé de dire ſous quel angle on void ce grain de ſable, puis que ſon diametre eſt égal à la 120 partie d'vn pouce, c'eſt à dire à la 25 partie d'vn degré, de ſorte qu'on

te qu'vn bon œil peut voir le grain de fable fous cét angle , lors
qu'il eft éloigné d'vn pied, ou enuiron : fi quelqu'vn en veut faire
l'effay, il faut mettre le grain fur quelque chofe bien noire, & affez polie.

Il eft difficile de dire quel eft le moindre angle fous lequel on
peut voir vn objet illuminé ou lumineux , l'experience enfeigne
qu'on peut voir d'vne lieuë vne chandelle dont la flamme n'a qu'vn
demi-pouce en fon diametre : il femble que l'angle d'vne feconde minute eft le moindre, fous lequel on puiffe voir vne lumiere;
de forte que fi le Soleil eftoit tellement diuifé que la feule 1800.
partie de fon diametre, fuft veuë, c'eft à dire que le Soleil fuft reduit à vn globe lumineux, dont le diametre fuft moindre dix-
huiĉt cent fois, que celuy qu'il a, ce feroit le moindre obiet lumineux qu'on pût voir; neantmoins la viuacité de la lumiere des
eftoilles eft fi grande , que quelques vns ont remarqué que l'on
void les moindres fous l'angle de la fixiefme partie d'vne feconde, comme il doit arriuer fi toutes les eftoiles iointes enfemble
ne font veuës que fous vn arc , ou vn angle d'vne ou deux minutes.

AXIOME II.

*Chaque obiet eft veu d'autant plus grand , que fon image receuë dans la
retine eft plus grande.*

D'Autant que cette membrane tiffuë d'vne grande multitude de nerfs , eft le veritable organe, où les efprits vifuels
refident , pour porter la nouuelle, ou la fenfation des images à l'i-
magination, qui croit ce qui luy eft rapporté par ces meffagers ,
fans qu'elle puiffe eftre defabufée fi la raifon ne luy ayde.

AXIOME III.

*L'image de la retine eft d'autant plus grande, qu'elle y arriue fous vn plus
grand angle.*

IL fe fait 2 pyramides, ou 2 cones dans l'œil, dont les 2 fommets
font contigus : le fommet du cône exterieur a fa bafe dans l'obiet & fa pointe dans le trou de l'vuée, ou dans la prunelle ; & le cone interieur a fa pointe au mefme lieu de la prunelle , & fa bafe
dans la retine.

Or la verité de cét axiome paroift à la 28. figure de la 2. planche,
ou les pyramides A B C, & G I eftant égales, l'image de la premiere A B C eft plus grande en D E F, & l'image de la feconde G I,
eft moindre en K L : à caufe du plus grand angle H des rayons A
H, B H , & du moindre angle G H I. La demonftration dépend de
D

la 24. du premier. Mais ie ne parle point icy de ce que les differentes refractions qui se font par la rencontre des differentes humeurs de l'œil peut y changer : sur quoy l'on peut voir l'œil descheuer.

AXIOME IV.

Ce qui se void sous vn plus grand angle paroist plus grand.

IL faut entendre cét Axiome sans l'ayde de la raison, qui change souuent le iugement, parce qu'elle connoist d'ailleurs le different éloignement, & la differente situation des obiets égaux. Voyez la 29 figure ou les 3 fleches A B, C D, E F sont veuës sous le mesme angle A G B, & partant leurs images sont égales sur la retine ; mais parce qu'on sçait leurs éloignemens, & qu'AB est plus éloignée que CD, on iuge qu'AB est plus grande qu'AB.

Semblablement, l'on iuge qu'EF est plus grande que CD, à cause de la situation d'EF, qui la fait voir sous vn moindre angle que celuy sous qui elle se verroit toute droite, comme A B. Ce qui n'empesche pas que pour la Perspectiue qui suit la simple vision sans la correction du iugement, cét axiome ne soit veritable.

AXIOME V.

Ce qui se void sous moindre angle est moindre.

CEtte verité suit de l'autre, parce que la retine reçoit vne moindre image, quoy qu'à raison du different éloignement ce qui est plus grand puisse parestre plus petit: par exemple dans la 30. figure la fleche AB semble moindre que CD, quoy qu'elle soit égale, parce qu'elle est veuë sous vn moindre angle, à raison qu'elle est plus éloignée.

AXIOME VI.

Les obiets qui se voyent sous mesmes angles ou sous angles égaux, semblent estre égaux.

CE qui est vray, si la raison ne desabuse, comme elle fait lors qu'on croit voir le soleil ou la lune d'vne grandeur merueilleuse à leur leuer ou coucher, au lieu qu'ils perdent cette apparence à leur éleuation, soit qu'au leuer on s'imagine que ces astres sont plus proches de nous, ou que les vapeurs de la terre en soient cause.

Car il est constant que le Soleil n'est pas plus grand à son leuer, & mesme qu'il ne parest pas plus grand à l'œil qui le void par la

pinule de quelques inſtrumens, puis qu'il ne pareſt que ſous l'angle d'vn demy degré: il faut dire la meſme choſe de la lune.

AXIOME VII.

Tout obiet pareſt dans le rayon, qui porte ſon image ſur la retine.

L A pratique de la Perſpectiue dépend quaſi toute de cét axiome, puis qu'il faut mettre le propre lieu de chaque point
de l'obiet, au meſme point du tableau par où paſſe le rayon qui
porte l'image de chaque point : c'eſt pourquoy Euclide a fait
4 axiomes de ceſtuy-cy, à raiſon des 4 principales ſituations de
l'œil, qui peut eſtre en haut, en bas, à droit & à gauche, ſuiuant
les coſtez d'où viennent les rayons, voyez comme il les enonce.

AXIOME VIII.

Ce qui ſe void par des rayons plus hauts, paroiſt eſtre plus haut.

AXIOME IX.

Ce que l'on void par des rayons plus bas, pareſt eſtre plus bas.

AXIOME X.

*Ce qui ſe void par des rayons qui ſont plus à main droite, pareſt auſſi eſtre
plus à main droite.*

AXIOME XI.

Ce qui ſe void ſous des rayons plus à gauche, paroiſt eſtre plus à gauche.

M Ais parce qu'Euclide n'a parlé que de la ſimple viſion,
ſans conſiderer la Perſpectiue, voyez l'axiome qui ſuit.

AXIOME XII.

*Le lieu dans le plan d'vne choſe veuë ſe trouue où le rayon optique paſſant par
la choſe veuë touche ou rencontre le tableau.*

C E que l'on verra ſi clairement dans tous les exemples que ie
donne dans ces liures qu'il ne ſera pas beſoin d'autre Demonſtration que du témoignage de l'œil qui conuincra l'eſprit.

Des lignes & des points , qui font en vfage en cette methode de· Perfpe-
ctiue.

Es principales lignes font , la ligne de terre , la ligne horizontale ; les lignes radiales ; les diametrales ou diagonales.

Ce que nous appellons ligne de terre , & ce que les Italiens nomment *linea Piana* , ou *linea dello fpazzo*, eft la face anterieure du bas
du plan , où nous voulons mettre quelque obiet en Perfpectiue ;
par exemple , dans vn tableau , la ligne de terre eft le bas du mefme tableau , ou du plan de la fection , qui eft efleué à plomb fur
ladite ligne : cette ligne eft commune au plan Geometral , & au
Pefpectif : nous appellons plan Geometral celuy que nous figurons
fous la ligne de terre , dans lequel la figure eft defcrite au naturel,
& fans aucun racourfi : par exemple , dans la 3 figure de la 3 table,
le plan Geometral eft GIKH , auquel le triangle équilateral AB
C eft defcrit en fa proportion naturelle.

Exemple de quelques Perfpectiues.

A figure 31 de la 2 table fera comprendre tout ce que nous
auons dit iufques icy : fi l'on fuppofe que le plan ABCD eft
parallele à l'horizon : dans lequel foit defcrite la ligne EF veuë
par l'œil G , duquel on mene la perpendiculaire GH fur le plan A
BCD ; laquelle donne la hauteur naturelle de l'œil , qui void la ligne EF fous l'angle EGF.

Or fi l'on fait que le plan diafane IKLM , pofé entre l'œil G &
l'obiet EF , foit perpendiculaire au premier plan ABCD , il fera la
table , & fe nommera fection , parce qu'il coupe la pyramide Optique (ou fuiuant cette figure , le triangle optique EGF , parce que la
ligne EF luy fert de bafe) & laiffe la trace de la ligne NO pour marque des rayons qui portent la reffemblance de la ligne EF à
l'œil G.

L'on void femblablement le plan ABCD dans la 32 figure , lequel eft parallele à l'horizon , & le triangle EFR reprefente l'obiet, dont la Perfpectiue, ou l'apparence Scenografique NOS paroift
dans la fection IKLM perpendiculaire au plan , car les rayons portent cette image à l'œil G. Il faut donc premierement remarquer
que le plan ABCD eft parallele à l'horizon , dans lequel fe trouue
l'obiet , c'eft à dire la ligne EF , ou le triangle EFK.

En 2 lieu , que la ligne GH marque la hauteur de l'œil fur ledit
plan. En 3. lieu , que le plan IKLM perpendiculaire audit plan ,
doit eftre diafane , puis qu'il fert de fection , ou de verre , où l'apparence de l'objet doit eftre tracée , comme l'on void à la ligne
NO , & au triangle NOS.

Or cette fectió a plufieurs noms , car on l'appelle tableau , muraille,

toile, verre diafane &c. Cela eſtant poſé, ſi l'on veut troüuer l'apparence, ou le lieu du point E dans le plan IKLM, il faut, par le 12
axiome precedent, le prendre ou le marquer au lieu où le rayon optique GE mené par le point E arriue au plan IKLM, à ſçauoir au
point N; parce que l'obiet paroiſt dans le rayon, qui porte ſon
image ſur la retine: & bien que les differentes tuniques & les humeurs de l'œil rompent les rayons auant qu'ils arriuent au fond dudit œil, qu'on appelle *tunique retine*, ou ſimplement, *la retine*, ie ne
veux pas icy meſler ces refractions, d'autāt qu'il ſuffit pour les peintres, & pour ceux qui fōt des deſſeins & des Perſpectiues, de ſupoſer
que les rayons viſuels qui partent de l'obiet, & qui arriuent iuſques
à l'œil, ſont droits: de ſorte qu'il eſt certain que l'aparence du
point E ſe trouue au point N, auquel le rayon viſuel touche le plan
IKLM; & que ce point eſt dans le plan parallele à l'horizon ABCD:
il arriue la meſme choſe aux points des figures OQS, car les points
EQR ſont repreſentez dans la ſection.

D'où il s'enſuit, que ſi dans la 31 & 32 figure, l'œil eſt immobile au
point G, & qu'il regarde la ligne EF, ou le triangle EER, au delà de
la ſection IKLM: il pourra tellement deſcrire, ou peindre les images de tous les objets ſur le diafane IKLM, qu'il aura ſans aucune
autre connoiſſance la Perſpectiue, ou l'aparence NO & NOS de
la ligne EF, & du triangle EFC.

Mais on peut voir cette methode dans la Perſpectiue de Salomon de Caux, & dans celles de Sirigàt, & de Barocius, qui en explique les raiſons, & l'vſage dans la premiere partie de ſa Perſpectiue:
car ie prefere la metode que ie propoſe dans ce liure, & ſuis de meſme auis que Serlio & Dante, qui a remarqué dans la preface qu'il a
faite ſur la 2. regle de Barocius, que cét autheur abandonna la premiere methode, qu'il iugea trop longue & trop embroüillée, quand
il eut trouué celle dont ie mets icy les fondemens, & les demon-
ſtrations.

Ce plan eſt preſque touſiours au delà du tableau, comme l'on
void dans la 3 figure qui repreſente la diſpoſition de la figure 32 de
la table precedente, où le plan AMLD eſt au delà de la ſection IK
LM; & c'eſt là que l'on void que le triangle equilateral EFR eſt deſcrit geometriquemét ſans aucun racourci: & meſme ſans eſtre au de
là du tableau, afin d'éuiter la confuſion; ioint qu'il importe fort peu
que le plan ſoit deſſus ou deſſous la ligne de terre, pourueu que cela facilite l'operation.

Remarquez cependant que le triangle equilateral ABC de la 3 figure de la 3 table eſt deſcrit geometriquement dans le plan EFHG:
que les perpendiculaires ſont menées des points ABC à la ligne de
terre B1, C2, A3: & que toutes la 3 figure 1BA3 ſe tornent ſur la droite GH comme ſur vn axe, vers la partie anterieure, iuſques à ce qu'elle ſe repoſe dans le plan GHMA, & vous aurez le plan geometral
deſſous la ligne de terre, lequel vous rendra la partie ſuperieure

libre ,& degagée, pour y deſcrire l'apparenee de l'objet.

Or l'on appelle cette deſcription geometrique du triangle ABC, & de toutes autres ſortes de figures *Icnografie.*

Le plan Perſpectif, qu'on peut nommer Scenografic, n'eſt autre choſe que la ſection, ou le tableau, qu'on entend eſtre perpendicu-laire à la ligne de terre, & qui eſt eſtendu tout autant qu'il eſt neceſ-ſaire pour y deſcrire, les pauez, les campagnes, & toutes les autres figures planes, iuſques à la ligne horizontale.

Le plan EGHF qui eſt deſſus la ligne GH, fait voir le triangle di-minué *abc*; dont la reduction s'appelle *Scenographie.*

La ligne horizontale eſt le terme, de la plus grande eſtenduë de la veuë : elle eſt touſiours parallele à la ligne de terre, & eſleuée au deſſus d'icelle, de la meſme hauteur, de laquelle on ſuppoſe l'œil, eſtre eſleué ſur le plan, auquel eſt l'objet; comme ſi l'on ſuppoſoit que l'œil fût eſleué cinq pieds de haut ſur le plan, auquel repoſe l'objet, on doit faire la ligne horizontale parallele à la ligne de ter-re de la hauteur de cinq pieds, comme l'on void à la 31. figure de la 3 table, où le tableau I KLM à LM pour ſa baſe, & la ligne horizon-tale TV parallele à ſadite baſe, & P eſt le point principal, voyez en-core la 31 figure de la 2 table où l'œil G a 5 pieds de hauteur, depuis H iuſques à G, ſur le plan ABC, dans lequel la ligne E F eſt deſ-crite.

L'on met d'ordinaire en la ligne horizontale trois points qui ſe peuuent réduire à deux; l vn principal, & deux autres tiers poincts, qu'on appelle autrement points de diſtance; leſquels ſont mis d'vn coſté & d'autre du poinct principal, dont ils ſont egalement éloi-gnez; Or ces trois points peuuent eſtre reduits à vn poinct princi-pal, & à vn ſeul point de diſtance, pource que, comme nous mon-ſtrerons, toutes ſortes d operations ſe peuuent faire auec ces deux ſeuls poincts.

Le poinct principal en cette methode, n'eſt pas, comme quel-quesvns croyent, le poinct, où eſt ſuppoſé l œil : mais vn poinct dans la ligne horizontale, directement oppoſé à l'œil; il eſt le terme du rayon principal de la veuë; en la premiere figure de la 3 table c'eſt le point E, qui eſt appellé par Salomon de Caus, *poinct declinateur.*

Les tiers poincts, ou poincts de diſtance, ſont ceux, comme nous auons deſ-jà dit, qui ſont mis de part & d'autre également diſtans du poinct principal, comme dans la meſme figure, le poinct F, le-quel nous auons mis ſeul, pource que nous deſirons, qu'en cette pratique on ſe ſerue d'vn ſeul poinct de diſtance: & ce poinct ſe doit mettre touſiours ſur la ligne horizontale, auſſi loing du poinct prin-cipal, comme l'on ſuppoſe que l'œil eſt eſloigné du tableau, ou de la ſection : où il eſt à remarquer, que nous diſons *l'œil,* & non pas *les yeux,* pour ce qu'vn tableau de Perſpectiue, pour eſtre veu bien exa-ctement, ne doit eſtre regardé que d'vn œil.

Dans ladite 1. figure le point ſecondaire F eſt eſloigné de 12 pieds,

parce qu'il reprefente la 31 figure, dans laquelle l'œil G eft aufîi éloigné de 12 pieds du tableau IKLM.

Il y a encore des points contingens, ou accidentaux, dont nous
ne dirons rien, pource que l'on s'en peut abfolument paffer en cette methode, & pource que ie ne defire icy rien mettre des principes de la Perfpectiue commune, que ce qui eft precifément neceffaire pour l'intelligence de ce traité, afin de ne point ennuyer le
Lecteur en luy prefentant ce qu'il pourroit auoir veu ailleurs.

Quant aux radiales & diametrales, i'en traiteray dans l'aduis qui
fuit, apres auoir remarqué, que la ligne qui defcend de l'œil iufques au paué, auec lequel elle fait des angles droits, eft nommée par
quelques-vns *l'opterocatete*, telle qu'eft la ligne GH dans les figures
precedentes. Et la commune fection du paué ou du plan ABCD,
où la droite EF, eft tracée, & du tableau IKLM s'appelle *opterometre*;
& la ligne HE menée depuis le paué iufques à la bafe du tableau, fe
nomme *Dapedodramme*; qui conuient à la ligne HE; dont le contrat
E eft appellé par quelques-vns *Dapedogramme*.

AVIS NECESSAIRE,

Pour la conftruction des propofitions qui fuiuent.

POur proceder auec meilleur ordre, & pour me faire entendre par les moins verfez en cét art, fans eftre obligé de repeter plufieurs fois vne mefme chofe, i'ay iugé à propos de remarquer en ce lieu, auant que de mettre la main à l'œuure, que quand
nous defcrirons quelque figure au plan geometral, & que pour la
mettre en Perfpectiue, de tous fes angles nous menerons des perpendiculaires à la ligne de terre, nous appellerons abfolument ces
lignes, *perpendiculaires à la ligne de terre*, s'il n'eft autrement fpecifié; telles que font, dans la premiere figure, de la 3 table, les lignes AC, BM:
& les lignes, qui naiftront de l'extremité de ces perpendiculaires,
qui touche la ligne de terre, & feront menées au point principal,
s'appelleront radiales, comme font dans la mefme figure, les lignes
*c*E, *m*E: & les lignes, qui des points, où vont tomber les arcs de cercles en la ligne de terre, feront menées au point de diftance, fe nom-
meront diametrales, comme dans la mefme figure, les lignes *d*F,
*n*F, parce qu'elles naiffent de la diagonale, ou diametrale d'vn
quarré, comme nous dirons cy-apres. Quand nous parlerons de tirer vne parallele abfolument, elle fe doit entendre parallele à la ligne de terre, s'il n'eft autrement fpecifié.

Il faut encore remarquer que quand ie diray qu'il faut mener vne
ligne occulte, cela s'entendra d'vne ligne, qui ne doit point demeurer apres que l'operation eft acheuée, & qui fert feulemét pour trouuer quelque point, comme font en partie les radiales & les diametrales, &c. d'où vient qu'en trauaillant, on ne les marque d'ordi-

naire fur le papier qu'auec la pointe du compas ; & pour les diftinguer des autres, qui doiuent eftre veuës au tableau, apres que l'ouurage eft finy, nous les ferons le plus fouuent auec des points. Pour
ce qui eft des marques & caracteres de renuoy, i'ay marqué le plan
Geometral de chaque figure auec les lettres majufcules A B C D E
&c. & le racourci ou plan Perfpectif, auec les petites Italiques *abc*
de ; de forte que chaque lettre de ce plan fe rapporte à fa femblable
du plan geometral ; par exemple dans la premiere figure de la 3 table
l'apparence du point A, qui eft au plan geometral, eft le point *a* du
plan Perfpectif, & ainfi des autres. Ce qui fuffit pour entendre les
propofitions qui fuiuent.

PREMIERE PROPOSITION.

*Vn point eftant donné au plan Geometral, la hauteur de l'œil, & la
diftance d'auec le tableau eftant pareillement données, trouuer
l'apparence du mefme point au plan Perfpectif, ou
dans le tableau.*

SOit en la premiere figure, de la 3 planche au plan geometral G
IKH, le point A, au bout de la ligne AB, duquel on veut auoir
l'apparence dans la fection, ou au tableau, (comme nous l'appellerons cy-apres), que l'on conçoit efleué à plomb fur la ligne de terre
GH. Pour premiere difpofition, il faut, par la premiere propofition de nos Preludes geometriques, mener la ligne horizontale LF
parallele à la ligne de terre GH, de la hauteur dont on fuppofe l'œil
eftre efleué fur le plan (nous le fuppofons icy, efleué de cinq pieds)
& puis il faut marquer fur cette ligne le point principal en L, fi l'on
veut que l'œil foit vis à vis du point dont on defire auoir l'apparence
au tableau ; ou en E, fi l'on veut qu'il foit veu de cofté, par exemple
de l'efpace LE : nous le mettons icy en E ; Pour le point de diftance
on le mettra fur la mefme ligne, auffi efloigné du point principal,
que l'œil feroit efloigné du tableau ; nous le fuppofons éloigné d'enuiron douze pieds. En apres, du point A, duquel on veut auoir l'apparence au tableau, foit tirée la perpendiculaire AC ; & apres auoir
mis l'vne des pointes du compas fur l'extremité de la perpendiculaire, qui touche la ligne de terre au point C, de l'autre pointe foit oc-
cultement defcrit l'arc de cercle AD, qui fera la quatriefme partie
d'vne circonference. Du point C, en la ligne de terre, où tombe la
perpendiculaire AC, foit menée vne radiale au point principal E,
qui fera *c*E, & du point, où fe termine l'arc de cercle AD, en la mefme ligne, foit menée vne diametrale au point de diftance F, qui fera *d*F, & le point *a*, où elles s'entrecouperont, fera l'apparence requife du point A, qui eft au plan Geometral. Il eft aifé de faire le
mefme difcours fur la 31 figure, de la 2 planche, & fur toutes les autres figures.

COROLLAIRE

COROLLAIRE. I.

Par cette mesme proposition, l'on peut aisément trouuer au tableau l'aparence d'vne ligne droite donnée ; par exemple, de la
ligne AB, dans la mesme figure : car si à l'extremité B on opere de
la mesme façon qu'en A, par le moyen de la perpendiculaire BM, de
l'arc de cercle BN, de la radiale *m*E, & de la diametrale *n* F, leur intersection en *b* donnera l'aparence de ladite extremité, de laquelle estant menée vne ligne droite en *a*, on aura l'aparence entiere
de la ligne AB, en *a b*, parce que les lignes droites ne changeant
point de nature pour estre veuës dans vn tableau, ou dans vne Section droite, où elles demeurent tousiours droites, quand on a trouué l'aparence au tableau des deux points de leurs extremitez, la ligne droite menée de l'vn en l'autre est l'aparence requise desdites
lignes droites. Quant aux lignes courbes, ou circulaires, nous en
parlerons en traitant du racourcissement des cercles.

COROLLAIRE II.

L'on peut encore, par la mesme voye, donner l'aparence de toutes sortes de polygones, ou figures plates comprises de lignes droites, en trouuant l'aparence de tous les points de leurs angles, & en
les ioignant par lignes droites, selon leur disposition, au plan geometral ; mais pour vn plus grand esclaircissement, nous en donnerons quelques exemples sur les figures mesmes qui nous doiuent
seruir de plan pour les corps reguliers ; aprés auoir fait quelques re-
marques sur la regle de Perspectiue que nous proposons, pour en
faciliter l'intelligence & la pratique à ceux qui s'en voudront seruir.

Il faut donc premierement suposer, que cette pratique de racourcir, ou de mettre en Perspectiue toutes sortes de figure plates,
n'est pas differente de la maniere de mettre en Perspectiue des
quarrez qui ayent deux de leurs costez perpendiculaires à la ligne
de terre : secondement il faut tenir pour regle generale, que dans la
Perspectiue, les costez perpendiculaires de ces quarrez doiuent
tendre au point principal; & que leurs diagonales doiuent tirer vers
le point de distance : nous rendrons cecy plus familier par l'exemple des deux premieres figures.

Soit, en la seconde figure, le quarré PQRS proposé à mettre en
Perspectiue, ayant deux de ses costez PQ, SR, perpendiculaires à
la ligne de terre, & les deux autres costez PS, QR, paralleles à la mesme ligne de terre : il est certain que l'aparence des deux costez
perpendiculaires PQ, SR, se doit rencontrer sur les radiales *p*E, *s*E,
suiuant ceste maxime, que toutes les lignes qui sont au plan geometral perpendiculaires à la ligne de terre, doiuent en la Perspectiue

E

tendre au point principal. Pour l'aparence de la diagonale P R, elle doit se rencontrer sur la diametrale *p* E, suiuant cette autre maxime generale, que toutes les diagonales, ou diametrales des quarrez susdits tendent en la Perspectiue au point de distance ; & par cnosequent le triangle *prs* au tableau sera l'aparence du triangle P R S, qui est au plan geometral la ligne *pr*, qui represente la diagonale P R ; & la portion de la radiale *rs* represente la diagonale P R ; & le costé P S, *ps*, estant commun à l'vn & à l'autre, sur la ligne de terre. Et pour auoir l'aparence du quarré entier, il faut tirer du point *r* la parallele *rq*, qui rencontrera la radiale *p* E au mesme point que la diametrale *t* F ; & par consequent determinera la longueur de la ligne *p q*, & sera l'aparence du costé QR, qui est au plan geometral parallele à la ligne de terre; car les lignes qui sont au plan geometral parallele à la ligne de terre, luy sont encore paralleles dans la Perspectiue, ou dans leur aparence.

Or il faut remarquer sur ce que nous auons dit, que le racourcissement de toutes les figures plates n'est autre chose que le racourcissement des quarrez, qu'il n'est pas necessaire d'exprimer ces quarrez en toutes sortes d'operations: pourueu que l'on en suppose la moitié, qui fait vn triangle rectangle isoscele, dont l'vn des costez est sur la ligne de terre, le second luy est perpendiculaire, & le troisiesme qui soutend l'angle droit, exprime la diagonale d'vn quarré: par exemple pour trouuer l'aparence du point A, dans la premiere figure, il n'est pas necessaire de descrire tout le quarré D O A C, il suffit d'en supposer la moitié, qui fait le triangle rectangle isoscele D C A: ie dis qu'on le suppose, parce qu'il n'est pas necessaire de le former tout entier, pourueu qu'on ait les trois points de ses angles, dont le premier est en l'objet donné, par exemple au point A, le second est en C sur la ligne de terre, au point où tombe la perpendiculaire menée du premier A C: le troisiesme se trouue comme nous auons dit, en mettant l'vne des pointes du compas sur le bout de la perpendiculaire, qui touche la ligne de terre en C, & en faisant de l'autre pointe l'arc de cercle A D, qui va tomber au point D, aussi bien que la diagonale A D; ce qui est beaucoup plus facile & plus court que s'il falloit necessairement exprimer ladite diagonale A D.

Il n'est pas mesme absolument necessaire de descrire l'arc de cercle, puisque, sans le faire, la longueur de la perpendiculaire C A peut estre transportée sur la ligne de terre de C en D: & peut produire le mesme effet que l'arc de cercle: ie conseille neantmoins aux apprentifs de les former, afin qu'ils s'embarassent moins, & qu'ils discernent plus aisément d'où chaque radiale & chaque diametrale prouient: parce qu'elles doiuent, en leur intersection, donner l'aparence du point d'où elles sont produites toutes deux: comme la radiale *t* E, & la diametrale *d* F, doiuent, en leur intersection, donner l'apparence du point A, duquel elles ſont produites: à ſçauoir la radiale par le moyen de la perpendiculaire AC, & la diametrale par l'arc du cercle AD.

Il faut auſſi remarquer, que bien qu'en toutes les figures ie tranſporte la longueur des perpendiculaires à gauche par le moyen des arcs de cercle, comme dans la premiere & la ſeconde figure, par les arcs de cercle AD, BN, QT, RP, il eſt neantmoins libre de les mettre de quel coſté que l'on voudra, ſoit à droit, ou à gauche, car ils feront le meſme effet de part & d'autre, pourueu qu'ils ſoient touſiours mis du coſté contraire au point de diſtance, dont la ſituation ſe conſidere à l'eſgard du point principal: par exemple ſi le point de diſtance eſt en F, du coſté droit, où nous l'auons mis, il faut faire les arcs de cercle en la ligne de terre vers le coſté G: & ſi le point de diſtance eſtoit de l'autre coſté du point principal E, auſſi eſloigné comme F, (qui ſeroit iuſtement le point où la ligne V rencontreroit la ligne FL, ſi elles eſtoient continuées) il faudroit tranſporter les arcs de cercle du coſté H, à l'égard de leurs perpendiculaires; & au lieu de l'arc QT, on feroit l'arc QS, d'où la diametrale tirée au point de diſtance V, feroit le meſme effet que la diametrale tF, & donneroit en ſon interſection auec la radiale pE le point q, pour l'apparence requiſe du point Q, qui eſt au plan geometral.

Il eſt neantmoins expedient pour la pratique, lors que la figure doit eſtre veuë de coſté, comme le quarré PQRS, de mettre le point de diſtance plus prés de la figure, que plus eſloigné, parce que les radiales & les diametrales allant de ſens contraire donnent leurs interſections plus nettes, & plus preciſes: ce que l'on reconnoiſtra aſſez par la figure, & plus encore par l'experience.

PROPOSITION II.

LEMME I.

Si entre les lignes droites paralleles AD & CE les deux droites AE & DC ſe coupent au point B, AB ſera à BE, comme DB eſt à BC.

DAns les triangles ABD, EBC, l'angle BAD eſt égal à l'angle BEC, & l'angle DBA eſt égal à l'angle BCE, par la 29 du 1, & l'angle ABD eſt égal à l'angle EBC, par la 15 du 1, donc les trian-

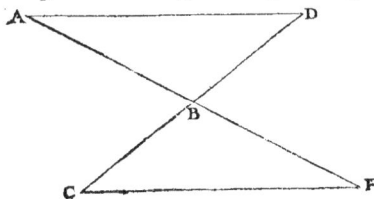

gles ABD, EBC ſót équiágles; donc, par la 4 du 6, leurs coſtez qui enuironnent les angles égaux, ſont proportionels, & partant EB eſt à BC, comme AB à BD; & en changeant, par la 16 du 5, DB eſt à BC, cō-

E ij

me AB à BE : donc les segmens A B, BE, D B, B C dés droites AE, DC, qui se coupent au point B, & qui sont entre les paralleles AD, CE, sont proportionels, c'est à dire, que DB est à BC, comme A B à BE, ce qu'il falloit demonstrer.

PROPOSITION III.

LEMME II.

Si les droites AE & DC *mises entre les paralleles* AD & CE *se coupent au point* B, AD *sera à* EC, *comme* AB à BE, *ou comme* DB à BC.

Nous auons monstré que les triangles ABD, EBC sont équiangles, donc, par la 4 du 6, leurs costez qui soutendent des angles égaux, sont homologues, donc AD est à EC, comme DB à BC, ou comme AB à BE, puis que AD & EC soustendent des angles é-égaux qui sont terminez par le point B, ce qu'il falloit demonstrer.

PROPOSITION IV.

LEMME. III.

Si les deux droites AE, DC *mises entre les deux paralleles* ADCE, *se coupent au point* B, & *que l'on descriue par ce point* B *la droite* FG *à discretion, qui coupe les paralleles* AD, & CE *aux points* F & G, AF *sera à* FD, *comme* EG à GC.

Le triangle AFB est équiangle au triangle EGB, & le triangle DFB au triangle CGB, puis que, par la 29 du 1. l'angle AFB est égal à l'angle EGB, & l'angle FAB à l'angle GEB. De plus, l'angle ABF est égal à l'angle EBG, par la 15 du 1. donc les costez qui soustendent les angles égaux sont semblables, par la 4 du 6. c'est à dire qu'EG est à GB', comme AF à FB ; & en permutant, FB est à GB, comme AF à EG, par la 16 du 5. Mais comme FD est à GC ainsi est FB à GB, donc, puis que les raisons qui conuiennent à vne autre raison, conuiennent entr'elles, EG est à GC, comme FD à EG, ce qu'il falloit demonstrer.

PROPOSITION V.

LEMME IV.

Soient les droites paralleles AB, CD, & ſoient pris les points A & B dans
la droite AB, & dans la droite CD, les points CF, ED, de ſorte que
l'eſpace CF ſoit égal à l'eſpace ED; & ſoient deſcrites les droi-
tes AD, BE, AF, BC, & la droite HG par les points de l'inter-
ſection, ie dis que HG eſt parallele à la ligne CD.

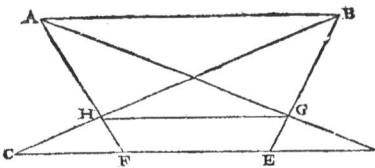

LE triangle AGB eſt
ſemblable au triá-
gle DGE, & AHB à FH
C, donc comme BG à G
E, ainſi AB à DE par la
4 du 6. & parce que DE
eſt égal à CF, par la 7 du
5, AB eſt à CF, comme
BH à HC, il s'enſuit, par l'onzieſme du 6. que BH eſt à HC, comme
BG à GE; donc par la 2 du 6. HG, & CE ſont paralleles, ce qu'il falloit demonſtrer.

PROPOSITION VI.

THEOREME.

La hauteur de l'œil ſur le plan eſt à la hauteur de l'image horizontale qu'on
void dans la commune ſection du plan optique & du tableau, comme
toute la ligne totale des diſtances eſt à la partie de cette ligne qui
ſe trouue entre l'obiet viſible & le tableau.

LA ligne des diſtances eſt la droite compoſée de la diſtance de
l'œil au tableau, & de celle du tableau au viſible, par exemple,
dans la 33 figure de la 2 planche, la droite HE eſt compoſée de HO
qui eſt perpendiculaire au tableau, & de la ligne OE qui donne la
diſtance du tableau IKLM au viſible E: que i'appelle viſible horizontal, parce qu'il eſt ſitué ſur ſon plan parallele à l'horizon, ſur lequel l'œil eſt éleué.

Cecy eſtant poſé, ie dis que ſi le point E de ladite 33 figure eſt ſitué dans le plan ABCD parallele à l'horizon, que la ligne perpendiculaire audit plan GH, ſoit la diſtance de l'œil G d'auec ledit plan: &
finalement que le tableau IKLM ſoit auſſi perpendiculaire audit
plan, la hauteur GH ſera à la hauteur perpendiculaire de l'image
horizontale conſiderée dans la commune ſection du plâ Perſpectif
GNEOH, & du tableau IKLM, comme toute la diſtance HE, à ſa

E iij

partie EO comprife entre le vifible E, & le tableau IKLM.

Car puis que la droite GH eft perpendiculaire au plan ABCD, le plan GHE luy fera auffi perpendiculaire, par la 18 de l'onziefme, & que le tableau IKLM & le plan GNEON font perpendiculaires au plan horizontal ABCD, leur commune feftion NO eft auffi perpendiculaire au mefme plan, par la 19 de l'onziefme. Et partant, les lignes GH, NO font paralleles entr'elles, par la 6. de l'onziefme. Par confequent, par la 2 du 6, la ligne NO coupera proportionellement les coftez du triangle GHE: & par la 5 du 6, les triangles GE GEH, NEO feront équiangles: & par la 4, ils feront proportionels.

Donc GH fera à NO, comme HE à OE: ce qu'il falloit demonftrer. On demonftrera la mefme chofe dans le triangle G X H, au regard du point X, bien qué HQ ne coupe pas la commune feftion perpendiculairement.

COROLLAIRE I.

SI la hauteur de l'œil eft à vne autre ligne, comme toute la diftance fufdite eft a fa partie comprife entre l'objet & le tableau, l'on aura la hauteur perpendiculaire de l'image vifible horizontale dans la commune feftion du tableau, & du plan Perfpeftif propofé.

COROLLAIRE II.

SI l'œil void des lignes paralleles également diftantes du pied du tableau, elles paroiftront auffi paralleles dans le tableau, par exemple, dans la 33 figure, la ligne EX eft parallele à la bafe du tableau ML, & le refte y paroift comme i'ay dit.

PROPOSITION VII.

THEOREME.

Les lignes droites lefquelles eftant fituées dans vn plan parallele à l'horizon, font perpendiculaires à la bafe du tableau, aboutiffent au point principal de la Perfpeftiue.

POur entendre cette propofition, voyez la 31 & 33. figure de la 2 planche, dont le tableau eft IKLM; l'œil G, fa hauteur GH, & la diftance, ou la ligne HO eft perpendiculaire à la bafe ML, auffi bien que la ligne EO.

Du point G menez au tableau la ligne GP parallele au plan horizontal, à HO, & au tableau, cette ligne monftrera le point principal en P.

Le rayon visuel GE, par lequel ou void le point E, coupera la ligne OP au point N, donc le point E paroistra au point N, puis que le rayon de l'œil GE qui regarde l'obiet, coupe le tableau audit point N Et partant le point E, qui dans l'Icnografie est dans la ligne perpendiculaire à la base du tableau, paroist dans la ligne qui aboutit au point principal de la Perspectiue. Il faut dire la mesme chose de la ligne XL, quoy que l'œil la voye obliquement, car le rayon visuel GX, de la 23 figure, monstre que le point X paroist au point R, & consequemment, dans la ligne LP qui aboutit au point principal. Ce qui arriue semblablement à tous les points de la ligne LX. Mais l'on entendra mieux tout cecy dans la proposition qui suit.

PROPOSITION VII.

Donner quelques exemples pour la pratique de la susdite methode.

LE premier sera d'vn triangle equilateral ABCD, dans la 3 figure de la 3 planche, (semblable à celuy qui seruiroit de plan au tetraëdre reposant sur l'vne de ses faces, ou mis perpendiculairement sur l'vn de ses angles solides, dont nous traiterons apres) lequel estant descrit au plan Geometral CHIK, aussi esloigné de la ligne GH, comme l'on desire qu'il paroisse dans la Perspectiue, par delà la section, ou auancé dans le tableau; il faut de toutes les extremitez ABC, & du milieu D mener les perpendiculaires B1, DC2, A3, & puis en mettant l'vne des iambes du cópas sur les points en la ligne de terre, où tombent lesdites perpendiculaires, à sçauoir és points 1. 2. 3. soient formez, de l'interualle de la longueur de chaque perpendiculaire, les arcs de cercle, du costé contraire au point de distance; par exemple le point de distance estant à droite en F, les arcs de cercle tomberont à gauche sur la ligne de terre, vers G, & seront marquez de mesmes chiffres que les perpendiculaires, d'où ils prouiennent: par exemple, en mettant l'vne des iambes du compas sur le point 1, en la ligne de terre, qui est l'extremité de la perpendiculaire B1, & en estendant l'autre iambe iusques en B, on formera l'arc de cercle, qui sera marqué du mesme chiffre 1, vers le bout duquel il touche la ligne de terre: de mesme, pour le suiuant; en mettant l'vne des pointes du compas en 2, sur le bout de la perpendiculaire DC2, premierement de l'interualle 2D, on formera l'arc de cercle, qui sera marqué au bout dont il touche la ligne de terre du mesme centre, & de l'interualle 2C, on formera l'autre arc de cercle, qui sera encore marqué au bout, dont il touche la ligne de terre, du mesme chiffre 2, parce que ces deux arcs de cercle naissent de la perpendiculaire marquée 2: l'on operera conformément sur la perpendiculaire A3, ce qu'estant fait, il faut mener de toutes les perpendiculaires des radiales au point principal E; & de l'extre-

mité des arcs de cercle tirer des diametrales au point de diſtance F,
& où elles s'entrecouperont reſpectiuement, marquer les points
principaux de la figure, qui ſe doiuent rencontrer dans leur interſection : par exemple à l'interſection de la radiale 1 E, & de la diametrale 1 F il faut marquer le point *b*, qui ſera l'aparence du point B,
qui eſt au plan geometral le point d'où naiſt la perpendiculaire B 1,
& l'arc de cercle B 1. On doit operer ſur toutes les autres lignes de
la meſme façon; & apres auoir trouué par leur interſection tous les
points des extremitez de la figure, il les faut conioindre auec des
lignes droites, ſuiuant la ſituation qu'elles ont dans le plan Geometral; par exemple ayant trouué, par l'interſection des radiales & des
diametrales, les points *a b c d*, il faut mener des lignes droites de *a*
en *b*; de *b* en *c*; de *c* en *a*; & du point *d* vers tous les angles *a b c*, & l'on
aura l'aparence du triangle ABCD.

Or d'autant que la multiplicité des lignes cauſe quelquefois de
l'embarras, & de la confuſion en ces operations, particulierement
és figures à pluſieurs angles, qui ont beſoin d'vn grãd nóbre de perpendiculaires, & de diagonales ou d'arcs de cercle, pour eſtre miſes en Perſpective, comme nous verrons cy-apres : nous auons deſ-
ja dit, qu'il faut marquer de meſmes chiffres les perpendiculaires
& les diagonales, ou arcs de cercles, qui naiſſent d'vn meſme point
au plan geometral, afin que l'interſection de la radiale & de la diametrale, qui en ſeront tirées, donne l'aparence du meſme point.
Mais pour mieux éuiter la confuſion, ie conſeille de mettre, comme i'ay fait icy, les chiffres des perpendiculaires ſous la ligne de terre, & ceux des diagonales, ou arcs de cercle au deſſus : car par ce
moyen l'on verra facilement que de tous les points en la ligne de
terre, qui ont leurs chiffres au deſſous, on doit tirer des radiales au
point principal, comme l'on void dans la troiſieſme figure, aux
points 1, 2, 3 : & de tous ceux qui ont leurs chiffres au deſſus, il faut
tirer des diametrales au point de diſtance, comme dans la meſme figure, des poincts, 2, 1, 2, 3.

L'on connoiſtra encore facilement par ce moyen, quand il y aura deux arcs de cercle marquez de meſmes chiffres, qu'ils doiuent
donner deux points ſur la radiale : comme dans la figure du triangle, les arcs de cercle D 2, C 2, doiuent ſur la radiale 2 E, marquer
deux points par l'interſection de leurs diametrales, l'vn pour vn
des coins du triangle C, l'autre pour le milieu D, parce qu'ils ſont
en vne meſme ligne droite perpendiculaire à la ligne de terre : & ſi,
au contraire, deux diagonales ou deux arcs de cercle tombent ſur
vn meſme point dans la ligne de terre, & qu'au deſſus de ce meſme
point ſoient marquez deux chiffres differens : comme en la quatrieſme figure qui eſt vn quarré, les diagonales ou quarts de cercle qui
naiſſent de la 2 & 3 perpendiculaire, tombent au meſme point marqué 2, 3, c'eſt à dire que la diametrale tirée de ce point au point
de diſtance, doit, en coupant les deux radiales de ces perpendiculaires,

laires, donner deux points, à ſçauoir en coupant la radiale o E, donner le point m, & en coupant la radiale 3 E, donner le point n. Et ſi
en la ligne de terre il tombe vne perpendiculaire & vn arc de cercle ſur vn meſme point; & qu'il ſoit marqué de chiffres deſſous &
deſſus : il faut de ce point tirer vne radiale au point principal, & vne
diametrale au point de diſtance; voyez dans la meſme figure du
quarré, où le point marqué 3 eſt au deſſous de la ligne de terre, &
marqué 2 au deſſus, parce que la troiſieſme perpendiculaire N 3 y
tombe, auſſi bien que le quart de cercle P 2, c eſt pourquoy il en
faut tirer la radiale 3 E, & la diametrale 2 F.

COROLLAIRE I.

Apres ces obſeruations, ie croy qu'il ſera facile de donner l'apparence non ſeulement du quarré LMNO, qui eſt en la quatrieſme figure; mais encore de toute autre ſorte de polygones reguliers ou irreguliers, ou figures plates compriſes de lignes droites, en y procedant comme i'ay dit, mais tant en ces figures, qu'és autres, dont
nous traiterons cy-apres, l'vſage apportera vne grande facilité à
ceux qui s'y exerceront, & qui deſcouuriront les moyens d'abreger
en pluſieurs rencontres cette methode, qui eſt la meilleure, ſans
qu'il ſoit beſoin des methodes particulieres pour chaque figure;
car auec peu d'addreſſe on en trouuera tant qu'on voudra : par
exemple puis qu'on ſçait que toutes les lignes du plan geome tral
parelleles à la ligne de terre, luy ſont auſſi paralleles en la Perſpectiue; & que les points AB de la troiſieſme figure, & le point M de la
quatrieſme ſont en vne meſme ligne parallele à la ligne de terre, il
s'enſuit qu'apres auoir trouué l'apparence du point A, qui eſt en a
au tableau, il faut tirer vne parallele a b m, & l'on aura l'apparence
des trois points ABM ſur les radiales qui en prouiennent, ſans qu'il
ſoit neceſſaire pour ces points de former les arcs de cercle, ny en tirer les diametrales au point de diſtance.

COROLLAIRE II.

On recognoiſtra encore de ce que nous auons dit de cette methode, que pour mettre en Perſpectiue vn pauement de quarrez,
qui ont l vn de leurs coſtez parallele à la ligne de terre, comme celuy de la cinquieſme figure A B C D, il n'eſt pas beſoin d'en faire le
plan geometral, mais qu'il ſuffit, la grandeur des quarrez eſtant
donnée, de la tranſporter ſur la ligne de terre autant de fois qu'on
veut auoir de quarrez dans la largeur du pauement; comme dans
cette figure pour vn pauement large de cinq quarrez, la largeur
donnée eſt miſe cinq fois ſur la ligne de terre és nombres 1. 2. 3. 4. 5.
deſquels il faut tirer des radiales au point principal E : & pour la
longueur ou profondeur du pauement, apres auoir determiné la

quantité des quarrez, comme icy de 5, autant qu'en largeur, il faut
de l'extremité du cinquiesme quarré, qui est icy en *a*, tirer vne diametrale au point de distance F, qui sera *a* c F, & en tirant des paralleles par les intersections qu'elle fera auec chaque radiale, on aura
le racourci du pauement aussi parfait que si l'on en auoit fait le plan
geometral, tiré les perpendiculaires & les arcs de cercle, &c. Ce
qui se recognoist en examinant la figure ; venons aux figures plattes
comprises de lignes courbes ou circulaires.

PROPOSITION IX.

Appliquer l'vsage de cette regle au racourcissement des cercles
& autres figures comprises de lignes-courbes.

POur mettre vn cercle en Perspectiue, il faut faire le plan naturel du mesme cercle au dessous de la ligne de terre, comme en
la 6 figure de la 4 planche, ABCDEFGH : & le diuiser à discretion,
en autant de parties qu'on voudra : nous l'auons icy diuisé en huict,
és points A B C D E &c. & puis de tous les points de ces diuisions,
comme nous auons fait és figures rectilignes de tous leurs angles, il
faut mener des perpendiculaires, & des diagonales, ou arcs de cercle, sur la ligne de terre, & des points qu'elles y marqueront, il
faut tirer des radiales au point principal L, & des diametrales au
point de distance M, & où elles s'entrecouperont, elles donneront
les points respondans à ceux de la diuision du cercle parfait, qui seront *abcdefgh*, par lesquels conduisant des lignes courbes de
l'vn à l'autre, à sçauoir d'*a* en *b*, de *b* en *c*, &c. on aura le cercle mis
en Perspectiue en *abcdef*, &c. Remarquez qu'en la presente figure, & en celle qui suit les parties de la circonference du cercle racourcy *abcde*, &c. ne sont pas conduites à la main, mais auec le trait
du compas : dont il y a vne raison particuliere que ie declareray
apres, car ie ne veux pas icy donner vne methode generale qui s'e-
stende non seulement à toutes sortes de cercles mis en toutes sortes de façons, & veus de tel point qu'on voudra : mais aussi à toutes
sortes d'ovales, d'ellipses, & autres figures qui naissent de la section
du cone, que l'on peut racourcir ou mettre en Perspectiue par cette methode, en trouuant plusieurs points de leur courbeure &
les conjoignant apres par lignes courbes, comme nous auons
dit.

Or bien que pour l'ordinaire la figure qui represente le cercle au
tableau soit vne ovale ou ellipse, comme l'on recognoistra en operant : neantmoins, par la cinquiesme du premier des Coniques d'A-
pollonius, il se peut faire autrement, à sçauoir quand vn cone scalene est coupé d'vne section soucontraire : car pour lors l'apparence
mesme du cercle est aussi vn cercle parfait : ce qui a donné occasion
aux deux suiuantes propositions, qui sont assez curieuses, pour le

racourciſſement des plans. La premiere, vn cercle eſtant donné en
vn plan, le point de diſtance eſtant pareillement donné, & la ſection
ou le tableau repoſant perpendiculairement ſur le plan, trouuer la
hauteur de l'œil, ſelon laquelle, le cercle eſtant mis en Perſpectiue,
ſon aparence ſoit auſſi vn cercle parfait. La ſeconde vn cercle
eſtant donné en vn plan, la hauteur de l'œil eſtant pareillement
donnée, & la ſection où le tableau repoſant perpendiculairement
ſur le plan, trouuer la diſtance ſelon laquelle le cercle eſtant mis en
Perſpectiue, ſon aparence ſoit auſſi vn cercle parfait. Nous donnerons la ſolution de ces deux problemes, apres auoir propoſé deux
Lemmes, qui doiuent ſeruir à leur conſtruction, pour ceux qui
ayans quelque cognoiſſance de la Geometrie veulent ſçauoir par
principes ce qu'ils ont à pratiquer : quant à ceux qui ſont purement
praticiens, à qui les termes de Geometrie donnent de la peine, ils
pourront paſſer par deſſus, pource que nous en donnerons cy-apres
vne pratique plus familiere, és ſuſdites quatrieſme & cinquieſme
propoſitions.

PROPOSITION X.

LEMME V.

Quand les lignes droites tirées d'vne ligne courbe perpendiculairement ſur la
ſouſtendante de cette courbe ſont en telle raiſon que le quarré de cha-
cune eſt égal au rectangle contenu par les parties de la baſe ou ſou-
ſtendante coupée par ladite courbe, la courbe eſt la circonfe-
rence d'vn cercle.

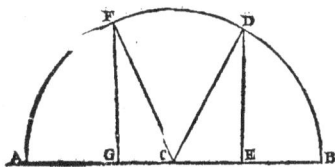

SOit la courbe AFD
B, & ſa ſouſtendan-
te la droite AB : & que
des 2 points FD, l'on
mene les 2 droites FG,
& DE perpédiculaires à
la baſe AB, ide ſorte que
le quarré de FG ſoit é-
gal au rectangle AGB,
qui ſont les parties de
la baſe, & que le quarré DE ſoit égal au rectangle AEB, ie dis que
la ligne AFDB eſt la circonference d'vn cercle. Voyez la 5 du 2.

PROPOSITION XI.

LEMME VI.

Quant vn plan parallele à la base du cone, coupe le cone il engendre
vn cercle.

Voyez la description du cone dans la 18 definition de l'onzié-
me d'Euclide, & sa figure ABCL, laquelle est engendrée par
le triangle rectangle AEC qui se torne autour de son costé AE, demeurant immobile comme vn axe, iusques à ce qu'il reuienne au
mesme lieu d'où il est parti.

Soit le cone ABC coupé par le plan FGIK parallele à la base B
DCL, la section FGIK sera vn cercle, dont vous pouuez voir la demonstration dans Apollonius, & Claude Mydorge, sans qu'il soit
besoin d'en grossir ce liure.

On nomme le cone, rectangle, lors que son axe, qui est icy AB,
est perpendiculaire à la base BDCL: & quand le cone est scalene,
il en arriue autrement, comme l'on void dans la proposition qui
suit.

PROPOSITION XII.

LEMME VII.

Si vn plan coupe par l'axe vn cone scalene en faisant des angles droits auec la
base, s'il est encore coupé souz-contrairement par vn autre plan coupant
perpendiculairement le triangle fait par l'axe, la section de la surface
du cone sera la circonference d'vn cercle.

SOit le cone scalene BAC, dont le sommet est le point B, sa base, le cercle ALC, & qu'vn plan coupant e cercle perpendiculairement, engendre le triangle ABC: & qu'vn autre plan le coupe
en telle sorte qu'il face des angles droits auec ABC, qui retranche du costé B le triangle BDC semblable au triangle BAC, mais
ayant sa position souscontraire, & le mesme sommet B, mais sa base
non parallele à sa base AC & DC.

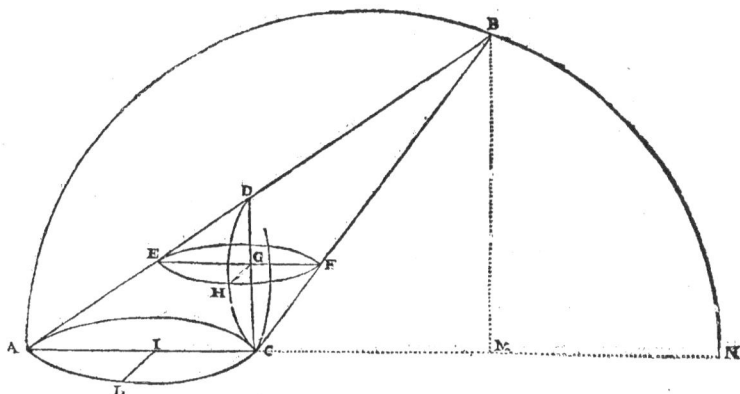

Et que ce plan ait pour section dans la surface du cone la ligne DHC, elle sera la circonference d'vn cercle, dont on peut voir la demonstration dans les autheurs susdits qui ont expressement traité des sections coniques.

PROPOSITION XIII.

LEMME VIII.

A deux lignes droites données, trouuer vne moyenne proportionelle.

SOient, en la sixiesme figure de la 4 planche, les deux lignes droites données ON, NP, ausquelles il faut trouuer vne moyenne proportionelle : qu'elles soient premierementiointes ensemble au point N, & disposées en vne ligne droite O P, laquelle ligne O P soit diuisée en deux parties égales au point *a*, duquel comme centre, & de l'interualle *a*O, ou *a* P soit descrit le demy cercle O QP; & puis soit esleuée du point N, où les deux lignes données sont conjointes, vne perpendiculaire qui rencontrera la circonference du demy-cercle en Q, & sera la moyenne proportionnelle requise N Q.

L'on peut encore trouuer cette moyenne proportionelle par le moyen du compas de proportion, dont l'vsage est facile, & commun.

PROPOSITION XIV.

LEMME IX.

Trouuer vne ligne droite, laquelle iointe à vne autre ligne droite donnée, ait la
mesme proportion à quelqu' autre semblablement donnée, que cet-
te-cy à celle qui sera trouuée.

Soient, en la septiesme figure de la 4 planche, les deux lignes
droites données NQ, NR : qu'il faille trouuer vne ligne, laquelle iointe auec NR, ait la mesme proportion à la ligne NQ, que
NQ à celle qui sera trouuée. Que les lignes NQ, & NR soient iointes ensemble au point N, à angles droits, & que NR soit diuisée en
deux parties égales au point *a*, duquel comme centre, & de l'interualle *a*Q, soit descrit le demy-cercle OQP, qui coupera la ligne N
R prolongée de part & d'autre en O, & en P, & donnera N O, ou
R P pour la ligne demandée, laquelle iointe à NR, aura la mesme
proportion à NQ, que NQ à NO, ou RP, ce qu'il falloit faire.

PROPOSITION XV.

Vn cercle estant donné en vn plan, la distance estant pareillement don-
née, & la section, ou le tableau reposant perpendiculairement sur
le plan, trouuer la hauteur de l'œil, selon laquelle, le cercle estant
mis en Perspectiue, son aparence soit aussi vn cer-
cle parfait.

Soit en la sixiesme figure, de la 4 planche le cercle donné AB
CDEFGH, dont le diametre soit NR, & la distance de laquelle il doit estre veu, ON, ou RP : il faut, par le 8 Lemme, trouuer vne
moyenne proportionnelle entre ON, & NP, & elle sera la hauteur
de l'œil requise, selon laquelle le cercle ABCDE, &c. estant racourcy, son aparence sera vn cercle parfait

Autrement soit le diametre du cercle donné NR, & soit mise de
part & d'autre, en ligne droite, la distance donnée, comme icy N
O, R P; & le tout estant diuisé en deux parties egales en *a*, du point
a comme centre, de l'interualle *a*O, ou *a* P, soit descrit le demy cercle OQP, & du point N, ou R, soit esleuée vne perpendiculaire iusques à la circonference du demy-cercle, qui sera NQ, & elle sera la
hauteur de l'œil demandée, suiuant laquelle si l'on fait vne ligne ho-
horizontale parallele à la ligne de terre, & si l'on place en icelle le
point principal vis à vis du centre de l'objet en L, & le point de distance en M, de l'esloignement donné R P, & si l'on racourcit, ou si
l'on met en Perspectiue le cercle ABCDE, &c. son aparence au
tableau sera vn cercle parfait, comme l'on void dans la figure *abcd*

e fgh, dont la circonference circulaire paſſe par tous les points des interſections des radiales, & des diametrales qui repreſentent les points des diuiſions du plan geometral.

Vn cercle eſtant donné en vn plan, la hauteur de l'œil eſtant pareillement donnée, et la ſection, où le tableau repoſant perpendiculairement ſur le plan, trouuer la diſtance, ſelon laquelle le cercle eſtant mis en Perſpectiue, ſon aparence ſoit auſſi vn cercle parfait.

SOit, en la ſeptieſme figure de la 4 planche, le diametre du cercle donné NR; la hauteur de l'œil pareillement donnée NQ: il faut, par le 9 Lemme, trouuer vne ligne, laquelle iointe à NR, ait la meſme proportion à NQ, que NQ à celle qui ſera trouuée, à ſçauoir à RP, lequelle ſera la diſtance ſelon laquelle le cercle AECDE &c. eſtant mis en Perſpectiue, ſon aparence ſera auſſi vn cercle parfait; ou plus intelligiblement pour les moins verſez en la Geometrie.

Soit en la meſme figure le cercle donné ABCDE &c. la hauteur de l'œil ſemblablement donnée NQ: il faut trouuer la diſtance ſelon laquelle le cercle eſtant mis en Perſpectiue ſon aparence ſoit auſſi vn cercle parfait. Soient premierement le diametre du cercle NR, & la hauteur de l'œil NQ, ioints enſemble à angles droits, ou à l'équiere en N, puis le diametre NR diuiſé en deux également en *a*, & dudit point *a*, comme centre, & de l'interualle *a*Q ſoit deſcrit le demy-cercle OQP, lequel coupant la ligne NR prolongée de part & d'autre en O, & en P, donnera NO, ou RP pour la diſtance requiſe, laquelle eſtant portée de L en M, & l'operation eſtant acheuée, comme nous auons dit en la 15 propoſition, l'aparence du cercle ABCD &c. ſera auſſi vn cercle parfait, comme il eſt requis.

Il eſt euident par ce qui precede, que tant en cette operation qu'en la precedente apres auoir trouué la hauteur de l'œil, ou le point de diſtance conuenable, pour auoir l'aparence entiere du cercle il faut trouuer l'aparence du diametre perpendiculaire à la ligne de terre, comme eſt le diametre AE; l'apparence ſe trouuera par le moyen de la radiale *a* L, & de la diametrale SM, qui s'entrecoupent au point *e*; & cette aparence ayant eſté trouuée, doit eſtre diuiſée en deux également au point *k*; duquel comme centre, & de l'interualle *k*a, ou *k*e, ſoit deſcrit le cercle *abcdefgh*, qui ſera l'apparence requiſe, ſans qu'il ſoit beſoin d'operer ſur les autres points de la circonference, comme il faut faire d'ordinaire en d'autres rencontres ; où il est à remarquer que le point *k*, centre naturel du cercle *abcdefgh*, n'est pas l'aparence du centre du cercle, A B C D E &c. mais le point *i*, comme il est assez exprimé dans la figure.

COROLLAIRE II.

Il y a dans la Perspectiue des plans quantité d'autres semblables propositions, comme de faire en sorte que l'aparence d'vne ellipse, ou d'vne ovalle soit vn cercle parfait &c. mais ie les passe sous silence, puis que ie n'ay proposé celles-cy que pour donner quelque eschantillon des gentillesses de la Perspectiue en ce sujet, n'ayant autre dessein que de donner ce qui est precisément necessaire dans la Perspectiue des plans, pour l'intelligence & la pratique des propositions, qui suiuent & qui traitent des cinq corps reguliers, & de quelques reguliers composez, & d'autres irreguliers : c'est pourquoy ie renuoye le lecteur curieux qui desirera se satisfaire plainement en cette matiere à la Perspectiue de Guide Vbalde & d'Aguilonius qui traite des proiections au sixiesme liure de ses optiques.

PROPOSITION VII.

LEMME II.

Trois lignes estant données trouuer la quatriesme proportionelle.

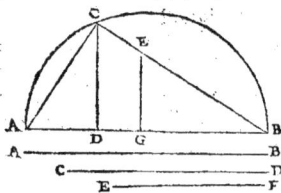

SOient les 3. lignes données AB, CD, EF, ausquelles il falle trouuer vne 4 proportionelle, c'est à dire qui aye mesme raison à la ligne E F, que la ligne AB à la ligne CD, ou CD à CF. Il faut donc pour ce suiet descrire le demy cercle ACB sur la plus grande AB, qui sera son diametre, & puis il faut appliquer audit cercle la ligne CB égale à la seconde CD : cecy estant fait, les points CA doiuent estre coniointes par la ligne CA ; & puis soit menée du point C, la ligne perpendiculaire à la base AB, & sur la ligne BC soit prise la droite BE égale à la 3 proportionelle FE ; & finalement, du point E soit menée la ligne EG perpendiculaire à BA, l'on aura BG pour la 4 proportionelle.

La seconde maniere de trouuer la mesme quatriesme proportionelle semble fort ingenieuse, c'est pourquoy i'aioute cette figure, dans laquelle soient les trois mesmes lignes precedentes A B, C D, E F.

Descriuez

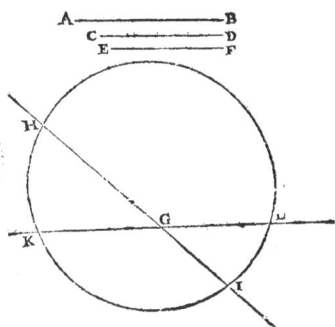

Defcriuez deux droites HI & KL qui fe coupent à tels angles qu'on voudra au point G , & qui foient prolongées tant qu'il fera neceffaire, & prenez dans la ligne HI, en commençant au point G, la ligne GH égale à la premiere des proportionelles AB, & dans la droite KL, prenez GK égale à la feconde CD , & GL égale à la 3 FE ; & puis defcriuez vn cercle par les 3 points KHL par la 25. du 3, fa circonference donnera GI pour la 4 proportionnelle.

Ce que nous appliquerons icy à la Perfpectiue : & pour ce fuiet, foit, dans la 8 figure de la 5 planche, le tableau FGHI, auquel il falle marquer l'apparence du point A, qui eft éloigné de la bafe dudit tableau, dans le plan geometral, de la ligne perpendiculaire AL. Que la ligne IB foit la diftance du tableau à l'œil, dont la hauteur eft BC, & le point B eft le pied affis fur le paué. Cecy eftant pofé, vous trouuerez le lieu de l'apparence du point donné A.

Et pour ce fujet, menez du point B au point A la droite BA, qui coupera la bafe du tableau au point D, duquel eleuez la perpendiculaire DE, fi vous faites, foit auec le compas de proportion, ou autrement, que DE foit à BC, comme DA eft à BA, vous aurez le lieu de l'apparence du point A.

Or cette 4 proportionelle fe trouue encore ayfement en cette maniere. Que le point A, & tout le refte foit donné comme cy-deuant, tirez du point B au point A la droite BA, & du point B defcriuez vne ligne parallele à la bafe du tableau BC, qui foit égale à la hauteur de l'œil : & puis du point C menez la droite CA ; les droites BA & CA couperont la bafe du tableau , puis que l'on fupofe que le point A eft par delà le tableau, & par ce que BC eft parallele à DK, elles auront mefme raifon que BA à BD par la 4 du 6. donc fi DK eft perpendiculaire à la bafe du tableau au point D, la droite DE fera la 4 proportionnelle.

Ie laiffe vne grande multitude de Corollaires que l'on peut deduire de ce que i'ay dit, afin de parler de la Perfpectiue des objets eminens ou fublimes.

G

PROPOSITION XVIII.

La hauteur perpendiculaire du point eminent est à la hauteur de sonimage dans la section du tableau & du rayon visuel, sur l'aparence de sa base, comme la ligne totale des distances à la partie de ces distances qui se trouve depuis le pied insques au tableau.

SOit, dans la 9 figure de la 5 planche, le tableau IKLM, l'œil G, sa hauteur GH, l'éloignement du tableau HC, le point visible horizontal A directement opposé à l'œil ; le point eminent B, qui s'appuye sur le point A par le moyen de la ligne BA.

Soient menées les droites HCA, GDA, & GEB ; & du point C, où HC coupe la base du tableau, soit éleuée la perpendiculaire CDE, le point D representera dans le tableau l'image du point A horizontal, & le point E representera le point eminent B.

Or la hauteur perpendiculaire NO du point eminent B est à la hauteur aparente RS, dans le tableau sur le point R hauteur de sa base, comme CH, NP, qui est la longueur de la ligne des distances, à sa partie CH, qui est entre le pied & le tableau, ce qu'il falloit demonstrer.

COROLLAIRE I.

Il faut remarquer que l'aparence des obiets égaux plus ou moins éloignez se trouve égale dans le tableau, quoy qu'il faille diminuer leurs peintures suiuant leurs éloignemens, afin qu'ils produisent de moindres, ou de plus grandes images dans le fond de l'œil, ou sur la retine.

Or l'on peut voir comme 2 ou plusieurs colomnes égales differemment éloignées doiuent estre égales sur le tableau : ce qu'il faut aussi conclurre de tous les autres obiets.

Soient donc les 2 colomnes AB, NO, opposées à l'œil G, dans le plan parallele au tableau IKLM : dont la plus éloignée soit NO, & la plus proche AB : DE, RS leurs apparences dans le tableau sont égales ; car puis que le plan sur lequel sont les colomnes & le tableau sont paralleles, les sections faites sur le tableau par les rayons visuels allant de l'œil G ausdites colomnes, seront aussi paralleles par la 16 de l'onziesme.

PROPOSITION XIX.

LEMME. XI.

*Que les lignes A D, CD, de la figure de la 5 planche, se rencontrent à angles
droits au point D, que dans chacune l'on prenne deux points AB, C N. à
discretion, & que les droites AN, BN, A C & BC soient descrites, & FI
parallele à DC. Si du point I l'on mene la droite IH parallele à la ligne AB,
iusques à BN, & du point F la ligne FG aussi parallele à la ligne AB, iusques à la ligne BC, les lignes IH & FG seront égales.*

CAr, dans la 10 figure de la 5 planche, parce que dans le triangle
BNA la ligne IH est parallele à la ligne AB, NI est à IA, comme NH à HB, par la 2 du 6. & tout de mesme parce que la ligne I F
du triangle NAC est parallele à la ligne DC, CF est à FA, comme N
I à I A: & parce que FG est parallele à la ligne AB, CG est à GB, comme CF à A; & partant CG est à GB, comme NH à HB, donc par la
2 partie de la 2- Proposit. du 6, HG est est parallele à D C, ou IF: I
H est parallele à FG, comme à BA, donc IHGF est parallelogramme; & par consequent les costez IH, FG sont paralleles par la 34 du
1. ce qu'il falloit demonstrer.

PROPOSITION XX.

*Estant donnée la hauteur naturelle d'vne ligne perpendiculaire sur vn
plan, trouuer sa diminution, ou sa Perspectiue, selon le lieu
de son assiete audit plan, ou son auancement dans
le tableau.*

DE cette proposition dépend toute la Perspectiue des corps ou
figures solides, c'est pourquoy il la faut deduire clairement
& amplement.

Soit donc, en la huictiesme figure de la 6. planche, la hauteur
naturelle de cette ligne donnée, égale à l'vn des costez du quarré D
EFG, par exemple à la ligne DE; il faut pour disposition mettre cette hauteur perpendiculairement sur la ligne de terre, à droit, ou à
gauche, comme AB, & de ses extremitez tirer des lignes droites occultes à quelque point de la ligne horizótale à discretió : car l'on aura par tout le mesme effet; neámoins il faut prédre garde de les tirer
à vn point vn peu esloigné de ladite ligne AB; autrement on auroit de la peine à s'en seruir pour l'effet que nous pretendons; comme icy des extremitez A, B, nous auons tiré au poinct C, qui est le
poinct principal de la perspectiue, les lignes occultes AC, BC: ce
qu'estant ainsi disposé, on trouuera facilement la hauteur perspe-

G ij

ctiue de cette ligne, autant auancée sur le plan, & en quelque endroit du tableau que l'on voudra qu'elle soit: par exemple, qu'il falle trouuer en la Perspectiue la hauteur de cette ligne lors qu'elle sera supposée tomber perpendiculairement sur le point e, ou g (qui sont les apparences d'E & G, trouuées par la premiere proposition de ce liure) car c'est la mesme chose, l'vn & l'autre estant dans vne mesme ligne parallele à la ligne de terre, & par consequent l'vn & l'autre egalement auancé sur le plan. Il faut donc du point Q, vers AB tirer vne parallele à la ligne de terre, qui rencontrera la ligne A C au poinct m, duquel poinct m, la perpendiculaire à la ligne de terre, & parallele à AB, au point ou elle rencontrera l'autre ligne occulte BC, sçauoir en n, determinera MN, pour la hauteur requise, laquelle estant mise perpendiculairemét sur le point e, ci sera la hauteur Perspectiue de la ligne AB suposée en e, ou en g, comme nous auons dit. Or pour trouuer la hauteur Perspectiue de la mesme ligne sur le point f, il faut operer en la mesme façon en tirant du point f vers la ligne occulte AC, vne parallele qui la rencontre au point o, duquel esleuant semblablement vne perpendiculaire iusques à l'autre ligne occulte BC, elle determinera o, pour la hauteur requise, laquelle estant portée sur f, la hauteur Perspectiue demandée sera f K perpendiculaire sur le point f.

COROLLAIRE I.

Il est facile, par ce moyen, d'auoir l'aparence d'vn cube reposant sur l'vne de ses bases, comme du cube defghikl, en cette figure; car son plan estant racourcy, par l'intersection des radiales & diametrales; & ayant pour l'aparence dudit plan, defg: on aura l'aparence des hauteurs perpendiculaires sur chaque point defg, lesquelles estant trouuées & determinées en hikl, il faut joindre de lignes droites, hi, ik, kl, lh, & l'on aura l'aparence requise du cube, de sorte que tant ce qui est exposé à la veuë, que ce qui se verroit du derriere, s'il estoit diafane & transparant, se connoistra dans cette figure.

COROLLAIRE II.

Il s'ensuit encore de cette proposition, qu'vne, ou plusieurs differentes grandeurs, estant mises en vne mesme ligne droite perpendiculaire sur la ligne de terre, comme AB, par le moyen des lignes occultes tirées de leurs extremitez à vn point de la ligne horizontale, donneront les diminutions Perspectiues des mesmes hauteurs en quelque endroit du tableau que l'on voudra, comme nous dirons plus particulierement dans les propositions qui suiuent, où nous donnerons des exemples des cinq corps reguliers, qui faciliteront

l'intelligence de cecy: or il faut ſupoſer tant en cette propoſition
qu'en toutes les autres ſemblables, que bien qu'en les enonçant
nous ne ſpecifions pas ces termes, *la hauteur de l'œil & le point de diſtan-*
ce eſtant donnez, ils s'entendent neanmoins touſiours comme neceſſaires en la Perſpectiue.

Il faut auſſi remarquer que pour faciliter l'intelligence des figures qui ſuiuent, en ce qui concerne la Perſpectiue des figures ſolides, pour ne les point embaraſſer d'vne trop grande confuſion de
lignes, i'ay obmis toutes les radiales & diametrales qui ſeruent au
racourciſſement des plans deſdites figures ſolides, en ſupoſant
neanmoins que ces plans ſoient mis en Perſpectiue, auant que de
trauailler à la Perſpectiue des corps; car il en a eſté traité aſſez amplement, pour s'inſtruire en ce ſujet, dans les propoſitions precedentes, ſans qu'il ſoit neceſſaire d'en parler dauantage: C'eſt pourquoy i'ay ſeulement mis le plan geometral au deſſous de la ligne de
terre, où i'ay encore exprimé quelques perpendiculaires, & des
arcs de cercles, & ay mis le meſme plan en Perſpectiue au deſſus de
la ligne de terre, comme l'on peut voir en la huictieſme figure de la
6 planche, le plan DEFG racourcy & mis en Perſpectiue en *defg*: &
en la dixieſme figure le plan ABCDEF mis en Perſpectiue en *abc*
def. Ce dernier plan Perſpectif, auſſi bien que ceux des autres corps
qui ſuiuent, eſt figuré de petits traits entrecoupez pour les diſtinguer plus facilement des autres lignes qui font le derriere des corps
& qui ſont ponctuées.

Il faut remarquer en dernier lieu, que les lignes ſur leſquelles ſe
porteront les hauteurs naturelles perpendiculaires ſur le plan (comme, dans la huitieſme figure, la ligne AB, & en la dixieſme, la ligne
HLK, qui naiſt du triangle iſoſcele HIK,) ſeront appellées en ce
traité, lignes de l'orthographie; & que les lignes occultes qui en ſeront tirées à vn point de la ligne horizontale, comme dans les meſmes figure huit & dixieſme, les lignes AC, BC, HG, LG, KG, ſeront
appellées l'eſchelle des hauteurs.

PROPOSITION XXI.

THEOREME.

La perpendiculaire tirée du point Perſpectif de ſa baſe dans le diafane iuſques
à la ligne horizontale eſt à la hauteur aparente d'vn meſme point eminent
dans le tableau, ſur le point de la baſe, duquel la perpendiculai-
re a eſté tirée, comme la hauteur de l'œil ſur le plan à la
hauteur naturelle perpendiculaire d'vn
poinct eminent.

A Yant prolongé les droites GN & AB, de la 9 figure de la 5 planche, iuſques en T, l'on a le parallelogramme ATGH; or AT

est égal à GH. Et parce qu'au triangle AGT la ligne DV est parallele à TA, comme GA est à GD, ainsi AT à DV.

De mesme, comme GA du triangle AGB, est à GD, ainsi AB à
DE, donc, par l'onze du 6. comme AT à AB, ainsi DV à DE, qui
est la hauteur aparente du point eminent par dessus le point D.

COROLLAIRE

D'où il est aisé de tracer l'aparence du point sublime dans le tableau, par la 18 propos. & par la 10 figure de cette planche, car il
faut seulement à trois lignes données AD, AB & FE, trouuer la
4 proportionnelle FG, afin que comme la hauteur de l'œil AD est
à la hauteur AB du point eminent, FE soit à FG.

Voyez au compas de proportion combien AD contient de parties egales, & supposons qu'elle arriue depuis le centre du compas
iusques à 55 ; & transportez AB sur les 2 iambes à ce mesme nombre
55. De rechef voyez combien FE contient de parties égales, & ayant
trouué 43, transportez le sur les 2 iambes aux 2 nombres 43, & vous
aurez dans cette ouuerture la 4 proportionnelle.

Mais puis que l'vsage du compas de proportion est tres commun,
ie viens aux autres propositions.

PROPOSITION XXII.

Mettre en Perspectiue vn cube reposant dans le plan sur l'vn de ses costez, en
sorte qu'il ne le touche qu'en vne ligne.

IL faut remarquer en premier lieu, qu'encore qu'il semble que
les figures solides qui ne touchent le plan qu'en vn point, ou en
vne ligne, n'ayent point de plan geometral ; il est neantmoins necessaire, pour les mettre en Perspectiue par les principes de la science, de s'en imaginer vn, que ces corps descriuent, si de toutes leurs
extremitez on abbaisse des lignes perpendiculaires sur le plan : par
exemple si vn cube ayant l'vn de ses costez (& par consequent tous
les autres) égal à la ligne BE, en la dixiesme figure de la 6 planche,
estoit mis en sorte sur le plan, qu'il ne le touchast qu'en ceste seule
ligne BE : si des extremitez, qui ne touchent point le plan, on abbaisse des perpendiculaires sur ledit plan en A, F, C, D, on aura pour
le plan dudit cube, vn parallelogramme compris des deux lignes A
F, CD, egales aux costez du cube, & de deux autres AC, FD, egales
à la diagonale de l'vne des bases du mesme cube : suposé toutesfois
qu'il soit mis perpendiculairement sur le plan, comme nous le mettons icy, pour vne plus grande facilité, car il ne faut pas nous arre-
ster à des difficultez qui sont plus ennuyeuses que profitables : il
faut dire la mesme chose des figures suiuantes, qui descriuent leur

plan Geometral par le moyen des abbaissées. Nous donnerons en la description de chacune de ces figures la methode de construire geometriquement leur plan, & la ligne de l'ortographie, pour trouuer la diminution des hauteurs perpendiculaires sur tous les points dudit plan.

Soit donc, pour le plan de ce cube, le parallelogramme ABC DEF mis en Perspectiue en *abcdef*, la ligne de l'orthographie sera dressée, si l'on met la ligne ABC du plan geometral perpendiculairement sur la ligne de terre en HLK, & si de ces trois points on mene des lignes occultes en G; HG, LG, KG, l'on aura l'échelle des hauteurs bien preparée: le triangle isoscele HIK, qui est la moitié d'vn quarré egal à l'vne des faces du cube, sert pour la demonstration. Ceste échele estant ainsi disposée, il faut de tous les points du plan racourcy *abcdef*, tirer des paralleles, & trouuer les hauteurs comme i'ay enseigné cy deuant, sur les points *af*, parce qu'ils ne sont pas auancez sur le plan, ou esloignez de la section, il faut esleuer des perpendiculaires occultes *ag*, *fn*, de la hauteur naturelle H L, qui est sur la ligne de l'ortographie, comme le monstre la ligne de terre *fa* H, qui sert d'vne parallele, & la ligne L *gn*, entre lesquelles cette hauteur est comprise. Pour les hauteurs menez sur *be*, la parallele *ebo*, & du point *o* esleuez vne perpendiculaire, elle sera arrestée en *p*, par la ligne KG, & on aura *op* pour la hauteur requise, laquelle sera transportée en *bh*, *em*: & pour les hauteurs sur *cd*, menez la parallele *dcq*, & esleuez la perpendiculaire *qr*, elle sera la requise, laquelle il faut transporter en *ci*, *dl* i mais pour auoir l'aparence du cube mis sur son costé, il faut joindre de lignes droites *be*, *gn*, *hm*, *hi*, 1 *b*, *bg*, *gh*: Et si l'on veut encore auoir l'aparence du derriere, qui se verroit si le cube estoit diafane, il faut tirer les lignes *il*, *el*, *ml*, lesquelles ie n'ay marqué que de points, comme i'ay fait en tous les autres corps, afin qu'on les discerne plus facilement de ce qui doit estre exposé à la veuë, suposé que les corps soient opaques, comme on les supose d'ordinaire; d'où vient que pour vne plus grande satisfaction de ceux qui s'y voudront exercer, & pour monstrer l'effet de la perspectiue auec plus de grace, i'ay figuré chaque corps au net auec ses ombres, comme on void aux cubes en la neufiesme & vnziesme figure.

Quand on aura trouué l'aparence de quelqu'vn de ces corps, auec l'obseruation de toutes les lignes necessaires; si on veut la mettre au net, & sans autres lignes que celles qui sont de l'aparéce de la figure; il faut mettre sous celle qui a esté descrite par les regles, vn papier blanc: & puis auec vne aiguille bien deliée, ou mesme auec quelque style, encore qu'il ne perce pas, il faut marquer tous les angles de la figure qui doiuent estre exposez à la veuë, & de l'vn à l'autre mener des lignes droites, & l'on aura ladite aparence mise au net, laquelle on pourra colorer & ombrer, selon qu'il est requis.

PROPOSITION XXIII.

*Mettre en Perspectiue vn Tetraëdre ou vne pyramide perpendiculairement
sur l'vn de ses angles solides, en sorte qu'elle ne touche le plan,
qu'en vn point.*

LE Tetraëdre ou la pyramide, que nous mettons entre les corps
reguliers, est comprise de quatre faces triangulaires equilaterales & équiangles, c'est à dire, qui ont leurs trois costez & leurs
trois angles égaux; elle a six costez ou arrestes aussi egales, douze angles plans, qui en font quatre solides (nous auons dit en nos preludes Geometriques, que l'angle solide se fait par plusieurs angles
plans, plus petits tous ensemble que quatre angles droits, n'estant
pas en mesme superficie, se rencontrent neantmoins en vn mesme
point.) Que si on met la pyramide en quelque plan, perpendiculairement sur l'vn de ses angles solides, & que des trois autres, qui
seront egalement esleuez sur le plan, on abbaisse des perpendiculaires sur le mesme plan, on aura pour sa figure ou plan geometral,
vn triangle équilateral égal à l'vne des faces de la pyramide; comme
si, en la douziesme figure de la 7 planche, l'vn des angles solides de
la pyramide estoit mis perpendiculairement sur D, & que des trois
autres on abbaissast des perpendiculaires sur le plan, elles tombe-
roient és points A,B,C, lesquels estant joints de lignes droites donneront le triangle ABCD, pour plan geometral de la pyramide, lequel sera mis en Perspectiue en *abcd*: puis la ligne de l'ortographie sera dressée en cette sorte: soit prise auec le compas la longueur
de la ligne AD, BD, ou CD, & transportée sur la ligne de terre en I
H, & sur l'extremité H soit esleuée vne perpendiculaire infinie HK:
en apres soit prise auec le compas la grandeur de l'vn des costez du
triangle ABC, par exemple du costé AB, & l'vne des pointes du
compas ouuert de cette grandeur, estant mise sur le point I, & l'autre sur la perpendiculaite infinie, elle tombera au point K, & determinera HK pour la hauteur de la ligne de l'ortographie; la demonstration en est euidente, encore que la construction en soit assez
simple, beaucoup plus facile que celle de Guide Vbalde, & hors de
la confusion des cercles & des lignes, dont se sert Daniel Babaro au
2. chap. de la troisiesme partie de sa Perspectiue: cette ligne orthographique estant trouuée, il faut de ses extremitez HK mener des
lignes occultes à quelque point de la ligne horizontale à discretion, bien qu'en la pluspart de ces figures nous les menions au point
principal de la Perspectiue, quand faire se peut commodément ;
comme icy nous auons tiré en L, les lignes KL, HL: L'échele des
hauteurs estant ainsi preparée, il faut du point *a* du plan racourcy,
tirer vne parallele iusques à la ligne occulte HL, qui sera *am*, & du

point

point *m* esleuer iusques à l'autre ligne occulte KL, la perpendiculaire *mn*, laquelle estant transportée sur le point *a*, la ligne occulte *ae*
sera la hauteur Perspectiue de l'angle solide *e*, sur le plan ; l'on fera
la mesme chose pour trouuer les mesmes hauteurs sur *b*, *c*, en tirant
la parallele *bco*, en esleuant la perpendiculaire *op*, & en transpor-
tant sa hauteur sur *cb*, és lignes occultes *bf*, *cg* ; & puis il faut joindre
les points *e*, *f*, *g*, de lignes droites aparantes ; & de chacun de ces trois
points *e*, *f*, *g*, tirer vne ligne droite en *d*, & on aura l'aparence requise du Tetraëdre ou de la pyramide, mise perpendiculairement au
plan sur l'vn de ses angles solides, qui est figurée au net auec ses ombres en la treiziesme figure de la 5 planche.

COROLLAIRE I.

De cette construction il est euident que la pluspart des auteurs
de Perspectiue, qui ont escrit de ces corps, se sont trompez lourde-
ment en cestuy-cy, quoy que tres-aisé, comme Albert Durer, Iean
Cousin, Marolois, & l'autheur d'vn liure imprimé à Amsterdam,
qui a de belles figures de toutes sortes de corps reguliers & irreguliers, & est intitulé, *Syntagma in quo varia eximiaque &c.* pour tous
lesquels corps, il n'a fait aucun discours d'instruction, sinon en general, qu'il applique au Tetraëdre par forme d'exemple, & mesme
auec erreur en l'ortographie, car tous d'vn commun accord donnent pour la hauteur du Tetraëdre mis perpendiculairement sur
l'vn de ses angles solides, vne ligne égale à CM, c'est à dire la grandeur d'vne perpendiculaire tirée de l'vn des angles du plan ABC, sur
le costé qui luy est opposé : l'erreur est assez manifeste en ce qu'ils
n'ont consideré que l'inclination des costez du Tetraëdre sans
prendre garde qu'en cette constitution trois de ses faces sont aussi
inclinées sur le plan.

PROPOSITION XXIV.

*Mettre en Perspectiue vn Octoëdre perpendiculairement sur l'vn de ses an-
gles solides, en sorte qu'il ne touche le plan qu'en vn point.*

L'Octaëdre que nous auons à descrire, est vn corps regulier
compris de huict faces triangulaires, equilaterales & équiangles : il a douze costez ou arrestes, vingt-quatre angles plans, qui
font six angles solides. Que si ce corps est planté en sorte qu'vne ligne droite passant par deux angles solides opposez, soit perpendiculaire au plan, & que de ses quatre autres angles solides soient abbaissées des perpendiculaires sur le mesme plan, on aura pour sa
figure ou plan geometral vn quarré parfait, comme en la 14 figure
de la 7 planche, si l'Octoëdre estoit mis perpendiculairement sur

H

l'vn de ſes angles ſolides au poinct E, en abbaiſſant des perpendiculaires, comme i'ay dit, on auroit pour ſon plan geometral le quarré
ACBDE, lequel ſera mis en Perſpectiue, en *abcde*. Pour la ligne de
l'orthographie on n'a qu'à tranſporter la ligne AEC du plan geometral ſur la ligne de terre perpendiculairement en HIF, & le triangle
iſoſcele FGH, qui eſt la moitié d'vn quarré égal au plan, en monſtre
la raiſon, car comme HF eſt la hauteur naturelle de tout le corps, H
I eſt la hauteur des quatre angles du meſme corps également eſleuez ſur le plan, la ligne G H, eſtant la iuſte grandeur de l'vn de ſes
coſtez, auec ſon inclination ſur le plan. Cette ligne de l'ortographie FIH eſtant dreſſée, il faut, pour trouuer les differentes hauteurs des angles de ce corps, mener des lignes occultes des poincts
F, I, H à vn point de la ligne horizontale, comme au point K, & operer ſur cette échele conformement à ce que nous auons dit. Premierement il faut mener par les points *bd* vne parallele iuſques à la ligne HK, qu'elle rencontrera au point *l*, duquel eſleuant vne perpendiculaire iuſques à la ligne FK, on aura *l n* pour la hauteur Perſpectiue de tout le corps; laquelle eſtant tranſportée ſur *e*, elle ſera
la ligne occulte *ek*. On aura auſſi ſur la meſme perpendiculaire, *l m*,
pour la hauteur Perſpectiue des deux angles ſolides eſleuez ſur les
points *b*, *d*, ſur leſquels elles ſeront miſes par les lignes occultes *bg*,
di. De meſme l'on trouuera la hauteur de l'angle eſleué ſur *c*, par le
moyen de la parallele *co*, & de la perpendiculaire *op*, laquelle eſtant
tranſportée ſur *c*, elle ſera la ligne occulte *ch*: pour la hauteur de
l'angle eſleué ſur le point *a*, il faut dreſſer vne ligne occulte de la
hauteur naturelle H I, par ce qu'il n'eſt pas auancé dans le tableau,
comme le monſtrent les paralleles *a* H, *if*; & puis il faut ioindre les
points trouuez pour les hauteurs, de lignes droites, *eg, gk, k* 1, 1 *e*; &
des meſmes points *eg k* 1, mener des lignes droites en *f*, & l'on aura
l'apparence de l'Octoëdre, en ce qui eſt expoſé à la veuë, & tel qu'il
eſt figuré & ombré en la quinzieſme figure. Et ſi l'on veut auoir le
derriere, il faut des meſmes points *eg k i*, mener des lignes droites
au point *h*, comme nous auons icy fait, où elles ſont ſeulement ponctuées, pour les diſtinguer des apparentes.

PROPOSITION XXV.

*Mettre vn cube en Perſpectiue ſur l'vn de ſes angles ſolides, en ſorte qu'il ne
touche le plan qu'en vn point, & que la ſurdiagonale du cube
ſoit perpendiculaire au meſme plan.*

IL n'eſt pas neceſſaire de faire icy la deſcription du cube, l'on
ſçait que c'eſt vn corps compris de ſix faces quarrées égales, de
douze coſtez, & vingt-quatre angles plans égaux, qui ſont huict
angles ſolides; il faut ſeulement remarquer que la ſurdiagonale du

cube est vne ligne laquelle passant par le milieu du cube, va de l'vn
de ses angles solides à l'autre qui luy est opposé, comme l'on void
aux cubes que nous auons icy mis en Perspectiue dans la dix-septié-
me figure, où sont les deux lignes ponctuées *ou*, *ou*. Or le cube
estant mis sur quelque plan, de sorte qu'il ne le touche qu'en vn
point, & que sa surdiagonale soit perpendiculaire audit plan : si de
tous les autres angles solides on abbaisse des perpendiculaires, &
que les points où tomberont ces perpendiculaires soient joints de
lignes droites, on aura pour son plan geometral vn hexagone, ou
vne figure à six angles, composée de deux triangles équilateraux
entrelassez, comme l'on void dans la figure H I K L M N ; & le poinct
O sera celuy sur lequel tombera perpendiculairement la surdiagonale dudit cube : Mais parce que tant en ce corps mis de la sorte,
comme aux suiuans, il est difficile de s'imaginer où tombent ces
perpendiculaires qui descriuent le plan geometral, & leurs hauteurs naturelles sur le mesme plan, qui font la ligne de l'ortographie, & que d'ailleurs les moins versez en Geometrie peuuent douter en quelle proportion il faut dresser ces plans & ces lignes de l'ortographie, & que quand l'vn des costez de ces corps est donné, l'on
n'a pas tousiours deuant les yeux ces corps en nature pour s'en instruire, ie donne le moyen de le faire geometriquement.

Soit donc, en la seiziesme figure, la ligne AB donnée pour vn costé du cube à mettre en Perspectiue, il faut sur A esleuer AC à angles droits, egal à AB, puis de B en C tirer la ligne droite BC, laquelle sera mise perpendiculairement sur A, & sera AD, puis en tirant
vne ligne droite de B en D, l'on aura BD pour la surdiagonale du
cube, dont le costé est AB : laquelle surdiagonale BD estant mise
perpendiculairement sur la ligne de terre, & diuisée en trois parties
egales, comme en la dix-septiesme figure PQRS, semblable à 1, 2,
3, 4, de la seiziesme, on aura la ligne de l'ortographie toute dressée,
laquelle nous mettrons en vsage apres auoir dressé & racourcy le
plan geometral du cube en cette sorte.

Soit, en la seiziesme figure, prise auec le compas la grandeur de
la ligne BC, & transportée au plan geometral en M K ; sur icelle,
soit construit vn triangle equilateral HKM, lequel soit entrelassé
d'vn autre semblable I L N, en sorte que les points H I K L M N
soient egalement distans l'vn de l'autre, comme vous voyez : & cette figure sera le plan geometral du cube mis perpendiculairement
sur l'vn de ses angles solides. Ce plan se peut encore dresser, par le
compas de proportion : car si l'on porte sur la ligne des cordes à l'ouuerture de 120. degrez, la ligne BC, de la seiziesme figure, & que le
compas de proportion demeure en cet estat, l'ouuerture de 60.
degrez donnera la ligne O H pour le demy-diametre du cercle
H I K L M N, auquel doit estre inscrit l'hexagone, comme nous
auons dit, & ledit hexagone sera le plan geometral demandé, lequel

H ij

fera mis en Perfpectiue , en *h i k l m n* ; vous auez l'échele des hauteurs en tirant de tous les points de la ligne de l'ortographie des
lignes droites, à la ligne horizontale au point Z : en apres du point
O milieu du plan Perfpectif, foit menée vne parallele à la ligne de
terre *o*, *c c*, & foit efleuée la perpendiculaire *c c*, *d d*, laquelle eftant
mife en fa place fur *o*, la ligne occulte *o u* fera la hauteur Perfpectiue de la furdiagonale du cube, laquelle eft perpendiculaire au plan :
puis pour les hauteurs des angles folides qui font efleuez fur *i*, *n*, foit
menée la parallele *i*, *n*, *a a*, & foit efleuée la perpendiculaire *a a*, *b b*,
laquelle eftant mife fur *i*, & fur *n*, fera *i q*, & *n r*. Quant à la hauteur
de l'angle efleué fur *h*, elle ne reçoit point de diminution Perfpectiue, parce qu'elle eft proche de la fection, c'eft à dire à l'entrée du
tableau. C'eft pourquoy il y faut tranfporter la hauteur orthographique P R , qui fera en fon lieu *h p* : la hauteur des angles efleuez fur
k m, fe trouuera par le moyen de la parallele *k m*, *e e* de la perpendiculaire *e e*, *f f*, laquelle eftant tranfportée fur *k*, *m*, fera *k t*, *m s*. Là
hauteur de l'angle folide de derriere qui eft efleué fur le point *l*, fe
trouue en tirant la parallele, *l*, *g g*, & en efleuant la perpendiculaire *g g*, *b b*, laquelle eftant mife en fon lieu fera *l x*. Les hauteurs de
chaque angle folide eftant ainfi trouuées, l'on aura l'apparence du
cube fur fa pointe, en ioignant les points *o*, *p*, *q*, *r*, *s*, *t*, *u*, *x* de lignes
droites ; vous auez l'exemple, où les trois faces *o q p r*, *p r s u*, *p u*
t q, qui font expofées à la veuë, font marquées de lignes apparentes,
& les trois autres de lignes ponctuées.

　　I'ay encore mis en la mefme figure vn autre cube au deffus de ce-
ftuy-cy, qui eft veu du mefme point, & mis comme fi on fe l'imaginoit pendu perpendiculairement par l'vn de fes angles folides, efte-
ué de terre de la hauteur P T, & au deffus du premier cube de la hauteur S T, comme il eft exprimé par les lignes de l'ortographie, pour
donner à entendre que quand on veut faire paroiftre ces corps en
l'air, il faut placer la ligne de l'ortographie ou échele des hauteurs
autant au deffus de la ligne de terre, comme l'on veut que ces corps
paroiffent efleuez, & faire pour le refte conformement à ce que
nous auons dit : mais il faut prendre garde qu'encore que la ligne
de l'ortographie foit efleuée au deffus de la ligne de terre, comme
au fecond cube la ligne T Y : il eft neantmoins neceffaire, pour
fe feruir de l'échelle, de tirer vne ligne du point d'où elle eft efleuée
au point de la ligne horizontale, comme icy du point P en Z, pour
auoir la ligne P Z, laquelle feruira à la direction des paralleles & des
perpendiculaires, par lefquelles on trouue les hauteurs ; par exemple, pour trouuer la Perfpectiue de la furdiagonale du cube d'enhaut, fi l'on mene du point *o* du plan Perfpectif, vne parallele, elle
rencontrera la ligne P Z au point *c c* ; duquel éleuant vne perpendiculaire iufques à la ligne Y Z, on trouuera fur la feconde échele,
qui eft pour le cube d'enhaut, *k k*, *l l*, pour la hauteur Perfpectiue de

sa surdiagonale, laquelle estant transportée en son lieu sera *o u*, comme le demonstrent les paralleles *kk o*, *llu*. De mesme, supposé qu'il falle trouuer l'aparence de l'angle solide *r* au second cube: puis qu'il est esleué sur *n* il faut du point *n* tirer la parallele *n aa*, & la perpendiculaire *aa bb* estant continuée iusques à la rencontre de la ligne V Z, determinera au point *ii* la hauteur dudit angle sur le plan, qui sera transportée en son lieu sur la perpendiculaire *nr*. Les hauteurs des autres angles se trouueront de la mesme façon, & seront iointes de lignes droites, comme nous auons dit au premier, & comme il se void dans l'exemple, où l'vn & l'autre est marqué de mesmes caracteres : ils sont aussi exprimez tous deux auec leurs ombres en la dix-huict & dix-neufiesme figure.

COROLLAIRE. I.

Quelques-vns soit qu'ils estiment que ce soit le plus court, ou qu'ils n'en puissent venir à bout autrement, se seruent de la methode exprimée en la vingtiesme figure, qui est au haut de la 9 planche, laquelle i'ay voulu proposer en ce lieu pour en monstrer la fausseté, parce qu'elle a quelque chose de vray semblable, & peut d'autant plus facilement abuser les moins versez en Geometrie. Ils mettent en Perspectiue vn cube sur son plat, dont le quarré est double de celuy qu'ils y veulent inscrire, & qui doit paroistre mis perpendiculairement sur l'vn de ses angles solides. Soit le plus grãd cube A BCDEFG, & le moindre IKLMNOPQ : Ils diuisent deux des faces de ce plus grand cube en 9, c'est à dire en trois parties egales quarrément tant en hauteur qu'en largeur, comme les deux faces G B C F, H A D E, & deux autres faces qui sont celle de deuant A B C D ; & celle de derriere H G E F, en trois seulement, selon leur hauteur ; & les deux autres, à sçauoir celle d'en haut A B G H ; & celle d'embas D C F E ; en deux seulement, mais ils croisent ces deux dernieres faces des diagonales HB, EC, pour trouuer le point du milieu de l'vne & de l'autre I, & Q : ce qu'estant ainsi disposé, le tout selon la Perspectiue, ils y inscriuent, ou mettent dedans vn autre cube, dont l'vn des angles solides repose sur le point Q, qui est le milieu de la face inferieure du plus grand cube, & l'autre angle solide opposé à cestuy-cy, touche au point I ; milieu de la face superieure du mesme cube : Et de ses deux costez KL, NO, il touche contre deux autres faces du cube auquel il est inscrit ; voyez la figure, où l'erreur consiste en ce qu'ils font la diagonale de l'vne des faces du cube inscrit NL, & la surdiagonale du mesme cube ; egales entr'elles ; ce qui est contraire à la verité ; & contre ce que nous auons dit en la construction de la seiziesme figure, en la planche precedente, où la surdiagonale B D du cube mis en Perspectiue excede la diagonale de ce quarré BC, ou AD. Or il est eiudent par cette construction,

H iij

que la diagonale du quarré & la furdiagonale du cube foient fupo-
fées egales ; parce qu'elles font l'vne & l'autre perpendiculaires à
deux plâs paralleles d'vne egale diftance, car la furdiagonale IQ eft
perpendiculaire aux deux plans des coftez GACF, & ADEH; ie
laiffe les autres erreurs de cette conftruction, car il fuffit d'auoir
propofé la principale pour monftrer que la methode n'eft pas
bonne.

COROLLAIRE II.

Ie confeille à ceux qui n'ont que la feule pratique, & qui croyent
fçauoir la Perfpectiue, qu'ils ne s'ingerent point de mettre en Perfpectiue ce dont ils ignorent les mefures, & les proportions naturelles & geometriques : car comme il eft neceffaire, pour donner dans
vn tableau l'aparence d'vne colomne à la Corinthienne, de fçauoir
quelle doit eftre la largeur de fa bafe, les faillies de fes ceintures tores, liftes & de fon chapiteau, pour conftruire fon plan Geometral:
& cognoiftre les hauteurs de chacune de ces parties pour dreffer la
ligne de l'ortographie : de mefme, pour mettre en Perfpectiue toutes fortes de corps reguliers & irreguliers, apres auoir determiné en
quelle fituation on les doit mettre, il faut connoiftre quelles font
leurs grandeurs naturelles, quelle hauteur & quelle inclination elles ont fur le plan, & puis il faut conftruire leur plan geometral, &
dreffer la ligne de l'ortographie & l'échele des hauteurs, pour operer fans erreur, autrement fi on l'ignore, en penfant mettre vn cube en Perfpectiue, on y mettra vn parallelipede, vn corps barlong,
ou vn corps irregulier, tel que celuy de la vingtiefme figure ; or ce
n'eft pas vn moindre monftre en Geometrie qu'en Architecture
qu'vne colomne dreffée, fans l'ordre de fes proportions.

Dans les exemples que i'ay donnés des cinq corps reguliers,
vous auez vne methode qui peut eftre imitée en beaucoup d'autres
rencontres, & particulierement pour toutes fortes de corps reguliers compofez, en faueur de ceux qui ne peuuent ou ne veulent
pas y proceder par voye de Geometrie, fi les corps qu'ils veulent
mettre en Perfpectiue ont plufieurs angles & pans, ie leur confeille de les figurer premierement en nature auec du carton, ou du papier double collé, à la façon qu'enfeignent Albert Durer, au 4. liu.
de fa Geometrie, & Daniel Barbaro dans la troifiefme partie de fa
Perfpectiue, & de fe feruir du naturel pour prendre leur plan &
leurs hauteurs, ce qui ne fçauroit manquer de leur reüffir, pourueu
qu'ils ayent vn peu d'addreffe. Quant aux Geometres ils pourront
mettre en Perfpectiue ces corps reguliers compofez, par le moyen
des reguliers fimples, en infcriuant les plus difficiles dans les plus
faciles : le cube fur fa pointe peut, par la dix-huictiefme propofition
du 15. des Elemens de Candalle, eftre infcrit en vne pyramide regu-

liere, ou Tetraëdre repoſant au plan ſur l'vne de ſes baſes : mais ie
parleray de ces inſcriptions & de ces corps inſcriptibles, en expli-
quant la vingt-cinquieſme figure.

PROPOSITION XXVI.

Mettre en Perſpectiue vn Dodecaëdre repoſant au plan ſur l'vn de ſes
coſtez ou arreſtes, en ſorte qu'il ne touche ledit plan qu'en
vne ligne.

LE Dodecaëdre qu'on met ordinairement le quatrieſme entre
les corps reguliers, eſt ainſi nommé parce qu'il eſt compris de
douze faces pentagonales, équiangles, & équilaterales ; il a trente
coſtez ou arreſtes, ſoixante angles plans, qui en compoſent vingt
ſolides. S'il eſt mis ſur vn plan en ſorte que l'vn de ſes coſtez ou arreſtes touche ce plan, & que de tous les angles ſolides eſleuez on
abbaiſſe des perpendiculaires, on aura pour ſon plan geometral vn
hexagone irregulier ; par exmple ſi dans la vingt-vnieſme figure on
s'imagine vn Dodecaëdre qui ait l'vn de ſes coſtez ſur la ligne A B,
& que de tous ſes angles ſolides eſleuez on abbaiſſe des perpendiculaires, elles tomberont ſur les points DEFGHIKLMN, leſquels
eſtans ioints de lignes droites formeront la figure que nous auons
deſcrite, pour ſon plan geometral, que l'on peut conſtruire geometriquement en cette façon quand vn des coſtez du corps eſt
donné. Soit la grandeur du coſté donné la ligne 4 E : au poinct 4,
il luy faut ioindre vne autre ligne d'égale grandeur, 4 M, de ſorte
que ces deux lignes faſſent le meſme angle que feroient les deux coſtez d'vn pentagone, ce qui ſe peut faire par le compas de proportion, en portant ſur la ligne des cordes, à l'ouuerture de 72, la ligne
4 E ; & puis en prenant l'ouuerture de 60 pour le demy-diametre
d'vn cercle occulte 4 E X Y M, qui a ſon centre vers A ; Soit de rechef priſe l'ouuerture de 72, & miſe l'vne des pointes du compas au
point 4, vous aurez de part & d'autre les points E & M, pour y tirer
les lignes 4 E, 4 M, qui ſeront les deux lignes de meſme grandeur,
que les coſtez du Dodecaëdre & qui ſeront iointes enſemble comme il eſt requis. Cela eſtant fait, ſoit tirée vne ſoutendante à cét angle M E, ſur laquelle ſoit fait le quarré M E G K, & chacun de ſes
coſtez ſoit diuiſé en deux également és points P Q X Y, & des points
de ces diuiſions ſoient tirées deux lignes qui s'entrecoupent à angles droits au point C. De plus, ſoit diuiſée la ligne CP en la moyenne & extreme raiſon : ou bien ſoit diuiſée la ligne 4 E en deux également au point O, & ſoit priſe auec le compas commun la grandeur
de la ligne O E, & tranſportée de G en A, & en B : de P en R, en S : de
Q en V, & en T : & ſur les points R S T V X Y ſoient eſleuées les
perpendiculaires en dehors R D, S N, T H, V I, X F, Y L, & les

points exterieurs. DE F G H I K L M N eſtant ioints de lignes droites, on aura le plan deſcrit geometriquement, comme on le demande; lequel ſera mis en Perſpectiue en *d e f g h i k l m n*; & la ligne *a d*
ſera celle ſur laquelle doit eſtre mis le coſté du corps qui repoſe
ſur le plan.

Il ne reſte plus qu'à dreſſer la ligne de l'Ortographie pour auoir
les differentes hauteurs des angles ſolides eſleuez ſur le plan : ce qui
eſt tres-facile : car ſi des points FEDNML du plan geometral on tire des perpendiculaires ſur la ligne de terre, comme on feroit pour
le racourcir, elles tomberont és points 1, 2, 3, 4, 5, 6, 7, ce qui donne la hauteur de la ligne ortographique auec toutes ſes diuiſions,
comme elle ſe voit transferée & miſe perpendiculairement ſur la ligne de terre en 1 A, 2 B, 3 C, 4 D, 5 E, 6 E, 7 G : d'où nous auons vne
grande facilité pour trouuer les hauteurs Perſpectiues par le moyen
de l'échele AX, BZ, CZ, &c. car AD en la ligne de l'ortographie,
eſtant la hauteur naturelle des angles ſolides eſleuez ſur *n, d, i, h*, par
le moyen des paralleles *d n a a, h i c c*, & des perpendiculaires *a a bb*,
cc dd, on aura pour leurs hauteurs Perſpectiues *d o, n p, h e e, i ff* : De
meſme la hauteur naturelle de tout le corps eſtant la ligne entiere
de l'Ortographie A G, qu'il faut mettre auec ſa diminution Perſpectiue ſur *a b*, en tirant les paralleles *a g g, b h h*, & en eſleuant les perpendiculaires *b b i i, h h, l l*, on aura *a mm, b nn* pour ladite hauteur
Perſpectiue de tout le corps : il faut proceder au reſte de la meſme
façon ; il ſuffit de ſçauoir les hauteurs naturelles des angles ſolides
qui ſont eſleuez ſur chaque point du plan pour trouuer la diminution de ces hauteurs ſur l'échele. Sur chacun des points *m, e, g, k*,
ſont eſleuez des angles ſolides de deux differentes hauteurs ; dont la
premiere eſt AB en ſa diminution Perſpectiue ſur *m, e, k k o o*, & ſur
g, k, pp qq : la ſeconde hauteur ſur les meſmes points eſt AF, & dans
ſa Perſpectiue *k k r r, pp ſſ* : De meſme ſur les points *f, l* il y a deux differentes hauteurs, dont la premiere AC eſt en ſa Perſpectiue *t t u u* :
& la ſeconde AE dans ſa Perſpectiue *t t x x* : il faut tranſporter toutes ces hauteurs chacune en ſa place, comme *k k o o rr* ſur *m q x*, &
ſur *e r y*, & ainſi des autres ; & conjoindre les points des hauteurs
trouuées de lignes droites pour former les angles, & les faces tant
du deuant que du derriere de ce corps que l'on void dans la vingt-
vnieſme figure, ou le deuant ſeulement auec ſes ombres, comme il
eſt en la vingt-deuxieſme.

COROLLAIRE

Ceux qui ont mis ces corps en Perſpectiue, ont figuré ceſtuy-cy
repoſant au plan ſur l'vne de ſes faces : C'eſt pourquoy ie l'ay voulu
mettre en cette autre façon qui me ſemble la plus difficile : ſi quelqu'vn le deſire mettre repoſant au plan ſur l'vne de ſes faces, & qu'il
n'en

n'en puisse trouuer la raison, qu'il consulte Daniel Barbaro au chapitre cinquiesme de la troisiesme partie de sa Perspectiue, où il en
traite au long: Marolois en a aussi mis vn exemple, où il y a de la
faute.

PROPOSITION XXIII.

Mettre en Perspectiue vn Icosedre reposant perpendiculairement sur l'vn de
ses angles solides, en sorte qu'il ne touche le plan qu'en
vn seul point.

L'Icosedre, qui est le cinquiesme & dernier des corps reguliers,
est compris de vingt faces triangulaires equiangles & equilaterales de trente costez ou arestes, de soixante angles plans, qui en
composent douze solides, sur l'vn desquels s'il est mis perpendiculairemét sur vn plan qu'il ne touche qu'en vn seul point, come en la
vingt troisiesme figure, au poinct A, & que de tous les autres angles
solides esleuez on abbaisse des perpendiculaires, & que les points
où elles tomberont soient conjoints de lignes droites alternatiuement, c'est à dire le premier auec le trosiesme, le deuxiesme auec le
quatriesme, &c. on aura pour son plan geometral deux pentagones
entrelassez B C D E F G H I K L, lequel plan geometral se peut descrire en cette façon, quand vn des costez de l'Icosdre est donné.
Soit le costé donné B C, porté sur le compas de proportion à l'ouuerture de 72 sur la ligne des cordes & soit prise l'ouuerture de 60
sur la mesme ligne, laquelle ouuerture sera A B pour le demy diametre du cercle auquel doiuent estre inscrits les deux pentagones susdits. Et si l'on n'est obligé à nulle grandeur, & qu'on veüille faire
ce corps à discretion; pour ceux qui ne sçauront pas l vsage du cópas
de proportion, ils peuuent inscrire dans vn cercle, cóme est BHC
IDKELFG, 2 pétagones dont l'vn sera le plan des angles solides de
la partie inferieure de l'Icosedre, qui est BCDEF, marqué de lignes
pleines; l'autre sera le plan des angles solides de la partie superieure
du mesme Icosedre, qui est GHIKL, marqué, pour le distinguer du
premier, de petits traits entrecoupez. Or il est facile de construire
sur ce plan geometral la ligne de l'Ortographie & l'échele des hauteurs: car ayant dressé sur la ligne de terre, au poinct M, vne perpendiculaire infinie, l'on portera dessus la grandeur de la ligne droite
ponctuée F L, ou de quelque autre semblable, qui sera M N; en
apres soit prise la grandeur A B, & portée sur la mesme ligne, depuis
le point N, qui sera N O, & soit de rechef prise la grandeur M N, &
mise sur O, pour monstrer O P; & puis des points M N O P soient
tirées de lignes droites à vn point de la ligne horizontale, à l'ordinaire, comme à Q; cela estant fait on aura l'aparence de l'icosedre, le point principal estant suposé en Q; car MP estant la hauteur

I

naturelle de tout le corps, par la parallele *ax*, & pour la perpendiculaire *x y* on aura *a z* pour ſa Perſpectiue donc la hauteur naturelle des cinq angles ſolides du premier rang, ou partie inferieure du
meſme corps, eſtant M N, pour le premier, qui eſt eſleué ſur *b*, &
pour ce ſujet ne reçoit point de diminution en ſa hauteur, il n'y a
qu'à tranſporter la grandeur M N, comme il ſe void en *bm*. Pour les
deux eſleuez ſur *c, f*, on aura *cp. fq*, laquelle hauteur eſt determinée,
par la perpendiculaire *on*, de meſme que la hauteur *dt, eu* eſt determinée par la perpendiculaire *r ſ*. On fera de la meſme façon pour les
cinq autres angles ſolides du ſecond rang, ou pour la partie ſuperieure du corps : car leur hauteur naturelle eſtant M O, leurs hauteurs Perſpectiues ſeront compriſes entre les deux lignes M Q & O
Q, comme *aa bb*, qui eſt miſe en ſon lieu, ſera la hauteur *h cc, g dd*:
C'eſt ainſi que la perpendiculaire *e eſſ* miſe en ſon lieu, eſt la hauteur *i hh, l ii* : bref *ll mm* eſtant au lieu de ſa Perſpectiue, à ſçauoir
ſur le point *k*, eſt la hauteur *k nn*. Or toutes ces hauteurs eſtant marquées il n'y a qu'à tirer de tous les points *ii, dd, cc, hh, nn*, des lignes
droites au point *z* : & des autres points trouuez pour les hauteurs
des angles ſolides de la partie inferieure, à ſçauoir *q, m, p, t, v*, il faut
tirer d'autres lignes droites au point *a*, & ioindre les vns & les autres par triangles, conformement à l'exemple propoſé, en tirant
des lignes droites de *i i* en *q*, de *q* en *d d*, de *d d* en *m*, de *m* en *cc*, &c.
& l'on aura l'aparence requiſe de l'Icoſaëdre qui paroiſtra repoſant
au plan ſur l'vn de ſes angles ſolides, tant en ce qui eſt expoſé à la
veuë, qu'en ce qui s'en verroit, ſupoſé qu'il fut diafane & tranſparant : l'on peut neantmoins obmettre les lignes du derriere, qui ne
ſont pas icy que ponctuées, ſi l'on veut le voir auec plus de grace, & l'ombrer comme nous auons fait en la vingt-quatrieſme figure.

COROLLAIRE. I.

Il s'enſuit de cette conſtruction, que Iean Couſin & Marolois,
ſur le ſujet de cette propoſition, ſe ſont trompez en la ligne de l'ortographie : car le premier donne deux coſtez d'vn hexagone, ou le
diametre entier du cercle meſme, où ſeroient inſcrits les deux pentagones du plan : & le ſecond la fait de trois coſtez d'vn octogone
inſcrit au meſme cercle, exprimé dans la figure qu'il en a miſe. Il ne
falloit que lire la ſeizieſme propoſition du 13. liure des elemens. La
ligne paſſante par deux angles ſolides oppoſez de l'Icoſaëdre (qui
eſt en la preſente ſituation de ce corps, la ligne de ſon orthographie) eſt compoſée d'vn coſté d'hexagone, & de deux coſtez de decagone inſcrits au meſme cercle, où eſt inſcrit ſon plan geometral
de deux pentagones entrelaſſez, comme nous auons obſerué.

I

PROPOSITION XXVIII.

Donner vne methode facile pour mettre en Perspectiue quelques corps regu-
liers composez , ou irreguliers , qui naissent des reguliers simples.

L A methode est la mesme dont i'ay traité en parlant du cube
mis en Perspectiue reposant sur l'vn de ses angles solides, à sçauoir par l'inscription des plus difficiles és plus faciles ; ou par trans-
formation ou metamorphose de simples en composez.

Nous auons descrit les cinq corps reguliers simples , & donné la
methode de les mettre en Perspectiue geometriquement: & neantmoins ie donne vn moyen par lequel on pourra mettre en Perspectiue les corps reguliers composez & irreguliers, qui naissent de ces
cinq reguliers simples que nous auons descrit és susdites propositions , sans qu'il soit necessaire de faire aucun autre plan Geometral
ny autre ligne d'Ortographie que ce que nous en auons fait pour
les simples. Mais auant que de passer outre,

Nous appellons corps reguliers simples , les cinq , dont nous
auons des-ja traité: le Tetraëdre ou la pyramide , l Hexaëdre ou cube , l'Octoëdre , le Dodecaëdre ; & l'Icosaëdre , qui sont nommez
reguliers pource qu'ils ont tous leurs costez égaux , toutes leurs bases semblables & égales , & tous leurs angles solides égaux , & parce qu'estant enfermez dans la concauité d'vne sphere , ou boule
proportionée à leur grandeur, ils toucheroient sa surface interieure
de tous leurs angles solides.

Nous appellons corps reguliers composez, ceux qui sont composez de deux de ces simples mis ensemble , de sorte que celuy qui
en est composé, a autant de bases ou plans de mesme façon , & de
mesme inclination que les deux dont il est composé , lequel
estant enfermé dans vne sphere proportionée à sa grandeur touche
sa surface interieure de tous ses angles solides, tel qu'est l'Hexoctoëdre composé d'vn Hexaëdre ou cube , & d'vn Octoëdre de la 25 figure ; d'où vient qu'il a les six bases quarrées du Cube , & les huit faces triangulaires de l'Octoëdre: le nombre de ces angles solides de
ces corps reguliers composez se trouue en ajoustant les angles solides de l'vn & de l'autre des corps qui le composent , apres en auoir
osté vn de chacun ; par exemple , si des huit angles solides du cube
vous en ostez vn , & des six angles solides de l'Octoëdre vous en
ostez aussi vn, il en reste sept du premier , & cinq de l'autre, lesquels
estans ajoustez ensemble font douze angles solides qu'a l'Hexoctoëdre, il faut dire la mesme chose de l'Icosidodecaëdre , qui a les
douze bases pentagones du Dodecaëdre, & les vint triangles de l'I-
cosedre , & des vint angles solides du premier , & des douze de l'autre, il n'en retient que trente pour soy.

I ij

naturelle de tout le corps, par la parallele *a x*, & pour la perpendiculaire *x y* on aura *a z* pour fa Perfpeᶜtiue donc la hauteur naturelle des cinq angles folides du premier rang, ou partie inferieure du
mefme corps, eſtant MN, pour le premier, qui eſt eſleué fur *b*, &
pour ce fujet ne reçoit point de diminution en fa hauteur, il n'y a
qu'à tranſporter la grandeur MN, comme il fe void en *bm*. Pour les
deux eſleuez fur *c,f,* on aura *cp. fq,* laquelle hauteur eſt determinée,
par la perpendiculaire *on,* de mefme que la hauteur *dt, eu* eſt determinée par la perpendiculaire *r f.* On fera de la mefme façon pour les
cinq autres angles folides du fecond rang, ou pour la partie fuperieure du corps : car leur hauteur naturelle eſtant M O, leurs hauteurs Perfpeᶜtiues feront comprifes entre les deux lignes MQ & O
Q, comme *aa bb,* qui eſt mife en fon lieu, fera la hauteur *h cc, g dd:*
C'eſt ainfi que la perpendiculaire *e eff* mife en fon lieu, eſt la hauteur *i hh, l ii:* bref *ll mm* eſtant au lieu de fa Perfpeᶜtiue, à fçauoir
fur le point *k,* eſt la hauteur *k nn.* Or toutes ces hauteurs eſtant marquées il n'y a qu'à tirer de tous le points *ii, dd, cc, hh, nn,* des lignes
droites au point *z* : & des autres points trouuez pour les hauteurs
des angles folides de la partie inferieure, à fçauoir *q, m, p, t, v,* il faut
tirer d'autres lignes droites au point *a,* & ioindre les vns & les autres par triangles, conformement à l'exemple propofé, en tirant
des lignes droites de *i i* en *q,* de *q* en *d d,* de *d d* en *m,* de *m* en *cc,* &c.
& l'on aura l'aparence requife de l'Icofaëdre qui paroiſtra repofant
au plan fur l'vn de fes angles folides, tant en ce qui eſt expofé à la
veuë, qu'en ce qui s'en verroit, fupofé qu'il fut diafane & tranſparant : l'on peut neanfmoins obmettre les lignes du derriere, qui ne
font pas icy que ponᶜtuées, fi l'on veut le voir auec plus de grace, & l'ombrer comme nous auons fait en la vingt-quatriefme figure.

COROLLAIRE. I.

Il s'enfuit de cette conſtruᶜtion, que Iean Coufin & Marolois,
fur le fujet de cette propofition, fe font trompez en la ligne de l'ortographie : car le premier donne deux coſtez d'vn hexagone, ou le
diametre entier du cercle mefme, où feroient infcrits les deux pentagones du plan : & le fecond la fait de trois coſtez d'vn oᶜtogone
infcrit au mefme cercle, exprimé dans la figure qu'il en a mife. Il ne
falloit que lire la feiziefme propofition du 13. liure des elemens. La
ligne paſſante par deux angles folides oppofez de l'Icofaëdre (qui
eſt en la prefente fituation de ce corps, la ligne de fon orthographie) eſt compofée d'vn coſté d'hexagone, & de deux coſtez de decagone infcrits au mefme cercle, où eſt infcrit fon plan geometral
de deux pentagones entrelaſſez, comme nous auons obferué.

I

PROPOSITION XXVIII.

Donner vne methode facile pour mettre en Perspectiue quelques corps regu-
liers composez , ou irreguliers , qui naissent des reguliers simples.

LA methode est la mesme dont i'ay traité en parlant du cube
mis en Perspectiue reposant sur l'vn de ses angles solides, à sçauoir par l'inscription des plus difficiles és plus faciles; ou par trans-
formation ou metamorphose de simples en composez.

Nous auons descrit les cinq corps reguliers simples , & donné la
methode de les mettre en Perspectiue geometriquement: & neantmoins ie donne vn moyen par lequel on pourra mettre en Perspectiue les corps reguliers composez & irreguliers, qui naissent de ces
cinq reguliers simples que nous auons descrit és susdites propositions , sans qu'il soit necessaire de faire aucun autre plan Geometral
ny autre ligne d'Ortographie que ce que nous en auons fait pour
les simples. Mais auant que de passer outre,

Nous appellons corps reguliers simples , les cinq , dont nous
auons des-ja traité : le Tetraëdre ou la pyramide , l Hexaëdre ou cube , l'Octoëdre, le Dodecaëdre ; & l'Icosaëdre, qui sont nommez
reguliers pource qu'ils ont tous leurs costez égaux , toutes leurs bases semblables & égales, & tous leurs angles solides égaux , & parce qu'estant enfermez dans la concauité d'vne sphere , ou boule
proportionée à leur grandeur, ils toucheroient sa surface interieure
de tous leurs angles solides.

Nous appellons corps reguliers composez, ceux qui sont composez de deux de ces simples mis ensemble, de sorte que celuy qui
en est composé, a autant de bases ou plans de mesme façon, & de
mesme inclination que les deux dont il est composé , lequel
estant enfermé dans vne sphere proportionée à sa grandeur touche
sa surface interieure de tous ses angles solides, tel qu'est l'Hexoctoëdre composé d'vn Hexaëdre ou cube , & d'vn Octoëdre de la 25 figure ; d'où vient qu'il a les six bases quarrées du Cube , & les huit faces triangulaires de l'Octoëdre : le nombre de ces angles solides de
ces corps reguliers composez se trouue en ajoustant les angles solides de l'vn & de l'autre des corps qui le composent, apres en auoir
osté vn de chacun; par exemple , si des huit angles solides du cube
vous en ostez vn, & des six angles solides de l'Octoëdre vous en
ostez aussi vn, il en reste sept du premier , & cinq de l'autre, lesquels
estans ajoustez ensemble font douze angles solides qu'a l'Hexoctoëdre, il faut dire la mesme chose de l'Icosidodecaëdre, qui a les
douze bases pentagones du Dodecaëdre, & les vint triangles de l'I-
cosedre , & des vint angles solides du premier , & des douze de l'autre , il n'en retient que trente pour soy.

Il y a encore d'vne autre forte de corps reguliers compofez, lefquels pour n'auoir pas precifément les coftez & les bafes de deux
corps reguliers fimples, comme les precedens, ne laiffent pas d'a-
uoir tous leurs coftez, & tous leurs angles folides égaux entr'eux,
de forte que de tous leurs angles folides ils toucheront la furface
interieure d'vne boule proportionée à leur grandeur, en laquelle
ils feront enferméz, auffi bien que les autres. Et tous ces corps reguliers compofez, font appellez corps tronquez ou transformez;
parce qu'en effet ils naiffent tous des cinq corps reguliers fimples,
dont on retranche les angles folides, comme l'on void dans l'exemple de la vint-cinquiefme figure, ou l'Hexoctoëdre, fait de lignes
aparentes, naift du cube des lignes ponctuées ABCDEFGH, quand
apres auoir diuifé tous fes coftez en deux également, & tiré des lignes droites d'vne diuifion à l'autre comme *mn, ni, im*, on retranche l'angle folide A, & par le concours des lignes qui retranchent
encore les angles folides F, G, B, il s'en produit d'autres aux points
m, n, i, &c. Outre les deux reguliers compofez du premier ordre,
dont nous auons parlé, à fçauoir l'Hexoctoëdre & l'Icofidodecaë-
dre, nous tirerons encore de chaque regulier fimple vn compofé
du fecond ordre; du Tetraëdre ou pyramide vn; du cube ou Hexaëdre vn; de l'Octoëdre vn, &c. & ferons leur defcription qui feruira
à les mettre en Perfpectiue: mais comme la grande multitude des
angles & la diuerfité des faces qu'ont ces corps, cauferoit beaucoup
de confufion s'il falloit pour chaque angle efleuer des perpendiculaires, & trouuer leurs hauteurs fur l'échele, comme nous auons
fait cy-deuant, nous y procederons, pour vne plus grande facilité,
par la voye d'infcription, c'eft à dire en les infcriuans és reguliers
fimples dont ils naiffent; c'eft pourquoy il eft neceffaire de fçauoir
ce que c'eft qu'infcription.

Par la trente vniefme de l'onziefme des Elem. vne figure folide
eft dite eftre infcrite en vne autre figures folide, quand tous les angles de la figure infcrite font conftitués ou aux angles où aux coftez
ou finalement aux plans de la figure, dans laquelle elle eft infcrite,
comme lon void dans la vingt-cinquiefme figure, que tous les angles folides de l'Hexoctoëdre *i, k, l, m, n, o, p, q, r, s, t, u*, font fituez au
milieu de chaque cofté du cube de lignes ponctuées ABCDEFG
H, auquel il eft infcrit.

Et par la trente-deuxiefme definition du mefme, vne figure folide eft dite eftre circonfcrite à vne autre figure folide, quand les
angles, ou les coftez, ou finalement les plans de la figure circonfcrite touchent tous les angles de la figure, à l'entour de laquelle elle eft circonfcrite, comme, dans la mefme vint-cinquiefme figure,
tous les coftez du cube de lignes occultes ABCDEFGH touchent
tous les angles folides de l'Hexoctoëdre és points, *i, k, l, m, n. o, p, q,
r, s, t. u*: d'où vient qu'il luy eft circonfcrit.

Or il eſt certain que quiconque ſçaura mettre en Perſpectiué
les cinq corps reguliers ſimples, pourra ſemblablement leur inſcrire d'autres reguliers compoſez, ou irreguliers, & les mettre en Perſpectiue, comme vous voyez dans l'exemple de la vint-cinquieſme
figure, où apres auoir mis en Perſpectiue le cube de lignes occultes
ABCDEFGH, & trouué le milieu de chacun de ſes coſtez en la Perſpectiue, és points *i, k, l, m, n, o, p, q, r, s, t, u*, il ne reſte qu'à les joindre de lignes droites *i k, k l, lm, m i, in, no, op, pm, &c*. pour auoir l'a-
parence d'vn Hexoctoëdre en Perſpectiue, tel que nous l'auons figuré au net, & auec ſes ombres en la vint-ſixieſme figure.

Pour auoir l'aparence d'vn Icoſidodecaëdre, qui eſt l'autre regulier compoſé du premier ordre, contenant les baſes ou plans du Dodecaëdre, & de l'Icoſedre, apres auoir mis l'vn de ces deux ſimples
en Perſpectiue, ſuiuant les preceptes que i'ay donnez & aprez auoir
trouué le milieu de chacun de ſes coſtez, il faut tirer de l'vn à l'autre
des lignes droites, qui retranchant ſes angles ſolides en produi-
ront d'autres, & donneront l'aparence requiſe de l'Icoſidodecaëdre.

Il faut dire la meſme choſe des reguliers compoſez du ſecond ordre, dont le premier eſt compris de quatre hexagones reguliers,
d'autant de triangles équilateraux, de dix-huit coſtez, & de trente-
ſix angles plans, qui en font douze ſolides : ce corps naiſt du Tetraëdre, ou de la pyramide, laquelle on transforme en diuiſant chacun de ſes coſtez en trois également ; & en retranchant ſes quatre
angles ſolides, l'on ne a douze autres.

Semblablement, il naiſt du cube vn autre regulier compoſé du
meſme ordre, en retranchant les huict angles ſolides du cube, de
ſorte que chacune de ſes baſes, ou faces quarrées, eſt changée en
octogone regulier, ou figure plate à huict pans ; & ce corps eſt compris de huict triangles, de ſix octogones reguliers, & equilateraux ;
de trente-ſix coſtez ou arreſtes, & de ſeptante-deux angles plans,
qui en font vint-quatre ſolides.

Dans l'Hoctoëdre, l'on en peut encore inſcrire vn autre du meſme
ordre, qui a quelque conformité auec le precedent dans le nombre
de ſes faces, de ſes coſtez, & de ſes angles plans & ſolides : il eſt compris de huict hexagones, de ſix quarrez, de trente-ſix coſtez, de
ſeptante-deux angles plans, qui en font vint-quatre ſolides : il eſt
produit de l'Octoëdre, dont on diuiſe ſes coſtez en trois parties égales, & en retranchant ſes ſix angles ſolides, il en naiſt vint-quatre autres.

Au Dodecaëdre, l'on peut ſemblablement inſcrire vn de ces
corps, lequel eſt compris de douze decagones reguliers, de vint
triangles équilateraux, de nonante coſtez, & de cent quatre-vint
angles plans, qui en font ſoixante ſolides : il eſt produit du Dodecaëdre, en diuiſant chacun de ſes coſtez en trois, & en ioignant de

lignes droites ces diuisions, de sorte qu'en retranchant ses vint angles solides, il en vient soixante autres, & chaque pentagone est
changé en vn decagone regulier.

Finalement, de l'Icosedre on en forme encore vn, lequel est
compris de vint hexagones & pentagones, de nonante costez, & de
cent quatre-vints angles plans, qui en font soixante solides : il se fait
en diuisant chacun des costez de l'Icosedre en trois parties égales,
car les lignes droites menées par les points de ces diuisions retranchent ses douzes angles solides, & en produisent soixante autres.

Or de tous les corps susdits on peut former vne infinité d'autres
irreguliers, en les tronquant diuersement, qui s'inscriront & se met-
tront en Perspectiue par la mesme voye ; mais il suffit apres auoir
mis les cinq reguliers simples, & d'auoir dit quelque chose de ces reguliers composez pour ayder les studieux, qui peuuent pour ces
cinq derniers reguliers composez du second ordre, consulter vn li-
uret imprimé à Londres, qui les descrit amplement & en donne les
demonstrations, encore qu'il n'en traite pas auec ordre à la Perspectiue : car il donne la vraye methode de les inscrire és simples pour
les mettre en Perspectiue par la voye que i'ay enseigné. Daniel Barbaro en traite aussi en la troisiesme partie de sa Perspectiue, mais oûtre qu'il en rend quelques-vns irreguliers que nous faisons reguliers
ses methodes me semblent confuses, & embrouillées.

PROPOSITION XXIX.

*Mettre en Perspectiue plusieurs corps irreguliers disposez en rond, à sçauoir
huit pierres solides semblables & égales, dont chacune soit comprise de deux octogones, de parallelogrammes, &
de trapezes.*

I'Ay encore voulu ajouster cette proposition aux precedentes,
parce que l'exemple en sera fort vtile & applicable, par imitation, en plusieurs rencontres. La construction en est assez difficile,
tant à cause de l'irregularité des corps que pour leur differente disposition : Elle sera neantmoins renduë facile dans nostre methode
de Perspectiue & beaucoup plus intelligible que ce qu'en escrit Salomon de Caus, lequel, oûtre l'embaras ordinaire de sa methode,
n'a pas assez expliqué ce qui concerne cette figure qu'il a mise en
son liure.

Doncques pour vne plus claire intelligence de la forme & de la
disposition de ces corps solides ou de ces pierres, apres auoir dit
qu'elles sont taillées à pans en octogone, c'est à dire qu'elles ont
huit costez d'égale hauteur, comme EF, de la vint-septiesme figure, il faut faire l'octogone EFGHIKLM : & puis pour la disposition,

supposé qu'elles doiuent estre mises en rond, chacune sur l'vn de ses costez, & également éloignées du centre de ce rond de la longueur B F C G, en la mesme figure, il faut tirer ces lignes FB, G C, & E A, H D, lesquelles venant des angles de l'octogone tomberont toutes à angles droits sur la ligne ABCD. Cette premiere disposition estant faite, il faut s'imaginer que si la ligne AD, de la vint-septiesme figure, estoit mise perpendiculairement sur le point A de la 28. & que l'octogone EFGHIKLM, de la distance BF, CG, fist vn tour en la mesme situation qu'il est à l'égard de cette ligne AD, il descriroit en l'air le cercle BCDEFGHIKL &c. par son costé LK; & par son costé FG, vn autre plus petit cercle par les points Z X V S T Y, &c. C'est pourquoy si l'on met en Perspectiue ces corps ainsi taillez, il faut pour en faire le plan geometral, sur la vint-septiesme figure, prendre auec le compas la distance BL, ou CK; & de cette ouuerture descrire, en la vint-huictiesme, du centre A le cercle B CDEFGH &c. & puis de l'ouuerture BF, ou CG, descrire vn autre cercle du mesme centre ZXVSTY, &c. & de l'ouuerture AE, & A M, encore deux autres cercles, entre ces deux premiers, ausquels quatre cercles, dont nous n'auons icy exprimé que le premier de lignes ponctuées, il faut inscrire des figures à 8, 16, ou 24 pans, selon la grosseur que vous desirez en ces pierres; nous y auons inscrit des figures à 16 pans, supposant ces pierres grosses d'vn costé en dehors de la 16 partie du plus grand cercle, & en dedans de la seiziesme partie du plus petit, & apres auoir tiré des lignes droites passantes par les angles de toutes ces quatres figures à 16 pans, comme QX, RN, BS, CT, &c. nous auons laissé quelques espaces blancs, & les autres gris alternatiuement, d'autant que pour vn plus bel effet nous supposons qu'il n'y a rien sur les espaces blancs, & qu'il y a seulement huit pierres sur les espaces gris, qui sont veritablement le plan geometral de ces pierres, lequel sera mis en Perspectiue à la maniere ordinaire des plans. Pour la ligne de l'Ortographie, elle est toute dressée & diuisée, car il n'y a qu'à prêdre, en la vint-septiesme figure, la ligne ABCD, & à la mettre perpendiculairement sur la ligne de terre en *a b c d*, & de ces points *a b c d*, tirer des lignes droites à vn point de la ligne horizontale, supposé A A, (que nous auons mis hors de la planche, six pouces au dessus de la ligne de terre pour vn plus bel effet, aussi bien que le point de distance qui doit estre, en cette construction, esloigné de dix pouces du point principal) & l'échele des hauteurs sera preparée, sur laquelle on aura l'aparence requise des corps irreguliers disposez en rond 1, 2, 3, 4, 5, 6, 7, 8. I'ay seulement exprimée le plan Perspectif des quatre de deuant, à sçauoir du 1 & 2. 7 & 8, car les lignes des hauteurs Perspectiues, qui se prennent sur l'éehele, eussent fait vne trop grande confusion, parce qu'il y en a tres-grand nombre, à cause des differentes hauteurs de tous leurs angles, & de la diuersité de la situation de ces corps:

il suffit de sçauoir que ces corps reposent au plan sur vn trapeze
semblable à celuy qui est compris en OPZ, à sçauoir *aa bb dd*; &
que la hauteur naturelle des premiers angles esleuez sur *op*, est *ab*
en la ligne de l'Orthographie; la seconde hauteur sur les mesmes
points est *a c*, & de mesme sur *z* : & *ad*, est la hauteur naturelle de
tout le corps sur *aa bb cc dd* : ce qui se void assez clairement exprimé au septiesme de ces corps que ie n'ay pas voulu ombrer comme
les autres, pour y discerner plus facilement les lignes des hauteurs
Perspectiues, & leur origine en l'échele *a bcd* AA; ce qui se void assez en quelques-vnes par les paralleles qui y sont tracées.

PROPOSITION XXX.

*Mettre en Perspectiue vn solide composé de pyramides quarrées qui represen-
tent vne estoile disposée en forme de sphere.*

ENcore que cette Perspectiue semble fort difficile à raison de
la grande diuersité des plans & de leurs inclinations & sail-
lies, neantmoins apres que l'on aura compris que ce solide est
composé de 18 surfaces quarrées, de 8 triangulaires, de 24 angles solides & de 48.costez, on pourra conceuoir ce corps pyramidal estoilé de la 13 planche, qui contient quelques plans de la figure, où fi-
nissent les sommets des pyramides *a b c d e f g*; car la pyramide *g* n'est
pas de cet ordre *g*, car elle a la mesme saillie que la pointe *i*, ce qu'on
connoist par la parallele KHI, aux points de laquelle KH tombent
les perpendiculaires *g* H, *i k*.

Or apres auoir determiné le globe qui enuironne ce corps estoilé, dont le plus grand cercle soit ABCDEFGHI de la 13 figure de la
12 planche, il faut y descrire l'octogone IBCDEFGH, & puis ioindre par des lignes droites les points opposez IF, BE, HC, GD, afin
que par leur intersection le quarré KLMN se trouue au milieu de
la surface ortogone & que la croix paroisse à la 1 & 2 figure, comme
l'icnographie *l m n o p q* du cube paroist dans la 4 figure de la 13 planche, & celle de la croix *r e s t u* composée de 7 moindres cubes.

Le quarré de la 12 planche represente aussi la grandeur des surfaces quarrées dudit solide, & les 4 parallelogrammes IBLK, HKN
G, NMEF, MLCD, & les 4 triangles IKH, BLC, DME, GNF seruent pour representer ses autres plans, de sorte que chaque parallelogramme, & chaque triangle represente le plan inferieur & le superieur, quoy que ces parallelogrammes ne soient pas quarrez, &
que les triangles ne soient pas équilateraux; à cause des differentes
inclinations du plan geometral, comme l'on void à la figure, dont
les surfaces *b* & *d* sont tellement obliques dans leur icnographie,
qu'elles sont entre l'horizon de la surface *c*. Où l'on doit encore remarquer que ces 8 surfaces quarrées perpendiculaires au plan horizontal,

rizontal, ont pour leur icnographie les lignes qui ſeruent de coſtez
à l'octogone BCDEFGHI: par exemple la ligne FG eſt l'icno-
graphic du quarré GF, & la ligne CD celle du quarré c. & de cette
maniere l'on a toute l'icnograſie du ſolide propoſé.

Or l'on aura le ſolide pyramidal de la 4 figure en cette façon. Il
faut deſcrire vn moindre octogone dans le plus grand de la 12
planche, à ſçauoir b c d e f g h i, & de chacun de ſes angles mener vne
ligne iuſques au milieu de chaque coſté du plus grand octogone,
par exemple des angles, i b il faut mener i o, b o, & de meſme de b e
à f, & ainſi des autres.

Ce qu'eſtant fait, il faut mener de tous les angles des octogones
des perpendiculaires ſur la baſe du tableau, comme l'on void aux
points r ſ l t u o x y B z, qui donneront ſon icnograſie.

Ce que l'on comprendra, par la 4 figure de la 13 planche, en prenant LAA perpendiculaire à la baſe du tableau, pour la hauteur du
cube, & la ligne LM & MNOP pour l'ortographie de la crois, car
le ſolide eſtoilé doit eſtre poſé ſur ces 2 ſolides, auſquels ſe cōtinue-
ra l'ortographie du ſolide eſtoilé, auec ſes diuiſiōs PQR STVXY
Z AA; & puis il faut des points LMNOPQR &c. mener des lignes
droites occultes qui aboutiſſent à vn certain point de l'orizon, &
marquent l'échele des hauteurs pour auoir la Perſpeƈtiue de toutes
les ſurfaces & des angles ſolides, en menant des paralleles KHI, C
p q a a, & des perpendiculaires a a bb cc: par exemple ſi l'on mene q
iuſqu'à dd, & de dd en ee, on aura la hauteur de la ſemblable aa bb cc,
& ainſi des autres.

Lors qu'on a les ſurfaces quarrées de ces ſolides, on trouue les
points du milieu des plans du plus grand par l'interſeƈtion des diametrales, par exemple en a, & de ces points on mene des lignes aux
4 angles de la ſurface quarrée du moindre ſolide, ou du moins aux
3 qui paroiſſent, parce que le quatrieſme coſté de la pyramide eſt caché. Et ſi l'on acheue tout, on aura la pyramide eſtoilée comme elle
ſe void dans la 4 figure de cette 13 planche.

PROPOSITION XXXI.

Metre en Perſpeƈtiue ſix eſtoiles ſolides, dont les rayons paroiſſent plats en de-
dans, & en dehors aigus comme des priſmes, de ſorte qu'elles ſemblent
repreſenter vn globe.

CEtte Perſpeƈtiue n'eſt pas moins difficile que la precedente,
quoy que ſi l'on auoit ce corps en nature deuant les yeux, l'on
euſt plus de facilité pour en donner l'aparence: neantmoins il ſuffit
de ſçauoir que ce corps eſt compoſé de 6 eſtoiles, d'vne ſurface interne plate & vniforme, & de pluſieurs autres exterieures qui font
pareſtre des priſmes par leur concours. Chaque eſtoile à 6 rayons,
dont il y en a 4 qui ſe ioignent à 4 rayons d'vne autre eſtoile.

K

Dans leur fituation la V de deffus & la X de deffous ont leurs furfaces plates interieures paralleles à l'horizon, de forte que la ligne
menée de X en V fera perpendiculaire à ces furfaces & à l'horizon;
ce qui arriuera femblablement aux furfaces plates interieures des 4
autres ftoiles.

Ce que l'on entendra mieux, par la 8 figure de la 14 planche,
moyennant les perpendiculaires tirées du folide fur le plan. Or il
eft aifé d'auoir l'icnografie du folide propofé, par la 8 figure de la 14
planche, en cette façon.

Soit defcrit le moindre oĉtogone *abcdefgh*, & de fon centre V
vn cercle occulte grand à proportion qu'on defire faire les rayons
des eftoiles, par exemple à l'ouuerture du diametre VH; & par le
centre V foient menez les diametres égaux à la ligne *gh*, & *cd*: O V
K, qui coupera *gf* & *bc*: NVL, qui coupera *fe* & *ab* : & MVH, qui
coupera *ha* & *ed*.

De plus du point H où fe coupent le diametre & la circonference occulte, foient menées les lignes aux angles prochains du moindre oĉtogone, à fçauoir *h* & *a*, & d I en *a* & *b*, de K en *b* & *c*, & ainfi
des autres pour former des triangles ifofceles dont les bafes feront
fur les coftez dudit oĉtogone, qui donneront l'icnografie de 2 eftoiles du folide à fçauoir de la fuperieure & de l'inferieure.

Pour auoir les 4 autres il faut mener par le point H la ligne pon-
ĉtuée GA, qui face des angles droits auec V H; & de mefme il faut
tirer AC, CE, EG; par les points K M O, de forte qu'elles faffent le
quarré ACEG; & puis de fon centre V il faut defcrire vn cercle occulte concentrique au premier, qui paffe par les 4 coins dudit quarré, qui le diuiferont en 4 parties égales, dont chacune fera diuifée
en deux autres parties égales aux points 7 BDF, & apres auoir ioint
par des droites les points ABCDEFG 7, on aura le plus grand oĉtogone infcrit au cercle.

Or l'Icnographie des eftoiles dont les furfaces plates interieures
font perpendiculaires à l'orizon, doit eftre defcrite dans la 4 partie
de la circonference en cette façon.

Par exemple, fi l'on veut l'icnografie de l'eftoile *aa* de la 8 figure,
apres auoir mené la ligne GA de la 7 figure, & determiné les 2 coftez 7 A, 7G du plus grand oĉtogone, foient menées les droites *fg*,
& *h*, *da*, *cb*, Ll par les points NP, leurs interfeĉtiós *i* QRHSTl auec
GA donneront les points aufquels tomberont les perpendiculaires
tirées des angles du folide propofé; comme l'on void dans cette Perfpeĉtiue que les perpendiculaires *bbi*, *ccl* tirées des fommets des angles *bb*, *cc* tombent fur *il*, & que des angles internes *dd* *cc* les perpendiculaires *d* *dr*, *ce* *f* tombent fur les points *r* & *f*.

Où l'on doit remarquer que l'icnografie des faces internes de
ces eftoiles ne peut eftre que la droite GA, dans laquelle fe rencontrent les points *i* QRHSTl: mais i'ay laiffé plufieurs lignes à def-

crire pour acheuer l'icnographie, afin que l'on comprenne mieux l'aparence des estoiles.

Apres auoir fait cette icnographie, il faut tirer de tous ses angles & ses pans principaux des perpendiculaires à la base du tableau, qui tomberont aux points 1, 2, 3, 4, 5, 6, 7, 8, 9, 10, 11, 12, 13. de la 7 figure, afin que la ligne 1, 13, diuisée en ses parties soit l'ortographie du corps proposé: Et pource suiet il faut auoir la perpendiculaire à la base du tableau, comme cy-deuant, dans la 8 figure, en G 1, H 2, 1 3, K 4, L5, M6, N7, O8, P9, Q10, R11, S12, T13.

Où il faut remarquer que ce solide estoilé n'est pas immediatement sur la base du tableau, parce que ie le fais porter sur 2 autres solides pourvne plus grande beauté, c'est pourquoy i'ay mis les 2 hauteurs EF, EG dans la ligne de l'ortographie; l'vne pour le solide ff gg hh, qu'on peut nommer Exoctaëdre irregulier, & l'autre FG pour la hauteur de la pyramide quarrée XY, qui est sur l'Exoctaëdre.

Vous voyez l'icnographie, & l'ortographie de ces 2 moindres solides dans la 5 & 6 figure de la 14 planche.

Ares auoir marqué toutes ces hauteurs sur la ligne orthographique, & suposé qu'il y a 2 autres hauteurs au de là du point R, égales aux espaces GHI, il faut mener des droites dessous les points de ladite ligne EFGHIKLMNOPQR, & de S & T au point Z de l'orizon, pour auoir l'échele des hauteurs, sur laquelle on prendra aysement les hauteurs Perspectiues du plus grand solide & des autres, ce qui se comprend mieux par la figure que par vn plus long discours.

PROPOSITION XXXII.

Mettre en Perspectiue vn solide qui face parestre vne sphere estoilée de pyramides égales à 5 pans, ou 5 angles.

POur entendre cette proposition, & pour auoir la Perspectiue de ce solide, il faut comprendre sa nature, & son origine: il est donc composé de 12 pyramides pyramides égales, dont chacune a vn pentagone regulier pour sa base, & partant le solide qui en resulte est vn Dodecaëdre, tel qu'on le void dans la 10 figure de la 16 planche.

La 27 proposition en donne la figure exterieure, & la 26 ayde aussi à le faire entendre, mais parce que nous en auons parlé en ce lieu-là pour vn autre dessein, ie mets icy son plan geometral, & sa ligne ortographique.

Soit premierement descrit, comme dans l'onziesme figure de la 16 planche, vn cercle occulte du centre A, dont la circonference soit diuisée en 10 parties égales BHCIDKELFG, en sorte que des droi-

K ij

tes tirées par ces points faſſent 2 pentagones reguliers, dont les coſtez BC, CD &c. ſoient égaux aux coſtez du Dodecaëdre, & que ces pentagones ſeruent de plan geometral, ou d'icnografic, à ſçauoir que BCDEF ſoit pour la ſurface d'en bas *abcde* du dodecaëdre de la 10 figure; & que GHIKL repreſentent la face d'en haut *fghik* du meſme dodecaëdre.

En apres du point E ſoit tirée par le centre A la droite E, qui coupe le coſté BC au point M; & du point F au point D ſoit menée FD ſouſtenduë de l'angle FED : elle coupera E *a* au point *f*. Du point *a* ſoit menée *a d* à diſcretion, perpendiculaire à E *a*. Du meſme centre A ſoit deſcrit vn autre cercle, en ſorte que la droite FD ſoit égale au coſté du pentagone regulier inſcrit au meſme cercle : & l'on aura 10 points également eloignez ſur la circonference de ce cercle, comme ſi l'on vouloit deſcrire 2 pentagones concentriques & paralleles aux 2 autres, dont les angles fuſſent oppoſez.

Il faut ioindre ces points de proche en proche, par des droites qui faſſent le decagone NOPQRST &c. & les angles du pentagone BCDEF par les droites BX, CN, DP &c. auec celles qui leur reſpondent dans le plus grand cercle: & faire la meſme choſe au pentagone GHIKL de l'icnografie d'en haut, auec les lignes entrecoupées du meſme cercle H*a*, IO, KQ &c. pour auoir dans l'onzieſme figure la parfaite icnographie du dodecaëdre repreſenté par la 10 figure; de ſorte que le pentagone DCDEF ſoit l'icnographie de la face d'enbas *abcde* BCN*a*X, celle de la face enclinée *a b l m n*: BF TVX, celle de la face *a e o p n*. T FERS celle de la face, *e d q r o*; ED PQR, celle de la face *c d q ſt*. DCNOP celle de *b c t u l*.

Et GHIKL donnera l'icnografie de la face d'en haut *fghik* parallele à l'horizon, GH *a* X V celle de la face *g h p n m*: G L S T V de *hirop*. IRQRS, *k i r q ſ*. IKQPO, *f ſ ſ t u*, & HION*a* donnera l'icnografie de la face *f g m l a*.

Quant aux ſommets de toutes les pyramides qui ſont *abcdefg hilm* dans la 12 figure, il faut trouuer leurs points dans le plan geometral, par le moyen des lignes perpendiculaires, dont celle qui paſſe par *a* & *b* diametralement oppoſez, tombe au point A de l'onzieſme figure, c'eſt à dire au centre de noſtre plan geometral. Le reſte eſt aiſé à deſcrire, c'eſt pourquoy ie viens à l'ortographie du meſme dodecaëdre.

Soit priſe dans l'onzieſme figure la longueur de la droite HG, & du centre H, ſoit fait vn arc de cercle ſur la droite *a d* priſe à diſcretion. qui la coupe en *b*: & puis du centre M, de l'interuale ME ſoit marqué ſur la meſme ligne vn autre arc de cercle qui la coupe au point *c*, & ſoit repriſe la longueur de la ligne *ab* ſur la ligne *cd*, afin que toutes ces lignes des hauteurs ortographiques ſoient tranſportées à la 12 figure, & miſes ſur la droite AM.

Mais parce que ce ſolide eſtoilé ne porte pas immediatement ſur

ſur le plan , & qu'il eſt poſé ſur pluſieurs autres corps ſolides qu'on
void dans la 9 figure , à ſçauoir l'icnographie du parallelipede *nopq*
dans A B C D ; celle des pyramides quarées *rſtu* dans les quarez EF
GH, IKLM, N O P Q, R STV: & celle de la croix ſolide *xyzaa*
dans la croix X Y Z A A , il faut premierement mettre les diuerſes
hauteurs de ſes ſolides dans la perpendiculaire AM.

Soit donc premierement la longueur A B pour la veritable hauteur du parallelipede *nopq*, comme elle eſt dans la 9 figure au nombre 1, & l'apparence ſera *bba*, ou *ccdd* dans l'échele de l'ortographie.

Et puis on aura BC pour la hauteur des pyramides, comme l'on
void à 2 de la meſme figure : & à 3 CD pour la hauteur de la croix ; &
DE à 4 pour la hauteur du moindre parallelipede : de ſorte qu'E F
ſera le coſté du decagone inſcrit au cercle Y E *e* Z F*f*, A *a* G*g* H *h*
C *c*.

Et puis FL ſera égale au ſemidiametre du meſme cercle A Y, & L
M égale à EF, comme i'ay dit dans la 27. propoſition. Mais la ligne
abcd de l'onzieſme figure doit eſtre miſe au milieu de l'eſpace FL,
& G ſera la premiere hauteur pour les 5 angles du pentagone d'en
bas du dodecaëdre : d'où naiſt la pyramide qui a ſa pointe en *b*, la
hauteur H eſt pour les angles ſolides du ſecond ordre, comme ſont
noqlt dans la 10 figure. La hauteur I eſt pour les angles du 3 ordre ,
comme ſont *mp r ſn* : & finalement la hauteur K eſt pour le pentagone d'en haut, d'où vient la pyramide dont le ſommet eſt *a*.

La moindre hauteur des pointes des pyramides eſt E dans la ligne
ortographique & dans la Perſpectiue c'eſt *b*.

La ſeconde en F eſt diminuée en *hilm* : La 3 eſt en L qui eſt par
tout égale aux points *cdeſg*, parce que tous les ſommets de cet ordre ſe rencontrent dans le plan de la ligne horizontale , où *d* eſt
le poinct principal. La quatrieſme hauteur M eſt *a* dans ſa Perſpectiue.

Or ſi l'on entend bien tout cecy, il ſera aiſé par la 1 propoſition
de ce liure , d'accommoder tous ces plans ſuiuant la hauteur donné
de l'œil, & le point principal *d*, & la diſtance , qui eſt icy hors du tableau ; & puis par la 20 propoſ. on trouuera toutes les hauteurs Perſpectiues ſur l'échele que i'ay deſcrit ſuiuant les hauteurs réelles &
veritables, comme l'on void clairement en la 12 figure, de maniere
qu'il n'eſt pas beſoin d'alonger ce diſcours.

PROPOSITION XXXIII.

Mettre en Perspectiue vn cube percé à iour, ou composé de
chevrons quarrez.

ENcore que cette proposition se puisse expedier par la mesme
voye que les precedentes, c'est à dire qu'en la vingt-neufiesme
figure on puisse mettre en Perspectiue le cube percé, par le moyé de
l'Orographie, & de l'echelle des hauteurs ABCD, aussi bien que les
corps qui sont tous solides, comme en peut remarquer en quelques-
vnes de ses hauteurs perspectiues que nous auons pris sur l'echele, &
transporté sur le plan du Cube par le moyen des paralleles; le quel
plan nous supposons estre mis en perspectiue, comme nous auons
dit des autres; neanmoins parce qu'il y a vne pratique particuliere
pour trouuer les aparences de toutes les epaisseurs auec moins de
trauail, ie l'ay voulu proposer en cet endroit, tant pour ce que la
methode est assez generale & instructiue pour beaucoup de rencontres, que particulierement pour ce que l'on apprendra par
mesme moyen à mettre en perspectiue vne chaire telle qu'elle est
depeinte en la trentiesme figure de la 23. planche, qui seruira de
preparation pour la premiere proposition du second liure, où nous
commencerons à traicter des figures qui paroissent difformes hors
de leur point, & qui estant veuës de leur point se monstrent bien
proportionnees & selon les regles de l'art. La 23 planche de ce liure
contient deux chaires qui n'en ont nulle apparence, si elles ne sont
regardees precisément comme nous dirons quand nous en donnerons l'intelligence.

Quant à l'explication de cette proposition, soit fait sur la l'igne-
terre vn quarré E F G H, pour l'vne des faces du cube proposé: &
qu'au dedás de ce premier quarré il en soit fait vn plus petit qui laisse entre les deux l'epaisseur qu'ó aura determinee pour les chevrós,
dont l'on suppose que le cube est composé ; & soit, par exemple,
le quarré I K L M, dont les costez soient prolongez iusques sur les
costez du grand quarré, comme le monstrent les lignes occultes
qui se terminent és points *a b c d e f g h*; & puis des poicts H, *h*, *a*, E,
b, *c*, F, soient tirées des lignes droites occultes au point principal Q :
en apres, soit transportée sur la ligne de terre la grandeur de l'vn des
costez du cube auec ses espaisseurs, du costé cotraire au point de
distance, asçauoir H N O P; & des points N O P soient tirées des
lignes droites ocultes au point de distance R , & du poinct *i*, où la
ligne P R coupe H Q , soit esleuée vne perpendiculaire iusques à
la ligne EQ; & du point de la rencontre *k* soit menée vne parallele
iusques à la ligne F Q, qu'elle rencontrera au point *l* ; où apres
auoir ioint de lignes apparentes H *i* , *i k l* , *l* F , on aura l'ap-

parance du cube, ſupoſé qu'il fût tout ſolide: & pour auoir l'aparence des eſpaiſſeurs des deux faces E H *ik*, E *klF*, apres auoir
eſleué des points *mo* les perpendiculaires *mn*, *po*; & des points de
leurs rencontres auec la ligne E Q, tiré les paralleles *nr*, *pq*, il faut
remarquer, où elles s'entrecoupent auec les lignes qui vont au
point principal, & qui doiuent donner la diminution de ces eſpaiſſeurs, qui ſont les lignes *h* Q, *a* Q, *b* Q, *c* Q, & joignant les points
de ces interſections, de lignes aparentes, on aura la diminution
des eſpaiſſeurs du dehors de ces deux coſtez, à ſçauoir deux moindres quarrez en Perſpectiue compris & enfermez és deux plus grãds
kl E F, *k* E H *i*; commme I K L M eſt enfermé en *k* F G H: pour ce
qui ſe voit du dedans, on en aura l'aparence en ceſte ſorte; il faut
premierement du point L tirer vne ligne au point principal Q, qui
ſera L ı; & du point *ſ* vne parallele *ſ* ı, & abbaiſſer du point *r* vne
perpendiculaire *r* ₃, leſquelles s'entrecouperont au point 4: cela
eſtant fait, du point M ſoit tirée vne autre ligne au point principal,
& où elle rencontrera la ligne *ſ* ı, ſoit eſleuée vne perpendiculaire,
& du point *t* ſoit menée vne parallele à M L, *tu*; & du point *u*, où
elle rencontre L ı, ſoit encore eſleuée vne perpendiculaire: Or
il ne faut pas marquer toutes ces lignes aparamment dés leur
origine, & l'on doit agir auec iugement, & ſuiuant le modelle propoſé laiſſer ce qui n'eſt tracé que de points en ces lignes comme
eſtant caché, & marquer aparamment ce que nous auons fait de
lignes plaines, comme eſtant expoſé à la veuë : ce que ie dis tant
pour cette operation du cube que pour d'autres ſemblables, côme
de la chaire miſe cy-deſſous. Or pour acheuer il faut du point *ef* tirer des lignes vers le point principal, iuſques à ce qu'elles récontrét
les lignes *ſ* ı, *r* ₃; & du point ı eſleuer vne perpendiculaire; & du
point ₃ mener vne parallele, côme il eſt exprimé dans l'exemple: &
puis du point où la ligne *c* Q coupe *kl*, il faut abbaiſſer vne perpendiculaire iuſques à ce qu'elle rencontre L *u*, au point ı, duquel menant vne parallele à *l* ı, vers le coſté *k i*, on aura l'aparence entiere
du cube percé auec ſes eſpaiſſeurs tant du dehors que de ce qui ſe
peut voir du dedans.

COROLLAIRE

Par cette propoſition il eſt facile de mettre en Perſpectiue vne
chaire ſemblable à celle qui eſt en la trentieſme figure, c'eſt
preſque la meſme choſe qu'vn cube percé, excepté que les quatre
chevrons d'embas ne touchent point le plan, mais ſont eſleuez ſur
iceluy de la hauteur que l'on veut donner aux pieds de la chaire,
qui ſont icy G, H, *m*, ₃; & de pluſil y faut ajouſter vn doſſier, qui
eſt icy *k pr ſ ql*; pour le reſte il en va de meſme que du cube de la
vint-neufieſme figure, & ſe peut faire auſſi bien qu'iceluy par le

moyen de l'Ortographie , & de l'echele mise à costé Y X A B C D Z,
apres auoir racourcy son plan *a b c d* mis sous la ligne de terre , comme nous auons dit des autres dans les propositiós precedentes. Or
la hauteur natur elle de toute la chaire est dans l'échele Y Z : & dàs
A Y celle du dossier : en Z D celle des pieds, & ainsi des autres qui
sont transferées en leur Perspectiue, chacune selô sa situation comme le monstrent quelques paralleles tirées de l'échele vers la chaire ; laquelle se peut encore faire d'vne autre façon independam-
ment du plan & de l'échele ,comme nous auons dit du Cube, en faisant au lieu du quarré E F G H , qui est l'Ortographie parfaicte du
cube, la figure E F L G H M , pour la chaire, d'autant que le chevron M L doit estre vn peu esleué au dessus du plan , pour laisser
espace aux pieds de la chaire. Le reste se faira comme au cube precedent , comme pour trouuer toutes les espaisseurs des costez des
chevrons, selon leur situation, & pour obseruer leurs emboitures
C'est pourquoy nous les auós marqué de mesmes characteres l'vn
& l'autre , autant que nous l'a peu permettre le peu d'espace qu'il
y a en ces espaisseurs, qui a esté cause d'en obmettre quelques-vns ;
ce qui se suppleera facilement par celuy qui trauaillera, lequel se
pourra, nonobstant cela , seruir du discours fait pour le cube , en
la constructió de la chaire. On trouuera le dossier en mettàt sa hauteur naturelle sur la ligne H M E, cóme est icy X Y; & en tirant des
points X Y des lignes au point principal Q , qui couperont de la
ligne *m h p r* esleuée, autant qu'il en faut pour le racourci du mesme
dossier , comme est icy la portion *p r* ; car en menant des paralleles
p q, *r s* iusques à l'autre ligne esleuée *l s* , on aura le dossier tout fermé.
Or il ne faut pas marquer tout du long les lignes qui les forment,
affin de laisser quelques espaces suiuant leurs emboitures , & de
mieux distinguer & exprimer ce qui est exposé à la veuë , & ce qui
n'y est pas exposé , pour estre caché par quelqu'autre partie.

On doit aussi tellement placer le point principal , & celuy de
distance ou d'esloignement, que les chaires en reüssissent bien pro-
portionées , & agreables à l'œil : autrement, on pourroit les placer
de sorte qu'en operant, mesme conformement aux regles de l'art,
elles viendroient tout à fait difformes, & si mescognoissables qu'on
ne les croiroit iamais auoir esté faites pour des chaires : comme l'on
pourra recognoistre en celles que nous exposerons dans la premiere proposition du second liure : Or cette hauteur de l'œil , &
cet esloignement qui fait paroistre les objets bien proportionnez,
s'apprendra plustost par l'habitude , & en trauaillant , que par aucun precepte qu'on en puisse donner.

PROPOSITION

PROPOSITION XXXIV.

Representer la base & le chapiteau d'vne colomne dorique dans le tableau, ou les mettre en Perspectiue.

L'On sçait qu'elle doit estre la proportion de la colomne dori-que, dont il faut premierement determiner l'épaisseur ou le diametre, qui est OP de la 31 figure de la 19 planche.

On la diuise en 2 parties égales ON & NP, dont l'vne est en co-re subdiuisée en 12 parties, pour seruir de regle ou de module au re-ste des proportions, comme l'on void à la ligne AM, sans qu'il soit besoin de nous arester à l'explication de toutes ses parties, car ce dis-cours appartient à l'Architecture, qui diuise le module N en 12. parties.

Or si l'on supose cette diuision en 12. parties, chaque partie du chapiteau est determinée par la loy de l'Architecture, dont ie ne veux pas icy traiter. Il suffit qu'on voye toutes ces parties sur la li-gne AM; ausquelles les lettres A, B, C, D, E, F, G, H, I, K, L-respondent.

Il faut commencer par O Q R, qui est l'icnografie du corps de la columne, dont M P est le demidiametre. Apres il faut mettre le plan, & les autres parties en Perspectiue suiuant les régles que nous auons données cy-dessus.

Par exemple, soit le cercle *oqp* la Perspectiue de O Q P, vous aurez la hauteur de l'aparence de cette partie de colomne au point *q*, en menaft la parallele *qa* du point *q*, & la perpendiculaire *ab* du point *a* mise en *qx* sera l'aparence requise.

De mesme, vous pouuez tirer la ligne *oc* du point *o*, pour trouuer *cd* qui sera *oe* en sa situation. Mais la maniere paroist si clairement dans la figure qu'il n'est pas besoin d'vn plus long discours.

PROPOSITION XXXV.

Mettre en Perspectiue quelques figures de l'Architecture militaire.

SOit dans la 32 figure de la 10 planche la section d'vne courtine auec son fossé, qui veuë directement, & qui soit parallele au plan soit du tableau ABCDEFGHIKLM; de sorte qu'ayant côstruit sur la ligne AV la sectió orthographique auec le fossé N O P du penta-gone regulier de Fritac, qui donne 60 pieds à la largeur du fossé, l'on descriue toutes les autres parties suiuant les loix de la fortifica-tion, & l'echele que i'ay mise au bas, il est aisé d'en faire la Perspe-ctiue, parce que son icnographie est quasi toute composée de lignes parallèles. perpendiculaires au tableau, & qui par consequent doi-

L

uentaboutir au point principal X , par la 7 propofition , par exemple ayant mené la droite E *e* au point principal, il faut pour la terminer fuiuant la longueur deffeinée dans l icnographie , mener la parallele E *b* iufques à la ligne de l'orthographie , & voir où *fd* tirée du
plan coupe *b*Y, à fçauoir en *d*, duquel il faut tirer vne autre ligne iufques à ce qu'elle coupe E *e* en *e*, où elle determinera la longueur requife.

Le refte fe doit faire fuiuant la figure de cette planche , car il feroit trop ennuyeux de parcourcir toutes les lignes : c'eft pourquoy
ie propofe feulement dans la 33 figure le foffé du pentagone de Fritac , dont on void à cofté les mefures naturelles fur la ligne *a b*.

C O R O L L A I R E.

Apres auoir leu ce que dit Accoltius , & Danti fur Barocius,
aux lieux que cite l'autheur, i'ay enfin trouué que M. Defargues
eft celuy qui a propofé , & demonftre la maniere vniuerfelle de pratiquer le Perfpectif fur deus & par mefures contées d'vn bout à l'autre , fans auoir befoin de fortir hors du tableau pour quelque rencontre que ce foit : ce qui eft conforme à la maniere de pratiquer le
geometral de la mefme chofe.

Or il n'y a rien d'approchant, ou de femblable dans les fufdits autheurs , non plus que dans les fragmens atribuez, à M. Aleaume, &
imprimez par le foin de M. Migon , ou dans le compas optique du
fieur Vaulezard, ou enfin dás tous les autres qui ont efcrit de la Perfpectiue iufques à prefent, car ce qu'en a le F D B dans fes liures eft
copié de la maniere vniuerfelle que fit imprimer ledit fieur Defar-
gues dez l'an 1636 , & puis dans vn cayer particulier il y a plufieurs
années, tiré du liure entier de fa Perfpectiue que M. Bofse a fait imprimer, dans laquelle il a aioûté vne feconde partie contenant la regle de placer, & de proportioner les touches & les couleurs diuerfes
qui perfectionnent le Perfpectif, dont on n'auoit encore rien donné au public.

Mais ceux qui ont leu & compris la maniere vniuerfelle de M. Defargues , où l'on n'employe aucun point hors du champ de l'ouurage, acheuée de mettre en lumiere par l'excellent graueur M. Bofse
l'année 1647. confeffent qu'elle furpaffe en abregé de pratique tout
ce qui en a efté donné iufques à prefent, & qu'il auoit raifon l'an
1636. de fe dire l'inuenteur de la methode vniuerfelle &c. oûtre
qu'elle contient la raifon des plans & les proportions des fortes &
foibles touches, teintes ou couleurs tant cleres que brunes, ce
qui rend le corps de la pratique de cét art complet, & dont aucun
n'auoit traité iufques à prefent.

PROPOSITION XXXVI.

LEMME. XII.

Si dans la figure 21 de la 4 planche , A B coupe les paralleles F B & A E
aux pionts A & B , ou en tels autres qu'on voudra, & que l'on prenne les
points C & E vers les mesmes parties dans la ligne A E , & les points
D & F en la ligne F B vers les parties opposées, en sorte qu'il y ait mes-
me raison d'A E à F B que d'A C à B D, & que l'on tire les droites D
C & F E, elles couperont la ligne B A au mesme point G.
Or si la ligne D C coupe la ligne B A au point G ; & que la ligne F E coupe
la mesme au point H , ie dis que G & H seront vn mesme point.

CAr par la construction B F est à H E , comme B D à A C ; & par
ce que le triangle F H B est semblable au triangle A H E, comme le triangle D G B est au triangle A G C, par la 4 du 6. & comme B
F est à A E ainsi F H à H E, ou B H à H A.

Semblablement comme B D est à A C , ainsi D G à G C, ou B G à
G A, donc comme B H à H A , ainsi E G à G A ; & la ligne B A
est tousiours coupée au mesme point G, ou H, ce qu'il falloit demonstrer.

COROLLAIRE

Ma methode a cela de propre que si l'on se trouue contraint à
cause de la disposizion des points & des lignes dont il faut vser , de
changer les mesures reelles pour le point de distance dans la ligne
horizontale, que du moins on le peut approcher tant qu'on n voudra
du point principal , sans que cela empesche les intersections des lignes, ou la Perspectiue , de sorte qu'on fera la mesme chose que si
l'on obseruoit les mesures naturelles ; pourueu qu'on garde la
raison de la proportion qui se trouue entre les parties de la base du
tableau, & celles de la distance.

Par exemple, soit le tableau F I K B de la 34 figure, & sa ligne horizontale A E , dans laquelle soit le point de distance E eloigné de 18
pieds du point principal; & que la base du tableau aye 10 de ces parties, s'il faut trouuer vn point dans la ligne radiale B A menée de l'angle du tableau au point principal A; & qu'il falle que ce point trouué soit au delà du tableau éloigné de 10 pieds de sa base , il faut tirer
vne ligne du point F, entre lequel & le point B l'on mette l'espace
de 10 pieds reels iusqu'au point de distance E,& la droite F E donnera le point H à l'intersection de B A pour le point requis éloigné de
10 pieds derriere le tableau : & si par le point H on meine L M parallele à F B base du tableau , tous les points de la mesme ligne se trouueront dans la mesme situation, par le 3 corollaire de la 6 prop. c'est
à dire qu'ils seront élognez du pied du tableau de 10 pieds.

L ij

Iajoûte que fi l'on eft tellement contraint dans le tableau FIKB, dont la bafe FB à 16 pieds, que l'on n'ait pas affez d'efpace depuis le point principal A dans la ligne horizontale pour y marquer la diftance de 18 pieds, comme il fe void en AE, l'on prendra à difcretion la ligne AC qu'on diuifera par le compas de proportion en 18. parties égales qui reprefenteront les 18 pieds reels, & par ce que dans noftre figure la ligne AC a 6 pieds, apres auoir diuifé chacun en 3 parties, nous aurons noftre diftance au point C, qui feruira pour operer & trouuer tous les points d'aparence plus commodement que fi nous vfions des mefures reelles.

Par exemple fi l'on veut trouuer le point H ou G dans la ligne B A, & que nous defirions qu'il paroiffe 10 pieds par delà le tableau, il faut diuifer BF comme nous auons diuifé AB, afin qu'elle contienne 34 parties, femblables aux 18 d'AC.

Et puis il faut prendre 10 parties fur BD de B vers F, à fçauoir BD; & tirer du point D DC au point fuppofé de diftance C, qui coupera la droite BA en G, ou H.

De plus, fi vous defirez d'autres points dans la ligne BA, foit plus ou moins éloignez du pied du tableau, par exemple le point N éloigné de 3 pieds, il faut du point O tirer la droite OZ, qui monftrera le point N par l'interfection de BA. Et par cette mefme voye vous trouuerez tels points que vous voudrez éloignez d'vn, de 2, de 3, pieds &c. du pied du tableau.

Par exemple, la parallele LM foit menée par le point éloigné de 10 pieds du tableau, & qu'en quelque partie de fa bafe ayant 10 pieds foit prife la grandeur reelle d'vn pied, PQ, & des points PQ foient menées à quelque point de la ligne horizontale PA, QA: & la portion RS de la parallele LM, qui fe trouue comprife entre les lignes PA & QA, fera la mefme Perfpectiue, ou aparence d'vn pied pris en quelque partie qu'on voudra, pourueu qu'il foit parallele au tableau, dont il eft efloigné de 10 pieds : d'où fi l'on vouloit éleuer vne perpendiculaire, RS feroit fa mefure. L'exemple de la propofition qui fuit fert encore pour vne plus grande intelligence.

PROPOSITION XXXVII.

Mettre quelques corps reguliers en Perfpectiue felon la methode de la propofition XXXVI.

IL faut premierement fuppofer vne certaine grandeur du tableau & celle des obiets auec leur fituation, & la diftance de l'œil auec fa hauteur : par exemple dans la 35 figure, fuiuant l'échele Y Z de 12 pieds, la bafe du tableau FB en contient 10 : la diftance de l'œil E Q 18, & fa hauteur EA 7, & ainfi des autres points aufquels ladite échele fert d'examen.

Monſtrons comme les apparences doiuent eſtre marquées dans la 36 figure, de ſorte qu'au lieu des 10 pieds qu'à la baſe du tableau, l'on en mette 17 dans la ligne FT, afin de tirer comme il faut la ligne horizontale TC parallele à la baſe FB.

Et puis du point Q qui eſt entre 4 & 5, ſoit menée la perpendiculaire QA, qui monſtrera le principal point A dans la ligne horizontale, ſuiuant ce qui eſt repreſenté dans la 35 figure.

Apres quoy il faut marquer la longueur de 18 pieds dans la ligne horizontale d'A vers C: mais puiſqu'il n'y a que 6 pieds d'A vers C: il faut vſer de noſtre methode qui prend des meſures à diſcretion, en diuiſant la ligne AB en 18 parties, qui ſoient ſupoſées pour 18. pieds, & l'vne de ces parties, comme AD ayant eſté tranſportée ſur la baſe du tableau en RS, il faut tirer de ces points RS les droites R A, SA, dont on fera l'échele des pieds, pour trouuer la ſituation des apparences de l'obiet.

Car la ligne tirée RC donnera le point V dans l'interſection de la ligne SA; quoy qu'il ne ſoit eſloigné que d'vn pied de la baſe du tableau, auſſi bien que s'il eſt eſloigné de 18 pieds.

Ayant donc mené à trauers le tableau par le point V vne parallele à FB, elle repreſétera la ligne éloignée d'vn pied d'auec la baſe du tableau, & la meſme parallele coupera RA en X, duquel la ligne X C eſtant tirée, donnera le point O, dans la ligne SA, par lequel la parallele eſtant menée repreſentera la ligne 2 pieds par de la le tableau, & ainſi des autres, de ſorte qu'on peut ayſement trouuer ſur la ligne SA les proiections de toutes ſortes d'obiets.

Or pour euiter la confuſion des lignes, on peut tranſporter à coſté du tableau l'echele des meſures ſur les lignes FT & BC, par le moyen des paralleles menées par S V, op, qui donneront les diminutions proportionelles aux coſtez BC, aux points 1, 2, 3, 4, 5, 10, 15, 20. comme il eſt marqué dans la figure.

Par exemple, voyez le plan geometral, ou l'icnografie du cube GHiK dans la 35 figure, & vous connoiſtrez en commençant par le premier angle G, par le moyen de la ligne IQ meſurée ſur l'echele YZ, que cét angle eſt eloigné de 2 pieds & trois quarrez de la baſe du tableau. Et cette échele ſert pour mener RAS parallele à G*b* qui ſoit éloignée de ladite baſe de 2 pieds 3 quarts, & l'aparence de l'angle G ſera dans ladite parallele.

L'on ſçaura le point de cette ligne, en portant la perpendiculairement GL ſur l'échele YZ, & ayant trouué qu'elle diminuë, il faut prendre l'aparence d'vn demi pied dans le tableau ſur la parallele *a*G*b*, & la mettre à la gauche de la ligne QA, & LG ſera diminuée ſuiuant les meſures de l'echele FTV.

Apres cela, pour auoir l'eſleuation du cube, dont le coſté eſt MN dans la 35 figure, il faut meſurer ce coſté ſur l'echele YZ, & ſi l'on ſçait qu'il eſt de 2 pieds & vn quart, il faut du point G tirer la perpendiculaire GM, ayant cette mesme mesure prise sur FTY, sur la parallele *b* & *a* menée par le point G : & de mesme il faut tirer des points H & K les perpendiculaires HO & KN sur la parallele qui passe par KH.

Ayant trouué par cette methode tous les points de l'apparence & des eleuations, il les faudra ioindre par des lignes qui formeront le cube GHiKLMNOP. L'on trouuera de la mesme façon l'aparence du Thetraëdre *c d e f* situe sur l'vn de ses angles solides, dont RST est l'icnographie.

COROLLAIRE.

L'on peut voir 3 espece de proiections dans le 6 liure d'Aguillonius, qu'il explique par l'application d'vne chandelle à quelque obiet dont elle est eloignée d'vne distance indefinie ; ou qu'elle touche ; où enfin, dór elle est eloignée d'vn interualle tel que doit estre celuy de l'œil pour voir le tableau, l'image, ou son obiet en perfection. Voyez aussi Guidubalde sur le Planisphere de Roias. Ledit Aguilon nomme ces 3 sortes de proiection, ortographie, stereographie, & scenographie, mais puis que son liure est commun, il n'est pas necessaire de le copier.

ABREGE' DES AXIOMES ET DES PROPO-sitions, qui seruent pour la pratique de la Perspectiue.

I. **T**Out point d'vn obiet est marqué sur le tableau par vn autre point, d'autant qu'il arriue à l'œil par vne ligne droite qui ne peut couper le tableau que dans vn point.

II. Toute ligne droite, laquelle estant prolongée passeroit par le centre de l'œil, est aussi marquée d'vn point sur le tableau, parce qu'elle ne le coupe qu'en vn point.

III. Toute ligne qui ne passeroit pas par le centre de l'œil marque aussi vne ligne sur le tableau, parce qu'elle forme vne surface triangulaire en arriuant à l'œil, dont la base est la mesme ligne & l'angle qui luy est oposé est dans l'œil : mais cette surface ne coupe le tableau que dans vne ligne.

IV. Toute surface droite qui prolongée passeroit par le centre de l'œil a toutes les especes qu'elle enuoyée à l'œil dans vn mesme plan, qui ne peut couper le tableau, que dans vne ligne.

V. Toute surface qui prolongée ne passeroit pas par son centre marque vne surface sur le tableau, parce que les especes qu'elle enuoye à l'œil font vne pyramide solide de rayons, qui laisse & marque sa surface sur le tableau.

VI. Toute surface parallele au tableau & toute ligne prise dans cette surface se dépeint sur le tableau de la mesme sorte qu'elle est dans la figure Geometrique, qui ne differe point de l'aparence sinon en grandeur, comme l'on peut conclure de la 18 proposition.

D'où il arriue que l'on void souuent les frontispices des bastimens dans le tableau sans aucun changement, à sçauoir lors qu'ils se recontrent en des plans paralleles au tableau: & que les fenestres des bastimens, quoy qu'elles soient egales en la peintures, paroissent neantmoins inégales, à cause de l'inégalité des angles qu'elles font dans l'œil.

VII. Toute ligne droite qui n'est pas dans vn plan parallele au tableau, estant mise en Perspectiue, butte au point qui va de l'œil au tableau, c'est à dire qui est l'aparence du rayon, tiré de l'œil au tableau, & qui est parallele à ladite ligne.

VIII. Toutes les lignes qui sont paralleles entr'elles & à la base du tableau, demeurent aussi paralleles dans la Perspectiue; comme il arriue aux pauez, & aux planchers, & lambris.

IX. Si la surface plus haute que l'œil est parallele à l'horison, ses extremitez semblent descendre, & si elle est plus basse que l'œil, ils semblent monter, comme l'on experimente dans les grandes & tres-longues galeries, dont les pauez semblent se hausser vers le plancher, comme le plancher semble descendre sur le paué.

Ce qui arriue aussi aux allées, dont les extremitez semblent s'estressir & s'approcher les vnes des autres, parceque dans les plans perpendiculaires à l'horizon & au tableau ce qui est a droit va à gauche, & ce qui est à gauche va à droit, iusques à ce que chaque chose se reduise quasi a l'axe optique.

ADVERTISSEMENT.

CEux qui voudront voir les essays de plusieurs qui ont trauaillé à la Perspectiue, peuuent lire auec profit ce qu'en a donné Iean Baptiste Benoist, depuis la 119. page iusques à la 140; & ie conseille tât aux Mathematiciens qu'aux Philosophes de lire cét auteur, soit que l'on ayme les Problemes Arithmetiques, dont il parle deuant le susdit traité de Perspectiue; ou que l'on face estat des mechaniques, ausquelles il donne beaucoup de lumiere, en montrant qu'Aristote s'est trompé dans la solution de plusieurs de ses questions mechaniques.

Si ceux qui trouuent quelque chose de nouueau dans les arts & dans les sciences, en faisoient part au public comme luy, plusieurs les imiteroient, & nous aurions maintenant mille belles choses tant dans les Mathematiques que dans la Philosophie , qui se perdent iournellement: ce qui arriue aussi quelquefois, bien que les auteurs facent imprimer leurs pensées & leurs inuentions à cause, qu'ils escriuent d'vne maniere trop briefue, ou trop obscure, laquelle ne pouuant estre entenduë est meprisée: par exemple le sieur Desargues a donné vn proieČ des coniques tres-vniuersel , mais il a vsé de rermes qui n'estant pas ordinaires, ont rebuté plusieurs : & le seul ..mede pour faire lire ce traité auec profit & plaisir à ceux qui aiment la PerspeČiue , est de le prier qu'il l'estende vn peu . & qu'il le rende plus intelligible à toutes sortes de personnes.

On desireroit aussi que M. des Cartes fist sa Philosophie par propositions, afin qu'on veist les raisons de Mechanique qui luy seruent d'apuy , & que les demonstrations lineaires contraignissent d'embrasser ce qu'il croit pouuoir demonstrer. Et parce qu'il y a grande multitude de proportions Arithmetiques qui n'ont point esté trouuées, par exemple, s'il y a des nombres parfaits, qui se puissent trouuer en d'autres proportions, ou analogies que celle de, 2 , 4 , 8 &c. comme dans l'analogie de 1 , 3 , 9 , 27. &c. & par quelle methode on peut sçauoir cela : s'il y a des nombres, dont les parties alliquotes fassent le septuple, le millecuple &c. ou s'il n'y en a point , comme quoy il se peut demonstrer : il faudroit prier M. Fermat de donner cette partie qu'il a cultiuée tres particulierement , puis que feu M. de S. Croix qui auoit merueilleusement trauaillé sur ce suiet ne nous en a rien laissé ; ou finalement persuader à M. Frenicle qui a esté, comme ie croy, le plus auant en cette matiere, qu'il feist imprimer plusieurs excellens volumes qu'il a composez sur ce suiet.

Fin du premier Liure.

LE
SECOND LIVRE
DE LA
PERSPECTIVE
CVRIEVSE.

Auquel font declarez les moyens de conftruire plufieurs fortes de figures ap-
partenantes à la vifion droite, lefquelles hors de leur point fembleront
difformes & fans raifon, & veuës de leur point, paroiſtront
bien proportionnées.

AVANT-PROPOS

SVR LE SVIET DE CE LIVRE.

PVIS que noftre principal deffein eft de traiter en
cét œuure de ces figures, lefquelles hors de leur
point monftrent en aparence tout autre chofe
que ce qu'elles reprefentent en effet, quand elles
font veuës precifément de leur point: le bon ordre qui va des chofes les plus fimples aux compofées pour auoir la cognoiffance des vnes & des
autres, requert qu'en ce liure nous commencions par les aparences
qui appartiennent à la vifion droite, pour traiter és deux autres fuiuans de celles qui font caufées par la reflexion des miroirs, & par la
refraction des verres & des criftaux. Ie ne pretends pas d'en dire
tout ce quis'en peut conceuoir, ny d'en propofer toutes les pratiques : il fuffira de mettre les principales, & les plus gentilles, car
ceux qui auront quelque addreffe dans la Perfpectiue, n'inuente-
ront que trop de nouueautez par l'application de ces regles a beau-

M

coup de ſuiets differents, ſuiuant leur genie.

On fait de certaines images, leſquelles, ſuiuant la diuerſité de
leur aſpect, repreſentent deux ou trois choſes toutes differentes,
de ſorte qu'eſtant veuës de front, elles repreſentent vne face humaine; du coſté droit vne teſte de mort, & du gauche quelqu'autre choſe differente; ces images ont eſté en eſtime, encore qu'il n'y ait pas
grand artifice à les dreſſer: mais elles ſont maintenant renduës ſi
communes qu'on en void partout, d'autant qu'il n'y a pas d'autre ſubtilité pour en faire que de couper deux images d'vne meſme grandeur par petites bandes ſelon leur longueur, & de les diſpoſer ſur vn meſme fonds (lequel peut eſtre vne troiſieme image)
d'egale grandeur auec elles, en ſorte que toutes les bandes qui appartiennent à vne image tombent ſoubs vn aſpect, & toutes les
bandes qui appartiennent à l'autre image, ſous vn autre: C'eſt pourquoy ie ne m'y arreſteray pas, veu que c'eſt choſe de peu de conſequence, & pour laquelle il n'eſt pas neceſſaire d'auoir aucune connoiſſance de la Perſpectiue, & de ſes effets, comme des autres que
nous allons propoſer.

PREMIERE PROPOSITION.

Tandis que le meſme ſommet de la pyramide viſuelle demeure le meſme ob-
iet, où la meſme image paroiſt touſiours, quelque changement qui ar-
riue à la baſe coupée differemment.

PVis que cette propoſition ſert de fondement à tout ce que
nous dirons en ce liure, il faut l'expliquer amplement, & remarquer qu'il y a 3 choſes neceſſaires en toute ſorte de Perſpectiue,
à ſçauoir l'obiet qui doit eſtre repreſenté l'œil; auquel doiuent arriuer des rayons de chaque point dudit obiet, & le plan ſur lequel on
tranſporte la Perſpectiue, ou l'image de l'obiet.

Quant au plan & à l'objet ils peuuent alternatiuement changer
de place, mais l'œil eſt touſiours à l'vne des extremitez, parce qu'il
reçoit touſiours le ſommet de la pyramide viſuelle, laquelle va quelquesfois de l'œil iuſques à l'obiet à trauers le plan, & d'autrefois va
ſur le plan à trauers l'obiet. Or nous auons ſeulement conſideré iuſques à preſent le plan ſitué entre l'œil & l'obiet, mais nous le conſiderons deſormais indifferemment, ſoit que l'obiet ait ſa place entre l'œil & le plan, ou derriere le plan.

Il arriue vne grande diuerſité à la Perſpectiue, quant à la grandeur de l'image, ſuiuant les differens éloignemens de l œil & du tableau, quoy que l'image demeure touſiours ſemblable, à cauſe de
l'axe optique de l'œil qui coupe touſiours ledit tableau d'vn angle
egal, & du parallelifme des autres lignes, c'eſt pourquoy l'on peut
appeller ce changement accidentel : parce que l'eſpace de la figure

ne change point, par exemple, ce qui est quarré ou rond demeure touſiours quarré ou rond.

Mais lors qu'au lieu d'vn quarré la ſituation du tableau, ou de l'œil eſt cauſe qu'il ſe fait vn parallelogramme ou vn rhombe, & qu'au lieu d'vn rond, il faut marquer vne ellipſe, on appelle ce changement eſſentiel : qui deſpend de la ſection de l'axe pyramidale & du tableau, ſuiuant qu'elle eſt droite ou oblique.

Or quelque changement qui ſe faſſe à la baſe de la pyramide, & en quelque ſorte qu'elle coupe le tableau, la viſion eſt touſiours la meſme tandis que le ſommet de la pyramide ne ſe change point dans l'œil : il n'y en aura point auſſi dans la viſion, quelque extrauagante que puiſſe eſtre l'aparence ou la figure Perſpectiue du tableau.

Ce qui s'entendra mieux par la 37 figure de la 22 planche, dans laquelle L M N O eſt le tableau perpendiculaire au plan horizontal G H I K : & R eſt l'œil eſleué de P R ſur le meſme plan. Il faut conſiderer le quarré ABCD ſitué ſur le plan E F G H mis au delà du tableau, & parallele au meſme tableau, de ſorte que de tous les points ABCD il ſorte des rayons qui faſſent vne pyramide au point R, laquelle ſoit coupée par le plan interpoſé, aux points $abcd$, qui deſcriront le quarré $abcd$ par le moyen des lignes d'vn point à l'autre.

Ce quarré eſt ſemblable à l'obiet tant geometriquement qu'en Perſpectiue, ou en apparence, d'autant qu'il eſt veu ſous angles égaux ſans aucun changement du ſommet de la pyramide A B R C D, & que les plans E F G H & L M N O ſont paralleles ; d'où il s'enſuit que le triangle AR B qui les coupe, a ſes coſtez A B & ab paralleles, par la 16 de l'onzieme, & que les triangles A R B, aRb ſont équiangles ; & partant qu'ab eſt à AB, comme R a à RA : & ſemblablement, qu'au triangle A R D, ad eſt à AD, comme R a à RA ; donc, par l'onzieſme du 5. comme ab eſt à AB, ainſi ad à AD, & alternatiuement, comme A B à AD, ainſi ab à ad. Mais A B C D eſt vn quarré, par ſuppoſition, dont ſes coſtez A B & AD ſont é- gaux, dont ab, ad, coſtez du quarré $abcd$, ſont auſſi égaux.

Quant à l'égalité des angles, elle eſt euidente, par la 10 de l'onzieſme, puis que les droites AB, & ab ; AD & a, ad ſont paralleles & qu'elles ne ſont pas en meſme plan, donc elles font les angles B A D, bad égaux entr'eux. L'on peut aiſement proüuer la meſme choſe de tous les autres.

D'où il s'enſuit que dans la 37 figure, ſi la pyramide optique A B R C D, dont la baſe eſt dans l'obiet A B C D, eſt coupée par le plan L M N O parallele à la meſme baſe, elle imprimera ſa figure ſemblable à l'obiet ſur le tableau ; ſoit que l'on ſupoſe que le quarré A B C D, qui doit eſtre marqué dans le tableau L M N O, ſoit entre ledit tableau ; & l'œil, ou que l'on ſupoſe que le plan E F G H eſt le ta-

bleau mefme, fur lequel il falle tranfporter l'obiet *abcd* defcrit dans
le plan interpofé L M N O ; car la demonftration eft femblable en
l'vn & l'autre encore que la quantité change.

　　Car fi l'on fupofe que l'obiet eft ABCD, fa Perfpectiue du plan
interpofé L M N O, fera beaucoup moindre en *a b c d*: au contraire, fi *a b c d* eft l'obiet dans le plan interpofé, & que le tableau EF
G H foit à l'extremité, l aparence ABCD fera beaucoup plus
grande.

　　l'aioûte feulement que quelque figure que l'on defcriue dans le
quarré A B C D, qui foit raportee proportionellement dans le quarré *a b c d*, fera toufiours femblable en toutes fes parties.

　　Dans la 38 figure, fi l'œil eft R, & R I perpendiculaire au plan L
M N O, fur lequel l'obiet ou le quarré *a b c d* doit eftre reprefenté,
la pyramide optique *a b* R *c d* menée du point R, tombera fur les
points *a b c d* à angles obliques, & encore plus obliques fur le plan
F M N G: fur lequel le trapeze A B C D luy feruira de bafe, lequel
quoy que geometriquement diffemblable au quarré *a b c d*, luy
eft neantmoins femblable optiquement, parce qu'il eft compris
fous les mefmes angles, & que la pointe de la pyramide ne change
point ; c'eft pourquoy fi vous tranfportez vne figure defcrite dans
le quarré *a b c d* prooportionellement dans le trapeze ABCD, l'on
aura toufiours la mefme aparence ou vifion dans l'œil.

　　De là vient que, dans la 39 figure, il arriue la mefme chofe à
l'égard du quarré *a b c d*, qu'au plan LMNO, quand on veut faire
la Perfpectiue d'vn obiet: ce qu'il eft aifé d apliquer à la pyramide
quadrilatere A B V C D ; & ce qui pareftra encore plus clairement
dans tous les exemples de ce liure.

PROPOSITION XII.

Faire vne chaire en Perfpectiue fi difforme, qu'eftant veuë hors de fon poinct,
elle n'en ait nulle aparence.

ENcore que l'effet de cette propofition, és figures 31 & 32, de
　la 23 planche, femble eftre tout autre que celuy de la 33 propofition du liure precedent: neantmoins la conftruction en eft prefque toute femblable, c'eft pourquoy i'ay marqué ces chaires de
mefmes characteres, que celle de la trentiefme figure de la 18 planche, afin qu'elles aydent à l'operation de celles-cy par le difcours que nous auons fait en ladite propofition. Il faut feulement
remarquer que ce qui engendre cette difformité en ces
chaires veuës de cofté, eft que pour la grandeur des chaires &
la hauteur de la ligne horizontale, le point principal Q eft fort
éloigné à cofté de ces chaires, & le point de diftance R fort prés dudit point principal, c'eft pourquoy des points N O P eftant me-

nées les diametrales occultes au point de diſtance R, elles coupent
fort loin la radiale HQ, comme en o, m, i, & donnent pour la largeur d'vn chevron tout l'eſpace H o ; & pour la largeur d'vn coſté de
la chaire qui doit paroiſtre égal à l'Ortografie E F G H, tout l eſpace H o m i, & ainſi du reſte à proportion : de ſorte que ces figures
trente-vnieſme & trente-deuxieſme, quoy que difformes en apparence, eſtant veuës de front, pareſtront bien proportionnées eſtant
veuës de coſté du poinct R eſleué perpendiculairement ſur Q
de la hauteur QR. La premiere des deux, à ſçauoir la trente-vnieſme figure, pareſtra ſemblable à celle de la trentieſme figure, en la
18 planche ; mais l'autre a ſon doſſier autrement diſpoſé.

I'ay mis en l'vne & en l'autre la ligne de l'ortographie, & l'eſ-
chele des hauteurs, pour monſtrer qu'on le peut encore faire par
cette voye.

Que ſi l'on en deſire faire vne ſemblablement difforme, & veuë
de front, il faut, apres auoir dreſſé l'ortographie de la chaire, comme en EF G H, eſleuer la ligne horizontale fort haut par deſſus la
ligne de terre, & y mettre le point principal vis à vis du mil.eu de
cette Ortohraphie, & vn peu à coſté, de l'eſpace QR, le point
de diſtance, & operant conformément à ce que nous auons dit, elle
reüſſira ſi difforme, que ſi elle n'eſt veuë de ſon point elle ſera meſconnoiſſable.

PROPOSITION III.

Donner la methode de deſcrire toutes ſortes de figures, images, & tableaux
en la meſme façon, que les chaires de la precedente propoſition, c'eſt à di-
re, qui ſemblent confuſes en ap rence, & d'vn certain point repre-
ſentent parfaitement vn obiet propoſé.

CEtte propoſition a ſon fondement en la 8 du premier liure, ſur
ce que nous auons dit du racourſi des pauemens ; or ce qu'elle
a de particulier depend de bien placer le point principal, & celuy
de diſtance, pour en faire reüſſir l'effet deſideré, ſelon que nous
auons dit en la propoſition precedente.

Soit donc propoſé de faire vne figure, laquelle veuë de ſon point
repreſente vn quaré parfait diuiſé en 36 autres petits quarrez, ſemblable à la trente-troiſieſme figure A B C D, de la 24 planche, quoy
que hors de ſon point elle n'en air nulle aparence ; il faut, comme
en la trente-quatrieſme figure, apres auoir fait a d égal à l'vn des coſtez de la trente-troiſieſme, & auoir mis ſur iceluy ès points e f g h i,
autant de grandeurs de petits quarrez, qu'il y en a en la trente troiſieſme ès points E F G H I, deſdits points a e f g i d, tirer des lignes
au point principal P, (qui en doit eſtre autant eſloigné que l'on veut
faire la figure difforme) & puis eſleuer le point de diſtance vn peu

au deſſus, comme il ſe void en R ; cela eſtant fait, du point *h* ſoit tirée vne ligne droite occulte au point R, laquelle coupera la ligne
*g*P au point *k*, par lequel ſi l'on tire *pq*, parallele à *ad*, on aura l'eſpace *apqd*, qui repreſentera les ſix quarrez compris en A P Q D,
de la trente-troiſieſme figure : en aprez, du point *i* qui eſt plus eſloigné du point *g* de la grandeur d'vn quarré que n'eſt *h*, ſoit tirée encore vne ligne droite occulte au point R, qui coupe la ligne *g*P en
l, ſi l'on tire encore par ce point *l* la parallele *rs*, on aura l'eſpace
prſq, qui repreſentera les ſix quarrez compris en P R S Q, de la
trente-troiſieſme figure ; & ainſi des autres : de ſorte qu'apres auoir
tiré la ligne *d*R qui coupe *g*P en *m*, par où doit paſſer vne troiſieſme parallele, pour auoir les trois autres eſpaces qui repreſentent
ceux de la trente-troiſieſme figure T V, X Y, Z A A, C B, il faut
transferer au deſſous de *d*, autant de largeurs de quarrez, comme
icy 4, 5, 6, & de ces points tirer des lignes droites occultes en R, qui
determineront la grandeur de ces eſpaces par leur interſection
auec la ligne *g* P. L'on en peut aiouſter autant que l'on voudra par
la meſme methode, par exemple ſi l'on veut augmenter cette figure de la largeur d'vn petit quarré, de ſorte qu'elle ſoit plus large que
haute, en transferant cette largeur au deſſous de 6, en la trent-qua-
trieſme figure, la figure eſtant veuë de ſon point R, eſleué perpendiculairement ſur P de la diſtance P R, repreſentera vn parallelogramme diuiſé en 42 petits quarrez.

    Quand on deſirera repreſenter vn quarré parfait, la methode ex-
primée en la trente-cinquieſme figure, de la 24 planche, quoy que
dans la meſme raiſon, eſt neantmoins beaucoup plus prompte &
expeditiue : car apres auoir fait la ligne *ad* égale au coſté du quarré
propoſé, mis ſur icelle toutes les diuiſions qui forment les petits
quarrez, és points *efghi*, & d'iceux tiré des lignes droites au point
principal, pour auoir les diminutions Perſpectiues des largeurs des
petits quarrez, il faut tirer vne ligne droite occulte du point *d* en R,
laquelle coupant la ligne *a* P en *b* repreſentera la diagonale DB de
la trente-troiſieſme figure ; & par conſequent du point *b* eſtant tirée *bc* parallele à *ad*, on aura le trapeze *abcd* pour l'aparence du
quarré parfait ; & la premiere largeur Perſpectiue des petits quarrez ſera determinée au point *k*, où la diametrale ponctuée *db* coupe la radiale *16* ; la ſeconde au point *l*, où elle coupe la ligne *hs* : la
troiſieſme en *m*, où elle coupe la ligne *g* 4, & ainſi des autres ; par
leſquels points d'interſection l'on tirera les paralleles *pq*, *rſ*, *tu*, &c.
qui repreſentent P Q, R S, T V, &c. de la trente-troiſieſme figure.
L'on peut icy adiouſter pluſieurs precautions, tant pour la liberté du
point de veuë, que pour les differentes obliquitez des obiets & du
tableau, mais outre que l'on peut conceuoir tout cela par la ſeule
conſideration de la 22 planche, nous en parlerons aſſez dans les
propoſitions qui ſuiuent.

COROLLAIRE I.

Il est euident de cette proposition que si dans le quarré A B C D, de la trente-troisiesme figure, quelque image estoit descrite dans vne deuë proportion, & que les parties de l'image comprises és petits quarrez fussent transferées (comme si on vouloit la reduire au petit pied) aux trapezes ou quadrangles de la trente-quatre, ou trente-cinquiesme figure qui representent lesdits quarrez, estant veuë du point R esleuë à angles droits sur P de la hauteur PR, elle paroistroit aussi parfaite, & aussi bien proportionée comme dans le quarré A B C D ; encore que veuë de front & hors de son point elle ne parût estre autre chose qu'vne confusion de traits sans dessein, & faits à l'auanture.

Pour rendre cette reduction plus facile à ceux qui n'en ont pas la pratique, i'en ay mis deux exemples en la 25 planche, dans laquelle l'image descrite au quarré A B C D, de la trente-septiesme, en sorte que la partie de l'image est comprise dans le quarré A K N E de la trente-sixiesme soit transferé au trapeze akne de la trente-septiesme : & que ce qui est en K L O N soit transporté en klon, & ainsi du reste, chaque partie selon son lieu & sa situation ; ce qu'estant fait exactement, la figure trente-septiesme veuë du point R, parestra semblable à la trente sixiesme.

Le second exemple a vne disposition differente, où l'image descrite au quarré de la trente-huictiesme figure est faite comme pour estre veuë d'embas, aussi est-elle reduite en la trente-neufiesme, de la mesme façon, pour donner à entendre qu'on peut dresser de ces figures, non seulement pour estre veuës de costé en quelque gallerie le long d'vn mur : mais encore en quelque grand pan de mur esleué perpendiculairement par dessus l'horizon, comme celle-cy est desseignée, laquelle estant veuë d'embas du point Y esleué à angles droits sur X de la hauteur XY, parestra toute semblable à la trente-huictiesme.

On en peut aussi faire pour estre veuës d'enhaut en establissant le point de veuë en quelque fenestre qui sera dans le plan de la peinture : & mesme l'on peut se seruir de cette methode pour desseiner vn plat-fonds tout le long du plancher de quelque gallerie, en mettant le point de veuë à la porte de la gallerie, esleué de terre de la hauteur d'vn homme ; afin qu'en entrant on voye le bel effet d'vne peinture bien proportionnée, & par tout ailleurs on n'y connoisse que de la confusion.

Il y a plusieurs rencontres, où l'on se peut seruir de ces regles, par exemple on peut faire de ces figures és trois especes d'optique, que distingue Cœlius Rhodiginus en son 15 liure chapitre 4, où il appelle simplement optique, celle par laquelle nous regardons

vers l'horizon, c'est à cette espece que doit estre rapportée la trente-
septiesme figure, l'*anoptique*, celle par laquelle nous regardons en
haut au dessus de nous, & pour laquelle est faite la trente-neufiesf-
me figure : & Catoptique, celle par laquelle nous regardons embas au dessous de nous, & pour laquelle on en peut desseiner à l'imitation des autres, qui seroient entierement difformes, car supposé
qu'on eût à y desseiner plusieurs figures d'vn tableau, pour estre
veuës d'en haut de quelque fenestre où l'on auroit estably le point,
lors qu'on les regarderoit d'embas ou de front, elles parestroient
auoir les iambes presque aussi grosses, & deux fois plus longues que
tout le reste du corps.

COROLLAIRE II.

Parce qu'il est trop ennuyeux à ceux qui s'adonnent à la pratique
de ces regles pour desseiner plusieurs sortes de ces figures en des
plans portatifs, comme sur des ais, ou des cartons, de faire le trait
de ces lignes à chaque fois, ie leur conseille, apres l'auoir fait vne
fois, de les picquer & en faire vn poncif, ce qui les soulagera beaucoup : car toutes & quantesfois qu'ils voudront reduire quelque
image en cette sorte de Perspectiue, ils n'auront qu'à poncer ces lignes sur vn ais ou carton, & y reduire l'image en quelque sens
qu'ils voudront. La figure estant acheuée ils pourront aisément
effacer le trait de ces lignes, qui ne sera formé que de poussiere
de charbon, ou autre matiere semblable, dont on fait les poncifs ;
selon la couleur du fonds sur lequel on s'en veut seruir.

Il faut icy remarquer qu'vne figure ou image estant proposée à
reduire en cette sorte de Perspectiue, il n'est pas necessaire de la desseiner premierement en vn quarré égal à celuy qui doit parestre, la
figure estant veuë de son point ; il suffit de diuiser l'image donnée en
plusieurs quarrez, comme si on la vouloit reduire au petit pied, &
en faire autant à proportion des lignes de la figure Perspectiue ; car
que les quarrez qui diuisent l'image soient plus grands ou plus petits que ceux qui doiuent parestre en la Perspectiue, demeurans
quarrez, & les trapezes de la figure Perspectiue representans des
quarrez, c'est de mesme que si on reduisoit ladite figure de grand
en petit, ou de petit en grand.

COROLLAIRE III.

Quelques-vns tracent ces figures entre de paralleles, & qui font,
pour representer les quarrez, où la figure est descrite en sa proportion, des parallelogrammes égaux en hauteur, & doubles, triples,
ou quadruples en longueur, selon qu'ils veulent que leurs figures
semblent difformes : en effet elles seront difformes, & mal proportionnées

tionnées de tout sens, soit veuës de costé, ou de front; & n'y a point
de lieu d'où estant regardées, elles puissent se ramasser, ou reduire
en leur perfection : car outre qu'en cette methode il n'y a point de
point de veuë determiné, quand on l'aura estably à discretion, il est
certain, par la cinquiesme proposition des Optiques d'Euclide,
que ce qui sera plus prés de ce point, parestra plus grand que ce qui
en est plus esloigné, les grandeurs qui representent les costez du
quarré estant egales en effet, au lieu qu'elles deuroient estre inegales pour parestre egales à la veuë. C'est neantmoins la methode que
donne Danti en ses Commentaires sur la premiere regle de la Perspectiue de Vignole, laquelle ie ne sçaurois approuuer pour les raisons susdites, non plus que celle de Daniel Barbaro en la cinquiesme partie de sa Perspectiue, dont le mesme Danti fait mention, &
dit qu'elle n'a pas vn tel fondement que la sienne : mais ie n'y trouue
pas beaucoup de difference, & crois que l'vne reuient à l'autre; car
les paralleles de Danti, & la Methode de Daniel Barbaro, qui enseigne de piquer l'image que l'on veut accommoder, à l'extremité
du plan preparé pour la Perspectiue, à angles droits, de sorte qu'e-
stant opposée aux rayons du Soleil, la lumiere qui passera par ces
trous, marque le lieu où doit estre desseinée chaque partie de l'image, est la mesme chose, que si on la dessinoit entre les paralleles;
puis que les rayons du Soleil tomberont sur ces trous & en sortiront
comme paralleles : outre qu'il n'y aura pas de point de veuë determiné non plus qu'en la methode precedente.

On feroit quelque chose de mieux par la lumiere d'vne Chandelle, en la mettant au lieu du point de l'œil, autant, esleuée sur le
plan de la peinture que seroit le point de distance : & l'on en peut
faire mechaniquement en mettant l'œil au point de veuë determiné pour desseiner tout ce qu'on voudra auec vn crayon qu'on
peut attacher au bout de quelque baguete, s'il est necessaire d'at-
teindre loin : car apres auoir fait le dessein, en sorte que du point
où l'on auoit l'œil, il paroisse bien proportionné, quand on le regardera d'ailleurs, on n'y connoistra que de la confusion : nous suposons tousiours que le point principal & celuy de distance soient
bien situez pour produire cét effet.

PROPOSITION IV.

Descrire geometriquement en la surface exterieure, ou conuexe d'vn cone, vne fi-
gure, laquelle quoy que difforme & confuse en aparence, estant neantmoins
veuë d'vn certain point represente parfaitement vn obiet proposé.

LE cone droit, dont nous voulons icy traiter, est vne figure solide contenuë sous la surface descrite par vn triangle rectangle mené à l'entour de l'vn de ses costez, qui contient l'angle droit,
ce mesme costé demeurant fixe & immobile; dont la forme est semblable à vn pain de sucre, ou pour mieux dire à vn cornet de papier
ou carton, puis que nous deuons icy parler tant de sa surface interieure ou concaue, que de la conuexe & exterieure : car la surface

N

interieure ou concaue d'vn cone est comme le dedans d'vn cornet ;
& la conuexe ou exterieure est comme le dessus.

Estant donc ques proposé de descrire en cette surface conuexe ou
exterieure, vne figure ou image, laquelle, quoy que difforme & confuse en apparence, estant veuë d'vn certain point represente parfaitement vn objet donné ; Soit premierement descrit à l'entour
de la figure, ou de l'image le cercle *b d e f g h i k*, de la quarante-vniesme figure de la 26 planche & la circonference estant diuisée en autant de parties qu'il sera necessaire , soient tirez les diametres de
chaque point de la diuision à son opposé, *bg, dh, ei, fk*, qui diuisent
l'espace compris du cercle, & par consequent la figure qui seroit dedans, en huit parties. L'on peut encore diuiser en autant des parties
égales l'vn des demy-diametres comme *a b*, & par tous les points de
la diuision faire passer les cercles 1, 2, 3, 4, &c. qui diuiseront ces espaces en plusieurs quadrangles, comme l'on voit en cette quarante-
vniesme figure. Voyons comme l'on doit tracer en la surface exterieure du cone des lignes, lesquelles estant regardées d'vn certain
point, monstrent vne figure semblable à celle cy, encore qu'elle en
soit fort differente: afin qu'à proportion l'image qui seroit descrite
en la quarante-vniesme figure, estant trans-ferée en celle-cy, quoy
qu'extrememement difforme & confuse , par cette reduction, la repre-
ente neantmoins parfaitement estant veuë d'vn certain point determiné.

Or pour le faire plus facilement, il faut tracer ces lignes en plat,
c'est à dire, qu'il faut trauailler sur quelque matiere bien vnie, qui
se puisse (apres y auoir tracé ce qu'on voudra selon les regles) plier
en cone, comme vne feüille de papier ou carton, dont l'on feroit vn
cornet: nous donnerons apres le moyen de les tracer sur vn cone
de bois ou de pierre, ou de quelqu'autre matiere semblable, ce qui
s'entendra mieux, apres auoir compris la maniere de tracer cette figure sur vn plan. Si l'on veut qu'elle paroisse non seulement semblable à l'objet donné, mais aussi égale en grandeur, soit fait, comme en la quarantiesme figure, vne ligne droite AC double de la ligne *kf*, qui est l'vn des diametres de la quarante-vniesme figure; &
puis du point A soit esleuée à angles droits AB égale à AC, & du
point A, comme centre, & de l'interualle AB, ou AC, soit descrit le
quart de cercle B D E F G H I K C, lequel sera diuisé en huict parties egales, és points D E F G H I K, & de ces points soient tirez les
rayons au centre A , DA, EA, FA, &c. le quart de cercle plié en forte que la ligne AB soit iustement jointe & conuienne à A C , formera vn cone sur lequel ces rayons paroistront comme les diame-
trs du cercle *b d e f g h i k*, & le point A qui sera à la pointe du cone,
exprimera le centre dudit cercle, où aboutissent tous ces rayons: il
faut pourtant supposer que l'œil soit mis directement vis à vis de la
pointe de ce cone, d'vne distance proportionnée, c'est à dire qu'il

en soit esloigné autant que la pointe du cone, formé du quart de
cercle A B C, seroit esloignée d'vn plan sur lequel reposeroit sa
base.

Il faut apres diuiser la hauteur de ce cone en sorte que du mesme
point de veuë les lignes qui le diuiseront paressent égales & semblables
aux cercles concentriques & equidistans de la quarante-vniesme figure, & que les espaces compris entre ces lignes paressent aussi égaux à ceux qui sont contenus & enfermez des mesmes cercles,
ce qui se pourra faire de cette sorte. Il faut premierement estendre
la ligne CA, de la quarantiesme figure, iusques en L, en sorte qu'A
L soit égale à AC, & sur le point L esleuer la perpendiculaire L M,
d'égale grandeur à LA, pour faire le quart de cercle LMA semblable au premier ABC; & puis du point L soit tirée vne ligne droite
en B, qui diuisera l'arc MA en deux au point N: ce qu'estant fait,
supposé que la quarante-vniesme figure soit de huit cercles concentriques & equidistans, & partant qu'elle comprenne les huit
espaces également larges 1, 2, 3, 4, 5, 6, 7, 8, il faut diuiser l'arc A N
de la quarantiesme figure, en autant de parties égales, és points, 1,
2, 3, 4, 5, 6, 7, 8, N, & du centre L par tous les points de cette diuision tirer des lignes droites occultes, iusques à la ligne B A, qu'elles
couperont és points O P Q R &c. car elles donneront par ce moyen
la diminution proportionelle & Perspectiue des interualles qui doiuent exprimer les espaces compris entre les cercles de la figure quarante-vniesme; & le quart de cercle estant plié en cone, & exposé à
la veuë de la distance determinée, ils paresront égaux entr'eux, &
semblables à ceux des cercles proposez.

COROLLAIRE

Il est euident de ce que nous venôs de dire que si dás le cercle *bdé
fghik* quelque figure, ou image est mise en sa deuë proportion, &
que les parties de cette image comprises dans les quadrangles formez des cercles de la quarante-vniesme figure, & des diametres qui
les coupent, sont transferées és quadranglas du quart de cercle AB
C, en la quarantiesme figure, comme quand l'on veut reduire au
petit pied : cette figure ou image descrite au quart de cercle, quoy
que confuse & sans raison en aparence, se verra bien proportionée,
& égale & semblable à la naturelle, qui seroit desseinée en la quarante-vniesme figure, ledit quart de cercle estant plié en cone , &
opposé à l'œil de la façon, & de la distance que nous auons determiné. Pour vne plus grande intelligence de cette pratique nous donnerons és suiuantes propositions, quelques exemples de cette reduction.

PROPOSITION V.

Deſcrire Geometriquement en la ſurface interieure ou concaue d'vn Cone, vne
figure, laquelle, quoy que difforme & confuſe en apparence :
eſtant veuë d'vn certain point, repreſente parfaite-
ment vn obiet donné.

CEtte propoſition differe fort peu de la precedente en ſa conſtruction, comme l'on peut voir en la quarante-deuxieſme figure de la 6. planche, dreſſée à cét effet, où le quart de cercle A B C
eſt diuiſé en huit parties égales par les rayons A B, D B, E B &c. leſquels ont meſme proportion auec le diametre *k f* de la quarante
vnieſme figure que ceux de la quarantieſme. Il faut remarquer
que bien que la ſurface interieure ou concaue de ce cone doiue
eſtre oppoſée à la veuë, en ſorte que l'œil ſoit en vne ligne droite,
qu'on s'imagineroit partir de la pointe, & paſſer par le centre de ſa
baſe, autant eſloigné de la pointe neantmoins qu'en cette conſtitution la baſe eſt plus proche de l'œil que la pointe, ce qui eſt le
contraire de la precedente propoſition : C'eſt pourquoy au lieu
qu'en celle-là les grandeurs Perſpectiues des eſpaces compris entre
les arcs de cercles vont en augmentant de la pointe du cone vers ſa
baſe, comme en la quarantieſme figure A 1, 12, 2 S, S R, &c. en cette-cy
& d'où vient que le quart de cercle L M A, qui donne ces grandeurs
par les lignes L 1, L 2, L 3, &c. eſt diſpoſé de ſens contraire.
    Pour Corollaire de cette propoſition nous pourrions tirer la meſ-
me conſequence de la precedente, mais parceque ie traite particulierement de la reduction de ces images dans les propoſitions
qui ſuiuent où que i'en donne les exemples; ie n'en dis rien dauantage, ſinon qu'en l'vne & l'autre ſurface, c'eſt à dire tant interieure
qu'exterieure, ou concaue & conuexe du Cone oppoſé à l'œil en
la façon que i'ay dit, l'aparnce de la quarante-vnieſme figure ſera
veuë auſſi parfaite auec tous ſes diametres & ſes cercles equidiſtans
& concentriques, comme ſi elle eſtoit deſcrite ſur vn plan compris du cercle de ſa baſe.

PROPOSITION VI.

Deſcrire par le moyen des nombres, en la ſurface exterieure ou conuexe d'vn
cone, vne figure, laquelle, quoy que difforme & confuſe en aparence,
eſtant neantmoins veuë d'vn certain point, repreſente parfaite-
ment vn obiet propoſé.

CEtte propoſition eſt preſque la meſme que la 4 de ce liure car
celle n'en eſt differente qu'en la maniere de ſa conſtruction;

celle-là ſe fait par les lignes , celle-cy par les nombres de la Trigonometrie , ſçauoir par les tangentes : & elle me ſemble plus
ſeure que la premiere , non pas que l'vne & l'autre n'ait ſa demonſtration , puiſque celle-là eſt en quelque façon le fondement de
ceſte-cy , mais d'autant que cette premiere eſt plus ſujette à erreur , ſoit parce qu'il ſe peut faire que la regle ne ſoit pas bien iuſtement appliquée ſur le centre du ſecond quart de cercle, comme en la
quarantieſme figure ſur le point L : ſoit qu'elle s'eſloigne tant ſoit
peu du point de la diuiſion , par où doit paſſer la ſecante , ce qui
pourroit cauſer vne grande erreur dans le progrez &c. joint qu'il
eſt vtile de ſçauoir faire vne meſme meſme choſe en pluſieurs façons , & chaque methode , n'eſt pas deſpourueuë de ſes auantages
particuliers , comme l'on recognoiſtra dans la 27 planche és figures 43, 44 & 45.

Or pour l'intelligence de cette methode , bien qu'elle ſemble
ſuppoſer la connoiſſance des principes de la Trigonometrie,
neanmoins pour la pratique il n'eſt pas neceſſaire d'en ſçauoir
d'auantage que ce que nous en dirons icy en peu de mots.

La Trigonometrie eſt la partie de la Geometrie qui enſeigne à
meſurer toutes ſortes de triangles, en ſorte que de ſix choſes dont
chacun eſt compoſé, à ſçauoir de trois coſtez & de trois angles, ſi
l'on en connoiſt trois, à ſçauoir deux coſtez & vn angle, ou deux
angles & vn coſté &c. on peut venir à la cognoiſſance des trois autres parties inconnuës : mais d'autant que la quantité de leurs angles, pour eſtre meſurée par le cercle, ne ſe peut connoiſtre facilement, les Mathematiciens ont trouué le moyen d'en faire la reduction aux lignes droites, en examinant quelle eſt la quantité d'vne
ligne droite appliquée à vn arc de cercle, ce qui ſe peut faire par
le moyen de la regle & du compas commun, & encore plus facilement ſur le compas de proportion en la façon qu'il eſt dit au traité de ſon vſage : mais la methode la plus vniuerſelle & la plus ſeure,
particulierement pour les triangles rectangles, eſt de les reſoudre
par le moyen des tables dreſſées à ce ſuiet. Or apres auoir declaré quelques termes qui y ſont vſitez, dont nous auons beſoin ,
nous ferons le contenu de noſtre propoſition, & donnerons puis
apres le moyen de ſe ſeruir de ces tables en ſemblables propoſitiós
ſans eſtre obligé de les ſçauoir ſupputer : mais il faut premierement
ſuppoſer ce que nous auons dit ſur la fin de nos preludes geometriques, de la commune diuiſion du cercle en 360 degrez, & de chaque degré en 60 minutes &c. & que par cette diuiſion ſe meſure
la quantité des angles; De plus il faut ſçauoir que ce qu'on appelle
tangente , eſt vne ligne droite eſleuée à angles droits ſur l'extremité du rayon ou demy-diametre d'vn cercle ; Et la ſecante vne
autre ligne droite tirée du centre du meſme cercle, & coupante vn
arc de ſa circonference de tant de degrez ; par exemple dans la qua-

rantiefme figure , la ligne A B eft tangente à l'efgard du quart de
cercle L M A , d'autant qu'elle eft perpendiculaire fur l'extremité
de fon rayon ou demy-diametre du cercle L A , & les lignes ponctuées L N B , L 7 O , &c. font toutes fecantes , pource qu'en partant du centre L elles coupent la circonferance M N A.

Nous appellons la tangente de tant de degrez , pour exemple
de 45 degrez qui eft terminée d'vn cofté de l'extremité du rayon
fur lequel elle eft perpendiculaire , & de l'autre cofté par la fecante qui paffe par le nombre de degrez propofé ; comme A B eft d'vn
cofté terminée du rayon L A , & de l'autre en B , par la fecante L
N B , laquelle paffant par le point N , tranche l'arc A N de 45 degrez moitié du quart de cercle L M A , & pour ce fuiet elle eft appellée la fecante de 45 degrez de mefme la fecante L7O eft la fecante de 39 degrez 22 minutes ½ , & par confequent la ligne A O , qu'elle coupe d'vn cofté en O , fera la tangente du mefme nombre de
degrez , & d'autant de minutes , a fçauoir de 39 degrez 22 minutes ½ : & ainfi des autres : Ce qui fuffira iufques à ce que nous ex-
pliquions le refte , apres auoir fait ce que contient cette propofition.

Eftant donc propofé de faire voir la quarantetroifiefme figure de
la 26 plâche, fur la furface exterieure ou cóuexe d'vn Cone auffi par-
faitemét que fi elle eftc it defcrite en vn cercle égal à fa bafe, cóme
elle fe void en cette mefme quarátetroifiefmefigure. Soit premierement, faite la ligne A B , en la quarante-cinquiefme figure, double de o k , diametre de la quarante- troifiefme, & fur cette ligne
foit fait le quart de cercle A B C , duquel la circonferénce B C foit
diuifée en autant de parties egales que la circonference entiere du
cercle propofé dâs la quarantetroifiefme I I : fera affez facile & commode de les diuifer en huit , comme nous auons fait és points B
H I K L M N O C , qui expriment b h i k l m n o c de la quarante-troi-
fiefme figure : Or cette diuifion fe peut faire par la 6 propofition de
nos preludes Geometriques , & par le compas de proportion en la
maniere que nous auons dit en l'appendice de la commune diuifion du cercle à la fin defdits preludes : il faut apres, des points de
cette diuifion H I K L M N O tirer des efpaces compris entre les
arcs de cercles, que l'on marquera facilemét & precifémét de cette
façon : foit diuifée la ligne A B de la quarante-cinquiefme figure, ou
vne autre de mefme grandeur, comme D E, de la quarante-quatrief-
me, en 100 parties égales (on l'aura toute diuifée, fi l'on a vn compas de proportion, en la portant auec le compas commun à l'ouuerture de 100 fur la ligne des parties égales, comme nous auons dit,
dans nos preludes geometriques) dont il en faut prendre auecque
le compas commun 9 parties ½ , & les tranfporter, en la quarante-
cinquiefme figure , fur la ligne A B , de A vers B , & en mettant vne

jambe du compas au centre A , on formera le premier arc de cercle qui ſera de l'eſpace A 9¼ : pour le ſecond eſpace ſur la ligne D E, ou ſi l'on veut ſur le compas de proportion , on ouurira le compas commun de 19½, pour le tranſporter ſur A B , & l'on formera le ſe‑ cond arc de cercle , comme il y eſt marqué 19¼ : pour le troiſieſme on prendra 10 parties½ pour le quatrieſme , 41½ : pour le cinquieſ‑ me, 53¼ : pour le ſixieſme 66¼ : pour le ſeptieſme 82 , & le der‑ nier, qui eſt celuy de la baſe du Cone, ſera de 100 parties entie‑ res.

Cecy eſtant fait vous deſſeinerez tout ce que vous voudrez ſur les cercles de la quarante‑troiſieſme figure, & tranſporterez és qua‑ drangles de la quarante‑cinquieſme en la façon que l'on reduit des images de petit en grand, & de grand en petit : & le quart de cercle eſtant plié en Cone, & veu de la façon & de la diſtance que i'ay dit l'apparence de ce que vous y aurez deſſeiné, ſera auſſi parfaite que l'image deſcrite en la quarante‑troiſieſme. Et meſme cette image vous paroiſtra comme deſcrite en vn cercle, puis qu'vn Cone veu de la ſorte ne paroiſt qu'vn cercle, par la cent neufieſme propoſi‑ tion du quatrieſme des optiques d'Aguilonius.

Ie ne parle point icy de la reduction, parce que la figure qui ſert d'exemple, en eſt la demonſtration ; car l'on voit que ce qui eſt compris en *bah*, de la quarante‑troiſieſme figure, doit eſtre reduit proportionnellement en B A H, de la quarante‑cinquieſ‑ me, & que ce qui eſt en *bbpt*, doit eſtre mis en B H P 82 : de meſ‑ me ce qui eſt contenu dans *hpqi*, doit eſtre tranſporté en H P Q I, & ce qui eſt en *prſq*, auſſi mis en P R S Q : & ainſi du reſte, en ſorte que chaque partie de l'image deſcrite en la quarante‑troiſieſme figure, ſoit tranſportée en la quarante‑cinquieſme, au quadrangle qui reſpond & exprime celuy de la quarante‑troiſieſme où elle eſt figurée.

COROLLAIRE.

Par la methode de cette propoſition on operera non ſeulement plus ſeurement & plus preciſément que par la precedente, mais elle ſeruira encore en beaucoup de rencontres, où celle‑là demeu‑ reroit preſque inutile, ou tres difficile à practiquer ; comme quand on voudroit deſcrire la figure de la propoſition, au quart de cercle A B C, & qu'on fût tellement borné de tous coſtez qu'on ne uſt de l'eſpace que ce qu'il en faut preciſément pour deſcrire la figure : il ſeroit mal aiſé de pratiquer la maniere donée en la 4 pro‑ poſition ſans broüiller le plan & faire deſſus beaucoup de traits qu'il faudroit apres effacer ; il ſeroit neanmoins tres‑facile de le faire par les nombres des tangentes. De plus, eſtant propoſé de deſcrire vne de ces images tout d'vn coup en la ſurface exterieure d'vn cone de bois, de pierre, ou de quelqu'autre matiere dure & solide : il seroit necessaire de diuiser l'espace ou la distance, qui est depuis sa pointe iusques à la circonference de sa base, en 100 parties égales, comme nous auons dit : & apres auoir diuisé cét espace proportionnellement, & fait la ligne D E de la quarante-quatriesme figure, & A B de la quarante-cinquiesme, de faire passer des cercles par ces diuisions, pour puis apres y faire la reduction de l'obiet ou de l'image donnée, ce qui ne se pourroit pas faire par les seules lignes sans l'aide des nombres.

Or il faut remarquer qu'en la construction de ces figures il n'est pas absolument necessaire que l'image qui doit estre reduite sur le cone, en la maniere que nous auons dit, soit premierement descrite en vn cercle, dont le diametre ne soit que de la moitié d'vn des rayons du quart de cercle, qui forme le cone : car quelque figure qu'on ait à reduire, de quelque grandeur qu'elle soit, il n'y a qu'à l'enfermer dans vn cercle, & la diuiser à discretion par plusieurs autres petits cercles equidistans, & quelques diametres ; ce qu'estant fait, on la pourra transferer en la surface d'vn cone plus grand ou plus petit indifferemment, pourueu qu'il soit diuisé proportionnellement en autant de quadrangles que le cercle qui contient l'image, comme nous auons dit.

Or pour diuiser proportionellement en tant de parties qu'on iugera commode & à propos, selon la diuersité des rencontres, la hauteur du cone, ou le rayon du quart de cercle, qui le doit former, il suffit de sçauoir la methode & la pratique par laquelle nous auons trouué en cette proposition la quantité des tangentes qui donnent les grandeurs proportionelles des espaces compris entre les arcs de cercles ; ce que l'on entendra par l'appendice qui suit.

APPENDICE.

De l'vsage des tables des tangentes tant pour la proposition preccedente que pour celles qui suiuent.

IE ne m'arresteray point à déduire les differentes methodes dont plusieurs autheurs se sont seruis en la disposition de ces tables ; ie diray seulement que la plus ordinaire en l'vsage, & la plus commode est celle que nous auons en de petits liurets portatifs, comme est celuy d'Albert Girard, lequel est à mon auis assez correct, & par consequent assez bon pour ceux qui n'en auront que la pratique, & qui ne pourroient pas suppleer l'erreur qui se rencontreroit en d'autres : or il suppute la quantité des tangentes (aussi bien que des sinus & secantes à proportion, que ie laisse pour le present n'en ayant que faire, oûtre que celuy qui aura la pratique des vnes, n'aura pas de difficulté és autres :) il suppute donc la quantité des

té des tangentes, en supofant le rayon, ou demy-diametre du cercle, de 100000 parties égales : en chaque page il y a quatre colonnes : la premiere & plus petite eft celle des degrez, & de leurs minutes : la feconde eft celle des finus : en la troifiefme font les tangentes, & en la quatriefme les fecantes : Or elle font tellement difpofées, que vis à vis du nombre de chaque arc de cercle, on void le
finus, la tangente & la fecante de ce mefme arc. Les pages qui ont
les degrez & minutes pour l'angle aigu mineur, depuis o iufques à
45 degrez en defcendant : és pages qui font à droite, font les degrez
& les minutes pour l'angle aigu majeur, depuis 45 iufques à 90 degrez en montant : de forte que voulant trouuer la tangente, par
exemple pour la precedente propofition, de 5 degrez 37 minutes
(nous laiffons la ½ minute pour ce qu'on la peut fuppleer par difcretion) il faut trouuer 5 au haut de la premiere colonne de quelque
page à main gauche, & en defcendant par cette colonne, 37 fe rencontrera pour les minutes, & vis à vis de 37 en la mefme ligne,
fouz le tiltre de *tangentes* on rencontrera 9834 pour la tangente de
l'arc de tant de degrez : c'eft à dire que la tangente d'vn arc de 5
degrez 37 minutes contiendra 9834 de ces parties egales, dont
le rayon eft fuppofé de 100000.

Or pour s'en feruir dans la fuppofition que le rayon ou demy-
diametre du cercle ne foit diuifé qu'en 100 parties egales, fuiuant
l'efquelles nous auons diuifé les lignes DE, AB, és quarante-
quatriefme & quarante-cinquiefme figures, il faut fuppofer que
chacune de ces parties fe peut diuifer en 1000 autres moindres
parties, afin que l'operation en foit plus precife.

Comme du rayon diuifé en 100000 parties, on retranche trois
figures à droite, pour faire qu'il ne foit plus que de 100 parties :
ainfi quand vous aurez trouué pour la tangente d'vn arc de tant
de degrez, par exemple, pour l'arc de 5 degrez 37 minutes, laquelle a de ces parties egales, dont le rayon contient 100000,
9834, retranchez en auffi trois figures à droite ; fçauoir 834, & il
ne vous reftera plus que 9, qui eft la tangente du mefme arc de 5 degrez 37 minutes, en fupofant le rayon diuifé en 100 parties : où il
faut remarquer que les chiffres 834 qui en font retranchez, ne
font pas tout à fait à rejetter ; car en fuite de ce que nous auons dit
que chacune des cent parties, dont le rayon eft compofé, peut eftre
diuifée en 1000 autres moindres parties, les chiffres reftans figni-
fieront autant de milliefmes d'vne de ces cent parties : C'eft
pourquoy s'il refte peu de chofe, par exemple fi les trois chiffres retranchez, font 007, ou 009, il n'en faut pas faire eftat ;
mais s'ils vont iufques à 500, il faut mettre ½ partie, & s'ils paffent en approchant de mille, comme 834, il faut marquer ¾ comme nous auons fait icy : il faut donc icy dire que la tangente

O

d'vn arc de 5 degrez 37 minutes , contient 9 parties $\frac{1}{4}$ de celles
dont le rayon contiendra 100.

   Quand il ſera propoſé de faire en la ſurface d'vn Cone veu de
la façon que nous auons dit , vne figure qui repreſente parfaitement vne figure , ou image donnée : apres auoir circonſcrit
à la figure donnée vn cercle , comme en la qurante-troiſieſme
b h i k l m n o , tracé quelques diametres , comme *b l, h m , i n , k o* , &
diuiſé l'vn des rayons ou demy-diametres du plus grand cercle,
comme *a b* , en tant de parties egales qu'on iugera à propos pour
faire par les points de cette diuiſion pluſieurs autres petits cercles concentriques & equidiſtans qui diuiſeront l'image par le
moyen des diametres , en pluſieurs quadrangles : il faut diuiſer
l'arc du cercle , par exemple B C de la quarante-cinquieſme figure , en autant de parties qu'eſt diuiſée la circonference du cercle
b h i k l &c. ce qui ſe fait pour exprimer les rayons en tirant des
lignes droites de la diuiſion H I K L &c. au centre A : mais pour
les arcs qui doiuent repreſenter les cercles de la quarante-troiſieſme figure , on diuiſera 45 , (qui eſt le nombre des degrez que
contient l'arc qui doit donner les grandeurs proportionnelles des
compris entre ces cercles) en autant de parties egales qu'aura
eſté diuiſé le demy-diametre ou rayon du cercle qui circonſcrit la
figure ; comme , en la quarante-troiſieſme , le rayon *a b* eſt diuiſé
en huit parties egales , & partant il faut diuiſer l'arc de 45 degrez par huit , & on trouuera pour quotient 5 degrez 37 minutes $\frac{1}{2}$: C'eſt à dire que le premier eſpace depuis le centre A iuſques au premier arc de cercle ſera la tangente de 5 degrez 37
minutes $\frac{1}{2}$: la ſeconde grandeur depuis le centre iuſques au ſecond arc de cercle ſera la tangente d'vn arc double de ceſtuy-cy,
c'eſt à dire de 11 degrez 15 minutes , & ainſi des autres que nous
mettons cy-deſſouz dans la ſupoſition que le rayon ſoit de 100
000 parties , & à quoy , à peu pres , on les doit reduire , ſupoſant le rayon n'eſtre diuiſé qu'en 100 parties , comme nous auons
fait.

   Pour le rayon ſuppoſé de 100000 parties les tangentes de

Degrez	Minutes	Tangentes.
5	17	9834
11	15	19891
16	52	30319
22	30	41421
28	7	53432
33	45	66818
39	22	82044
45	0	100000,

qui font, pour le rayon qui n'eſt ſupoſé que de cent parties, à peu prés les tangentes des degrez qui ſuiuent, à ſçauoir de

Degrez	Minutes	Tangentes.	
5	37	9	$\frac{1}{4}$
11	15	19	$\frac{1}{4}$
16	52	30	$\frac{1}{2}$
22	30	41	$\frac{1}{2}$
28	7	53	$\frac{1}{2}$
33	54	66	$\frac{3}{4}$
39	22	82	
45	0	100	

Nous auons obmis les demies minutes où il y en a, comme à la premiere tangente qui doit eſtre de 5 degrez 37 minutes $\frac{1}{2}$; mais outre que cela eſt de fort petite conſequence, on peut y ſupléer par diſcretion, comme nous auons dit.

Si l'on trouue plus commode de diuiſer cét arc de 45 degrez en 9, pour éuiter les fractions des minutes, d'autant que 9 fois 5 font 45, ſupoſé que le diametre ou rayon du cercle, qui entoure la figure, ſoit diuiſé en 9, on ſe ſeruira de cette table.

Degrez	Tangentes.	
5	8	749
10	17	633
15	26	795
20	36	397
25	46	631
30	57	735
35	70	021
40	83	910
45	100	000

Il eſt aiſé de voir que cette table ſuppoſe le rayon de 100000 parties, comme l'on void à la tangente de 5 degrez qui eſt de 8747, & aux autres à proportion: c'eſt pourquoy i'ay retranché trois figures à droite de chacune de ces tangentes, pour donner à entendre comme on les peut reduire à la ſupoſition que le rayon ne ſoit diuiſé qu'en 100 parties: Ce que i'ay voulu icy mettre pour ſoulager ceux qui n'auront pas ces tables en main, qui pourront ſuiure ces diuiſions, & pour ſeruir d'exemple à ceux qui en deſireront faire d'autres à volonté.

Explication des sinus, des tangentes & des secantes en faueur des Peintres.

LA diuision du cercle en 360 degrez, ou en autres parties telles qu'on voudra, estant suposée, puis que nous auons parlé des sinus, & qu'ils peuuent seruir aux Peintres ie veux icy expliquer leur fondement en leur faueur: Et pour ce suiet il faut remarquer qu'il y a trois sortes d'arcs, dont l'vn est plus grád, ou moindre que le quart de la circonference du cerle: comme l'on void en cette figure, car si l'on diuise la demie circonference AKC en 2 parties égales par la droite BK, & que du centre B on meine l'autre ligne BL à la circonference AK, cét AK sera le quart de la circonference & ABK le

quart du cercle: l'arc AL sera moindre que le susdit quart, & l'arc CK L sera plus grand, quoy que moindre que la demie circonference C K A, mais CKAE est plus grand.

Quant aux lignes qu'on appelle appliquées au cercle, il y en a de 4 sortes, dont la premiere s'appelle soustenduë ou chorde: elle est inscrite au cercle qu'elle diuise en 2 segmens, desquels elle est chorde, ou soustendante; celle qui diuise le cercle en 2 également, & qui par consequent luy sert de diametrale, est la plus grande de toutes, comme est A C, ou KD: & si elle le diuise inégalement, comme fait la droite EG, elle est moindre.

Cette soustenduë est entierement dans le cercle, & ses bouts sont dans la circonference.

Le *sinus* est vne ligne droite qui est aussi toute dans le cercle, mais qui ne touche la circonference que de l'vn de ses bouts: or ce sinus est appellé droit, simple, ou premier, lors qu'il est la moitié de la soustenduë du double arc, par exemple, le sinus de l'arc DG, à sçauoir FG, est la moitié de la soustendante EG, qui soustend l'arc G DE double de l'arc DG.

Or se *sinus* droit s'appelle *total*, quand il est le rayon ou le semidiametre du cercle, comme est le sinus AB, qui soustend le quart de cercle DA, ou DK. tous les autres sinus droits sont moindres, comme nous auons veu en FG.

On definit encore le sinus droit en disant que c'est vne perpendiculaire qui tombe de l'vne des extremitez de l'arc donné sur le diametre du cercle, par exemple GI touche l'arc de son extremité G, & le diametre en I.

Le *sinus verse* ou *renuersé*, qu'on appelle auſſi *sagette*, d'vn arc
eſt la partie du diametre qui aboutit à l'extremité du ſinus droit
& à l'vne des extremitez dudit arc : par exemple, le ſinus verſe
de l'axe G D eſt la droite F G, car elle eſt vne partie du diametre
K D, & elle aboutit d'vne part au bout du ſinus droit G F, &
de l'autre au bout D de l'arc G D.

On le definit auſſi la partie du diametre compriſe entre la ſouſtendante du double arc, & de cét arc meſme.

La tangente d'vn arc, eſt la droite tirée perpendiculairement ſur
le ſinus verſe par le point où il ſe ioint auec l'arc, & qui rencontre
la ligne tirée du centre du cercle par l'autre extremité de cét arc, par
exemple C H eſt perpendiculaire ſur le ſinus verſe I C au point
C, & l'axe de ce ſinus eſt G C, or C H ſe rencontre auec le rayon
B G prolongée en H. Cette tangente eſt entierement hors le cercle.

Finalement la *secante* d'vn arc eſt la droite qui va du centre par
l'autre extremité de l'arc, & qui prolongée rencontre la tangente;
donc B H eſt ſecante de l'arc C G ; elle eſt en partie dedans & en partie de hors le cercle, & partant elle eſt touſiours plus grande que le
rayon. Or tout arc a ſon ſinus droit, ſa ſagette, ſa tangente & ſa ſecante.

Ce *Complement* d'vn arc, eſt la difference de l'arc d'auec le quart
du cercle, & vn complement ou demi-cercle, eſt ſa difference d'a-
uec le demi-cercle : par exemple, le complement du moindre arc
C G eſt G D, car il eſt la difference de C G & de C D. Et le complement au demi cercle de l'arc C G eſt l'arc G A, dont il differe du
demi-cercle.

D'où il eſt euident que la ligne A B de la 40 figure de la 26 planche eſt tangente du quart L M A, car elle eſt perpendiculaire
au rayon, I A, & que les lignes ponctuées L N B, L 70 &c.
font ſecantes : de plus, qu'A B eſt la tangente de 45 degrez
&c.

F B eſt le complement du ſinus verſe E D, de ſorte que le
rayon eſt aux ſinus ce que le quart de cercle eſt aux arcs, or ce
complement eſt égal au ſinus droit I G.

Toutes ces lignes prennent leur denomination de la quantité
de l'arc ; car ſi c'eſt vn arc de 45 degrez, on appelle ſa tangente, & ſecante, & tout le reſte de l'angle, ou de l'arc, de quarante-
cinq degrez.

O iij

PROPOSITION VI.

Defcrire par le moyen des nombres en la furface interieure ou concaue d'vn Co-
ne, vne figure, laquelle quoy que difforme & confufe en aparence, eftant
neantmoins veuë d'vn certain point, reprefente parfaitement vn
obiet, ou vne image donnée.

L'Effet de cette propofition eft le mefme que celuy de la 5 precedente, & fa conftruction differe de la 6 en la mefme façon,
que la quatriefme & la 5 different entr'elles : Car pour cette-cy,
apres auoir defcrit la figure naturelle dans vn cercle diuifé comme il fe voit en la quarante-fixiefme figure, & fait vn quart de
cercle tel que celuy de la quarante-huictiefme figure A B C : il
faut, comme en la precedente propofition, diuifer l'arc A C, conformement à la diuifion de la circonference cercle *a b i k l m n o*, qui
entoure la figure ; & puis diuifer la ligne A B, de la quarante-
huitiefme figure, ou vne autre de mefme grandeur, comme D
E, de la quarante-feptiefme, en 100 parties egales, & fur cette
ligne prendre les grandeurs proportionnelles des efpaces compris
entre les arcs de cercles, qui font les mefmes qu'en la precedente propofition : Mais comme il fe voit en la 26 planche que le
quart de cercle M L A, qui determine ces grandeurs proportionnelles par le moyen des fecantes L1, L2, L3, &c. eft difpofé tout
autrement en la quarante-deuxiefme figure, qui eft pour la 5 propofition, qu'en la quarantiefme, qui eft pour la 4 propofition,
en forte, comme i'ay dit ailleurs, que ces grandeurs proportionnelles, lefquelles en la quarantiefme vont en augmentant du
centre A, vers le dernier & plus grand arc de cercle B C ; en la
quarante-deuxiefme, au contraire vont en augmentant depuis le
dernier & plus grand arc de cercle A C iufques à la pointe A, il faut
dire la mefme chofe de cette propofition à l'efgard de la precedente, puis qu'en icelle ces efpaces vont augmentant par les nombres
des tangentes depuis la pointe du Cone A iufques à l'arc B C qui
doit fermer fa bafe, comme le monftrent les chiffres mis à cofté
qui vont en montant. En cette-cy, au contraire, ces mefmes efpaces font difpofez en augmentant de puis l'arc A C qui doit former la bafe du Cone, iufques au centre B, comme le monftrent
les nombres mis à cofté qui vont en defcendant. C'eft pourquoy
nous auons commencé les nombres de la diuifion de la ligne D
E, par le haut, 10, 15, 20, &c.

Pour la reduction il n'eft pas neceffaire d'en parler, veu que
c'eft la mefme chofe qu'en la precedente propofition ; oûtre que
les quadrangles de la quarante-huictiefme figure, font marquez
de mefmes caracteres que ceux de la quarante-fixiefme qu'ils re-
prefentant, ce qui fuffit pour en donner l'intelligence.

PROPOSITION VIII.

Deſcrire en la ſurface exterieure d'vne pyramide quarrée, vne figure, laquel-
le quoy que difforme & confuſe en aparence, eſtant veuë d'vn certain
point repreſente parfaitement vn obiet propoſé.

ON peut executer cette propoſition en deux differentes maniere à ſçauoir par les lignes, comme la 4 & 5, ou par le moyen
des nombres, comme la 6 & 7 de ce liure : mais laiſſant à part
la premiere, nous nous areſterons à celle des nombres, laquelle
eſtant bien entenduë donnera aſſes de facilité à ceux qui voudront pratiquer l'autre, veu que nous auons aſſez declaré és precedentes propoſitions le raport que ces deux manieres ont entr'elles.

Eſtant donc propoſé de faire vne figure telle, que nous auons
dit, il faut, pour premiere diſpoſition, enfermer la figure donnée
ou l'objet propoſé dans dans vn quarré, (comme il eſt en la
quarante-neufieſme figure *b h i k l m n o*) qui ſera diuiſé par les diagonales *b l*, *i n*, & par les deux lignes *h m*, *o k* en huit eſpaces eſgaux & ſemblables : puis ſoient diuiſées les lignes, *a h, a b, a m, a o*
en autant de parties égales qu'on voudra (par exemple en huit; d'autant que c'eſt la diuiſion dont nous nous ſommes ſeruis iuſques à
preſent en l'aplication des nombres des tangentes à ces propoſitions : & par tous les points de ces diuiſions ſoient tirées des lignes droites paralleles aux coſtez du plus grand quarré *b i, i l, l n, n b*,
qui formeront ſept autres plus petits quarrez, leſquels auec les diagonales, & lignes ſuſdites, diuiſeront l'image en pluſieurs quadrangles, & la diſpoſeront à eſtre facilement reduite en la ſurface
exterieure d'vne pyramide quarrée.

Soit fait, en la cinquante-vnieſme figure, le quart de cercle
A B C, & ſoit l'arc B C diuiſé en quatre parties és points I L N G,
deſquels ſoient tirez des rayons au centre A : ſoient en aprés tirées
les lignes droites B 1, I L, L N, N C, qui doiuent former la baſe de
la pyramide, chacune deſquelles ſera diuiſée en deux és points
H K M O, deſquels ſeront encore tirez des rayons au centre A ; ce
qu'eſtant fait, par la meſme voye que nous auons, en la 6 propoſition, trouué les grandeurs proportionnelles des eſpaces compris
entre les arcs de cercles ; nous les trouuerons auſſi dans cette propoſition pour les lignes droites qui doiuent repreſenter les quarrez de la quarante-neufieſme figure : car il ſuffit de diuiſer A B, de
la cinquante-vnieſme figure, ou D E, de la cinquantieſme, qui
eſt d'egale grandeur, en 100 parties egales, & ſur icelle prendre pour
chaque eſpace de ces parties, ſuiuant ce que nous en auons dit
ſur la 6 propoſition, & les tranſporter auec le compas commun

fur la ligne A B , comme il fe voit és nombres 9 $\frac{1}{2}$, 17 $\frac{1}{4}$ 30 $\frac{1}{2}$ &c. qui
font tirez de mefmes principes que pour le Cone conuexe , auec
cette difference en l'application , que ces nombres de parties ne
doiuent pas fimplement eftre tranfportez fur la ligne A B pour y
faire paffer les arcs de cercles , comme en la 6 propofition ; mais
il faut en celle-cy , pour tranfporter ces grandeurs , par exemple
celle du premier efpace pres de la bafe , en mettant l'vne des pointes du compas commun ouuert de la grandeur neceffaire au centre A , marquer auec l'autre vn point fur la ligne A B , qui eft chif-
fré 8 2 ; & , paffant par deffus la ligne A H , marquer encore vn point
de la mefme diftance fur la ligne A I , qui fera Q : & paffant par
deffus la ligne A K , en marquer encore vn fur la ligne A L , & ainfi des autres ; puis par ces ces points tirer des droites , comme 8 2 ,
Q , &c. qui exprimeront les quarrez de la quarante-neufiefme figure , fi le plan A B C eft plié par les lignes A I , A L , A N , en
forte qu' A B , & A C , conuiennent parfaitement , d'autant qu'il
fe formera vne pyramide quarrée , laquelle eftant veuë de fon
point qui doit eftre en vne ligne droite qu'on s'imaginera partir
du centre de la bafe de la pyramide , & paffer par fa pointe , autant efloigné de la pointe de la pyramide , que cefte pointe
eft efleuée par deffus le centre de fa bafe : eftant dis-ie , veuë de
ce point , elle reprefentera parfaitement le quarré *b h i k l m n o* , de
la quarante-neufiefme figure , diuifé comme il eft , & par confequent tout ce qu'on aura deffeiné en ce quarré , comme eft vne
image ou vn portrait ; & fera tranfporté ou reduit au plan qui
doit former la pyramide , en la mefme façon que nous auons dit
cy deuant fe verra auffi parfaitement , & auffi bien en fa proportion naturelle que s'il eftoit defcrit en vn quarré égal à la bafe de la
pyramide. La cinquante-vniefme figure en donne la demonftration fenfible , fi elle eftoit pliée & veuëfelon qu'il a efté dit : elle eft
encore vn exemple de la reduction qui fe fait à proportion , comme
és precedentes propofitions , en forte que ce qui eft en la quarante-
neufiefme figure compris au triangle rectangle *b a h* , foit reduit en
la cinquante-vniefme au triangle B A H : ainfi ce qui eft en *h a i* , fera
reduit en H A I &c. ce qui eft affez apparent en la figure , fans qu'il
foit befoin de fpecifier le refte.

COROLLAIRE I.

Il eft aifé de conclure , qu'en cette propofition auffi bien qu'és
precedentes , renuerfant l'ordre des efpaces donnez par les nombres des tangentes , (c'eft à dire en faifant que ces efpaces aillent en
augmentant depuis le premier quarré qui eft la bafe de la pyramide ,
& qui doit eftre formé des lignes B I , I L , L N , N C , iufques à la pointe de la pyramide , qui eft en A , gardant le refte , qui eft prefcrit en la
propo-

proposition) on fera vne figure semblablement difforme pour la
surface interieure de la pyramide quarrée, laquelle estant veuë de
mesme distance de la façon que nous auons dit en la 5 proposition
de ce liure, parestra bien proportionnée & representera parfaitement quelque objet donné : i'en donnerois vn exemple, si ie ne
croyois que l'intelligence en est assez claire dans les stampes qui
seruent aux propositions precedentes.

COROLLAIRE II.

Par la mesme methode on peut faire de ces figures en l'vne &
l'autre surface exterieure & interieure des pyramides triangulaires,
pentagones, & hexagones &c. enfermant pour disposition la figure
naturelle en vn triangle, si elle doit estre reduite sur vne pyramide
triangulaire; en vn pentagone, si la pyramide a cinq costez, &c. &
la diuisant par des rayons aboutissans à vn centre qui exprimera la
pointe de la pyramide, & par plusieurs autres petits triangles ou pétagones, que l'on representera sur la pyramide en diuisant l'arc du
quart de cercle, qui la doit former, en autant des parties egales que
la figure qui circonscrit l'image à de costez, à sçauoir en trois, si l'i-
mage est enfermée dans vn triangle; en cinq, pour vn pentagone
&c. en traçant des soustenduës, de point en point de cette diuision.

Ceux qui voudront s'exercer en la construction de ces figures, ou
qui en desireront auoir plusieurs d'vne mesme grandeur, soit cones
conuexes, ou concaues, ou autres sortes de pyramides, se pourront
seruir de ce que nous auons dit cy-deuant, à sçauoir qu'apres auoir
fait vne fois en quelque plan, comme sur vne feuille de papier, le
trait des quadrangles où se doit reduire la figure ou de l'image, comme le quart de cercle BAC, de la cinquante-vniesme figure de la
29 planche, diuisé par les rayons & par les arcs de cercles qui doiuent representer ceux de la quarante-neufiesme figure: ils pourrót
picquer ces traits, en sorte qu'auec vn poucif ils les marquent tout
d'vncoup sur le plan où ils desirerót trauailler, sans estre obligez de
les faire de nouueau par chaque fois, ce qui les soulagera beaucoup
& leur sera grandement commode, par ce qu'en trauaillant ils verront fort distinctement ces lignes: & la figure ou l'image estant reduite, ils les effaceront aisément, en les secoüant auec quelque
linge, car elles sont marquées de poussiere de charbon ou d'autre
chose semblable, suiuant la couleur du fond sur lequel on tracera
ces figures.

COROLLAIRE III.

Il me semble qu'on peut encore auec beaucoup de gentillesse

appliquer l'vſage de toutes les propoſitions de celiure à l'embelliſ-
ſement des grottes artificielles, & aux ouurages des rocailles: car
ceux qui y trauaillent font d'ordinaire des maſques, termes, ſatyres
ou autres figures groteſques de coquillages, en ſe ſeruant de leur
couleur & configuration naturelle ſelon qu'elles ſont plus propres à
repreſenter quelques parties: ils pourrót auſſi faire par l'vſage de ces
regles, auec de la marqueterie, ou du coquillage des figures difformes & confuſes, qui ne repreſenteronr rien de bien ordonné que
de leur point, ce qui ſera d'autant plus agreable, qu'en ces ouurages qui ſemblent ne demander rien que de ruſtique, on fera voir
des images parfaites & des tableaux bien ordonnez qui reüſſiront
d'vne confuſion de coquilles, de pierres, de maſtic &c. miſes en
confuſion, & ſans deſſein en apparence; ce qui ſe peut faire ſi dex-
trement & auec tant d'artifice qu'en regardant la figure par le par
le trou d'vne pinnule on ne s'apperceura pas de quelle matiere l'ouurage ſera compoſé, mais on croira voir vne plate peinture bien
acheuée. De meſme l'on peut appliquer l'vſage des propoſitions
des cones & des pyramides pour la ſurface concaue ou interieure,
en faiſant des trous ſemblables à la ſurface interieure & cocaue d'vn
cone, ou des pyramides que l'on veut imiter, & pour les conuexes
ou ſurfaces exterieures, en eſleuant des cones ou pyramides ſur quelque plan que ce ſoit, comme ſur les murs perpendiculaires à l'horizon, & meſme en abbaſſant de ces cones ou pyramides de la voûte
ou du plancher de quelque grotte (comme ſont les clefs des voûtes
de nos Egliſes) la pointe embas, en ſorte que le point de veuë ſoit
eſleué de terre de la hauteur d'vn homme: ce qui ſeroit fort agreable, d'autant qu'en ſe trouuant iuſtement ſouz la pointe du Conè
ou de la pyramide, & en eſleuant les yeux en haut on verroit vne
image parfaite qui ſeroit meſconnoiſſable de par tout ailleurs; mais
d'autant qu'il eſt aſſez difficile de faire bien reüſſir ces figures, pour
y proceder plus ſeurement, ie conſeille d'en faire premierement le
modelle de pareille grandeur ſur du carton, car ſi on le ſuit exactement, on ne pourra manquer de reüſſir.

APPENDICE.

A ce genre de figures ſe rapportent celles qu'on peint és ſurfaces conuexes ou concaues d'vn demy cilindre, ou d'vne colomne ronde, ou en quelque niche cylindrique ou ſur les ſurfaces
conuexes & concaues d'vn hemiſphere, ou d'vne boule, ou en la
voûte de quelque dôme parfaitement ſpherique; ces figures doiuent eſtre difformes en leur conſtruction pour auoir vne belle apparence; la maniere eſt facile, & ſert auſſi pour les figures qui ſe font
és plats fonds & és voûtes bien regulieres: neantmoins qui voudra s'en inſtruire plus particulierement, pourra voir ce qu'en a eſ-

crit Danti fur la premiere regle de la Perspectiue de Vignole.

Ie trouue plus de difficulté en celles qui fe font és coins des murailles, és voûtes irregulieres, & dans les autres lieux embaraffez d'a-
uances, de faillies, de boffes, de concauitez, & d'autres empefchemens, qui font que ce qu'on y peint ne fe peut voir parfaitement
que d'vn feul endroit, où l'on aura mis le point de veuë : C'eft pourquoy entre ceux qui trauaillent à ces ouurages, quelques vns mettant l'œil, où ils veulent eftablir le point de veuë, tracent & deffei-
nent groffierement leur figure fur la voûte mefme, auec vn
charbon attaché au bout d'vne l'ongue baguete, qu'ils tiennent
à la main & conduifent à difcretion, en forte que du point où ils
font, ils voyent vne figure bien proportionnée, laquelle veuë d'ailleurs ne pareftra qu'en confufion & faite fans deffein.

Les autres fe feruent d'vne methode moins penible, & plus generale : car oûtre qu'on s'en peut feruir fur toutes fortes de voûtes
fpheriques, elliptiques & paraboliques, fousbaiffées, ou à anfe de
panier, on peut encore dans vne fection irreguliere, comme au
coin, ou dans le renontre de deux murs, peindre vne figure fi à propos, qu'elle femblera fortir dehors : en voicy la maniere. ils font
premicrement le modelle de la figure qu'ils veulent peindre ; en la
mefme pofture qu'ils defirent de la faire voir : ils font ce modele
en petit, fur du papier ou carton qu'ils picquent auec vne aiguille;
ce qu'eftant fait ils oppofent ce modele ainfi percé à la lumiere d'v-
ne chandelle qu'ils mettent au point de veuë, en forte que les rayons
de la lumiere paffans par ces trous aillent fraper fur la voûte, ou dans
le coin où ils veulent peindre la figure ; de forte qu'il n'y a plus qu'à
fuiure auec le crayon, les traits de cette lumiere & y ajoufter le coloris qui rend la figure parfaite.

Ie mets encore au nombre de ces traits finguliers d'optique, les
figures qui femblent toufiours regarder ceux qui les regardent, de
quelque cofté qu'on les puiffe confiderer, telle qu'eftoit la Minerue
d'Amulius peintre excellent de l'antiquité, dont parle Pline au deuxiefme chapitre du trente-cinquiefme liure de fon hiftoire naturelle ; ce qui reüffira infailliblement à tous les pourtraits que feront les
peintres apres le naturel, s'il fe font regarder par ceux qui en feront
les modelles, & f'ils imitent parfaitement l'action de leurs yeux.

Ce n'eft pas auffi fans admiration que nous voyons en quelques
tableaux, plats fonds, ou voûtes, certaines figures, dont les parties
anterieures femblent faire vne faillie vers ceux qui les regardent,
de quelque cofté qu'elles foient confiderées ; l'en ay veu de cette façon deux affez gentilles, l'vne eft le pied de Sainct Mat-
thieu peint en la voûte de l'vn des offices de noftre Conuent de Vincennes lez Paris, qui femble toufiours auancer fa partie anterieure
hors le fonds de la voûte vers celuy qui la regarde, en quelque part
qu'il fe mette pour le voir : l'autre eft en vn tableau peint à frais dans

vne Chapelle de noſtre Conuent de la Trinité du Mont Pincius à
Rome, auquel eſt repreſentée vne deſcente de Croix, où le Chriſt
qui en eſt la principale figure eſt tellement diſpoſé, qu'eſtant veu
du coſté gauche, il ſemble couché & incliné ſur le trauers du tableau, & ſon pied droit ſamble faire vne ſaillie du meſme coſté; &
eſtant veu de l'autre coſté, tout ſon corps pareſt preſque droit, beaucoup plus dans le racourciſſement, & ce pied qui pareſſoit faire ſa
ſaillie du coſté gauche, ſemble auancer vers le droit; on en peut
voir l'effet au grand Autel de noſtre Egliſe de la place Royale, où
nous auons vne coppie de ce tableau aſſez bien faite.

Or il eſt difficile de rendre raiſon de ces merueilleuſes apparences, & de donner des preceptes pour y arriuer infailliblement;
veu qu'elles ne dependent pas ſeulement du deſſein, mais encore
du coloris & des ombres, & rehauſſemens & renfoncemens, dont
l'Art s'aquert plus par l'habitude en trauaillant que par aucune maxime de ſcience qu'on en puiſſe preſcrire; & l'on peut dire que ce
ſont des coups de maiſtres inuentifs pour le deſſein, & ſçauans dans
le coloris, tel qu'eſtoit celuy qui a fait l'original de ceſte deſcente
de Croix, aſcauoir Daniel Ricciarolle de Volterre, qui a fait vn autre tableau de l'Aſſomption, de Noſtre Dame qui eſt peinta fraïs
dans vne autre Chapelle de la dire Egliſe de la Trinité du Mont Pincius, où l'on a remarqué que ſous les figures des Apoſtres il a repreſenté la pluſpart des excellés peintres de ſon ſiecle. Il ne s'eſt pas ſeulement rendu recommandable en la peinture, mais encore admirable en ſes ſculptures, eſquelles il a ſi fort excellé que l'exellent
Michel Ange Buanarota eſtimé le premier de ſon temps en cét Art,
le tenoit pour ſon plus fort antagoniſte; & pour marque de l'eſtime
qu'il faiſoit de ſa ſcience & de ſon induſtrie, il luy defera l'entrepri-
ſe du grand cheual de bronze long de dix coudées, & peſant vint-
cinq mille liures, qu'il i'etta à Rome és Thermes de Conſtantin
l'á de Ieſ. Ch. 1563. à l'inſtace de Catherine de Medicis Royne de Fra-
ce, qui deſiroit auſſi de faire ietter l'image de Henry II. ſon mary, &
de la dreſſer ſur ce cheual en quelque belle place à Paris pour éterni-
ſer ſon nó & ſa memoire par ce beau chef d'œuure: mais la mort de
ce grand Prince, & les guerres ciuiles ayant rópu ſon deſſein, le cheual demeura quelque temps à Rome au Palais de Rucelai, & apres
fut apporté en France au Chaſteau Royal de S. Germain en Laye,
d'où depuis il a eſté transporté à Paris prés la place Royale, chez
Monſieur Biard Sculpteur, lequel a ietté de meſme métail l'effigie
de ſa Majeſté Tres-Chreſtienne Louys le Iuſte, d'vne grandeur proportionnée & propre à mettre ſur le cheual, laquelle il fiſt premierement en cire l'an 1636. Cette figure de cire ſembloit ſi belle,
ſi bien proportionnée pour vn Coloſſe de quinze pieds, & ſi acheuée & accomplie en ſes ornemens, que l'on craignoit que les moules creuaſſent, ou que la fonderie ne reüſſit pas, mais les moules fu-

rent ſi bienfaits & recuits, qu'enfin le métail fut ietté & fondu le
23. Decembre de la meſme anné, & du depuis elle a eſté miſe au milieu de la place Royale ſur vn haut piedeſtal , où elle ſe void à preſent.

PROPOSITION IX.

Donner vne methode generale pour figurer telle image qu'on voudra ſur la
ſurface conuexe ou concaue d'vn cone ou d'vne pyramide , qui d'vn point
determiné paroiſſe bien proportionnée & ſemblable à ſon ori-
ginal , quoy qu'elle paroiſſe confuſe & difforme à l'œil qui
la void directement ſur le plan , ſur lequel elle a
eſté figurée.

IL faut premierement enfermer l'image propoſée dans le cercle
ABCD , de la 52 figure de la 30 planche ; & puis il faut faire pluſieurs autres moindres cercles concentriques dans ABCD , & les
diuiſer par pluſieurs diametres, comme nous auons icy fait, où 6 diametres diuiſent le tout en 12 triangles égaux , & en pluſieurs trapezes, & moindres triangles par le moyen des 2 moindres cercles concentriques au plus grand.

　Cecy eſtant fait, voyons ce qui eſt neceſſaire pour faire que la figure propoſée deſcrite ſur la ſurface conuexe du cone paroiſſe ſemblable au cercle ABCD ; & pour ce ſuiet mettons, dans la 53 figure,
la ligne *ac* égale au diametre de la baſe du cone propoſé , laquelle
ie ſupoſe égale au cercle ABCD de la 52 figure ; c'eſt pourquoy ie
fais la ligne *ac* de la 53 figure, égale à la ligne AC de la 52 , qui eſt
ſemblablement diuiſée aux points *mnopq* , & du point *o* ie tire la ligne perpendiculaire *or* S, dont ie retranche la portion *or* pour l'a-
xe du cone, ayant pris ſon coſté *ar* auec le compas commun , dont
vn pied eſtant en *a* ou en *c*, l'autre oſtera *or* de la ligne *oſ* pour ledit
axe, & le plan *arc*, qui coupera le cone par le ſommet, ſera vn triangle , par la 3 du 1 d'Apollonius: ce qui eſt euident dans la figure qui
repreſente le cone ſolide, afin qu'on ſçache mieux qu'il faut diuiſer ſa circonference comme celle du cercle AEFBGHC. &c. de
la 52 figure: & mener de tous les points *efbgh* des rayons au point
r, à ſçauoir *ar,er,fr,br*, &c. qui repreſentent à l'œil dans la ligne
rſ au point *ſ* les diametres du cercle AEFBG &c.

　Car bien que le rayon *ar* ioint au rayon *cr* , & le rayon *or* auec
ſon oppoſé de l'autre coſté du cone repreſentent vn triangle à l'œil,
ils le repreſentent neantmoins comme vne ligne, parce que cette
ſurface prolongée paſſeroit par le centre de l'œil qui ne ſort point
de l'axe du cone.

　Or apres auoir deſcrit les rayons qui repreſentent les diametres
du plus grand cercle ſur la longueur de la ſurface du cone, il y faut

encore figurer les cercles concentriques & determiner tellement
les espaces qu'ils enferment, qu'ils paressent égaux à l'œil posé
en S.

    Ce qui est aysé, en menant des lignes occultes des poits *a m n o p q r*
au point *s*, lesquelles coupant les costez du cone *a r*, & *o r* des points
t u y x, monstreront les lieux par où les cercles doiuent estre figurez
sur la surface du cone, pour faire que les espaces *a t* & *t x* paroissent
égaux aux espaces A M & M N; ce que l'on void à la 53 figure, dans
laquelle la ligne *a m* égale à AM de la 52 figure, paroist sous mesme angle que *a t*, à sçauoir sous l'angle *a* S *m*: dont le sommet de la
pyramide optique *a* S *c b*, demeurant le mesme, la pyramide parestra tousiours de mesme, quelque changement qu'elle reçoiue en
sa base.

    Quant à la surface concaue du cone, il en faut faire la mesme di-
uision que de la conuexe dans la 52 figure; & son diametre estant *a c*
dans la 54 figure, l'œil estant au point X, en sorte que X *o* & *o r* soient
dans l'axe du cone, ou que la droite X *r* soit perpendiculaire à *a c* au
point du milieu *o*, il faut mener de la circonference de la base conique, diuisée comme il a esté dit, les rayons *a r*, *e r*, *c r*, &c. iusques
au sommet: & du point X par les points *a m n o p q* du diametre *a c*
semblablement diuisé, les lignes occultes X *o*, X *m* X *n* &c. lesquelles coupant le costé *a r* en *t o*, monstreront les lieux par où doiuent
passer les cercles qu'il faut descrire dans le cone parallele à sa base
du cercle: & les espaces qui doiuent pareistre égaux d'vn point donné, seront determinez; dont la demonstration dépend de ce qui a
esté dit.

    Il faut neantmoins remarquer que les images ne paroissent pas
égales dans la surface conuexe de la figure 53, & dans la concaue de
la 54, car celle cy se void sous l'angle *a* X *c*, qui est plus grand que
l'angle *a* S *c*, & si l'on vouloit les faire pareistre égales, il faudroit
que la ligne *a c* qui represente la base de ces deux cones fust également éloignée du point de l'œil S & O, afin qu'elles fussent veuës
sous des angles égaux.

    Ce qui ne nuist point à nostre dessein qui consiste à faire voir vne
figure dans sa veritable proportion sur la surface d'vn cone, qui soit
égale à celle qu'on descriroit sur sa base: car sa surface & sa base
estant semblablement diuisées aboutissent au mesme sommet d'vne
pyramide optique.

    Par cette metode vous pouuez descrire vne image sur les 4 plans
d'vne pyramide quarrée inclinée, en enfermant l'image dans la base quarrée de ladite pyramide, representée par A B C D de la 55 figure de la 30 planche, qu'il faut diuiser en plusieurs autres petites figures faites des lignes E F, G H, & en de moindres quarrez
paralleles au premier, comme l'on void dans la 56 figure, où l'œil
Y est dans l'axe de la pyramide *s r*, dont la longueur est diuisée en

huit triangles, comme le quarré A B C D.

Mais afin que les quarrez que l'on deſcrira deſſus, paralleles à la baſe comprennent des eſpaces ſemblables à ceux qui ſont dans la 55 figure, il faudra prendre dans le quarré la ligne H B, & mener la ligne *bb* par l'extremité du rayon V *b* la droite *bb* qui luy ſoit perpendiculaire : & ayant ouuert le compas de *m* à *n* (qui eſt la grandeur de la droite menée du milieu d'vn des coſtez de la baſe de la pyramide iuſques â ſon ſommet), & ayant mis l'vn des pieds au point *b*, l'autre tombera au point *r* de la ligne V *b*, duquel vne ligne eſtant menée au point *b*, receura les rayons optiques V *b*, V *f*, qui en la coupant monſtreront les lieux par leſquels il faut mener les lignes paralleles aux coſtez de la baſe ; & ainſi du reſte, comme montre la figure.

La pyramide des angles des 57 & 58 figures fera encore mieux comprendre ce diſcours, où la baſe eſt repreſentée par A B C D E, & diuiſée en pluſieurs parties par les rayons qui aboutiſſent à ſon centre, & en pluſieurs petits pentagones qui luy ſont paralleles & concentriques, & propres pour diſtribuer les parties de l'image.

Les rayons conduits des angles au centre repreſentent les coſtez de cette pyramide qui aboutiſſent à vn ſommet : & les lignes F I, G I &c. tirées du milieu des coſtez du pentagone à ſon centre, repreſentent les lignes des plans inclinez de la pyramide, qui ſont menées du milieu des coſtez de ſa baſe iuſques à ſon ſommet.

Cecy eſtant fait, & ayant mené dans la 58 figure le rayon R *m b* du point de l'œil R, on tirera vne perpendiculaire indefinie, dont on retranchera *bb* égale à F I, & l'on prendra *n o* pour la longueur de la ligne tirée du milieu de l'vn des coſtez de la baſe pyramidale à ſon ſommet, qu'on ageancera tellement depuis le point *b*, qu'elle ſouſtend e l'angle *b b m*, & qu'en coupant les rayons ocultes R *l*, R *f*, elle monſtre les lieux par leſquels doiuent eſtre conduites dans la pyramide les lignes paralleles aux coſtez de ſa baſe, qui forment les pentagones qui diuiſent les plans en des figures ſemblables aux eſpaces des pentagones A B C D E, pour diſtribuer comme il eſt requis toutes les parties de l'image : dont la demonſtration eſt ayſée, puis que nonobſtant les changemens & les differentes ſections de la baſe, le ſommet qui determine la viſion ne change point.

COROLLAIRE. I.

Il eſt aiſé de conclurre comme il faut mettre en Perſpectiue les cones & les pyramides ſi on les veut tronquer; par exemple ſi vous prenez dans la 53 figure, le cone *a r c* tranqué ou retranché du cone *x r y*, qui eſt vne portion du grand, & que vous veilliez y deſcrire les parties de l'image de la 52 figure, il faut vſer de la methode precesdente, excepté que le cercle fait dans le cone tronqué par la ſection parallele à la baſe *xy* doit receuoir la partie de l'image compriſe par le cercle NOP de la 52 figure, dans ſa vraye proportion ; ce qu'il faut auſſi obſeruer dans la ſurface interieure ou exterieure de la pyramide. Ie laiſſe le reſte à la ſpeculation de ceux qui voudront s'appliquer à ce genre de proieċtions.

COROLLAIRE II.

Il eſt aiſé de voir dans la 30 planche que le point de l'œil doit toûjours ſe rencontrer dans l'axe, tant prolongé qu'on voudra des cones & des pyramides, pour voir l'image entiere depeinte ſur leurs ſurfaces ou pour voir les ſurfaces entieres. Mais la 59 figure monstre que l'œil eſtant en tel point de la ligne E F qu'on voudra, void neantmoins toute la ſurface conique A B C, quoy que les points E & F ſoient les termes d'où elle peut eſtre veuë, en ſorte que la ligne C B E, le point B demeurant immobile, eſtant conduite par la circonference A H C iuſques à ſon retour en C, deſcriüe de ſon autre extremité E le cercle, & determine le point d'auec le cercle, duquel l'œil, à l'égard du cone A B, puiſſe voir toute ſa ſurface.

D'où l'on peut tirer cette conſtruċtion Soit le cone A B C de la figure G1, & que l'œil D ſoit dans ſon coſté A B prolongé par ſon ſommet, en ſorte qu'il voye toute ſa ſurface A B C, par les rayons produits des points de la circonference de la baſe iuſques au ſommet : puis qu'il n'y a nul point dont on ne puiſſe tirer vne ligne droite à l'œil, il verra toute la ligne B A comme vn point, auquel aboutiſſent les autres rayons venans de la circonference de la baſe :

C'eſt pourquoy lors que ie veux faire les treillis, ie deſcris premierement la circonference *acef* de la 60 figure, pour repreſenter la baſe du cone AC, & des points *gceheif k* des diuiſions ie mene des rayons au dernier point de la circonference *a*, comme à vn centre, qui repreſentent les rayons menez de la baſe du cone à ſon ſommet, qui determinent les eſpaces ſemblables où les parties de l'image doiuent eſtre deſcrites.

Si l'on veut encore les diuiſer en de moindres eſpaces, il ne faut qu'à diuiſer *ac* en 4 ou pluſieurs parties égales, & deſcrire des cercles par les points de ces diuiſions : ce que vous ferez dans la 61 figure en tirant des cercles par les points E F G de la ſurface du cone qui ſoient paralleles à ſa baſe, & ces points ſe trouueront par le moyen des rayons optiques venans du point D aux points H I K du diametre AC diuiſé comme *ae* de la 60 figure.

Il faut dire la meſme choſe des pyramides, dont on void l'exemple dans la 63 figure, où la pyramide quarrée A B C D eſt tellement veuë

veuë par l'œil H, que le plan superieur A B C paroiſt comme la ligne A B, parce que ſi on prolongeoit cette ſurface, elle paſſeroit
par le centre de l'œil.

Or le point C du ſommet, à ſon apparence au point E milieu de
l'vn des coſtez de la baſe, & ſi vous voulez deſcrire l'image propoſée dans les 3 autres faces ou plans inclinez de la pyramide quarrée
qui paroiſſe à l'œil H ſitué dans la ligne EC prolongée, dans ſa iuſte
proportion, il faut premierement enfermer l'image dans le quarré
a b g d, comme dans la 62 figure, dont les coſtez ayent eſté diuiſez
en 2 parties égales, il faut mener des droites depuis les points *c d f
g h* iuſques au point C repreſenté par le point E de la baſe, auquel
paroiſt le ſommet, où les rayons tirez de la baſe tout au long de la
pyramide aboutiſſent.

Et de cette ſorte vous auez le plan *b a g d* de la 62 figure, & les
3 ſurfaces inclinées de la pyramide diuiſées, tellement que les triangle ſont par tout ſemblables.

Voyez encore l'aparence ou la proiection des moindres quarrez
dans la 63 figure MN, KL, FG, qui ſont veuës comme la ligne A B
dans la ſurface de la pyramide, car les ſeules figures peuuent inſtruire de tout ce qu'il faut faire, & il n'eſt pas beſoin de remarquer mli-
le petites particularitez que dicte le ſens commun de ceux qui s'em-
ployent à la Perſpectiue.

PROPOSITION XI.

*Expliquer vne methode vniuerſelle qui ſert pour mettre en Perſpectiue toutes
ſortes de figures, dans quelque plan mobile regulier ou irregulier, ou
en pluſieurs plans mobiles, tels que l'on voudra, ſoit qu'on les
voye directement ou obliquement, en ſorte que l'image
ou la figure reſſemble à l'obiet naturel.*

PVis que cette methode eſt pratique, il ſuffit d'en deſcrire l'inſtrument qui ne conſiſte qu'en vn ais, ou vn ſemblable plan,
ſur lequel on éleue perpendiculairement des ſtiles ou pointes pour
marquer les ombres du Soleil, car le ſtile fera vn ombre qui marquera tous les lineamens de la figure propoſée, & l'on pourra ayſement conduire des lignes d'ancre ou d'autres matieres ſur leſdites
ombres, ce qui rendra l'image parfaite, ſi l'œil eſt au haut des ſtiles,
à cauſe que le ſommet de la pyramide ne ſe change point.

Mais cecy s'entendra mieux par la 64 figure de la 32 planche, où
l'on void les ſtiles A B, C D eſleuez à plomb ſur le plan F G H I, &
ſuiuant le premier ſtile A B, l'image *o p r* ſur vne partie du plan F G
H I, & ſur l'autre partie du deuant du meſme plan le ſtile C D, prez
duquel le papier bien net *q x q* eſt eſtendu.

Imaginez donc que ce plan ſoit tellement expoſé au Soleil que le rayon paſſant par le ſommet B du premier ſtile, enuoye l'ombre au point r de la figure qu'on ſuppoſe : le point D arriuera en meſme temps au point y, qui eſt dans le plan E L H I ſemblable au point r du plan F G L E: & le tout à cauſe que les ombres ſont entr'elles comme les ſtiles, de ſorte qu'au meſme temps que le rayon ombreux A r, ou le lumineux B r parcourt toutes les parties de l'image, le rayon C y, ou D y deſcrit la meſme d'égale grandeur, ſi les ſtiles ſont égaux ou moindre, ſi C D eſt moindre qu' A B. Car nous ſuppoſons que les ſtiles ſont perpendiculaires au plan horizontal.

Or il faut premierement icy remarquer que nous auons parlé d'vn ſeul plan, bien qu'il y en ait deux qui ſe ioignent dans la 32 planche, à l'vn deſquels, à ſçauoir à F G H I, ſont attachez les ſtiles de la 64 figure, & à l'autre G M N H de la 64 figure l'on void l'image primitiue d e f, & le papier ſur lequel elle doit eſtre contretirée, ou repreſentée : ce que i'ay fait afin que les lieux des ombres puiſſent eſtre marquez plus aiſement, que ſi tous les deux eſtoient ſur vn meſme ais.

En ſecond lieu, cette conionction de plans ne ſert pas ſeulement pour tráſporter les images, tirées ſur leur prototipe, ſur des ſurfaces plates afin de les voir directement, comme il arriue à d e f, a b c de la 64 figure, mais auſſi pour les voir obliquement, comme il arriue au polyedre a b c de la 65 figure.

Il n'eſt pas neceſſaire de deſcrire cét inſtrument à 2 plañes auec leurs ſtiles car les artiſans comprendront aiſement que les ombres de ces ſtiles marqueront auſſi bien les images ou figures prpoofées ſur les ſurfaces conuexes, raboteuſes, & irregulieres, que ſur les plates & regulieres; & s'il y a quelque trou, cauerne ou autre lieu, auquel leſdites ombres des ſtiles ne puiſſent toucher, l'on peut de là prendre ſuiet d'y peindre quelque grotefque, ce qui rendra encore l'image plus difforme, eſtant veuë hors du point de l'œil propoſé.

Quant aux ais ou aux tablettes où ces plans ſont conſiderez, elles doiuent eſtre aſſez fortes pour endurer l'ardeur des rayons du Soleil ſans ſe cabrer, de peur que cette cabrure rende les images trop difformes; & le papier qu'on colle, ou que l'on attache deſſus doit eſtre du plus blanc, afin que les ombres des ſtiles y paroiſſent plus fortes & plus diſtinctes.

COROLLAIRE

Il eſt aiſé de conclure que par le moyen de cét inſtrument on peut repreſenter pluſieurs figures égales ou inégales veuës de lieux differens, quelque obliquité qu'on puiſſe imaginer, comme ceux qui font des cadrans, ou des horloges de toutes ſortes de façons par les rayons des ftiles qu'ils expofent au Soleil.

PROPOSITION XI.

Expliquer vne methode generale, par laquelle toutes fortes d'images veuës directement ou obliquement puiſſent eſtre deſcrites ſur toutes fortes de plans reguliers ou irreguliers & mobiles ou immobiles ; de ſorte que d'vn point donné elles paroiſſent ſemblables à leurs obiets.

CEſte propoſition ſuit de la premiere & monſtre le rapport de l'art auec la nature , ce qui ſe fait par les rayons de la pyramide optique dans la propoſ. 1. ſuiuant la 2. planche, ſe fait icy auec des filets dans la 33. dont la 66 & la 67 figure qui contiennent vne longue galerie, font voir tout ce que l'on peut deſirer en ce ſuiet , pourueu que l'on ioigne par imagination la ligne MN de la 66 figure à la ligne OP de la 67, comme ſi ellesne faiſoient paroiſtre qu'vne ſeule veuë, ou Perfpectiue.

Il faut donc confiderer que dans l'alée QRTS le paué RYZT eſt parallele à l'orizon, auſſi bien que le plancher QXVS : & que les murailles QXVR, SVZT ſont paralleles entr'elles & perpendiculaires au mur VXYZ , qui eſt icy parallele au tableau.

Or ſi du point A, où eſt la figure AR, l'on veut tranſporter la figure BCDE ſur la muraille VXYZ, on peut ſe ſeruir de la methode expliquée dans la 3 propoſ. ſi ce n'eſt que les rayons aF, hF, & les autres compris entre deux aboutiſſent au point F, l'eſpace EX, auquel la diſtance de l'œil d'auec le plan VXYZ doit eſtre miſe, ſe trouue trop petit, comme il arriue icy, où EX n'eſt pas capable de la diſtance de l'œil, qui a 7 pieds ; au lieu qu'il n'y en a icy que quatre.

Car pour lors il faut vſer du filet, en le faiſant tenir dans la perpendiculaire AR où eſt le point de l'œil, ſoit auec vn clou, vn anneau, ou autrement, de ſorte qu'on le puiſſe mener par tous les points du mur VXYZ, où l'on veut deſcrire la Perfpectiue, afin d'y marquer les petits quarrez ſemblables au prototype BCDE , en ſorte qu'on les voye auſſi quarrez du point A, en commençant par la ligne tſi, & en appliquant au point 1 vn baſton ou vne chorde, afin que le plomb dg, ou bc qu'on y attachera, puiſſe eſtre mené ou bien arreſté à tel point du baſton il que l'on voudra.

Mais il eſt plus commode d'éloigner le plom dg de 2 ou de 3 quarrez que d'vn ſeul, qui rendroit la Perfpectiue trop petite; ce qu'on void à la ligne RgG, de ſorte que le filet mené du point A par toute la ligne dg deſcrit par ſon autre bout ſur la muraille la ligne HG, qui repreſente le milieu de l'obiet.

Or apres auoir marqué dans l'eſpace aFh 8 lignes qui aboutiſſent au point F, pour repreſenter celles du prototype BCDE, qui

Q ij

diuifent la hauteur B E , il faut ramener le plomb D g au baſtoñ il, pour deſcrire la perpendiculaire proche de la figure L à gauche.

D'où l'on peut voir que ſur le mur V X Y Z il n'y a lieu que pour y deſcrire la Perſpectiue de la partie de l'obiet compriſe dans l'eſpace q C D r, & qu'il n'y a point d'eſpace pour y deſcrire ce qui eſt compris dans le dernier ordre de quarrez B q r E. Donc pour acheuer l'image B C D E, il faut mettre le plomb en b c & deſcrire la ligne m n auec le filet ſur le plan S Y Z T , afin que le dernier ordre des quarrez ſoit repreſenté en m a h n: Et le tout eſtant fait ſelon les loix de la Perſpectiue l'on verra l'obiet B C D E parfaitement repreſenté ſur la muraille V X Y Z du point A, ce qu'on entendra encore mieux par vne application plus vniuerſelle.

Soit donc, en la 33 planche, le filet attaché à vn anneau au point A, où l'œil eſt ſitué, & que le baſton i l ſoit perpendiculaire au mur ſur lequel on veut commencer la Perſpectiue , & qu'on attache encore vn autre filet delié b c auec le poids c, & auec vn nœud coulant K au baſton i l, afin de le pouuoir hauſſer ou baiſſer , & meſme approcher ou éloigner le plomb du mur , ſuiuant la neceſſité.

En vn mot le tableau doit eſtre comme vne porte qui a deux gonds en y, & plus bas, afin de pouuoir eſtre ouuert & tourné à diſcretion ſur la ligne ſ t, en le mettant perpendiculaire au mur, ou comme l'on voudra.

Il eſt donc euident que le filet A I L H fait la fonction du rayon optique, & par conſequent que cette propoſition n'eſt quaſi que l'application de la premiere. Il faut ſeulement remarquer que l'image eſt autrement diſpoſée en B C D E , qu'en ſ u x t, parce que ce qui eſt à droit dans l'vne, ſe trouue à gauche dans l'autre, ce qui n'empeſche pas qu'on ne les mette en Perſpectiue, car l'on ſupoſe que la table eſt diafane , afin que l'œil A puiſſe voir à trauers l'obiet qui y eſt ainſi deſcrit, parce qu'il eſt plus aiſé de tourner la porte à droit , qu'à gauche , ce qui empeſcheroit le plan Perſpectif: quoy que chacun puiſſe faire ce qu'il luy plaira dauantage, & ce qu'il trouuera plus aiſé.

COROLLAIRE I.

La metode qui vſe du filet eſt plus prompte que l'autre, parce qu'elle exempte le plan a ſ t h de la multitude & confuſion des lignes & qu'elle n'a pas beſoin de marquer les quarrez & autres departemens, puis que le ſeul filet A I L H conduit par toutes les parties de l'obiet marque les endroits du mur où l'on doit peindre ou deſcrire chaque partie dudit obiet, ou de la figure primitiue qu'on veut repreſenter.

COROLLAIRE II.

Lors que la Perspectiue est acheuée de simples traits, le peintre doit tellement y appliquer les couleurs que ce qui doit estre veu plus loin soit moins coloré, & plus confus & que ce qui doit estre veu plus proche, reçoiue des couleurs plus viues, & plus distinctes : ce que l'experience fera mieux conceuoir qu'vn discours plus long.

COROLLAIRE. III.

Apres l'application des couleurs, de la lumiere & des ombres l'on verra l'image parfaite du point A, qui paroistra merueilleusement differente de la figure geometrique, si on la regarde directement sur le plan *asth*, quoy qu'estant ainsi veuë du point F l'on puisse prendre suiet de ceste confusion de traits & de couleurs d'y faire parestre quelqu'autre obiet comme i'ay fait à nostre Conuent de la Trinité du mont à Rome, & à celuy de Paris, où l'on void S. Iean l'Euangeliste representé escriuant son Apocalypse dans l'Isle de Pathmos; dont vous voyez icy le prototype en B C D E, duquel la Perspectiue a esté prise & mise obliquement sur la muraille de la gallerie de nostre Conuent de la place Royalle.

I'ay suiuy la coustume des peintres qui le vestent d'vne robe verte, & d'vn manteau d'escarlate, afin de peindre dessus, plusieurs plantes, bocages, fleurs, &c. que ceux qui se pourmenent dans ladite galerie voyent directement, car les diuers ornemens des figures recreent les spectateurs : il faut seulement que le peintre n'y mette rien qui empesche la veuë oblique de ce genre de Perspectiues : & pour ce suiet les couleurs de ces petites images qu'on met dans la teste ou dans les habits du S. Iean, doiuent estre semblables aux couleurs de la teste, & des habits, & ainsi des autres parties.

Ces images aioutées à la Perspectiue peuuent estre d'autant plus grandes que la Perspectiue est plus longue; comme il arriue à la galerie susdite longue de 104 pieds, où l'image de S. Iean a sa Perspectiue longue de 54 pieds, quoy que la muraille sur laquelle il est peint, n'ait que 8 pieds de hauteur, & que le point de l'œil soit éloigné perpendiculairement dudit mur, de 5 pieds, & du paué, de 4 pieds & demy.

COROLLAIRE IV.

L'on peut aussi faire des Perspectiues en fresque qui n'auront point d'autres couleurs que les traits noirs, & le blanc, comme est

celle qu'a fait le R. P. Magnan Profeffeur en Theologie audit Conuent de la Trinité du mont de Rome, où l'on void S. François de
Paule en Perfpectiue dans l'vne des galeries. Ie laiffe les excellens
horloges qu'il a fait en plufieurs endroits de la France, comme à
Touloufe, & à Bordeaux, auffi bien qu'au Conuent de la Trinité,
& chez le Cardinal Spada, où vn petit morceau de verre reflechit
tellement le rayon du Soleil qu'il defcrit vn Aftrolabe, ou Planif-
phere, qui marque tout ce qu'on peut quafi defirer, parce que le liure qu'il a fait imprimer pour donner la methode de faire ces horloges en inftruira plus amplement.

COROLLAIRE. V.

L'on peut auffi par cette metode de Perfpectiue, faire que les
piliers, ou les colomnes d'vne longue galerie pareftront comme vn
feul plan qui aura vne image bien proportionnée, & qui ne pareftra que par pieces à ceux qui fe pourmeneront dans cette galerie,
au lieu que du point de l'œil proportioné à la Perfpectiue, les por-
tes mefmes qui fe rencontreront entre les colomnes, & les interruptions qui fe peuuent rencontrer, n'empefcheront point qu'on
ne voye vne image bien proportionée, & continuë, foit qu'on la
face fur vne muraille plate, ou à vne voute, &c. Or le lieu de ces
Perfpectiues doiuent eftre biens clairs afin de difcerner les couleurs, & les traits éloignez, & affoiblis quoy que la premiere lumiere du Soleil ne les doiue pas illuminer, parce que cette lumiere
eftant trop forte fait éuanoüir les couleurs, ou les confond : c'eft
pourquoy il le faut empefcher d'entrer par les feneftres auec
des voiles fort blancs & delicats, afin qu'il demeure affez de lumiere.

Les petites lunettes de longue veuë qui fe tirent feulement demi pied de long, font propres pour reprefenter la Perfpectiue, dont
elles renforcent les couleurs & mefme renflent la figure, comme fi
elle fortoit hors de la muraille : & fi les 2 verres font conuexes, elle
fe renuerfe auec vn bel effet.

COROLLAIRE VI.

Les artifans peuuent inferer que ce que nous auons dit de la figure plate primitiue *fux t* mife en Perfpectiue fur vn mur, peut à proportion s'accommoder à tel autre obiet qu'on voudra, quoy que
folides, comme eft vne ftatuë de bronze ou de marbre &c. pourueu qu'on la mette fur vn ais mobile, & que le bafton qui porte
le plomb, foit auffi mobile.

PROPOSITION XII.

Expliquer comme l'on doit mettre les obiets proposez en Perspectiue sur les planchers.

IL y a icy quelque chose de different des autres Perspectiues, où le plan horizontal est parallele à la base du tableau : ce que l'on entendra par la 34 planche, dont A B C D soit vne surface plate parallele à l'horizon du plancher d'vne sale soustenuë à plomb de 4. murailles dont les sections communes soient AB, BC, CD, DA.

Si vous y voulez peindre l'obiet solide H I K de la 70 figure, en sorte qu'on le voye perpendiculaire à l'orison sur la base HK : il faut premierement establir à discretion la ligne DC, ou LM pour la base du tableau, & que la ligne horizontale FG, qui luy est parallele, passe par le point principal E, qui est icy mis en suposant que l'axe de la pyramide optique qui comprend la surface A B C D soit perpendiculaire. Et puis il faut mettre dans la mesme ligne FG vers F le point moins principal.

Par exemple, dans la 70 figure, l'obiet solide doit tellement paroistre, que l'on voye sa hauteur perpendiculaire à l'horizon ; c'est pourquoy la 67 figure qui seroit l'ortographie de cét obiet, est icy, dans le plan A B C D parallele à l'horizon, son icnographie : & la figure 69 qui seroit son icnographie, se prend icy pour son ortographie. Le reste est aisé à entendre par ce qui precede.

L'on restreint donc premierement l'icnografie L X V I I en LK RQ, & sur la ligne L K M on dresse perpendiculairement la ligne de l'ortographie prise de *mnop* de la 69 figure : & puis on fait l'echele des hauteurs M P T V, les lignes MV, P T aboutissant au point de la ligne horizontale FG.

D'où l'on prend apres les diuerses hauteurs apparentes, par le moyen des paralleles menées de l'icnographie racourcie, à ladite echele, & des perpendiculaires tirées de leur concours auec la ligne MV.

Il est encore assez bien expliqué, dans la figure 71 comme le solide BCD, qui semblable à l'autre a neantmoins la situation differente, doit estre mis en Perspectiue sur la mesme surface & du mesme point de l'œil ; car apres auoir fait le plan geometral BFEC, & ayant pris BCM, & mené par le point E la ligne horizontale RES, & fait tout ce que i'ay expliqué, la 35 planche sert à l'intelligence de ces Perspectiues, comme l'on void aux figures des solides N, O, D, P, M E, qui sont suportez par le cheuron GHIF, afin qu'on ne s'imagine pas qu'ils soient vagues dans l'air.

Mais si l'on veut que toutes les colomnes de chaque rang paroissent égales, il faut faire plus grandes celles qui sont les plus éloi-

gnées du point principal, comme l'on void aux 70 & 71 figures de la
34 planche, où KRQ plus éloignée du point F est plus grande, &
CED est moindre, parce qu'elle en est plus proche: voyez aussi N,O
plus longues qu'ED dans la 35 planche: où la Perspectiue du solide
QNX peut estre faite par le moyen de la radiale QB & les autres &
par les diametrales RST, suiuant la methode de la 33 prop. du 1. liu.

Il est aussi à propos de situer le point principal de la Perspectiue au
milieu, comme est le point B de la 35 planche, afin de donner plus de
grace à la symmetrie, si ce n'est que le lieu, ou d'autres considerations contraignent à mettre ce point en quelque coin d'vne galerie,
sale, ou autre bastiment.

Sur quoy l'on peut remarquer que Viole peintre & Architecte
de Padoüe, s'est trompé dans son premier liure, en parlant des Perspectiues qui se font aux planchers: car il dit que, par exemple pris
de nostre 70 figure, les lignes e f, ab doiuent aboutir au point principal; & que les lignes ab cd ne doiuent pas se rencontrer, mais
demeurer paralleles, de sorte qu'a b ne soit pas plus grande que cd,
à cause que la largeur ab cd doit estre veüe de costé; au lieu qu'absolument toutes les lignes ef, ab, cd & toutes les autres semblablement disposées, à sçauoir perpendiculaires au plan du tableau doiuent aboutir audit point, ce qui se peut aisement demonstrer par ce
qui a esté dit.

COROLLAIRE I.

Lors qu'on peint les voutes, & les lambris, il y faut aporter vne
grande precaution, & bien que cette proposition en donne la methode, neantmoins le peintre doit particulierement se seruir de son
iugement, & n'y mettre que des choses conuenables comme des
oyseaux, des anges &c. parce que les voutes representans le ciel: &
les rangs de colomnes n'y feroient pas vn bon effet, comme dans
les galeries. Sur quoy voyez le 12 chapitre du 4 liure de Serlio, qui
confesse que Raphaël Vrbin a esté le plus habile de tous en cette
sorte de peinture.

COROLLAIRE II.

Encore que la methode vniuerselle de cette proposition suffise
pour faire toutes sortes de Perspectiues sur toutes sortes de surfaces
ie veux aioûter qu'il y a des peintres qui tenant l'œil ferme dans
vn mesme point prennent vne perche, au bout de laquelle ils attachent du charbon dont ils crayonnent les premiers & les plus gros-
siers traits de l'image qui veulent mettre en Perspectiue: & que
d'autres vsent la nuit d'vne lampe qui tient le lieu de l'œil, & qui enuoye les ombres de chaque partie de l'obiet à la voute, sur laquelle,
suiuant les ombres, le peintre tire ses traits; & cette maniere est
vniuerselle, car si les couleurs sont bien appliquées, l'on pourra faire des images en des coins de voûtes, qui sembleront sortir dehors.
COROLL.

COROLLAIRE III.

Il eſt encore aiſé de preſenter des images de tout ce qu'on voudra en Marqueterie, & à la Moſaïque, en appliquant des morceaux
de marbre de diuerſes couleurs, de ſorte que ce qui ſe verra en bon
ordre, & bien figuré d'vn point donné, paroiſtra par tout ailleurs
deſordonné & confus, ce qui peut ſeruir aux grottes, & autres lieux
qu'on choiſit pour la recreation.

A quoy l'on peut raporter les Apoſtres qui ſont faits en cette façon au dedans de la coupelle ou du dome de S. Pierre de Rome, car
ils paroiſſent en leur iuſte proportion eſtant regardez de la confeſſion de ſainct Pierre, au deſſus du paué, & lors que l'on en eſt proche, l'on n'y connoiſt rien que de la confuſion.

COROLLAIRE IV.

L'on peut encore raporter icy les viſages des images qui vous regardent touſiours de quelque coſté, & en quelque lieu que vous
vous mettiez, comme ſi elles remuoient les yeux de tous coſtez; telle qu'eſtoit la Minerue d'Amulius, au raport de Pline chap. 10. du 35
liure. Ce qui arriue touſiours ſi le peintre ſe fait regarder par celuy
dont il fait le tableau, particulierement s'il imite parfaitement la
viuacité des ſes yeux.

De là vient auſſi que les images ſemblent ſortir & ſaillir ou toutes
ou en partie, des tableaux & des voûtes où elles ſont peintes, comme il arriue à la partie anterieure du pied du S. Mathieu, qu'il ſemble pouſſer vers les yeux qui le regardent dans la voûte de la châ-
pelle de noſtre Conuent de Vincennes, & au pied droit du tableau
de la deſcente de la Croix de noſtre Seigneur, qu'a faite Daniel Ric-
ciarel, dans l'vne des chapelles de la Trinité du mont à Rome &
dont on void la copie bien faite au tableau du grand autel de noſtre
Conuent de la place Royale, car ce pied ſemble ſortir du tableau &
ſuiure l'œil de celuy qui le regarde.

Voyez encore l'autre tableau dudit Daniel qui eſt de l'Aſſomption de la Vierge, dans la meſme Egliſe du Conuent de la Trinité
du mont, où l'on tient qu'au lieu des 12 Apoſtres il a repreſenté les
plus habiles peintres de ſon ſiecle. Et Michel Ange l'eſtimoit tellement, ſoit pour l'Architecture ou pour faire les figures qu'on iette en moûle, qu'il luy ceda & le choiſit pour ietter le grãd cheual de
bronze long de 10 coudées & peſant 25000 liure, qu'on priſe 6500
eſcus, & qui en effet fut fondu l'an 1565 par le commandement de
Catherine de Medicis Reyne de France, laquelle vouloit que l'effigie de ſon mary Henri II. fuſt miſe deſſus en l'vn des plus beaux
lieux de Paris. Mais les guerres eſtant ſuruenuës ce cheual demeu-

R.

ra à Rome iufques à ce qu'ayant efté amené à S. Germain en Laye,
& long-temps apres à Paris, le Cardinal de Richelieu commanda
au fieur Biard Sculpteur excellent de le mettre au milieu de la Place Royale, & l'effigie de Louys XIII. deffus, qu'il ietta femblablement en bronze l'an 1636, le 23 iour de Decembre, & pofa le tout en
ladite place, comme on le void maintenant.

LA DESCRIPTION, ET L'VSAGE DE
l'inftrument Catholique, où vniuerfel de la Perfpectiue.

Ⅰ L y a vn grand nombre d inftrumens pour faire des Perfpectiues, comme font ceux que Danti donne fur la 3 regle de la Perfpectiue de Barocius, Marolois & les autres en donnent auffi de differens. Mais parce que Monfieur Heffelin, Confeiller du Roy, &
Maiftre de la chambre aux deniers, l'vn des plus rares hommes du
monde, & dont toute la maifon eft vn cabinet perpetuel, où l'on
void tout ce que l'on peut trouuer ailleurs de plus rare, & de plus excellent, m'a communiqué vn inftrument particulier fans en auoir
veu l'vfage en aucun lieu; apres l'auoir monté de toutes fes parties
& confideré qu'il peut feruir à toutes fortes de Perfpectiues, i'en
veux icy expliquer la conftruction : aprez auoir auerti qu'Albert
Durer eft le premier qui s'eft ferui du treillis, ou de la feneftre, au
lieu du tableau, qu'il explique dans fes œuures : dont Barbarus parle, & Danti fur le 3. chap. de la premiere regle de Barocius, où il
aporte plufieurs inftruments deriuez de ladite feneftre, auffi bien
que celuy que ie defcris, dont on tient que Louys Cigolus excellent peintre de Florence eft l'inuenteur : c'eft pourquoy i'y ay marqué L & C pour fignifier fon nom.

Les parties de cét inftrument.

L A 36 table montre toutes fes parties que ie mefure par l'échele op d'vn pied: la figure 75 fait voir quatre baftons ronds,
d'enuiron deux pieds de long : le premier eft FG, qui a en fes deux
extremitez F & G, deux pointes, afin d'eftre fiché fur le plan. Ils peuuent eftre d'acier ou d'autres metaux.

A B & B C font deux autres baftons, qui font tellement ioints
vers B, qu'ils peuuent eftre meus autour du trou d, comme autour de leur centre, & faire tels angles qu'on voudra.

Au bout C du bafton B C il y a vn autre morceau de fer mobile pour porter le fil du plomb, qui eft reprefenté par la figure L. Le point N du filet L C N M fignifie le bouton mobile :

& la figure M r qui eſt à l'autre bout eſt l'indice.

Le baſton AB a ſemblablement le morceau de fer c & le crochet a qui ſert pour le ſouſtenir.

Enfin le 4 baſton D E égal au premier a les deux ſouſtiens D & E à ſes 2 bouts, qui s'attachent par des viz à ce baſton, comme il eſt aiſé de voir au bout E, dont le ſouſtien eſt demonté & hors de ſa viz.

Or les morceaux D E doiuent ſe pouuoir oſter du baſton, afin qu'on le puiſſe mettre ayſement dans le concaue du cylindre K I, & que ce cylindre ſe puiſſe mouuoir comme l'on voudra en couurant & embraſſant ce baſto: & pour le dehors il doit eſtre aſſez gros pour remplir le trou d; & afin qu'il ne ſoit point empeſché d'entrer en ce trou, le morceau de fer gf ſe doit demonter, & puis ſe remettre pour preſſer ledit cylindre ſur l'aſſemblage des baſtons AB, CB au point d.

Quant à H 5 & à l'autre morceau qui luy eſt opoſé, ils doiuent tenir les bouts des filets, dont nous parlerons apres.

T & V ſont deux clous à teſte dont le bas eſt fait en viz, & pointu, pour entrer perpendiculairement dans les trous des pieces de fer D & E, afin de pouuoir eſtre fichez ſur vn ais, ou vn autre plan.

L'on void dans la 10 figure comme vne poulie immobile, qui ſert pour entortiller vn autre filet qui ouure les iambes A B, C B, & qui eſt faite à viz pour tenir plus fermement.

La figure OPQR eſt compoſée de 3 lames deliées, qui s'attachent auec des viz aux points P, Q, afin qu'on leur donne telle ſituation que l'on voudra, & qu'on puiſſe hauſſer ou baiſſer le bout R qui repreſente l'œil. La partie S ſert encore pour affermir la lame PO, car le bout O s'emboëſte en S qu'il remplit iuſtement, de ſorte que S tient toutes les lames OPQR en eſtat. Le corps Y eſtoit encore auec cet inſtrument, mais il ne ſemble pas neceſſaire, ſi ce n'eſt que l'on en vſe comme d'vn marteau pour accommoder quelques parties dudit inſtrument.

La conſtruction de l'inſtrument vniuerſel de la Perſpectiue, & l'vſage de ſes parties.

APres auoir conſideré toutes les parties de cét inſtrument toutes ſeparées comme elles ſont en la 36 planche, il a fallu preparer vn grand ais bien raboté & applani, comme on le void dans la 37 planche, à ſçauoir FXSQ compoſé de Q e d S, & F e d X tellemét ioints au points YZ au milieu de l'eſpace S X, qu'en s'eſtendant ils donnent le plan QFXS aſſez grand pour ſouſtenir toutes les parties de l'inſtrument monté de toutes ſes pieces; & qu'en l'oſtant ils puiſſent ſe plier en tournant l'ais QS d e ſur les gonds Y Z iuſques à ce qu'il touche la ſurface de l'autre ais FX d e, & qu'on

puiſſe tranſporter le tout plus aiſemét: & meſmes les petits tiroirs
mis depuis T iuſques à V ſeruiront pour mettre chaque partie ſepa-
rée. Mais parce que ce qui apartient à la commodité doit eſtre libre à chacun, ie viens à ce qui eſt d'eſſentiel.

Ayant donc diſpoſé l'inſtrument ſur ſon piedeſtal, qui eſt la table ou l'ais QFXS, ie prends les baſtons AB, BC mobiles en B, comme ſur leur gond, dans la cauité duquel, tel qu'il pareſt dans la
36 planche à la figure KI i'emboete le baſton DE, en y appliquant
ſes appuis & en l'arreſtant tellement auec les cheuilles à viz D & E,
qu'on void en T & V de la 36 planche, par le moyen des trous faits à
l'ais, que DE ſoit parallele au coſte de l'ais SQ: & que FG ſoit ſemblablement diſpoſé de l'autre coſté à la fin du baſton ou de la verge BA, ſouſtenuë par le petit crochet marqué a dans ladite planche.

Il faut auſſi apres ioindre la verge BC à la verge AB au point
B, afin que ces 2 verges puiſſent faire toutes ſortes d'angles : cette
figure la met à angles droits ſur la regle ou verge BA.

Or BC a vn filet ioint auec le poids L, & le bouton mobile N. Ce
filet deſcend à plomb ſans toucher à la verge par le moyen du petit
crochet 6, & apres eſtre deſcendu iuſques en B il ſe reflechit iuſques
au point M où eſt ſon indice. De là vient qu'au mouuement du
poids L, le bouton N, & l'indice M ſe meuuent, & qu'au mouuement de M le poids & le nœud coulant ſe mouuent auſſi : de ſorte
que ſi L monte vers C, N deſcend auec ſon fil vers m, & qu'il faut tirer M vers A, car le filet entier L b N B M meſure les verges CB &
BA, c'eſt pourquoy ſi L approche de C, N approche autant de m ſur
la verge DE, & M d'A.

Et parce que les verges AB, BC iointes enſemble par le canal
KI de la 36 planche doiuent ſe mouuoir çà & là, il faut encore vn autre filet, qui ait vn bout au point m vers D & puiſſe eſtre mené par G
od E iuſques à N, où eſt l'autre bout du filet vers E ; d'où il arriue
qu'au meſme temps qu'il ſe meut autour du gond X, les 2 verges
AB, BC ſe mouuent auſſi auec leur petit canal tout au long de la verge DE, en s'approchant d'E, lors que la partie d'en haut G eſt tirée
vers le gond, & en s'en éloignant, lors que la partie p s'approche
du meſme gond.

Et puis ayant mis ſur quelque lieu de l'ais, par exemple au point
P, l'appuy des verges, eſquelles eſt le point de l'œil, dans la verge-
creuſée R, duquel R O tirée perpendiculairement ſur la table
on a la hauteur dudit œil.

D'où il eſt aiſé de conclure que l'eſpace parcouru par la verge
perpendiculaire BC auec ſon filet b m, tandis qu'elle ſe meut au
long de la verge DE, n'eſt pas differente de la ſection de la pyramide optique, dont le ſommet eſt dans l'œil R, & la baſe dans les obiets qui ſont au delà du tableau, de ſorte que cét eſpace peut eſtre

appellé le plan de la Perspectiue naturelle, dont la verge BC est le porte-crayon, puis qu'il porte les perpendiculaires à la base du tableau.

Semblablement l'espace que parcourt la verge BA tandis qu'elle se meut auec B C, peut estre nommé le plan de la section artificielle, sur lequel il faut mettre les images en Perspectiue; & la verge BA regle des perpendiculaires à la base, & FG, ou la ligne qui luy est parallele representera la base du tableau, & sera la porte-base. Et parce que le point de l'œil se trouue dans les verges RP, le tout se pourra nommer *porte Perspectif*, & L le poids, comme M le contrepoids. Cecy estant posé és planches 36, 37 & 38, tant pour les parties, que pour la composition de tout l'instrument vniuersel, voyons en les vsages qui sont si nombreux qu'il n'y a rien dans toute la Perspectiue qui ne se puisse executer auec cét instrument.

PREMIERE PROPOSITION.

Sur le plan proposé, d'vne distance & d'vne hauteur donnée de l'œil mettre en Perspectiue toutes sortes d'objets auec l'instrument Perspectif vniuersel.

SOit le cube *t u s* veu de l'œil R qu'il falle mettre en Perspectiue, par l'instrument de la 37 planche: dont l'image est trouuée dans la section de la pyramide par le filet *b m*.

Donc i'estends du papier fort blanc sur le plan DFGE, de la table QFXS, parallele à l'horizon lequel ie supose egal au plan descrit par la verge BC, ou plustost par le filet *b m*, tandis que la verge BC se meut au long de la verge DE; & sur ce papier ainsi estendu & attaché par les coins auec de la cire, ou autrement, ie regarde le cube *t u s* par le trou R, & mettant la main vers le gond immoble X ie prens le filet G & les verges ABCD qui y tiennent par le petit canal, que ie mene au long de la ligne DE, afin que B A soit tousiours parallele à l'horizon, & que BC luy soit perpendiculaire.

C que ie fais iusques à ce que le point proposé de l'obiet, par exemple *s* soit veu de l'œil R dans la ligne descrite par le filet *b m*: d'où ie conclus la ligne où se doit trouuer l'aparence du point *s*, à sçauoir en menant le fil B*cf* parallele à la verge BA.

Ayant trouué dans le plan Perspectif la ligne BM moyennant le fil *b* N, l'on aura le lieu de *s* dans la ligne BM, en apliquant tellement l'indice M au papier colle sur l'ais, que le filet BM demeure parallele & que l'indice se meuue tellement vers B & A, que le poids *l* montant ou baissant, le nœud coulant N cache le rayon qui vient de R en *s*, d'où il est constant que le lieu de l'aparence du point N est le lieu où se voit l'obiet, & partant que le point M marqué par l'indice luy est semblable.

R iij

La raiſon pour laquelle N eſt le lieu de l'aparence dans le tableau au regard de l'œil R , eſt que le lieu de la choſe veuë eſt dans le plan où le rayon viſuel paſſant par l'obiet coupe ledit plan: car imaginez le plã deſcrit par le mouuemẽt du filet *bm*, la ligne *bm* ſera dãs ce plã, laquelle ſera rencontrée au point N par le rayon R S qui paſſe par l'obiet, donc le point N eſt le lieu du point *s* dans le tableau: ce qu'il eſt auſſi facile de conclure du point M , car les verges A B , B C qui portent le filet directif des perpendiculaires par des eſpaces égaux & par vn meſme mouuement, portent les perpendiculaires du plan du tableau en BC , dont la baſe eſt D E ; & en B A elles portent les perpendiculaires dans le plan de la delineation, dont FG eſt le plan du tableau: de là vient que tandis que l'vne & l'autre demeure parallele chacune à ſa baſe, que la meſme partie qu'occupe le filet *bm* dans le tableau imaginé dans l'air eſt auſſi marquée par BM, & M monſtre le meſme point que le nœud N occupe ſur le plan du tableau.

Les autres points du cube *tus* ſe trouueront, & ſe marqueront de la meſme maniere ſur le tableau, comme l'on void dans la planche.

COROLLAIRE.

La figure 74 de la 37 planche fait aſſez conceuoir qu'on peut faire la Perſpectiue de tel obiet qu'on voudra, tant lors qu'il eſt parallele à l'horizon, que lors qu'il eſt eſleué par deſſus: il faut ſeulement remarquer que toutes les pieces de cét inſtrument ſoit d'acier, ou de laton, doiuent eſtre bien polies & iuſtes dans les petits canaux eſquels on les emboëſte, afin de trauailler iuſtement. Les artiſans ſupleront aiſément vn plus long diſcours, car i'acheue l'vſage dudit inſtrument dans la propoſ. qui ſuit pour expliquer les Perſpectiues obliques.

PROPOSITION II.

Expliquer comme il faut deſcrire l'image du prototype, ou l'obiet ſur vne ſurface directe ou oblique, & reguliere ou irreguliere par le moyen dudit inſtrument vniuerſel.

L'On fait par vne ſimple operation de cét inſtrument tout ce que nous auons dit en ce 2 liure des Perſpectiues obliques & difformes, à quoy l'inuenteur n'auoit peut eſtre point penſé. Ce qu'on pourra conceuoir par la 75 figure de la 38 planche, où dans le plan ABCD l'inſtrument eſt quaſi diſpoſé comme dans la figure 74, comme l'on void à ſes verges EF, BC, & aux autres parties: mais auec cette difference qu'il faut mettre l'obiet, ou le prototype

dans le plan E B CF, d'où vous tiriez la copie pour la transposer sur
vne autre surface : & pour ce sujet il faut accommoder l'index ou le
curseur à quelque point determiné de l'image, afin que le nœud
coulant occupe dans le tableau vn point semblable à celuy de ladite image primitiue : c'est pourquoy i'ay accommodé le filet au
point de l'œil Z, afin qu'il serue de rayon visuel.

Ayant donc disposé l'objet, ou l'image dans le plan EBCF, par
exéple l'image LMNO, dót on veut mettre la Perspectiue sur le plá
voisin *l* T V X veu obliquement par l'œil *z*, qui regarde directement le plan descrit par le filet perpendiculaire *gfc*; Il faut remuer les verges *cd* auec le filet G C*e* qui entoure le gond immobile, iusques à ce que le filet *ca* parallele à la verge *cd* aille par l'espace LMNO, qui enferme l'image ; mais il faut appliquer le curseur
a à la partie de l'image que vous pretendez de desseiner, & le nœud
coulant s'abaissera ou s'eleuera, par le moyen du plomb du filet perpendiculaire, suiuant la partie haute ou basse de l'image primitiue
que l'on touchera.

Il faut aprez, du point *z* conduire le filet Z K*opq* par le mesme
lieu du nœud sur le plan *l* T V X, sur lequel vous marquerez l'endroit où cette partie de l'image doit estre representée : & faisant
ainsi de tous ses autres points l'œil *z* verra la Perspectiue semblable
à l'objet LMNO, d'où elle a esté prise.

Il faut faire la mesme chose dans l'exemple GHIK, où la mesme
image est estenduë sur le plan, afin qu'on marque toutes ses parties
par le curseur *a*, & que par le nœud *f* auec le filet Z K*opq* conduit
aux differentes surface inclinées du solide *ghyik* ; on aye leur peinture & representation. Mais la figure monstre mieux le tout qu'vn
plus long discours, particulierement si l'on repete icy la premiere
prop. du 2. liure.

COROLLAIRE

Il n'est pas necessaire que le plan où se doit faire la Perspectiue,
soit entre les verges DE, FG de la figure 74, & E F, B C de la 75, car
on le peut mettre au deça des verges FG & B C, suiuant la commodité du peintre ; & le filet perpendiculaire lié au curseur pourra s'a-
longer tant qu'on voudra, pourueu que la table soit assez grande.

Il faut encore remarquer que le nœud coulant doit estre consideré comme immobile de soy-mesme dans vne mesme operation
ne changeant de lieu que par le mouuement du filet, auquel il est
attaché, quoy qu'en d'autres operations & suiuant la necessité, on
luy puisse faire changer de place, mesme sur son filet. Ie laisse tout
le reste à l'esprit, & à l'industrie des artisans qui peuuent tirer de
merueilleux auantages de cét instrument, lors qu'ils auront estu-
dié, & estendu ses vsages à tout ce qui peut estre appliqué.

TRAITÉ DE LA LVMIERE ET DES
Ombres.

CEux qui traitent de la Perspectiue de la lumiere & des ombres ne butent pas à ayder les peintres, dont les ombres supofent que la lumiere entre par les feneftres ou par quelques grandes ouuertures, au lieu que dans les optiques ordinaires on fupofe que l'ombre comméce par vn point, & qu'elle va toufiours s'élargiffant: & parce que ie n'ay pas loifir de m'eftendre beaucoup furce fuiet, ie donneray feulement les principaux fondemens, d'où l'on pourra tirer tout le refte. Ie ne parleray point auffi de la nature ou de l'effence de la lumiere, à fçauoir fi c'eft l'accident Péripatetique, ou vne fubftance corporelle tres deliée; ou le feul mouuement des petits atomes, dont i'ay parlé ailleurs, car il faut confulter les Philofophes fur cecy, fi l'on n'ayme mieux employer le temps à des chofes plus certaines, puis qu'ils n'ont encore rien trouué de certain en cette matiere fi clere à l'œil & fi obfcure à l'efprit qu'elle conuaint noftre ignorance.

LES DEFINITIONS ET SVPOSITIONS.

I.

Le corps Diaphane eft celuy à trauers lequel la lumiere paffe librement, on l'appelle auffi tranfparent.

SI ce corps n'a point de pores ou de petits vuides par où les atomes de la lumiere, ou les rayons de l'œil puiffent paffer, mais qu'il foit entierement continu en toutes fes parties, & que l'on n'admette point la penetration des corps, l'on ne peut entendre comme quoy la lumiere paffe à trauers le diafane, fi ce n'eft qu'elle ébranlaft le corps tout entier, dont les fecouffes fi viftes qu'on ne peuft les apercéuoir, fiffent le mouuement que nous appellons lumiere.

II.

L'opaque eft le corps à trauers duquel la lumiere ne peut paffer, comme eft la terre, le fer &c.

L'Experience fait voir qu'il fe trouue peu de corps qui n'ayent quelques parties diafanes auffi bien que d'opaques: delà vient que la lumiere ne peut paffer à trauers vn cryftal épais d'vn pied, & qu'elle paffe vn peu à trauers les corps opaques qui ne font pas plus
épais

épais qu'vne feüille d'or, ou qu'vne feüille de papier.

III.

La lumiere principale qui vient immediatement, & par la seule ligne droite
soit du Soleil, ou d'vne chandelle, est nommée lux *par les Latins, &*
lumen *entant qu'elle illumine quelque obiet.*

Nostre langue n'a pas de mots propres pour distinguer ces 2
lumieres, ou cette consideration : ce qui nous contraint d'v-
ser d'vne mesme diction pour les exprimer.

IV.

Le corps lumineux est celuy qui donne sa lumiere primitiue, & la communi-
que à tous les autres corps.

Le Soleil est le principal luminaire & le plus grand corps lumineux de tout le monde à nostre égard ; car absolument parlant nous ne sçauons pas si la moindre estoile du Ciel n'est pas vn luminaire plus grand & plus vif : attendu qu'il y a des hommes sçauans
qui ne croyent pas déraisonnable de penser que chaque estoile de
ce ciel est aussi grosse non seulement que le Soleil, mais que toute la
sphere solide du ciel du Soleil.

V.

La lumiere totale & parfaite est celle qui vient de toutes les parties du corps
lumineux ; & l'imparfaite, qui vient seulement de quelques-vnes de ses
parties.

Par exemple, la lumiere totale du Soleil est celle qui remplit
de ses rayons tout le solide diafane de l'vniuers ; ce que fait aussi vne petite chandelle, mais beaucoup plus foiblement.

Il est difficile de suputer combié la lumiere du Soleil est plus grande que celle d'vne chandelle, & par conséquent combien il faudroit
de chandelles pour donner vne lumiere qui luy fust égale.

Si le Soleil n'enuoyoit à l'œil des rayons que d'vne partie de son
corps égale à la grandeur de la flamme d'vne chandelle, ils ne nous
seruiroient de rien & seroient insensibles : & l'on peut dire de combien de ses parties il doit illuminer, c'est à dire combien doit estre
grande la partie du Soleil capable de nous éclairer icy pour lire aussi bien qu'auec vne chandelle dont la flamme est égale à vn pouce;
ou à telle autre de nos lumieres qu'on voudra : mais ie parleray de
cette difficulté dans l'optique.

S

VI.

Le rayon lumineux eſt la ligne de lumiere qui vient directement du corps lu-
mineux.

PAr exemple la droite AE, de la 76 figure de la 39 planche, eſt le
rayon lumineuz qui vient du lucide A: delà vient que le lieu qui
n'eſt pas frapé de ce rayon eſt ombragé, comme il arriue à l'eſpace L M N G de la 78 figure, parce que nul rayon venant d'A n'y
peut arriuer.

VII.

La pyramide d'illumination eſt la figure de la lumiere qui va du corps lumi-
neux à la ſurface du corps illuminé.

CE que montre la pyramide ADEC de la 69 figure, qui touche
le plan en IK. L'on peut auſſi dire le cone d'illumination,
parce que la lumiere du Soleil qui paſſe par vn trou ſoit rond,
quarré, ou triangulaire &c. ſe termine par vn cercle s'il y a aſſez d'eſpace depuis le trou iuſques au lieu où elle tombe, car le Soleil
eſtant repreſenté par ſes rayons, ils doiuent faire pareſtre la meſme figure qu'il a, quoy que ce ſoit vne choſe digne d'eſtre medi-
tée, à ſçauoir ſi l'image d'vn corps lumineux quarré, ou triangulaire feroit touſiours ſa lumiere quarrée &c.

VIII.

L'ombre eſt la diminution de la lumiere par le moyen de l'interpoſition d'vn corps
opaque, & les tenebres ſoit la priuation entiere de toute ſorte de lumiere.

L'On peut auſſi dire qu'vne petite lumiere eſt vne ombre à l'é-
gard d'vne plus grande, & qu'il n'y a point de lumiere ſi parfaite qui n'ait quelque ombre meſlée, ſupoſé qu'il puiſſe encore y
auoir vne plus grande lumiere. Mais à proprement parler on a couſtume de dire que l'ombre eſt l'aparence de la clarté qui ne vient
pas directement du corps lumineux, mais par reflexion, ſoit la premiere, ſeconde, ou centieſme: c'eſt vne choſe difficile d'examiner
cóbien la premiere lumiere eſt plus grande que celle de la premiere reflexion, & s'il y a meſme raiſon de celle de la premiere reflexion
à la 2, que de la 1 lumiere à celle de la 1 reflexió, & ainſi des autres, iuſques à ce qu'ó ne voye plus aucun veſtige de lumiere: & cóbiē il faudroit que le Soleil fûtplus éloigné de nous qu'il n'eſt pour ne nous

donner plus que la lumiere d'vne petite chandelle, ou vne lumiere
moindre ou plus grande en raiſon donnée, ce qui eſt aiſé par les
principes de l'optique accompagnée d'vn peu de geometrie.

IX.

L'ombre plaine ou parfaite eſt celle qui ne reçoit aucun rayon du corps lumi-
neux : & l'imparfaite, qui en reçoit ſeulement quelques-vns, comme
montre la 42 planche.

X.

L'ombre va à l'oppoſite de la lumiere, comme l'on void en la 76 figure de la
39 planche, où l'ombre du DE du baſton CD va droit en DE, au
lieu que le corps lumineux A eſt à gauche du baſton.

XI.

L'ombre eſt terminée par les rayons de la lumiere, comme l'on void à la 68 fi-
gure, dans laquelle les rayons AM, AG, AN, auec les autres qui peu-
uent eſtre mis entre deux, terminent l'ombre LMGNF. Ce-
cy poſé, i'explique ce qui appartient aux ombres &
à la lumiere dans les planches 39, 40, 41, & 42.

PREMIERE PROPOSITION.

La lumiere eſtant donnée auec le baſton, trouuer l'ombre du baſton dans le
plan.

L A lumiere doit eſtre plus eſloignée du plá que le corps dót on
cherche l'óbre de peur qu'il ne ſoit pas illuminé, cóme l'óvoid
à la 76 figure, où le point lumineux A eſt plus éloigné que le bout
du baſton CD, de la ligne BE qui repreſente le plan, qui doit eſtre
aſſez grand pour receuoir l'ombre terminée deſdits rayons. Or ie
traite dans les planches 39 & 40 des ombres determinées par la lumiere de la chandelle, afin de la conſiderer comme vn point qui ſert
de ſommet à la pyramide lumineuſe dont la baſe eſt ſur les corps illuminez : & puis ie parleray des ombres determinées par la lumiere
du Soleil, & comme il les faut faire pareſtre.

Il faut donc icy conceuoir pour plus grande facilité que CD, de
la 76 figure, ſoit vne ligne, afin de trouuer l'ombre du baſton CD
ſur le plan BE, l'œil eſtant en A. Et pour ce ſuiet ie tire du point B
la ligne indefinie BE par le point D, qui eſt le bout de CD : & puis
du point A ie tire la ligne AE par le haut du baſton DC, d'où il eſt
euident que les lignes AC, BD iointes par les paralleles inégales

VI.

Le rayon lumineux est la ligne de lumiere qui vient directement du corps lu-
mineux.

PAr exemple la droite AE, de la 76 figure de la 39 planche, est le
rayon lumineuz qui vient du lucide A: delà vient que le lieu qui
n'est pas frapé de ce rayon est ombragé, comme il arriue à l'espace L M N G de la 78 figure, parce que nul rayon venant d'A n'y
peut arriuer.

VII.

La pyramide d'illumination est la figure de la lumiere qui va du corps lumi-
neux à la surface du corps illuminé.

CE que montre la pyramide A D E C de la 69 figure, qui touche
le plan en IK. L'on peut aussi dire le cone d'illumination,
parce que la lumiere du Soleil qui passe par vn trou soit rond,
quarré, ou triangulaire &c. se termine par vn cercle s'il y a assez d'espace depuis le trou iusques au lieu où elle tombe, car le Soleil
estant representé par ses rayons, ils doiuent faire parestre la mesme figure qu'il a, quoy que ce soit vne chose digne d'estre medi-
tée, à sçauoir si l'image d'vn corps lumineux quarré, ou triangulaire feroit tousiours sa lumiere quarrée &c.

VIII.

L'ombre est la diminution de la lumiere par le moyen de l'interposition d'vn corps
opaque, & les tenebres soit la priuation entiere de toute sorte de lumiere.

L'On peut aussi dire qu'vne petite lumiere est vne ombre à l'é-
gard d'vne plus grande, & qu'il n'y a point de lumiere si parfaite qui n'ait quelque ombre meslée, suposé qu'il puisse encore y
auoir vne plus grande lumiere. Mais à proprement parler on a coustume de dire que l'ombre est l'aparence de la clarté qui ne vient
pas directement du corps lumineux, mais par reflexion, soit la premiere, seconde, ou centiesme: c'est vne chose difficile d'examiner
cóbien la premiere lumiere est plus grande que de la premiere reflexion, & s'il y a mesme raison de celle de la premiere reflexion
à la 2, que de la 1 lumiere à celle de la 1 reflexió, & ainsi des autres, iusques à ce qu'ó ne voye plus aucun vestige de lumiere: & cóbié il faudroit que le Soleil fût plus éloigné de nous qu'il n'est pour ne nous

AB, CC doiuent fe rencontrer au point E de la moindre parallele
CD ; où le rayon AC coupant la ligne BE, prolongée par le fommet
C donne l'ombre de la ligne CD en D E : ce que la figure montre
clairement, car l'on ne peut mener aucun rayon du luminaire A à
l'efpace D E.

PROPOSITION II.

La lumiere eftant donnée determiner l'ombre d'vn parallelipede fur vn plan.

SOit F la lumiere donnée, fa hauteur EF: & que la bafe du parallelepipede foit dans le plan ABCD, on aura fon ombre en cette
façon. Du point E, d'où la perpendiculaire tombe fur le plan, foient
menées les lignes droites EAN, EBDO, ECP par tous les angles de
la bafe : pour auoir l'ombre du cofté perpendiculaire à D, éleuez la
ligne DM égale à ce cofté, & perpendiculaire à EO, le rayon FO
venant du luminaire F par le fommet du cofté M & coupant en O
la ligne EO, terminera l'ombre du cofté perpendiculaire en D. Vous
trouuerez de la mefme maniere l'ombre du cofté BI.

Quant à l'ombre du cofté perpendiculaire fur le point C, vous
l'aurez en tirant la perpendiculaire CL fur la droite E P au point C,
égale en hauteur à DM; & faites luy la parallele EG au point E, ou
perpendiculaire à PE, le point G reprefentera la lumiere, dont le
rayon paffant par L, & coupant la droite EP en P, terminera l'ombre du cofté CL.

Or ayant trouué les points N O P qui terminent les coftez des
ombres, il faut les ioindre de lignes, afin d'auoir la Perfpectiue de
toute l'ombre ANOPC, qu'on pourra diminuer fuiuant les loix de
la Perfpectiue, ce que i'efclarcis encore d'auantage dans les propofitions qui fuiuent.

PROPOSITION XII.

La lumiere eftant donnée trouuer l'ombre dans le plan du parallelipede mis en
Perfpectiue, & en faire la proiection.

QVand la lumiere, ou le corps lumineux regarde le corps opaque, il en illumine vne partie, qui eft ordinairement la moitié ou enuiron du deuant, & la moitié de derriere eft dans l'ombre
qui fe prolonge toufiours iufques à ce que lefdits rayons fe croifent
& circonfcriuent & determinent ladite ombre.

Ce qui fe void à la 78 figure, où le lucide A eft comme l'œil qui
regarde le corps CDHF, & en enuoyant fes rayons optiques AHM,
ACG & AIN, par lefquels il diftingue les 3 furfaces illuminées CH
DI, HLED & FIDE, des obfcures CHLO, CIFO, & LOFE, & de-

termine le lieu de l'ombre LMGNF en l'entourant de lumiere,
voicy la pratique.

Soit A la lumiere donnée, & le point B, d'où l'on tire vne perpendiculaire sur le plan : soit aussi le parallelipede en Perspectiue CD
FL, dont on veut auoir l'ombre faite par le point lumineux A.

Il faut donc premierement du point B tirer des lignes indefinies
BM, BG, BN par les points ELOF, ausquels les costez du parallelepipede aboutissent perpendiculairement. Et puis du point A par les
points d'enhaut des mesmes costez D H C I d'autres lignes ; & le
point N où la droite BF sera coupée par AI, sera le point D l'ombre determiné ; comme G en sera vn autre, où A C coupera BO , &
ainsi des autres, lesquels estant ioints par des lignes determineront
l'ombre LMGNF : dont voicy la demonstration.

IFO, IPE sont des angles droits, puis que CIFO, & DIFE sont
des parallelogrammes rectangles, donc IF est éleuée sur le plan, par
la 4 de l'onziesme ; mais AB est perpendiculaire au mesme plan,
donc elles sont paralleles par la 6 de l'11. donc si l'on ioint AB, IF ; A
L, BF seront dans le mesme plan qu'AB, IF. Et parce que A B est
plus grand qu'IF, les droites AI, B F prolongées se rencontreront
en N aux parties de la moindre IF, & FN sera l'ombre du costé IP.
L'on peut appliquer cette demonstration aux autres costez , & aux
propositions qui suiuent.

PROPOSITION IV.

La lumiere estant donnée , mettre en Perspectiue l'ombre d'vn tetraëdre situé
perpendiculairement sur l'vn de ses angles solides.

SOit le tetraëdre CDEL de la 79 figure de la planche 37, mis en
Perspectiue & racourci sur son plan geometral FGH, de sorte
que de ses angles solides d'en haut CDE, les droites CF, DH, E G
soient perpendiculaires au plan : & soit la lumiere A, d'où vne perpendiculaire tombe en B.

L'on aura l'ombre de ce tetraëdre en tirant du point B des lignes
indefinies par les points FGH, où les perpendiculaires venant des
angles tombent perpendiculairement : & en menant du point lumineux A des rayons par les points CDE , qui sont les 3 angles solides de la pyramide ; iusques à ce qu'en tombant sur le plan elles coupent leurs correspondantes, à sçauoir qu'AE coupe BG en H, & AD
coupe BH en I, & ainsi des autres : car ces points estans conduits
par des droites enfermeront & determineront l'ombre.

PROPOSITION V.

La lumiere estant donnée, trouuer l'ombre Perspectiue d'vn cylindre oblique.

L A 70 figure de la mesme planche 39 monstre le cylindre oblique CDEF, & le luminaire A dans sa perpendiculaire AB.
Or vous aurez son ombre, si du cercle DGEF diuisé par 2 diametres
en 4 parties vous tirez des perpendiculaires DM, GL, EN, HI sur
le plan, en sorte que le cercle paroisse mis en Perspectiue en LMI
N par les courbes iointes aux points LMIN.

Cecy estant fait, tirez dans le plan les droites BL, BN, BI, &
les rayons AG, AE, AN pour trouuer les points DQNO, & de P
& O menez des lignes qui touchent la base du cylindre oblique
qui feront auec la partie de la circonference DQO, l'ombre dudit
cylindre.

PROPOSITION VI.

La lumiere estant donnée, trouuer la Perspectiue de l'ombre d'vne pyramide
penduë en l'air.

L A figure de cette pyramide se void dans la 71 figure de la 36 table, dont vous aurez l'ombre en faisant tomber des perpendiculaires CI, DH, FG de tous ses angles sur le plan, & en menant
dans le plan par les points I, H, G, des lignes indefinies du point B, à
sçauoir BI, BH AF, & les droites A C, A D, A.F menées par les angles d'en haut CD, F couperont dans le plan les lignes indefinies és
points K, L, M, dont la conionction faite par des lignes droites donnera l'ombre requise contenuë par le triangle K L M : ie laisse l'ombre de l'angle E, parce qu'elle tombe dans l'obscur, & n'a point de
lieu particulier.

PROPOSITION VII.

La lumiere estant donnée, trouuer l'ombre estenduë sur diuers plans d'vn so-
lide donné.

L 'Ombre s'estend souuent sur vn pl'à horizontal, & puis sur vn
vertical, ou situë d'vne autre sorte; mais la 82 & 83 figure de
la 40 planche remedie à cette difficulté : dans la premiere, A est le
luminaire, dans sa perpendiculaire AB, & le solide est CDEF, duquel nous considerons seulement icy cette surface, dont nous
trouuons l'ombre EGHF, en menant sur le plan les lignes BEG, B
FH, & les rayons ADG, ACH concurrens. Et parce qu'entre le

le folide CDEF, & le terme de fon ombre GH, le parallelepipede IKL fe rencontre, qui feroit en l'abfence de CDEF, illuminé
dans fes furfaces expofées au luminaire A, & dont il reçoit icy l'ombre, ou la priuation de ladite lumiere, vous marquerez l'ombre du
folide fur ce parallelepipede, en confiderant que le triangle AHB
eft dans vn plan qui à la rencontre de la ligne BH coupe le folide IK
L, c'eft pourquoy fa fection faite par le plan AHB doit eftre marquée en toutes les furfaces par le moyen des perpendiculaires menées des points *a* & *c*, par lefquelles paffe BFH. Or ces perpendiculaires tirées iufques au plan fuperieur eftant iointes par la ligne *b*
donnent la fection que fait le triangle AHB dans le folide IKL, &
quant & quant l'ombre, comme l'on void dans la figure vers K.

L'autre exemple de la 83 figure montre la Perfpeƈtiue de la pyramide; dont l'ombre fait par la lumiere CD fe trouue dans le plan
inferieur, en menant la ligne DN par le point F, où tombe la perpendiculaire du fommet F de la pyramide, en menant le rayon CB
par le fommet B, iufques à ce qu'il coupe la ligne DN au point N,
& qu'il termine l'ombre de la pyramide, afin que les lignes menées
de ce terme aux points E & G enferment l'efpace ENG.

Mais parce que les lignes DF & CB frapent le plan HIKL auant
que d'arriuer au terme de l'ombre; voyons comme il faut marquer
cette ombre. Menez donc dans le plan HIKL vne parallele à CD
du point où DN coupe la bafe du plan LK; & du point M menez
des lignes en *a* & *b*, où les lignes EN & GN coupent ladite bafe,
& *a* M *b* fera vne partie de l'ombre de la pyramide mife en Perfpeƈtiue fur le plan HIKL.

Or tout cecy eft feulement pour les ombres faites par vn point
de lumiere, mais quand il eft queftion des rayons du Soleil qui bril-
lent de toutes parts, il eft plus difficile; & parce que Monfieur de
Fleurs excellent Analyfte, m'a communiqué la methode dont il
vfe pour cette forte d'ombres, ie la mets icy de fon confentement.

PROPOSITION VIII.

Defcrire les ombres de toutes fortes de corps, qui font faites par la lumiere
du Soleil.

IL faut fuppofer que la lumiere du Soleil ne vient pas feulement de
fon centre, mais auffi de chaque partie de fon corps, d'où les rayons viennent tellement iufques à nous qu'on les peut prendre
pour paralleles, à raifon de fon grand éloignement, car il y a pour
le moins douze cent mille lieuës d'icy au Soleil. Nous fuppofetons
donc ce parallelifme de rayons: & parce qu'ils peuuent auoir treize
differens rencontres auec le plan du tableau, puis qu'ils peuuent
eftre paralleles audit plan, ou que le Soleil peut eftre mis au delà du

tableau deuant les yeux, ou au deçà, nous auons trois cas à considerer dont le premier eſt quand leſdits rayons ſont paralleles au plan
de la ſection, du verre, treillis, ou tableau.

En ce premier cas, l'ombre ſe trouue, comme l'on void à la figure de la 40 planche, où le corps eſt NID, auquel, il faut mener par
les points QNM qui ſont dans le plan, des paralleles indefinies E
PQ, CND, AOB, & les lignes IP, HC, LO par les points ſuperieurs
des coſtez du ſolide IHL, qui faſſent l'angle du complement de
l'éleuation du Soleil, (par exemple l'angle FHC de 53 degrez, puis
que nous ſupoſons que le Soleil eſt éleué de 37 degrez) auec leſdits
coſtez IQ, HN, LM.

Ce qu'eſtant fait, le lieu où les rayons IP, HC, LO couperont
leurs lignes cotreſpondantes aux points PCO, determineront l'ombre deſirée du corps NID : dont la demonſtration ſe void dans la
conſtruction.

Le ſecond cas arriue lors que l'on void le Soleil au delà du tableau,
dont on a l'exemple à la 85 figure de la 41 planche, & eſt plus difficile que le premier. Or l'on aura l'ombre du ſolide *abcdf* ſur le plan
inferieur en cette façon.

Il faut premierement marquer vn point dans la table, ſur lequel
s'appuyroit la perpendiculaire venant du Soleil & ce point doit eſtre
dans la ligne horizontale. Mais pour trouuer ce point, il faut dans
la ligne verticale, qui paſſe par le principal point C, prendre du
point C la portion CD égale à la diſtance de l'œil dans le tableau,
qui eſt CA dans la ligne horizontale : & puis du coſté du Soleil, à
l'égard du vertical CD, il faut faire l'angle CDF au point D, égal à
celuy que font les rayons du Soleil auec le plan vertical au tableau :
car l'angle des rayons auec le plan de la table ſera determiné à cauſe
de l'angle droit FCD, & partant le point F, ſur lequel doit tomber
& s'appuyer la perpendiculaire qui vient du Soleil, ſera trouué.

Mais il faut encore trouuer vn point, ou vn lieu propre au Soleil,
d'où il enuoye ſa lumiere : & pour ce ſuiet prenez FB égale à la ligne
FD, & faite l'angle FBE, en menant BE ſur l'horizontale égal à la
hauteur du Soleil ſur le plan horizontal, où eſt la table ; & vous aurez le point E, pour le propre point du Soleil, où FE perpendiculaire à l'horizontale FC, ſera coupée par la ligne BE.

Cecy poſé, il faut agir comme cy deſſus, en menant du point F
les droites indefinies F*f*, F*g*, F*d* par les points *fgd* de la baſe du
corps propoſé : & puis du point E il faut tirer par les points ſublimes
aec les droites E*a*, E*e*, E*c*, qui couperont dans le plan les lignes F*f*,
F*g*, F*d* aux points *ilh*, & determineront l'ombre *ilhd*.

Où l'on void le parallelifme des rayons, ſupoſé, car E*i*, E*c*, E*h*
&c. aboutiſſant au point du Soleil, que nous ſupoſons icy infiniment
éloigné. Partant *fi* eſt l'ombre du coſté *f4*, & *gl* du coſté *go* comme *l* eſt l'ombre du point *e* : & *i* du point *a* : dont il eſt l'ombre de
la

la ligne *a e* ; & *l h* l'ombre du costé *e c* &c. ce qui est euident par la
construction.

REMARQVE.

Il faut remarquer que M. Desargues a repris quelque chose de la
pratique pour le 2 cas, dans la page 171 de sa Perspectiue, à la planche 114 , mais puis que cette pratique vient d'vn Professeur de Mathematique que i'ay nómé cy-dessus, c'est à luy à voir ce qui en est.

Finalement, le 3 cas arriue quand le Soleil est deuant le tableau,
& la maniere pour trouuer cette ombre differe fort peu de la precedente. Voyez la 86 figure de la 41 planche. Où il faut premierement
remarquer qu'on ne peut y mettre le point du Soleil, puis qu'il est
derriere la teste du Peintre, c'est pourquoy il faut establir 2 autres
points opposez aux deux du 2 cas, dont le premier opposé à celuy du
Soleil, d'où la perpendiculaire tomboit, se trouue en cette maniere.

Soit donc le Soleil à la gauche du Peintre, d'où il s'ensuit que les
lignes indefinies qui passent dans la table par les points *f g d m* de la
base de l'obiet doiuent se couper au point opposé qui est la droite du
Peintre ; c'est pourquoy l'on prend CD dans le vertical égale à la distance de l'œil d'auec la table, comme cy-deuant ; & du point D à la
droite de la ligne CD, puis que le Soleil est à gauche, on fait l'angle
CDB égal à celuy que font les rayons du Soleil auec le vertical de la
table, & le point B, auquel DB coupe l'horizontale AB, est le point
au delà de la table, opposé à celuy qui soustiendroit la perpendiculaire du Soleil tombante sur l'horizon.

Pour trouuer l'autre point opposé à l'autre point du Soleil, il faut
toujours se souuenir que ses rayons passant par les points superieurs
de l'obiet *a b c e* sont paralleles, & partant qu'ils ne doiuent se rencontrer dans la Perspectiue qu'à vne distance infinie : & delà on les
conçoit descendre aussi bas sous le plan horizontal de la table, comme le Soleil est haut par dessus la mesme table ; & partant il faut
prédre la ligne AB égale à DB, & faire l'angle BAE auec A sous l'horizontal AB, qui est l'angle de la hauteur du Soleil sur l'horizon, laquelle nous suposons au propre point du Soleil qui seroit par delà le
tableau.

Cecy posé, il faut faire comme au 2 cas, en menant du point B
par les points de la base de l'obiet *f g d m* les lignes B*m*, B*d* & du point
E par les points superieurs de l'obiet, les lignes E*b*, E*c*, E*e*, &c. qui
couperont les autres menées cy-deuant sur le plan, aux points *h i l*,
qui ioints de lignes droites enfermeront l'ombre requise, comme
l'on void dans la figure.

Il ne reste plus qu'à trouuer l'ombre de la lumiere qui passe par
vne fenestre, dont Accoltius a bien traité au 27 chap. de la 3. partie
de sa Perspectiue pratique, dont ie diray quelque chose dans cette
derniere proposition qui finira ce liure.   T

PROPOSITION IX.

Mettre en Perspectiue l'ombre des corps illuminez par la lumiere d'vne fenestre.

CEtte maniere est la plus familiere, & la plus ordinaire, car prefque tous les Peintres font leurs tableaux de iour en quelque
galerie, fale ou chambre illuminée par quelque fenestre: En voicy vn exemple dans la 88 figure de la 42 planche, qui montre l'ombre du corps *abcf*.

Soit donc le plan du tableau representant l'obiet, ABCD prolo-
gé iufques en EH qui est commune à la muraille EFGH, qui est à
angles droits à AEHD. Soit la fenestre LMNO, fa hauteur PQ, fa
largeur LM & DN. Des points OQN menez des perpendiculaires
aux points TXV du plan inferieur, defquels & des points PQ on
determine tellement l'ombre du folide, qu'il faut auoir égard à la
hauteur & largeur de la fenestre; de plus, il faut distinguer la pleine ombre d'auec la diminuée.

Donc foit menée la ligne indefinie X*h* du point X par le point *e*
de la bafe du folide: & des points P & Q par le point fuperieur *a* ref-
pondant au point *e* foient menez les rayons P*l*, & Q*h*. P*l* determinera la pleine ombre du cofté *ae*, où aucun rayon de la fenestre ne
peut arriuer. QS termineroit l'ombre imparfaite ou diminuée.

On fera la mefme chofe pour les coftez *bd*, *cf*, en menant dans
le plan inferieur les droites T*m* T*g*, V*i*, V*n* des points T & V par
les points *d* & *f*: & en menant auffi des points P & Q par les points
fuperieurs *b* & *c*, les rayons P*m*, Q*i*, P*n*, Q*g*. Car les lignes indefinies T*m*, V*n* coupées par P*m*, P*n* aux points *m*, *n* termineront la pleine ombre du folide, & les points *ig* termineront l'ombre diminuée:
ce qui eft fi clair dans la 42 planche, qu'il ne faut point d'autre difcours.

COROLLAIRE

Il y a mille autres chofes à dire des ombres, par exemple comme
il les faut trouuer lors qu'elles fót faites par l'ouuerture de plufieurs
fenestres égales ou inégales; les 2, 3 & 4 ombres faites par les premieres, car les corps opaques font autant d'ombres comme il y a de lumieres qui les illumine. Il faudroit auffi traiter des differens degrez
de diminution, & des nuances, & adouciffemens des couleurs: ce
qui s'apprend beaucoup mieux par experience & par habitude
que par difcours: fi quelqu'vn veut faire vn traité de tout ce que ie
peux auoir laiffé à dire, la matiere ne luy manquera pas.

Fin du Second Liure.

LE
TROISIESME LIVRE
DE LA
PERSPECTIVE
CVRIEVSE.

Auquel il est traité des apparences des miroirs plats, cylindriques & coni-
ques, & la maniere de construire des figures qui rapportent & repre-
sentent par reflexion tout autre chose que ce qu'elles paroissent
estans veües directement.

AVANT-PROPOS.

DE LA CATOPTRIQVE ET DES MIROIRS.

A Catoptrique ou science des miroirs nous a fait
voir des productions si admirables, ou des effets
si prodigieux, qu'entre ceux qui l'ont connuë &
pratiquée il s'en est trouué qui par vne vaine & ridi-
cule ostentation, ou pour abuser les plus simples,
se sont efforcez de passer pour deuins, sorciers ou
enchanteurs comme ayant le pouuoir, par l'entremise des mauuais
esprits, de faire voir tout ce qu'ils vouloient, soit passé, ou à venir.
Et l'on en a veu des effets si estranges, qu'à ceux, qui n'en sçauoient
pas la cause, ny les raisons, & qui n'auoient iamais rien veu de semblable, ils deuoient passer pour surnaturels, ou estre pris pour de
pures illusions ou prestiges de magie diabolique. Le nombre de
ces effets est si grand que qui voudroit entreprendre de les decla-
rer tous par le menu, en rendre les raisons, & donner la maniere de
leur construction, auroit besoin d'en faire des volumes entiers.

T ij

I'en apporteray seulement icy quelques vns des principaux dont la construction a plus d'artifice & d'industrie, parce qu'ils dependent plus particulierement de l'ordonnance & du dessein des figures qui seruent d'objet, & veulent estre demonstrez par exemples pour vne plus facile intelligence.

Pour les autres, dont l'artifice est plustost au miroir, qu'en l'obiet, on les peut voir chez Baptista Porta au 17. liu. de sa Magie naturelle, & en plusieurs autres autheurs qui ont traité de ces effets, lesquels, à mon auis, se peuuent rapporter à ceux qui sont causez par la matiere, dont est composé le miroir; ou à ceux qui sont engendrez par sa forme & figure; ou finalement aux autres qui viennent de la disposition & situation d'vn, ou plusieurs miroirs à l'égard de l'objet & de celuy qui regarde.

Pour les premiers: si on mesle auec le crystal qui soit la principale matiere du miroir, lors qu'il est encore en la fournaise, vn peu de massicot, de saffran, ou autre couleur iaune, celuy qui s'y mirera, semblera auoir la iaunisse : si vous y meslez du noir en petite quantité, il fera paroistre la face liuide & comme plombée: si en plus grande quantité, il la monstrera comme celle d'vn Ethiopien: si l'on y mesle de la lacque, du cynabre ou vermillon, quiconque se presentera au miroir qui en sera fait, se verra tout rouge, & comme enflammé de colere, ou enluminé comme vn yurogne: bref autant qu'il y a de differentes couleurs quis'y peuuent mesler, aussi differents seront les effets qui en reüssiront.

Pour ce qui est de ceux qui sont engendrez par la forme ou figure du miroir, le seul concaue spherique nous en fournit d'admirables, en renuersant les obiets qui luy sont opposez au delà de son foyer, en grossissant estrangement ceux qui sont mis entre sa surface & son foyer, & en iettant au dehors l'espece de l'obiet; de sorte que si vous luy presentez vn poignard, vous en voyez sortir vn autre du miroir qui semble vous menacer: si vous mettez vne chandelle deuant, vous en voyez vne seconde comme suspenduë dans l'air: & si vous placez vn de ces miroirs fort grand au milieu d'vn plancher ou de quelque voûte, ceux qui passeront par dessous penseront voir des spectres pendus en l'air par les pieds.

L'on peut encore par le moyen du miroir concaue spherique faire paroistre plusieurs images d'vn seul obiet, tantost plus grandes, tantost plus petites : tantost droites, tantost renuersées : l'on peut par leur reflexion porter la lumiere en des lieux obscurs, pour voir ce qui y est & ce qui s'y passe: l'on peut de loin manifester ses pensées à vn amy, non en imprimant des caracteres au corps de la Lune, qui se voyent par reflexion, car l'angle qui auroit sa base en ces lettres ou caracteres seroit trop petit pour rendre la vision sensible.

Le miroir cylindrique concaue produit encore d'estranges difformitez à ceux qui s'y regardent: car s'ils le disposent parallelle à l'horizon, il leur montrera vn visage extrememement estendu en largeur ; & s'il est mis de bout & perpendiculaire, il le rendra extrememement long & estroit: & si l'vne de ces deux figures sperique ou cylindrique concaue est inserée en vn miroir plat, elle produira des effets extraordinaires ; par exemple si dans vn miroir plat à l'endroit où se doit representer la bouche, on faisoit par derriere vne bosse ronde, le miroir, lors qu'on s'y regarderoit, representeroit plustost le museau d'vn chien ou de quelqu'autre animal que la bouche d'vn homme: si on faisoit deux de ces bosses à l'endroit où se doiuent voir les yeux, on croiroit plustost voir des coquilles, ou quelque chose encore plus extrauagante que des yeux. Remarquez encore qu'vn crystal plat d'vn costé & spherique conuexe de l'autre, de quelque part qu'il soit terminé, comme i'en ay fait l'experience plusieurs fois, rend deux especes d'vn mesme objet, l'vne grande, l'autre plus petite, l'vne droite, & l'autre renuersée. En vn mot on peut s'imaginer ce que toutes ces differentes configurations peuuent produire en changeant & alterant les especes des objets qui leur sont opposez, chacune selon ses proprietez.

Ie ne m'arresteray pas icy à parler des flammes, que peuuent exciter en vne matiere bien disposée les miroirs concaues, dont quelques-vns ramassent & vnissent les rayons & la chaleur du Soleil auec tant de force, qu'ils mettent la flamme presque en vn instant à vn bois verd & remply d'humeur, & fondent le plomb fort promptement : ie ne parleray point, dis ie, de ces effets, parce qu'ils semblent estre hors de l'estenduë de mon sujet, qui est principalement de traiter de ces sortes de peintures que la Perspectiue Curieuse dirige & conduit: c'est pourquoy qui voudra s'instruire plus amplement en cette matiere, pourra voir ce qu'en a escrit Orontius Fineus au traité qu'il a fait De speculo vstorio, & le P. Mersenne en ses agreables traitez De l'harmonie vniuerselle, où il declare la puissance & les proprietez des miroirs paraboliques & elliptiques. Quelques Chymistes pretendent auoir trouué la façon de calciner l'or & d'en extraire le Mercure par le moyen d'vn miroir concaue, qu'ils accommodent sur vne machine, dont le mouuement artificiel suiuant celui du soleil, fait receuoir au miroir tout le long du iour ses rayons perpendiculairemét, lesquels s'vnissant à son foyer eschauffent la matiere qu'ils y mettent enfermée en vn vaisseau sigillé Hermetiquement, mais il n'en faut rien croire qu'on ne le voye.

Or pour retourner à nostre sujet ie dis que la dispositió d'vn ou plusieurs miroirs de séblable ou differéte figure faite à propos ne nous fournit pas de moindres sujets d'admiration, puisque nous pouuons faire voir des images & des spectres qui séblét voler dás l'air, & dans vn mesme miroir deux representations d'vn seul objet, dont l'vne semblera approcher, & l'autre reculer: puis que selon Cardan l'on en peut faire vn qui rapporte à celuy qui s'y mirera autant de fois

son image qu'il y a d'heures du iour escoulées. Celuy d'Abraham
Colorni ingenieur Iuif est encore plus ingenieusement inuenté, lequel, au rapport de Raphaël Mirami au 16. chap. de son introdu-
ction à la Speculaire, auoit trouué le moyen de le construire & de le
disposer en sorte qu'il montrast autant d'images du soleil, ou de
quelqu'autre planete ou estoile; qu'il estoit d'heures, par exemple
qu'en s'en approchant à 4 heures on en vit 4: à 5 heures, 5 &c. ce qui
semble presque impossible. L'on tient encore que l'on peut faire,
par le moyen des miroirs, parestre vne armée où il n'y aura qu'vn
seul homme, ou bien vn long ordre de colomnes & vn edifice ordonné, en opposant au miroir vne seule colomne, ou quelqu'autre
piece d'architecture? l'on void aussi par la conjonction de plusieurs
glaces mises en vn coffre disposé à cet effet les medailles, les pistol-
les, les perles & les pierreries, & tout ce qui y tient lieu d'obiet, se
multiplier à l'infiny. Ceux qui ont veu la machine qui est à Rome
dans la vigne de Borghese, n'ont pas de peine à le croire: Et dans
Paris, que l'on peut appeller le cabinet de l'Europe pour les merueilles de la nature & de l'art qui s'y voyent, & qu'on y aporte encore de tous costez, nous ne sommes pas despourueus de cette curiosité, depuis que Monsieur Hesselin Conseiller du Roy, & Maistre de sa chábre aux deniers en a fait dresser vne excelléte, ne voulant pas permettre qu'aucune curiosité máque à son cabinet: i'apelle son cabinet, toute sa maisó: car veritablemét elle est réplie de ra-
retez; on y voit de si belles glaces de si excellens mirois, tant de rares
peintures & de pieces à rauir pour les rondes bosses & les reliefs, tát
de beaux & bons liures en toutes sortes de sciéces, qu'on la peut dire
l'abbregé des cabinets de Paris, & que les rares diuersitez qui sont
çà & là en tous s'y les autres, trouuent soigneusement assemblées,
ce qui monstre que l'esprit du maistre est tres vniuersel en ses connoissances: mais i'ay peur d'entrer si auant parmy ces beautez que ie
ne m'en puisse retirer: c'est pourquoy laissant le reste des particulari
tez à la cónoissance de ceux qui l'ont veu, ie finis en auertissant le Lecteur curieux que s'il veut se satisfaire plus particulierement sur
les effets de tous ces miroirs, il peut lire ce qu'en ont escrit Alhazen, & Vitellion aux liures 7. 8 & 9 de sa Perspectiue: Baptista Porta
au 17. liure de sa magie naturelle, & Sempilius, au chap. 8. du 4.
liu. *de discipulis Mathematicis*, &c. cependant ie viens à nostre premiere proposition.

PREMIERE PROPOSITION.

Conſtruire vne figure ou image en vn quadre de ſorte qu'elle ne puiſſe eſtre veuë que par reflexion en vn miroir plat , & que le quadre eſtant veu directement , on en repreſente vne autre toute differente.

IL faut premierement pour diſpoſition faire 8 , 12 , 20, ou 25 petites tablettes triangulaires ſolides en forme de priſme , egales en longeur à la largeur du quadre, où l'on veut conſtruire la fi-gure, & groſſes á diſcretion , leſquelles ſeront compriſes de trois parallelogrammes, & de deux triangles iſoſceles aux extremitez, comme on void en A D E, B C F de la cinquante-deuxieſme figure, de la 43 planche , afin que la face A B C D. où ſe doit depeindre vne partie de l'objet, qui ſera veu par reflexion au miroir, ſoit vn peu plus petite que D C F E, ſur laquelle ſera vne partie de la figure veuë directement. Plus ſoient preparez deux chevrons ſemblables à ceux qui ſont repreſentez en la cinquante-troiſieſme figure I K, L M, entaillez de ſorte qu'en inſerant les priſmes ou tablettes trian-gulaires ſemblables à la cinquante-deuxieſme figure , par le coſté E F dans les entailles deſdits chevrons, elles faſſent toutes enſem-ble vn plan vniforme & continu, ſur lequel on puiſſe depeindre tout ce qu'on voudra, comme l'on voit exprimé dans la cinquante-quatrieſme figure, où ſur les chevrons I K, L M, il y a huict de ces tablettes triangulaires arangées en A B C D E F G H, ſur leſquelles i'ay deſſeiné le portrait de François premier : ce qu'eſtant fait, & la figure eſtant acheuée, il faut prendre leſdites tabletes triangu-laires, les tranſporter au quadre *n o p q*, & les diſpoſer en ſorte qu'e-ſtant miſes ſur l'vn des deux plus grands parallelogrammes, com-me ſont D C F E de la cinquante-deuxieſme figure , elles tornent vers la part où ſera attaché le miroir la plus eſtroite de leurs faces, dãs laquelle ſera depeinte vne partie de l'objet qui y doit eſtre veu par reflexion , comme l'on peut voir en la cinquante-cinquieſme figure , où les faces *a b c d e f g h*, qui expriment A B C D E F G H de la cinquante-quatrieſme pareſſent tornées de la ſorte, & d'vn tel ordre que les tablettes qui tiennent la partie ſuperieure de la figure ſoient miſes en la partie inferieure du quadre, & ainſi de ſuite, com-me l'on voit que celle qui eſt marquée *a* eſt la plus baſſe : & puis ſui-uent *b c d* &c. d'autant que par le ſeptieſme Theoreme de la catop-trique d'Euclide les hauteurs & les profondeurs pareſſent au mi-roirs plats tellement renuerſées que la partie inferieure pareſt en la ſuperieure du miroir, & la ſuperieure de l'objet dans l'inferieure du miroir.

Or apres auoir diſpoſé les tablettes de la façon au plan du qua-

dre, il le faut placer contre quelque paroy, au deſſus de l horizon
ou niueau de l'œil, afin que les parties ſuperieures des tablettes *abc*
def &c. où l'objet du miroir eſt depeint, ne ſe puiſſent voir directement ; mais ſeulement les inferieures, eſquelles on peut figurer
vne image differente de la premiere, ſuiuant la methode que i'ay
miſe dans l'auant-propos du ſecond liure : où l'on peut deſcrire des vers, ou quelque anagramme à la l'oüange de celuy dont le
portrait ſe voit au miroir, ce qui ſemble plus à propos, d'autant
que les vers, les anagrammes où les autres eſcritures ſe raſſemble-
ront beaucoup plus parfaitement qu'vne image, laquelle paroiſtroit peut-eſtre entrecoupée à cauſe de la ſeparation des tablettes,
ce qui n'arriuera pas à l'eſcriture, parce que ſur chaque tablette l'on
peut faire vne ligne comme il ſe voit dans l'exemple, où nous auons
eſcrit en cette maniere.

FRANCISCVS

PRIMVS

DEI GRATIA

FRANCORVM

REX

CHRISTIANISSIMVS

ANNO DOMINI

M. D. XV.

pour donner à entendre comment cela ſe doit pratiquer.

　　Or il faut remarquer qu'on peut mettre de l'eſcriture non ſeule-
lement és faces qui tombent directement ſous la veuë, mais encore
en celles qui reflechiſſent au miroir, en la diſpoſant à propos pour
la rendre en ſon vray ſens par la reflexion, c'eſt à dire en figurant les
caracteres renuerſez & à rebours, afin qu'ils forment au miroir vne
ſuite de parfaite eſcriture, d'autant que par le ſeptieſme & la dix-
neufieſme Theoreme des Catoptriques d'Euclide, aux miroirs
plats les hauteurs & profondeurs paroiſſent renuerſées, comme
nous auons des-ja dit, & la partie gauche d'vn obiet ſemble eſtre la
droite, & la droite la gauche, Cét artifice auroit fort bonne grace
pour les anagrammes qui ſe font quelquefois à la loüange des
grands, comme d'vn Roy ou d'vn Prince, leſquels on place d'ordinaire au deſſus de quelque porte ou d'vn arc triomphal, lors qu'il
font leur entrée és villes de leur obeïſſance : comme quand Lois
XIII. fit ſon entrée à Bordeaux l'an 1615, on dit, qu'ils luy firent pour
anagramme fort ingenieux & fort auantageux pour les habitans,
ſur LOIS DE BOVRBON, BON BOVRDELOIS. Mais
cette inuention euſt produit vn effet agreable aux yeux d'vn chacú
ſi l'on euſt eſcrit ſur le coſté de la tablette qui ſe deuoit voir directement LOIS DE BOVRBON, & ſur l'autre qui ſe deuoit reflechir
par le miroir, des caracteres qui euſſent rapporté aux yeux des re-
gardans l'anagramme BON BOVRDELOIS ; car il y en euſt eu,

qui

qui se fussent imaginé que les mesmes lettres qui faisoient le nom composoient aussi l'anagramme , ayant esté disposées par l'ingenieur auec tant d'artifice que par la reflexion , elles se transposoient selon l'intention de l'autheur.

La disposition du miroir en cette sorte de figures, se fait suiuant la grosseur des tablettes triangulaires , la situation du quadre , & le lieu d'où l'on veut faire voir la figure. Mais il est plus court d'y proceder par voye d'experience qu'autrement : & il suffit de sçauoir que la partie inferieure du miroir *lmno*, & la superieure du quadre *nopq*, doiuent estre iointes ensemble par la ligne *no* ; & que la partie superieure dudit miroir *lm* doit estre attachée auec deux petits cordons *ik* contre la muraille en sorte qu'elle se puisse hausser & baisser sur la figure, iusques à ce qu'on ait trouué la constitution en laquelle le miroir veu d'vn certain point, où l'on se mettra en faisant l'experience, represente parfaitement l'objet proposé.

COROLLAIRE.

La cinquante-sixiesme figure de la mesme planche nous represente vne autre methode de construire ces figures, qui peut estre vsitée en quelques rencontres selon qu'on iugera à propos. Soient prises, selon la grandeur de la figure qu'on voudra faire, 25, 30, 40, ou 50, petites tablettes parallelepipedes, longues comme la largeur du quadre, où l'on veut les inserer, de l'epesseur d'vn double ou enuiron, comme est ABCD, en cette cinquante-sixiesme figure : & puis les ayant disposé toutes égales en longueur, largeur & espesseur, il les faut mettre l'vne sur l'autre & les serrer par les deux bouts auec du filet ou du cordon en sorte que toutes leurs épesseurs soient de niueau, & fassent vn plan vniforme & continu, comme est CD EF, sur lequel on puisse figurer ce qu'on voudra : nous y auons mis pour seruir d'exemple, la figure d'vn Pape. La figure estant peinte & acheuée, il faut delier les tablettes, & les aranger l'vne sur l'autre comme plusieurs rangs de tuiles, en sorte que d'vn costé de leur largeur elles portent sur le plan du quadre, & de l'autre costé où l'image aura esté depeinte, chacune porte sur celle qui la precede. Quant à l'ordre qu'elles doiuent auoir entr'elles & la disposition du miroir, il faut dire la mesme chose qu'en la precedente methode, & prendre garde, particulierement en cette-cy, à cause que l'image se trouuera separée en beaucoup de petites parties, qu'elles soient bien esclairées, afin qu'elles enuoyent des especes plus fortes sur le miroir. On peut aussi sur ces tablettes ainsi arangées , peindre ce qu'on voudra pour estre veu directement, & different de ce qui se verra au miroir.

V

PROPOSITION II.

Expliquer quelle doit estre la matiere des bons miroirs, ce qui entre en sa
composition, la maniere de les fondre, & ietter en moule, & de
leur donner vn beau poly.

L'On fait de fort bons miroirs de crystal à Paris, & à Venise, que
l'on termine puis apres auec vne feüille d'estain & du vif argent ; il semble que ce seroit trauailler en vain de rechercher quelque plus belle matiere pour cette sorte de miroirs ; & cette proposition est faite pour les miroirs concaues & conuexes tant cylindriques que coniques, desquels nous deuons traiter cy-apres; d'autant
qu'il est tres-difficile, d'en faire de verre ou de crystal, qui soient
bons & bien reguliers, c'est à dire, qui gardent exactement en leur
surface la figure qu'on a dessein de leur donner : c'est pourquoy
pour les faire reüssir plus conformes au modelle que l'on se propose
on a trouué moyen d'en faire qu'on appelle communément miroirs
d'acier, qui sont d'vn métal composé de plusieurs autres, ou meslé
de quelques drogues qui luy donnent les qualitez propres à cét effet ; ce métal se fond & se ietre en moule, comme les Fondeurs & les
Orfevres iettent leurs figures: Or la composition & les moules se
peuuent faire en plusieurs façons.

Or on ce met auec vne liure de rosette, & vne demie liure d'estain
de glace, 4 onces de marcasite d'argent, & autant de salpestre, & le
tout estant fondu ensemble, il y aiouste vne tranche de lard & re-
muë la matiere quelque temps dans le creuset auec vne verge de
fer, afin que le meslange en soit plus parfait, & puis il la iette dans
le moule preparé en l'vne des façons que i'expliqueray.

Iean Baptiste Porta au dix-septiesme liure de sa Magie naturelle, chapitre dernier, met sur cinquante liures de vieil airain &
vingt-cinq d'estain d'Angleterre, deux liures de tartre & autant d'arsenic crystallin, & si le tout estant fondu ensemble
& bien purifié, la matiere semble trop dure, ou trop cassan-
te, on peut corriger ce defaut en augmentant ou diminuant la
dose de quelques métaux ou mineraux qui entrent en la composition.

Il y en a qui mettent autant d'estain que de rosette, & sur chaque
liure de cette matiere vne once d'arsenic crystallin, demie once
d'antimoine d'argent, & autant de tartre.

Les autres, mettent deux parties de rosette, vne d'estain, & la
quatriesme de regule d'antimoine, ou au lieu de regule d'antimoine ils vsent d'vne terre minerale noire, presque semblable à l'an-

timoine, qui miſe dans le creuſet, apres auoir euaporé ſon ſouf-
fre donne vne belle liqueur ſemblable à vn métal fondu, laquelle
ſe reſpand ſur vn marbre ou ſur vne pierre bien nette en laiſſant les
ordures au fonds du creuſet.

Il y en a qui font les miroirs de regule d'antimoine tout pur, d'autres y meſlent vn peu d'argent; les autres ne prennent que de la ro-
ſette, & la blanchiſſent à force de poudres & de drogues; en vn
mot chacun de ceux qui s'en meſlent faict la matiere à ſa façon.

Ceux qui en voudront faire ſe pourront ſeruir de quelques vnes
deſdites compoſitions, & l'experience leur fera connoiſtre quelle
ſera la meilleure; car l'vne recevra vn plus beau poly, & ſera plus
blanche, l'autre plus noire: l'vne aura quantité de flaches ou vents
qui s'y mettent en fondant, & l'autre apres eſtre polie ſe gaſtera incontinent à l'air: Bref chacune aura ſes auantages & ſes imperfections; & quand on aura reconnu ce qui rend la matiere capable
d'vn beau poly, & ce qui la fait plus noire & plus luiſante pour rēdre
de plus viues eſpeces, &c. on en pourra faire le meſlange ſi à propos,
qu'il en viendra des miroirs où rien ne manque: i'aioute ſeulement
que quand on y mettra de l'eſtain, il y doit eſtre mis ſur la fin, de
peur qu'eſtant mis auec les autres métaux plus durs à la fonte il ne
ſe calcine.

On peut ietter ces miroirs en deux façons; à ſçauoir en ſable, &
en moule de cire perduë: & pour les ietter en ſable, on en pourra
faire le modelle de bois, de cire, de plomb, ou d'autre choſe ſolide indifferemment, & apres en auoir imprimé la figure ſur le ſable,
pour faire venir le miroir plus net, & moins difficile à polir, on aura
ſoin d'auoir vn poncif bien delié à poudrer les moules, que quelques-vns font de craye, de charbon de ſaule, & de folle farine: & ſi
on veut l'auoir encore plus parfait, on flambera leſdits moules auec
des chandelles de reſine qui rendent vne groſſe flamme & vne noire fumée; & pour la derniere diſpoſition des moules il faut preparer vn conduit pour y faire entrer le métal, & quelques-autres conduits pour donner iſſuë à l'air qui ſe rencontrant dedans pourroit
cauſer des flaches, ou des vents; ſi l'on obſerue tout cecy les ouurages viendront tres-beaux & à demy polis.

Et pour acheuer de les polir quand on les aura tiré des moules,
on ſe peut premierement ſeruir du grez commun dont on paue les
ruës: apres de deux ou trois pierres à aiguiſer, en employant tousjours la plus rude au commencement & les plus douces ſur la fin,
comme eſt la pierre à huyle, & puis la pierre d'hypre: & finalement
on pourra ſe ſeruir d'Emeril bien pilé, & paſſé par le tamis, ou de
tripoli caſſé ou broyé ſur vn porphyre, ou ſur vne écaille de mer
auec de l'eau qui fera vne paſte rouge excellente à cét effet.

Le charbon de ſaule, ou de geneure auec l'huile de tartre, & la
cendre grauelée, la ſuye &c. y ſeruent auſſi: Mais l'experience en-

V ij

feigne qu'il n'y a rien de fi propre à donner le dernier & le plus parfait poly à ces miroirs que de la potée ou chaux d'eſtain bien preparée, c'eſt à dire bien pulueriſée & miſe dans vn vaiſſeau plein
d'eau, afin que le plus groſſier aille au fonds, & que le plus ſubtil
nage ſur l'eau, dont on frotte la ſurface du miroir auec vn cuir bien
doux, ou auec la paume de la main, & il en reüſſit le plus excellent
poly qu'on puiſſe deſirer pourueu que la matiere en ſoit ſuſcep-
tible.

     Pour fondre en moule de cire perduë, il faut premierement faire
le modelle du miroir cylindrique ou conique de la meſme grandeur & eſpeſſeur qu'on le deſire auoir, & puis il le faut couurir d'vne
terre fort deliée que l'on peut compoſer de croye, de vieilles bri-
ques, ou tuiles, de plaſtre, de tripoli, de petits cailloux, de pierre
ponce, d'os de ſeche, & de bouc bruſlez, de roüille de fer &c, toutes leſquelles choſes doiuent eſtre bien pulueriſées, & puis broyées
ſur le marbre ou ſur le porphyre, afin que la matiere qui ſeruira de
premiere couuerture au modele en ſoit plus deliée; ſur laquelle on
en pourra mettre de plus groſſiere pour renforcer les moules afin
qu'ils puiſſent ſuporter la chaleur & la peſanteur du métal fondu: ce
qu'eſtant diſpoſé de la ſorte, on peut mettre ce moule cuire au feu,
& en cuiſant la cire s'eſcoulera par vn conduit fait expres, & ne laiſ-
ſera de vuide au moule que la forme du miroir, laquelle on rempli-
ra de métal preparé comme nous auons dit, puis on rompra le moule, & l'on trouuera le miroir preſt à polir comme i'ay dit.

Eſtant donné vn miroir cylindrique conuexe perpendiculaire ſur vn plan pa-
rallele à ſa baſe, deſcrire en ce plan vne figure, laquelle, quoy que
difforme & confuſe en apparence, produira au miroir par refle-
xion vne image bien proportionnée, & ſemblable à quel-
que objet propoſé.

N Ous appellons miroir cylindrique, celuy qui eſt ſemblable
à vn cylindre, ou à la pierre longue & ronde également par
tout dont on ſe ſeruoit autrefois pour vnir & applanir les lieux où
l'on battoit le grain, & les allées de promenades és iardins, au raport
de Virgile au 2. des Georgiques.

     Area cumprimis ingenti æquanda cylindro.

     I'ay donné le moyen d'en faire de métal, c'eſt pourquoy i'aioute
ſeulement que pour l'ordinaire on fait le modelle du miroir de la
ſeule moitié d'vn cylindre, d'autant que d'vn meſme point, ou d'vn
ſeul œil on n'en ſçauroit voir la moitié entiere par la nonante-hui-
ctieſme propoſition du 4. des Optiques d'Aguilonius, quoy qu'ab-
ſolument parlant, ſi la diſtance qui eſt entre les deux prunelles des

yeux eſt égale au diametre du cylindre, on en voye iuſtement la
moitié; & ſi cette diſtance eſt plus grande, on en voye plus de la
moitié: ſi plus petite, on en voye moins que la moitié, par la nonan-
te-neuſieſme propoſition du meſme: Et comme d'ordinaire le diametre de ces miroirs eſt égal ou plus grand que la diſtance qui eſt
entre les deux yeux, & que celuy dont nous nous ſeruons icy pour
exemple eſt des plus petits qui ſe faſſent communement, il ſuffira
qu'ils ſoient faits d'vn demy cylindre; Neantmoins pour luy donner plus de grace en le montant, c'eſt à dire en luy faiſant ſa baſe &
ſon chapiteau, on acheue l'autre partie du cylindre, ou du corps de
la colomne de meſme matiere que ladite baſe & chapiteau. Mais ce
que i'en dis eſt ſeulement pour ceux qui n'ont aucune connoiſſance
de ces inſtrumens, car ie ne doute point que la pluſpart de ceux qui
ſe meſlent de la Perſpectiue n'en ayent veu pluſieurs.

Voyons maintenant comme il faut faire pareſtre en ce miroir cylindrique mis perpendiculairement ſur quelque plan vne image
bien proportionnee, & ſemblable à quelque obiet propoſé; encore qu'en ce plan il n'y en ait nulle aparence, mais vne ſeule confuſion de traits, comme faits à l'auanture & ſans deſſein: par exemple
s'il eſtoit propoſé de faire au plan de la 44 ſtampe, vne figure, laquelle en vn miroir cylindrique mis perpendiculairement au milieu du cercle KLMNOPQR, parût ſemblable à l'image deſcrite
en la cinquante-ſeptieſme figure, qui eſt l'image de S. François de
Paule: il faut, pour diſpoſition, diuiſer la largeur de l'image, ou de
l'objet propoſé en 6, 8, ou 12 parties égales: nous l'auons icy diuiſé en 12, d'autant que nous auons trouué cette diuiſion commode en noſtre pratique: les chiffres 1, 2, 3, 4, 5, 6, 7; &c. mis au haut
de cette cinquante-ſeptieſme figure montrent comme ſe doit faire
cette diuiſion, laquelle eſtant faite, il faut ſur la hauteur & la longueur de l'image marquer autant d'eſpaces de cette premiere diuiſion qu'elle en pourra porter, comme l'on voit ſur le coſté de l'image, par les nombres 1, 2, 3, 4, 5, 9, 7, 8, 9, 10, 11, 12, 13, 14, que la figure a de longueur ou hauteur 14 meſures, dont elle n'a que douze
en largeur; & par tous les points de ces diuiſions tant de la hauteur
que de la largeur, il faut tirer des paralleles qui diuiſeront l'image
propoſé par petits quarrez, & par ce moyen la diſpoſeront à eſtre
reduite au plan d'où elle doit eſtre portée au cylindre, pour y pareſtre en ſa deuë proportion, pourueu qu'elle ſoit conſtruite audit
plan à propos pour cet effet: ce qu'on pourra faire en cette maniere.

Soient premierement, en la cinquante-huictieſme figure, tirées
les deux lignes droites AB, CD, qui s'entrecoupent à angles droits
ou à l'équiere au point E, duquel, comme centre, ſoient deſcrits le
petit cercle FGHI égal à la groſſeur du miroir cylindrique, où ſe
doit voir la figure, & le plus grand KLMNOPQR repreſentant la

bafe du mefme cylindre ; duquel plus grand cercle foit la circonference diuifée en huit parties égales, és points KLMNOPQR, chacune defquelles fera encore diuifée en deux également, excepté
les deux arcs LM, MN, qu'on doit imaginer derriere le cylindre
mis de la façon que nous auons dit, en forte que ce qui y feroit compris ne pût eftre reflechy par la partie du cylindre capable de reprefenter les obiets : ces deux parties de huit eftant ainfi retranchées,
il faut mener du centre E par tous les points de la diuifion faite en la
circonference, des lignes droites ou rayons à l'infiny, qui pareftront perpendiculaires & paralleles dans le cylindre, & y feront
douze efpaces femblables à ceux que forment les montantes, qui
diuifent la largeur de l'image en la 57 figure

    Or pour tracer fur le plan de la cinquante-huitiefme figure les li-
gnes qui doiuent, au miroir, pareftre paralleles, & en coupant les
montantes à angles droits former auec elles de petits quarrez femblables à ceux de la 57 ; il faut diuifer le demy-diametre El du plus
petit cercle F G H I en 4 parties égales, comme le monftrent les
chiffres 1, 2, 3, 4, & en mettant vne iambe du compas fur le point
3, comme centre, d'interualle à difcretion, fuiuant la hauteur de la
bafe du cylindre, & l'endroit où l'on veut que l'image paroiffe, comme de l'interualle 3 4, pour faire pareftre la figure vn peu au deffus
de la bafe ; il faut, dis-ie, defcrire de cét interualle, vne grande portion de cercle depuis la ligne E L prolongée iufques à EN aufsi
prolongée, & cette portion de cercle pareftra au cylindre comme
vne ligne droite qui le coupera parallelement à fa bafe, & exprimera la premiere ligne d'enbas du parallelogramme qui enferme l'i-
mage en la figure cinquante-feptiefme. Du mefme centre & de
l'interualle 3 b, foit encore defcrite vne portion d'vn plus grand cercle, laquelle auec la premiere, & auec les rayons, ou lignes qui partent du centre I, formera les quadrangles, qui rendront au miroir
des quarrez femblables à ceux de la cinquante-feptiefme figure.
Pour l'efpace, qui doit eftre obferué depuis 4 iufques à b, pour faire reprefenter ces quarrez, en cette methode qui eft mechanique,
on le reconnoiftra plus par difcretion, en experimentant, que par
aucune autre voye : c'eft pourquoy apres auoir fait le premier cercle (ie dis cercle abfolument, par ce qu'il y a peu à dire qu'il ne
foit entier) on fera le fecond en forte que la ligne trauerfante
qu'il reprefentera dans le miroir, foit parallele à la premiere, d'vne
mefme diftance que les montantes font entr'elles ; ce qu'on pourra
faire à veuë d'œil en l'approchant ou l'efloignát felon qu'on iugera
à propos : ce qu'eftant reglé on operera és fuiuans auec facilité, à
fçauoir en augmentant les efpaces compris d'4 b c d, &c. par où doiuent paffer tous les autres cercles, peu à peu & proportionellement,
comme de 20 à 21 ; c'eft à dire en donnant au fecond efpace b c, 21
parties, dont le premier 4 b, n'a que 20 : ce qui fe peut faire par le

moyen du compas de proportion en mettant ſur la ligne des parties
égales à l'ouuerture de 20, la ligne *ab*, & le compas demeurant en
cét eſtat, on prend l'ouuerture de 21, pour *bc* à l'égard de *cd*, &
ainſi de ſuite iuſques à ce qu'on ait marqué tous ces eſpaces comme ils ſe voyent, & tracé les cercles qui feront auec les rayons
ou lignes droites des quadrangles, qui paroiſtront au miroir ſemblables aux petits quarrez de la cinquante-ſeptieſme figure.

Il ne reſte plus maintenant, apres auoir tracé les lignes qui expriment au miroir le montantes & les trauerſantes qui diuiſent l'i-
mage, qu'à reduire les parties de cette image compriſes és quarrez
de la cinquante-ſeptieſme figure, és quadrangles de la cinquante-
huictieſme qui les repreſentent: l'exemple propoſé facilitera la pratique de cette reduction aux moins intelligens, où nous auons marqué le premier rang des quarrez du haut de la cinquante-ſeptieſme figure, & les quadrangles exterieurs de la cinquante huictieſme tout autour de meſmes chiffres 1, 2, 3, &c. iuſques à 12, pour faire
voir que ces derniers repreſentent les premiers, de meſme que ceux
qui ſont au bas de la ſtampe, en la cinquante-huictieſme figure,
marquée de chiffres depuis 1, 2, 3, 4, &c. iuſques à 14, repreſentent
ceux qui ſont à coſté de la cinquante-ſeptieſme figure marquez de
meſmes nombres: de ſorte que pour ſçauoir en quel quadrangle de
la cinquante huictieſme figure doit eſtre reduit l'œil gauche de l'i-
mage, ou quelqu'autre ſemblable partie: il faut premierement
conſiderer en quel quarré de la cinquante-ſeptieſme il eſt compris, eu égard aux nombres mis au deſſus, & à coſté de la meſme figure cinquante-ſeptieſme, & apres auoir recogneu qu'il eſt enfermé dans le quarré, auquel concourent le 5 nombre, d'en haut, & le
2 d'à coſté, il faut ſemblablement le reduire en la cinquante-huictieſme au quadrangle, où ſe rencontrent ces 2 nombres, comme
il ſe voit en l'exemple: de maniere qu'il ocupe à proportion autant
de place en ce quadrangle qu'il en tient au quarré de la cinquante-
ſeptieſme figure, d'où il arriuera qu'il ſera extremement difforme
ſur ce plan, veu que demeurant à peu prés en ſa meſme largeur, il
ſera eſtendu en longueur à proportion que ces quadrangles ſurpaſ-
ſent les quarrez de la cinquante-ſeptieſme figure. Il faut faire la
meſme choſe ſur toute la figure, laquelle eſtant deſſeignée &
acheuée, ne manquera pas de produire au miroir l'effet pretendu.

Remarquez que le graueur n'a pas exactement ſuiuy mon deſſein en la diſpoſition & l'augmentation des eſpeces compris entre
les cercles, comme l'on peut voir en la figure, que le dernier eſpace qui devroit eſtre le plus large, eſt neantmoins plus eſtroit que
celuy qui le precede, particulierement du coſté de la main droite:
mais cette faute eſt de peu d'importance, & n'empoſche pas qu'on
n'entende le reſte.

COROLLAIRE I.

Cette conftruction femble eftre faite fans obferuation des angles d'incidence & de reflexion, & fans diftance & hauteur de l'œil dererminée : auffi ne pretends ie pas qu'elle foit dans vne parfaite demonftration de toutes les maximes de la Catoptrique, car i'ay voulu donner vne methode fort familiere & intelligible à ceux mefmes qui font les moins verfez és principes des Mathematiques : pour lefquels i'ay dreffé vne pratique mechanique qui fert pour faire reüffir vn bel effet, dont i'ay vfé dans toutes les figures, faites pour le cylindre, lefquelles ont efté affez eftimées de ceux qui s'en meflent, & trouuées auoir vn tres-bel effet au miroir, comme le peuuent tefmoigner ceux qui en ont veu quelques-vnes dans noftre Bibliotheque de la place Royale, entre lefquelles il y en a vne femblable à celle de la ftampe, mais vn peu plus grande : ce qui fe reconoiftra encore par experience fi l'on enlumine, & fi l'on ombrage l'image de la cinquante-huictiefme figure, apres l'auoir attachée fur vn plan bien vny, & auoir mis vn mis vu miroir de la groffeur fpecifiée au milieu du cercle KLMNOPQR. La reduction des obiets qui ne font compofez que de lignes droites, reüffit fort bien par cette methode, comme i'ay experimenté en reduifant vne chaire femblable à celle de la trentiefme figure de la 18. planche, qui reüffit fort bien au cylindre, encore que fur le plan elle ne reffemble point à vne chaire & qu'elle foit prefque toute compofée de traits de regle & de compas : ce qui fait voir, auffi bien que les trauerfantes de la cinquante huictiefme figure, que les lignes circulaires pareffent droites dans le cylindre : Or oütre la facilité d'operer, ie trouue plus de certitude à les faire de la forte, qu'à conduire des lignes courbes de point à autre, comme ie diray dans la propofition qui fuit, d'autant que le compas dans la regularité de fon monue ment vniforme, ne s'efloignera pas tant du vray chemin que la main, pour affeurée qu'elle foit, & qui ne fçauroit faire vn cercle parfait fans compas, & beaucoup moins ces lignes qui font beaucoup plus difficiles à tracer.

Mais le tout confifte à leur choifir vn centre bien à propos, de maniere que fi on vouloit conftruire de ces figures pour vn autre cylindre qui fuft beaucoup plus gros, & qu'ayant diuifé le demy-diametre de la groffeur du cylindre en 4 parties égales, & mis le centre fur la troifiefme, on vift que les lignes circulaires paruffent au miroir courbées vers la partie inferieure : il faudroit approcher ce centre plus prés de la circonference : & fi au contraire elles pareffoient telles vers la partie fuperieure, il faudroit reculer ce mefme centre vers celuy du cercle qui exprime la groffeur du cyliudre.

Pour le point de veuë, il n'eft pas tellement indeterminé, que ie
ne

ne le ſupoſe dans la conſtitution plus ordinaire, dans laquelle on
peut voir ces figures ; car elles doiuent eſtre miſes ſur vne table de
hauteur ordinaire à ſçauoir de deux pieds 7 ou 8 pouces : la baſe du
cylindre peut auoir vn pouce & demy ; & la hauteur de l'œil par deſſus le plan de la table deux pieds , comme la diſtance du cylindre.

Si on demande pourquoy ie mets le centre des cercles qui repreſentent au miroir les trauerſantes , ſur la troiſieſme partie du demy
diametre de la groſſeur du cylindre : pourquoy telle proportion entre les eſpaces compris de ces cercles, & ainſi du reſte de cette cõ-
ſtruction. Ie reſponds qu'apres auoir rencontré vne methode facile en ce ſujet, ie me ſuis efforcé de la conformer à ſon effet autant
que i'ay peu, ſans la rendre auſſi difficile que celle qui procede par
les principes de la catoptrique, & qu'ayant experimenté combien
d'vne certaine hauteur de l'œil, & d'vne certaine diſtance les eſpaces Perſpectifs diminuent en la conſtruction geometrique, i'en ay
approché en la mechanique autant qu'il ſe peut, ou que l'on peut
raiſonnablement ſouhaiter pour de telles pratiques.

COROLLAIRE. II.

Il y en a pluſieurs, qui ſe ſeruent d'vn treillis diuiſé par petits
quarreaux, qu'ils mettent entre le miroir, & vne lumiere qui eſt au
point de veuë, & qui marquent ſur le plan les quadrangles qui y
ſont formez par la reflexion, pour y faire puis apres la reduction de
toutes ſortes de figures, comme nous auons dit : mais autant que i'ay
peu deſcouurir par l'experience, cette methode a fort peu d'effet &
eſt tres-difficile à pratiquer ; & ſi elle reüſſiſſoit, il ſeroit plus court
de picquer la figure meſme qu'on y voudroit reduire, & puis de
l'expoſer de la ſorte entre le miroir & la lumiere pour en tracer
la reflexion ſur le plan : quoy qu'il valle mieux de ne s'y pas
amuſer, d'autant que la maniere que i'ay donnée eſt beaucoup
plus facile, & plus aſſeurée. Et ſi elle ne ſatisfait pas les plus difficil-
les, & qu'ils en deſirent des methodes demonſtratiues, qu'ils ſe ſeruent de celle du ſieur Vaulezard, lequel a fort bien eſcrit ſur ce ſujet, & qui eſt l'vn des grands Analyſtes, & des ſçauans Geometres
d'auiourd'huy : ils pourront encore voir ce qu'en a eſcrit Herigone
dans la neufieſme & derniere propoſition de ſa Perſpectiue, où il en
donne vne methode ; finalement ils ſe pourront ſeruir de celle que
ie vais propoſer.

X

PROPOSITION IV.

Estant donné vn miroir cylindrique conuexe perpendiculaire sur vn plan paral-
lele à sa base, descrire geometriquement en ce plan vne figure ou image, la-
quelle, quoy que difforme & confuse en aparence, estant veuë d'vn certain
point, produise par reflexion d'vn miroir vne image bien proportionnée, & sem-
blable à quelque obiet proposé.

CEtte proposition ne differe de la precedente, qu'en ce que la
construction en est plus exacte, & procede geometriquement. Donc apres auoir diuisé, comme en la precedente, l'image
ou l'obiet proposé, en plusieurs parties égales tant en hauteur,
qu'en largeur: par exemple, supposé que l'image naturelle soit comprise au quarré A A, BB, CC, DD, de la 45 planche, qui est diuisé
en 36 autres petits quarrez, à sçauoir 6 en hauteur, & 6 en largeur;
il faut tracer sur le plan parallele à la base du miroir cylindrique vne
figure, laquelle veuë d'vn point donné paresse au miroir semblable
à ce quarré, & par consequent que l'image comprise du mesme
quarré, estant reduite aux quadrangles de la figure qui reüssira de
la construction, soit aussi veuë bien proportionnée & de mesme
qu'au quarré.

Pour ce suiet, soit premierement tirée la ligne droite A B,
qui sera coupée à angles droits au point C par la ligne D E égale au diametre de la grosseur du cylindre donné: & puis du point
de l'intersection C, comme centre; de l'interualle CD, ou CE, soit
descrit le petit cercle DFEG qui exprime la grosseur du cylindre,
duquel le diametre D E sera diuisé en autant de parties que la largeur de l'image proposée: nous la supposons icy diuisée en 6 parties
égales au quarré A A, BB, C C, DD; C'est pour quoy nous auons
aussi diuisé ce diametre en six, és points DHICKLE; ce qu'estant
fait, soit pris en la ligne AB le point B, aussi esloigné du cercle D
GEF, qu'on le trouuera à propos: nous appellerons ce point, le
point principal abbaissé sur le plan; duquel point soient tirées à
tous les points de la diuision du diametre DHICKLE, des
lignes droictes B D, B H, B I, B C, B K, B L, B E, qui
couperont la circonference du petit cercle B H en Ɵ: BI en R:
BC en F: BK en S: BL en T: & BD & DE touchantes, en D
& en F.

On trouuera la reflexion de ces incidentes en cette maniere: du
centre C, d'interualle à discretion, soit descrit vn plus grand cercle
M N O P, & du point d'intersection de la ligne incidente & de la
circonference du cercle D F E G, comme centre, à l'interualle de
la portion de la ligne incidente dont on cherche la reflexion
comprise entre les circonferences des deux cercles, soit fait vn arc

de cercle qui coupera l'incidente & la circonference du grand cercle en vn mesme point, & la circonference du grand cercle de rechef en vn autre point ; par lequel & par celuy du centre de cét arc
sera tirée la reflechie à l'infiny : par exemple, s'il faut trouuer où se
reflechit la ligne incidente BQ, en mettant l'vne des iambes du
compas au point Q, ou en estendant l'autre iusques au point *a*, où la
circonference du grand cercle coupe cette incidente, on fera l'arc
du cercle *bc* qui coupera cette circonference encore vne fois au
point *c*, par lequel point *c*, & par le point Q, centre de l'arc du cercle,
on tirera Q*d* pour la reflechie de l'incidente BR : pour auoir la reflechie de l'incidente BR, on formera du centre R, de l'interualle
R*e*, l'arc de cercle *fg*, & par le point *g* sera tirée R*h*, qui sera la reflechie : pour les deux lignes BD, & BE, il les faut prolonger à l'infiny,
parce qu'elles doiuent seulement toucher la circonferéce és points
D, E, en sorte que DV, EX soient les dernieres des reflechies ; & la
ligne BF se reflechira en elle-mesme, parce qu'elle tombe à angles
droits sur la surface du miroir cylindrique : il ne reste donc plus que
les reflechies des deux incidentes BS, BT, lesquelles estant trouuées, par la mesme voye que les deux BQ, BR, le miroir estant mis
en sa place tant à l'esgard du plan de la figure que du point de veuë,
les lignes DV, Q*d*, R*h*, FB, S*m*, T*q*, EX, y representeront parfaitement toutes celles qui diuisent la largeur de l'image entre AA D
D, & BB CC.

Il faut trouuer sur le plan celles qui dans le miroir doiuent representer les trauersantes qui diuisent la longueur ou la hauteur de l'i-
mage entre AA BB, & CC DD. Tirez donc la ligne droite FY qui
touche le petit cercle DFEG au point F, parallele à BZ, & égale à
la hauteur du cylindre auec sa base, de laquelle ligne retranchez la
hauteur de la base depuis le point F, & suposez d'vn pouce & demy
F1 : & depuis 1 vers Y prenez sur cette ligne autant d'espace qu'en
contient la hauteur de l'image, eu esgard à sa largeur ; comme dans
l'exemple, supposant l'image aussi haute que large, suiuant le quarré AA BB CC DD, dont les costez sont égaux au diametre du cylindre : il faut depuis 1 vers Y prendre vn espace égal à l'vn de ces costez AA DD, & le diuiser semblablement en six parties égales,
comme il se voit és points 1, 2, 3, 4, 5, 6, 7, sur la mesme FY. Cela
estant fait, soit de B point principal abaissé sur le plan tirée vne perpendiculaire à l'infiny qui fasse vn angle droit auec FB, elle sera BZ,
sur laquelle au point Z (que ie supose esloigné de B de huit pouces,
& par consequent hors le plan de la stampe dans la rencontre de la
ligne BZ, & des lignes ponctuées, qui passent par les points *rstux*
yz) soit estably le point de la hauteur de l'œil, que nous pouuons
appeller point de veuë esleué sur le plan, duquel point, par tous
les points 1, 2, 3, 4, 5, 6, 7, de la diuision de la ligne FY, soient tirées
les lignes droites occultes iusques sur la ligne FA qu'elles couperont

X ij

és points *r ſ t u x y z*, & determineront la grandeur des efpaces compris entre les lignes courbes qui doiuent reprefenter au miroir les trauerfantes qui diuifent la hauteur de l'image. Or pour tranfporter les efpaces de ces diuifions fur les lignes DV, Q*d*, R*h*, S*m*, T*q*, E X, on procedera de la forte.

Sur la ligne FA l'on prendra la diftance qui eft depuis le point F iufques au point *r*, & on la tranfportera depuis le mefme point F iufques à 1 vers B : & l'vne des iambes du compas demeurant toufiours en F, on eftendra l'autre iufques au point *ſ*, & on tranfportera derechef cét efpace vers B au point 2 , iufques à ce qu'on les y ait tous marqué de la forte, 1, 2, 3, 4, 5, 6, 7 : pour la diuifion proportionelle des autres reflechies DV, Q*d*, R*h*, &c. il faut ioindre lefdites lignes refpeȼtiuement, chacune à celle qui luy refpond : par de petites lignes droites R S, QT, & par le diametre DE qui ioint les deux dernieres en forte qu'elles coupent toutes la ligne AB à l'equiere, ou à angles droits ; & du point de leur interfeȼtion, il faut prendre les diftances de la ligne FA, qui font de ce point d'interfeȼtion aux points *r ſ t u x y z*, & les tranfporter du point d'incidence fur les lignes de reflexion : par exemple, pour diuifer proportionellement la reflechie Q*d*, il faut tirer la ligne QT & en coupant AB à angles droits, & en mettant l'vne des iambes du compas au point de cette interfeȼtion, il faut eftendre l'autre iufques fur les poinss *r ſ t u x y z* fucceffiuement , & à mefure tranfporter ces efpaces fur la ligne Q*d*, depuis le point Q vers *d*, comme ils fe voyent marquez fur cette ligne 1, 2, 3, 4, 5, 6, 7. On operera de mefme refpeȼtiuement pour toutes les autres, fur lefquelles toutes les diuifions eftant marquées de la forte, il faut par tous ces points mener des lignes courbes, en forte que la premiere coupe les lignes D V, Q*d*, R *h*, F B, S *m*, T *q*, E X, és points marquez 1 ; la feconde coupe toutes les mefmes lignes, és points marquez 2 , & ainfi des autres ; d'où fe formeront fur le plan des quadrangles qui reprefenteront au miroir des quarrez auffi parfaits que ceux du plan naturel propofé A A B B C C D D.

Mais parce qu'il y a de la difficulté à bien tracer ces lignes courbes, on peut pour operer plus iuftement diuifer le diametre D E en douze parties, ou d'auantage ; encore que ie ne l'aye icy diuifé qu'en fix , pour ne pas embaraffer la figure : car operant fur toutes les treize lignes qui comprendront les efpaces de cette diuifion, comme nous auons fait fur fept, plus les points, par où doiue it paffer les lignes courbes, feront proches l'vn de l'autre, & moins l'operation fera fujette à erreur : pour la reduȼtion des images, elle me femble affez clairement exprimée dans la figure de la propofition precedente.

COROLLAIRE I.

Il faut remarquer sur le sujet de cette proposition, que selon la diuersité de la situation du point de l'œil, le lieu de la reflexion se change aussi: de maniere que sur vn mesme plan, pourueu qu'il soit assez grand, nous pouuons peindre plusieurs images qui se verront successiuement l'vne apres l'autre dans le miroir, en establissant plusieurs points de veuë les vns plus pres du miroir, & les autres plus loin; les vns plus esleuez sur le plan, & les autres moins; ce qui causera vne diuersité fort agreable, puis qu'en regardant de pres ou de haut, on verra parestre au miroir ce qui sera causé par la reflexion de ce qu'on aura peint en la partie du plan plus proche de la base du miroir: au contraire en s'en esloignant ou s'abbaissant on y verra ce qui en sera le plus esloigné sur le plan: Et de cette façon on peut faire 6, 7 ou 8 pourtraits differens qui sembleront à celuy qui s'en approchera peu à peu, monter l'vn apres l'autre dans le miroir, & s'esuanoüir par le haut, quand l'œil ne sera plus au lieu necessaire pour les voir, ce qui causera vn grand estonnement à ceux qui en ignorent la cause.

COROLLAIRE II.

On peut encore tracer des figures pour le miroir cylindrique sur des plans perpendiculaires au plan de sa base, mais elles ne seront pas si difformes: i'estime d'auantage celles qui sont depeintes partié sur vn plan parallele à la base du miroir, partie sur vn autre plan perpendiculaire à ce premier, & parallele à la surface du cylindre, lesquelles se voyent au miroir aussi parfaitement reünies que si elles n'estoient qu'en vn seul plan; il s'en void de cette façon d'assez belles à Paris.

Mais sans sortir hors de l'estenduë de nostre proposition, on peut tellement disposer l'artifice de ces figures que ceux qui en verront les apparences les pourront prendre pour des illusions ou prestiges de magie: Car on peut sur quelque plancher, au lieu de pauement, dresser des marqueteries ou pieces de raport, de bois ou de marbre, quelques-vns de ces figures conformement au dessein qu'on en aura fait premierement sur du papier ou du carton, & mettre des colomnes, ou miroirs cylindriques en des lieux propres à l'effet que nous en pretendons; en sorte que les colomnes ne paressent pas inutiles & semblent mises pour supporter le fais du bastiment, ce qui sera fort agreable: car oûtre qu'elles seront dans l'ordre de l'Architecture, & qu'elles seruiront d'ornement, on sera surpris, quand apres auoir veu le corps de ces colomnes esclatant de lumiere par leur beau poly, & sans aucune image ou peinture, à

X iij

mesure qu'on s'en approchera l'on verra s'esleuer dedans peu à peu les images ou representations de ce qu'on se sera proposé d'y faire voir, iusques à ce qu'estant au point où se doit regulierement faire la reflexion, on voye les objets tous entiers ; mais en ce cas il faut establir le point de hauteur de l'œil à la hauteur plus ordinaire d'vn homme : c'est à dire qu'il doit estre esleué sur le plan de la figure autant qu'on supose l'œil d'vn homme droit esleué de terre, c'est à dire enuiron cinq pieds.

On pourroit commodément construire de ces figures sur quelque plancher au haut de l'ornement d'vne demie cheminée qui auroit à chaque costé vne colomne ou vn miroir cylindrique qui entreroit dans l'ordre de son Architecture, & qui seruiroit encore à reünir & à reflechir les especes de ces figures qu'on dresseroit à propos.

Et au lieu des pieces de Perspectiue qu'on fait ordinairement és plats-fonds, on en pourroit peindre de celles-cy en suspendant au milieu d'vn plat-fonds vn miroir cylindrique attaché par son chapiteau, (qui sera en la construction consideré comme la base) auec quelque boucle ou cordon, & en desseinant au tour ce qu'on voudra y faire parestre, en sorte que la reflexion s'en fasse en bas au point de veuë éleué de terre enuiron cinq pieds comme nous auons dit : & mesme on pourroit establir des points de veuë en deux ou trois endroits differents pour y faire voir plusieurs differentes figures tout au tour, si toute la surface de la colomne ou cylindre estoit en miroir.

Cette inuention me semble aussi fort vtile, & tres-agreable pour l'embellissemement des grottes, puis qu'on en peut facilemenr appliquer l'vsage, sur les plats-fonds qu'on fait ordinairement d'ourages de rocailles, en les figurant comme de la marqueterie, pour vn dessein fait exprés pour representer dans vn miroir cylindrique pendu au milieu de la grotte tout ce qu'on se seroit proposé.

COROLLAIRE III.

Parce qu'il seroit long & incommode à chaque figure, qu'on veut desseiner pour le cylindre, de tracer les lignes, & faire des obseruations necessaires, particulierement en la methode Geometrique, ie conseille de tracer d'vne seule obseruation sur quelque grande feüille de papier autant de trauersantes qu'il en faut pour ocuper & diuiser toute la hauteur du miroir en parties égales, & qui fassent auec les montantes des quarrez ; ce qu'estant fait, on les picquera auec l'aiguille pour s'en seruir auec le poncif, comme ie l'ay pratiqué pour toutes les figures que i'ay faites : car ayant poncé lesdites lignes sur le plan où l'on veut descrire la figure, on prend au-

tant de quadrangles que l'objet proposé a de quarrez, pour y faire
la reduction, laquelle estant faite, toutes ces lignes tant les super-
fluës que celles qui ont feruy à la reduction, s'effacent auec quelque petit linge ou drappeau, & la figure demeure feule & nettement deffeinée.

Pour ceux qui voudront, apres auoir tracé quelques-vnes de ces
figures, en faire des copies, parce qu'elles doiuent estre extremement exactes, ils se pourront feruir du parallelogramme lineaire de
Skeiner, auec lequel ils les copieront proportionellement pour des
cylindres de toutes grandeurs, s'ils en fçauent bien l'vfage : Et s'ils
les veulent copier en mefme grandeur & pour des cylindres de mefme grandeur & de mefme groffeur, ils les pourront contretirer à
trauers vn papier huylé d'huyle de noix ou d'afpic, & deffeiché, ou
encore mieux auec du papier fin imbu d'huyle de therebentine, de
maftic, & d'huyle d'afpic incorporez enfemble fur le feu, car ce
papier fera non feulement diafane & tranfparent, mais encore
fufceptible de traits d'ancre, auffi bien que de crayon : & les
ayant contretiré de la forte, ils en feront vn poncif dont ils fe fer-
uiront pour faire le trait.

Ce qu'on peut auffi pratiquer és figures dont nous auons traité
cy-deuant, & en celles du miroir conique, defquelles nous traiterons incontinent, apres auoir encore auerti ceux qui s'exercent en
ces pratiques, qu'ils faffent vn bon choix des figures qu'ils y veulent
reduire, d'autant que le plan où pareft l'image au cylindre, eftant
long & eftroit, on auroit mauuaife grace d'y reduire des images
courtes & larges : ce qui doit eftre remis à la difcretion de celuy qui
y trauaillera.

Quant aux figures qu'on fait pour le miroir cylindrique concaue, elles ne font pas beaucoup à eftimer, parce qu'elles ne font pas
d'ordinaire grandement difformes fur le plan, & n'ont pas vn bel effet au miroir, lequel oblige encore à le faire d'vne grandeur tellement proportionnée à l'efloignement du point de veuë, qu'on ne
voye pas deux ou trois images pour vne, parce que cela caufe de la
confufion. C'eft pourquoy il n'eft gueres en vfage, & nous ne
nous amuferons pas icy à traiter de la conftruction de ces figures ;
veu principalement que ceux qui defireront s'en inftruire pourront
voir ce qu'en a efcrit le fieur Vaulezard ; & les plus adroits & inuentifs s'en pourront dreffer vne pratique mechanique à l'imitation de
celle que nous auons donné en la troifiefme propofition de ce liure
pour le miroir cylindrique conuexe.

PROPOSITION V.

Estant donné vn miroir conique conuexe sur vn plan parallele à sa base, le point de veuë estant en la ligne de l'axe, laquelle soit perpendiculaire au mesme plan, esloigné du mesme plan & de la pointe du miroir d'vne distance proposée : descrire sur ce plan autour du miroir vne figure, laquelle quoy que difforme & confuse en apparence, estant veuë de son point par reflexion dans le miroir, paresse bien proportionnée & semblable à quelque obiet proposé.

LE sieur Vaulezard explique au 11 probleme de sa Perspectiue cylindrique, vne methode tres-exacte, laquelle ie rends icy plus familiere pour les Praticiens.

Et pour ce suiet ie mets vn exemple de la reduction des obiets ou figures proposées, qui seruira pour en faciliter l'vsage & la practique, qui est plus difficile qu'on ne s'imagine quand on ne l'a pas experimenté. I'aiouteray encore pour Corollaire vne inuention gentille tirée de cette proposition, pour dresser vne figure, dont vne partie soit veuë directement & de front ; vne autre directement & de costé, & la troisiesme par reflexion, auec quelques-autres pensées nouuelles sur ce suiet.

Il faut donc premierement diuiser l'image ou l'objet proposé par le moyen d'vne figure semblable à la soixantiesme de la 46 planche, en l'enfermant dans vn cercle tel qu'est B C D E F G, qui sera diuisé par plusieurs diametres s'entrecoupans au centre A en six ou huit triangles égaux : Nous l'auons icy diuisé en six par les trois diametres B E, C F, D G ; de plus quelqu'vn des demy-diametres, comme A B, sera aussi diuisé en six parties egales, ou dauantage, si on le trouue plus commode ; & du centre A, par les points de cette diuision seront faits cinq cercles concentriques auec le premier BCDEFG, lesquels, auec les diametres qu'ils couperont en quelques endroits, formeront plusieurs quadrangles, & quelques triangles qui diuiseront l'image comme il est requis.

Il faut encore tracer sur le plan proposé autour du miroir vne figure, laquelle quoy que differente de cette-cy, luy paresse neantmoins semblable estant veuë par reflexion dans ce miroir, d'vn point determiné en la ligne de son axe, afin que les figures ou images reduites proportionnellement de l'vne en l'autre paressent aussi semblables, chacune estant veuë en sa façon.

Soit donc, en la soixante-vniesme figure, tirée la ligne NZ aussi longue qu'il sera necessaire, & au milieu d'icelle soit marqué le diametre de la base du cone, que nous supposons estre AC, sur laquelle ligne AC sera esleué le triangle ABC égal & semblable à celuy que formeroit le diametre de la base, & les deux costez du cone s'il

estoit

eſtoit coupé par quelque plan paſſant par ſon axe; de ſorte qu'AB,
& BC, repreſentent les deux coſtez du cone, comme AC repreſente le diametre de ſa baſe, laquelle eſt exprimée par le cercle ATXC,
que nous ſuppoſons entier, auſſi bien que les autres, encore que
nous n'en ayons marqué que la moitié pour ne point embroüiller la
conſtruction. Or la circonference de ce cercle de la baſe ſera diuiſée en ſix parties égales, auſſi bien que le cercle BCDEFG de la ſoixantieſme, comme la moitié ATXC eſt diuiſée en trois arcs, ou eſpaces égaux AT, TX, XC; & du centre D, par tous le points de cette
diuiſion ſeront tirées des lignes droites à l'infiny DN, DV, DY, DZ,
leſquelles exprimeront & repreſenteront au miroir des diametres
ſemblables à ceux qui diuiſeroient ſa baſe en 6 parties égales, comme BE, CF, DG, en la ſoixantieſme figure, en quelque diſtance que
ſoit l'œil de la pointe du miroir B, pourueu qu'il ne ſoit pas hors la ligne de l'axe DE.

Mais pour trouuer les proportions qui doiuent eſtre gardées
pour les eſpaces compris des cercles depuis A iuſques à N, afin
qu'ils pareſſent au miroir égaux entr'eux, & ſemblables à ceux de
la ſoixantieſme figure, ſoit diuiſé le demy-diametre de la baſe A
D en autant de parties égales comme AB de la ſoixantieſme figure, à ſçauoir en 6, és points HIKLMD, & de tous ces points ſoient
tirées des lignes droites occultes au point E; HE, IE, KE, LE,
ME, DE, qui ſeront les incidentes, couperont la ligne AB, qui
eſt le coſté du cone propoſé: HE, en 1: IE, en 2: LE, en 4: ME, en
5: DE, en 6. Or pour trouuer les reflexions de ces incidentes, il
faut ſçauoir la diſtance du point de l'œil, c'eſt à dire combien il eſt
eſleué ſur le plan où eſt deſcrite la figure; ou de la pointe du miroir
qui nous eſt repreſentée en B, & le ſupoſant eſleué ſur le plan de la
diſtance DE, & ſur la pointe du miroir de la diſtance BE, ſoit miſe
l'vne des iambes du compas au point B, duquel comme centre, &
de l'interualle BE, ſoit deſcrit l'arc de cercle EFG, qui conpe la
ligne du coſté du cone AB prolongée iuſques en F; & ſoit fait
FG égal à FE; puis du point G, par tous les points des interſections du coſté du cone, & des incidentes 1, 2, 3, 4, 5, 6, ſoient
tirées des lignes droites occultes, leſquelles venant à tomber obliquement ſur la ligne AN marqueront les points SRQPON,
par leſquels doiuent paſſer les cercles tirez du centré D, qui repreſenteront au miroir ceux de la ſoixantieſme figure, & les eſpaces compris d'iceux égaux & ſemblables, pourueu que l'œil
ſoit en la ligne de l'axe eſleué par deſſus la pointe du miroir, de
la diſtance BF.

Ayant ainſi tracé la figure entiere, comme nous auons fait la
moitié NVYZ, la reduction de l'image ſe fera de ſorte que ce qui
eſt au plan naturel en la ſoixante-deuxieſme figure de la 47. plan-

Y

che plus proche du centre , en foit le plus efloigné à proportion en la foixante-troifiefme; ce qui la rendra extremement difforme, d'autant que les mefmes parties de l'obiet qui feront les plus referrées en la foixante-deuxiefme , feront les plus eftenduës en celle-cy : par exemple, ce qui eft en la foixante-deuxiefme, compris és fix petits triangles qui font au centre , fe trouue deuoir eftre reduit en la foixante-troifiefme és fix quadrangles $a1, a2, a3, a4, a5, a6$; l'on peut encore recognoiftre que ce qui eft en la foixante deuxiefme au quadrangle BHIC, eft reduit en la foixante-troifiefme au quadrangle marqué de mefmes caracteres $bhic$; & ce qui eft compris en HLMI, eft reduit en $hlmi$, & ainfi du refte.

Le trait de l'image eftant acheué, comme il fe voit en la ftampe, on y peut aioufter le coloris, & les ombres, pour auoir vne figure parfaite & difpofée à produire vn bel effet en vn miroir conique de la grandeur determinée, qui fera mis au cercle $bcdefg$.

Que fi quelqu'vn en veut faire l'effay fur l'exemple mefme , en le peignant de coloris; ou qu'il fe veüille feruir du trait des lignes ponctuées pour y reduire d'autres figures femblables en la façon que i'ay dit, fans qu'il ait la peine de faire faire le modele de ce miroir , il en trouuera de cette mefme grandeur , & fur ce modele, comme auffi des cylindres femblables à celuy dont ie me fers chez les heritiers de feu le Seigneur au fauxbourg S. Germain, car ie luy ay donné les modelles de l'vn & de l'autre , & ie l'ay connu l'vn des meilleurs ouuriers de Paris pour faire de ces miroirs de métal de toutes fortes.

Pour le point de veuë; bien qu'il doiue eftre fort exactement placé , à raifon que ce qui eft au limbe exterieur du plus grand cercle en la conftruction doit eftre veu iuftement à la pointe du cone, ce qui pourroit varier aifément : toutes fois il faut principalement prendre garde à l'eftablir iuftement en la ligne de l'axe perpendiculaire au plan où eft defcrite la figure de forte qu'il ne foit hors cette ligne ny d'vn cofté ny d'autre; ce qu'on pourra faire par le moyé d'vne regle percée au milieu d'vn petit trou & mife en trauers & fouftenuë par deux petits piuots plantez aux deux coftez de la figure : car hauffer ou baiffer vn peu plus ce point de veuë pourueu qu'il foit toufiours en la ligne de l'axe ne caufe pas grand' erreur: & mefme il fera quelquesfois à propos de hauffer l'œil par deffus l'obiet vn peu plus qu'il n'eft prefcrit en la cóftruction, veu que pour l'ordinaire il faudra mettre ces figures à terre au bas de quelque feneftre, afin que le grand iour fe rompe, & ne tombe pas fi viuement fur le cofté du cone, comme il fait eftant mis fur vne table à niueau d'vne feneftre; ce qui eft caufe que la partie de l'image qui fe reflechit en ce cofté, ne fe void pas fi bien, à caufe de la trop grande incidence de lumiere qui affoiblit les efpeces du miroir: on peut

neanmoins y remedier en moderant cette lumiere par l'interpoſition d'vne feüille de papier blanc, & bien delié qu'on dreſſera entre le paſſage de la lumiere & l'obiet; ce qui fera voir la figure & le
miroir également eſclairez par tout.

COROLLAIRE.

L'vſage de cette propoſition ſe peut appliquer auec beaucoup
de grace à l'ornement des plats-fonds, de meſme que nous auons
dit du cylindre au ſecond corollaire de la quatrieſme propoſition :
à ſçauoir en attachant au milieu de ce plat fonds vn miroir conique
ayant la pointe en bas, & en deſſeinant autour de ſa baſe ſur vn plan
qui luy ſera parallele ce qu'on voudra y faire voir, en eſtabliſſant le
point de veuë en bas eſleué de terre enuiron la hauteur d'vn homme, de ſorte que quiconque ſe rencontrera directement ſous la
pointe du miroir en regardant en haut, y verra vne image bien proportionnée naiſtre d'vne confuſion de traits, & de couleurs miſes
comme à l'auanture & ſans deſſein.

On peut meſme peindre pluſieurs de ces figures ſur vn meſme
plan, pourueu qu'il ait aſſez d'eſtenduë, leſquelles ſe verront ſucceſſiuement l'vne apres l'autre, en hauſſant ou baiſſant le miroir ſur
ce plan, en ſorte que ſa baſe demeure touſiours parallele au meſme
plan.

Mais, par vn artifice beaucoup plus admirable, on peut de cette
propoſition, tirer la methode de conſtruire en quelque plan, ſoit
en haut ou en bas, ſoit ſur quelque paroy perpendiculaire à l'horizon, vne figure dont vne partie ſoit veuë directement & de front ;
vne autre partie directement mais de coſté; & vne troiſieſme partie
par reflexion, on y peut à mon auis proceder de la ſorte.

Soit vn plan propoſé rond, triangulaire, quarré, pentagone, ou
tel autre qu'on voudra pour y dreſſer cette figure, il faut premierement dans l'eſtenduë de ce plan faire le deſſein ſoit d'vn pourtrait,
d'vn payſage, ou d'vne hiſtoire : en apres au milieu du deſſein ſoit
fait vn cercle de grandeur à diſcretion, qui laiſſe autour de ſoy en
dehors vne partie du deſſein deſcrit au plan, laquelle partie ſera celle qu'on verra de front & directement ; qui pour ce ſuiet ne doit
point eſtre changée ny alterée, mais doit eſtre laiſſée en ſa proportion naturelle. Or ſupoſé que ce premier cercle ait vn pied de diametre, on en fera encore vn autre plus petit de la moitié, ou des
deux tiers, qui luy ſera concentrique & parallele; & la partie de
l'objet compriſe entre les circonferences de ces deux cercles ſera
diuiſée & transferée en la ſurface exterieure d'vn cone dont la baſe
ſera égale au plus grand cercle; & cette partie de l'image ou du tableau tombera encore ſous la viſion droite, & pour ce ſujet, il faut
retrancher vne partie de ce cone vers la pointe, par exemple de 3

Y ij

ou 4 pouces de hauteur ; au lieu de laquelle on ſubſtituëra vn miroir qui ſera fait d'vn cone égal & ſemblable à la portion retranchée
auquel on fera voir par reflexion la partie de l'obiet compriſe au
plus petit cercle, apres l'auoir diuiſée & deſſeinée ſelon les regles
preſcrites en cette propoſition , au meſme plan de la figure prolongé tant qu'il ſera neceſſaire, ou dans vn autre plus eſloigné de la
baſe de ce petit cone. Il n'eſt pas neceſſaire d'expliquer cecy plus
clairement ; ceux qui auront vn peu d'addreſſe ne ſçauroient manquer de reüſſir en cét artifice, qui paſſera touſiours pour vne des
gentilles inuentions que nous fourniſſe l'optique.

On peut encore tracer des figures pour le miroir conique conuexe, ſur vn plan torné en cercle perpendiculaire au plan de la baſe
du meſme miroir : la conſtruction en eſt facile, & ſe peut tirer de
celle qui a eſté donnée en la propoſition, c'eſt pourquoy nous ne
nous y arreſterons pas.

Ie n'ay que faire de repeter en ce lieu qu'on peut orner & embel-
lir les grottes de ces artifices, parce que ce que i'ay dit du cylindre
à ce propos ſe peut auſſi vſurper pour le cone.

Pour le miroir conique concaue, il eſt encore moins en vſage
que le cylindrique concaue, tant à raiſon que les figures qu'on
pourroit conſtruire à ce ſujet ne ſeroient pas ſi eſtranges, que celles qu'on fait pour le conuexe (leſquelles viennent en la conſtruction d'autant plus difformes & eſtenduës que le cone eſt plus
obtus) comme auſſi pour ce qu'il eſt difficile de s'en ſeruir ; la figure
deuant eſtre miſe entre l'œil & le miroir.

APPENDICE.

Il y a encore vne infinité de choſes à dire ſur le ſujet des miroirs :
dont on peut voir quelque échantillon dans Alhazen, Vitellion,
Cardan, & les autres qui en ont eſcrit : mais i'ay deduit ce qu'il y
a de principal en la pratique de ces figures que l'on conſtruit pour
les reguliers qui ſont le plus en vſage.

Quant aux irreguliers, comme le nombre en eſt infiny, auſſi en
peut-on tirer vn grand nombre de tres-agreables diuerſitez : & il me
ſemble qu'on pourroit auec vn peu de trauail conſtruire ſur vn plan
vne figure dont les parties eſparſes çi & là ſans ordre & en confuſion, ſe reflechiroient ſi à propos en vn miroir polygone, ou taillé à
facettes, comme ſont les cryſtaux figurez en la vingt-troiſieſme
planche, marquez 64 & 65 , qu'eſtant veuës d'vn certain point elles
pourroient pareſtre reünies entr'elles & bien ordonnées dans le
miroir, quoy que d'ailleurs au plan tout ſemblaſt difforme & ſans
deſſein.

Fin du troiſieſme Liure.

LE
QVATRIESME LIVRE
DE LA
PERSPECTIVE
CVRIEVSE.

Auquel il est traité de cette Dioptrique inuentée depuis peu de temps, par la-
quelle, sur le plan d'vn tableau où seront descrites plusieurs figures ou
pourtraits dans leurs iustes proportions, on en peut faire voir vne
autre differente de toutes celles qui sont au tableau,
bien proportionnée, & semblable à quelque ob-
jet ou pourtrait donné.

AVANT-PROPOS.

SVR LE SVIET ET L'ORDRE DE CE LIVRE.

ENTRE les vtilitez & les contentemens que nous
a fourny la Dioptrique de temps en temps ie trouue qu'elle a donné deux rares inuentions à nostre
siecle; dont la premiere est des lunettes à longue
veuë, qui nous approchent & grossissent tellement
les petits obiets mis hors la portée de nos yeux,
qu'il nous semble les voir aussi distinctement que s'ils estoient
attachez au bout de ces lunettes; ce qui a depuis causé vn grand
diuertissement à vn chacun, & vne satisfaction particuliere aux
curieux de l'Astronomie qui s'en sont seruis comme d'vn moyé
pour accroistre leurs connoissances; & qui y ont si bien trauaillé
qu'entr'autres merueilles qu'ils nous ont descouuert dans le Ciel,

Y iij

ils ont apperçeu autour de Iupiter 4 noueaux planetes, qu'ils ont appellé gardes de Iupiter, & ont reconneu que Venus, auffi bien que la Lune, auoit fon croiffant & fon decours, ce que i'ay remarqué plufieurs fois en plein iour par le moyen de ces lunettes. Cette inuention a efté fi bien cultiuée depuis fa naiffance, que beaucoup de fçauans ont fait plufieurs belles fpeculations & diuerfes experiences fur ce fuiet pour la perfectionner (comme Galilée, Daza, de Dominis, Kepler, Sirturus, & Monfieur des Cartes dans fa Dioptrique) fi le labeur des artifans peut refpondre à la fpeculation des fçauans.

Monfieur Heuel Efcheuin de Danzic y a auffi trauaillé fort heureufement, comme tefmoigne fon excellent liure de la Geographie de la Lune; & le P. Rheita Capucin.

Aufquels on peut ajoufter Fontana, Euftachio Diuino, Torricelli, Manfredo Milanois, & les fieurs de Goulieu, de Meru, & plufieurs autres qui perfectionnent cette efpece de lunette de longue veuë: entre lefquelles ie mets les courtes qui font voir vn grain de fable, dont le diametre n'eft que la dix ou douziefme partie d'vne ligne, auffi gros qu'vn poids ou qu'vne noifette.

Les Anatomiftes en deuroient auoir pour remarquer plufieurs parties des corps qu'ils coupent & anatomifent, lefquelles ne fe peuuent apperceuoir fans l'ayde de ces lunettes, ou des miroirs concaues qui fuppléeront le defaut & la foibleffe de la veuë: par exemple, ces petites lunettes, qu'on appelle microfcopes, font voir qu'vn ciron a des yeux, & dix pieds, à fçauoir 4 deuant, & 6 derriere; & plufieurs autres chofes, qu'il eft difficile de croire fi on les void.

Mais pour parler de ce qui fait principalement à noftre fujet; l'autre merueille que nous a produit la dioptrique eft celle qui par le moyen des verres ou cryftaux polygones & à facettes fait voir en vn tableau, où on aura figuré 13 ou 16 pourtraits tous differents, & bien proportionnez, vne nouuelle figure differente des autres, proportionnée & femblable à quelque objet propofé; certe inuention pour fembler en quelque façon moins vtile que la premiere, n'eft pas à mefprifer puis qu'elle fournit aux curieux vn agreable diuertiffement, & qu'on fe laiffe tromper de la forte auec contentement.

C'eft pourquoy perfonne n'en ayant encore rien efcrit que ie fçache, ie donne la methode dont ie me fers auec quelques maximes fur ce fujet prifes des obferuations que i'ay faites en trauaillant & que i'infereray çà & là dans les propofitions felon l'occafion qui s'en prefentera; or ie la peus dire mienne, car encore que la premiere inuention ne foit pas de moy, & qu'il y ait eu quelques perfonnes qui ont fait de ces figures deuant moy, & particulierement le P. Du lieu à Lyon, qui femble y auoir le premier bien reüffi. Ie peux

neanmoins aſſeurer auec verité que ie ne tiens la methode dont ie
me ſers, & que i'explique en ce liure, que de mon inuention, quoy
que i'aye ouy dire que quelques-vns, à qui mes ouurages, ont peut-
eſtre donné autant d'émulation & d'enuie que les autres en ont receu de ſatisfaction & de contentement, ſe ſoyent vantez que ie la
tiens d'eux: mais ie ne m'arreſte pas à ſi peu de choſe, le principal eſt
d'y bien reüſſir, voyons comme on le pourra faire.

Ie tiens pour tres-difficile, s'il n'eſt tout à fait impoſſible, d'y proceder geometriquement: car oûtre que la nature & les principes
de la refraction ne nous ſont pas encore bien connus, la diuerſité
des matieres, comme de verre, de cryſtal artificiel, & de celuy de
montagne; & l'irregularité de la figure que donnent les ouuriers à
ces cryſtaux nous obligent à ſuppleer par diſcretion & par mechanique ce qui ne peut pas ſuiure la rigueur d'vne demonſtration geometrique: ceux qui y trauailleront reconnoiſtront que l'inégalité
des plans & la differente inclination qu'ils ont les vns aux autres, re-
quiert qu'on y procede de la ſorte; cela ſuppoſé, parce qu'il y a pluſieurs obſeruations à faire en ce ſujet: pour y proceder auec vn meilleur ordre, & pour rendre la methode plus facile, nous la diſtingue-
rons en pluſieurs propoſitions particulieres, apres auoir fait vne
briefue declaration des figures contenuës en la quarante-huitieſme
planche.

La ſoixante-ſeptieſme figure repreſente la machine toute entiere, ſur laquelle on dreſſe ordinairement ces figures, qui eſt faite de
deux ais ioints enſemble par leurs extremitez à l'equiere, ou à angles droits, en ſorte que l'vn demeurant de niueau ou parallele à
l'horizon l'autre luy eſt perpendiculaire, lequel eſt encore accom-
pagné d'vn ais plus petit, ou plus leger, que nous ſuppoſons STVX:
il eſt le plan de la peinture, & ſe coule par deſſus l'autre, au moyen
deux plates bandes ou moulures, auec des feüillures deſſous miſes
de part & d'autre, en ſorte qu'il ſe puiſſe oſter & remettre quand on
voudra: & pour ce ſuiet nous l'auons repreſenté à demy tiré. Le petit canal RQ eſt le tuyau où s'enferme, vers l'extremité Q, vn verre
polygone ſemblable à la ſoixante-quatrieſme ou ſoixante-cinquieſme figure, ou de quelqu'autre ſorte, en la façon qu'il ſe voit figuré
en grand, en la ſoixante-ſixieſme figure, ſur la meſme planche: où
le profil du premier de ces verres ABC, montre ſa conſtitution en
la lunette, & D le point de veuë, qui eſt vn petit trou d'aiguille fait
au milieu d'vn carton, ou de quelque petite lame de matiere ſolide
qui couure toute cette extremité: En la ſoixante-ſeptieſme figure,
c'eſt le point R. Il reſte la ſoixante-huitieſme qui n'eſt autre choſe
qu'vne baguette inſerée dans le trauers d'vne petite regle EF, qui
nous doit ſeruir à regler les endroits & eſpaces du tableau, où doit
eſtre compriſe la figure, comme nous dirons tantoſt.

PREMIERE PROPOSITION.

Expliquer la maniere de tailler & polir les verres & cryftaux polygones ou à facettes, de quelle forme qu'on voudra.

ON les peut tailler & polir en la mefme façon qu'on taille &
qu'on polit les rubis auec la rouë d'acier & la poudre d'emeril ; particulierement les cryftaux de roche, qui font plus durs; & par
ce moyen on les pourra rendre plus reguliers en leurs angles & en
leurs plans, en les aiuftant par le moyen du quadran.

Mais parce que la commodité de ces machines ne fe rencontre
pas toufiours à propos quand on en a affaire, & que d'ailleurs chacun n'a pas affez de curiofité pour faire tailler des cryftaux de roche
de la façon, veu qu'en effet on s'en peut bien paffer, & qu'il s'en fait
de cryftal artificiel, lefquels, pour eftre taillez plus facilemeut & à
moindres frais ne laiffent pas de feruir autant, & reüffir auffi bien
en ces artifices que les premiers, i'ay voulu donner icy la maniere
de les preparer, en laiffant à part la matiere dont ils font compofez
car nous ne voulons pas aller chercher fi loin.

Soit fait vn modelle de cire, d'argille, de platre ou de quelqu'autre matiere femblable, de la mefme figure, grandeur & efpaiffeur
que vous voulez auoir le criftal ; par exemple comme la foixante-
quatriefme figure qui reprefente vn de ces cryftaux tout plat d'vn
cofté, & de l'autre, par où il eft boffu, il a feize faces huict pentagones irreguliers tout autour du bord exterieur, & autant de trapezes qui aboutiffent à former vn angle folide au milieu, comme en
pointe de diamant : ce modelle eftant endurcy faites en le creux
comme fi vous l'enfonciez par la pointe en quelque morceau de cire molle, en forte qu'il y laiffaft fa figure bien emprainte ; ce que
vous pouuez faire facilement, fi apres auoir fait ce modelle de cire
femblable à la foixante-quatriefme figure, ou de quelqu'autre forme, vous le iettez puis apres de metal, car fur ce modelle de metal
vous pouuez tirer non feulement des creux de cire molle, mais encore de fouffre fondu qui viendront tres nets; & fur ce creux on en
fera vn femblable de rofette, ou de quelqu'autre metal capable de
refifter à la chaleur du cryftal fondu, auquel creux s'imprimeront
& figureront puis apres les cryftaux comme on les defirera, de forte qu'il ne reftera plus qu'à les perfectionner, & à les polir.

Or pour les auoir beaux, & qu'ils ne caufent point de fautes & de
difformitez és peintures pour lefquelles ils feront employez à raifon de quelque defaut de la matiere, il faut qu'elle foit extremement claire, fans aucune couleur, & nette de petits grains de gra-
uier qui fe rencontrent ordinairement en la moins fine : de plus,
pour mettre cette matiere en fon creux, & luy faire prendre la forme

me du modelle, il ne la faut pas prendre au fourneau auec vne can-
ne ou verge de fer en la tortillant mais auec vne cuillier de fer tout
au milieu des vafes à peine d'vn plus grand dechet, afin qu'estant
mife de la forte au moule & preffée par deffus auec quelque plaque
de fer elle en prenne exactement la figure, & ne foit point au dedans remplie de tortillons qui nuifent à la veuë.

Ces verres ou cryftaux quand ils fortent des moules & qu'on les
a fait refroidir, quelque diligence qu'on y apporte, ont toufiours
la furface brute & remplie de defauts en fa figure, qui doit eftre
compofée de plufieurs plans inclinez les vns aux autres, comme on
voit és figures foixante-quatriefme & foixante cinquiefme: mais on
les reparera & polira de la forte.

Il faut auoir vne platine de fer bien vnie & de niueau, fur laquelle on mettra premierement du grez ou fablon detrempé, qui aura
auparauant efté paffé par le tamis afin qu'il ne s'y rencontre point
de pierres ou cailloux, qui eftant plus durs que le refte, & que les
cryftaux mefmes, les endommageroient. En apres on vfera tous les
plans de ces cryftaux l'vn apres l'autre en le frottant çà & là fur la
platine, en forte que le plan qu'on vfera, foit toufiours tenu exactement parallele à la platine: car fi on vacille tant foit peu en trauaillant, on emouffera les arreftes & les angles qui doiuent eftre extremement vifs: on vfera donc tous ces plans de la façon, iufques à ce
qu'on les voye egaux entr'eux, & tous bien applanis, où il faut remarquer qu'en trauaillât de la forte, le grez ou le fable qui eftoit rude au commencement, s'adoucit tellement qu'il eft capable de
donner vn premier poly à ces cryftaux; mais il eft meilleur d'vfer
promptement & egaler leurs plans en renouuellant le fable autant
qu'il fera neceffaire, à mefure qu'on reconnoiftra qu'il s'adoucit,
pour puis apres les polir auec la poudre d'Emeril que les plus curieux preparent auparauant de cette façon.

Ils prennent vne quantité de cette poudre paffée par le tamis,
qu'ils jettent en vn vaiffeau plein d'eau, laquelle eftant remuée &
agitée auec vn bafton porte deffus la partie la plus deliée & plus
fubtile de cette poudre pendant que la plus groffiere va au fonds; il
faut donc prendre cette eau & la mettre en vn autre vaiffeau auec
la partie la plus fubtile de l'emeril qu'elle contient, & operer en ce
fecond vaiffeau comme au premier, de maniere que ce qui fera de
plus groffier en cette partie aille encore à fonds, & que la plus fubtile nage fur l'eau; ce qu'on pourra continuer iufques à trois ou quatre fois, autant qu'on iugera à propos.

L'emeril eftant ainfi preparé, la platine & le cryftal foient bien
lauez & nettoyez en pleine eau, de forte qu'il ne demeure pas vn
grain de fable ny fur l'vn ny fur l'autre; & lors vous mettrez fur la
platine autant de cette poudre detrempée en l'eau que vous iuge-

Z

rez à propos, en employant toufiours la plus groffiere la premiere, & referuant la plus deliée pour la fin, & fur la platine couuerte de cette poudre vous frotterez les plans du cryftal, de mefme
qu'il a efté fait pour les vfer, & vous prendrez garde particulierement à ne point pancher de cofté ny d'autre quand vous frotterez quelque plan, de peur d'emouffer les angles & les arreftes, & en y procedant de la forte ils viendront beaux & bien reguliers.

On pourra neanmoins, pour en perfectionner dauantage le
poly, les frotter encore fur vn cuir bien doux auec de la potée,
ou chaux d'eftain la plus deliée que faire fe pourra, & preparée
en la façon que nous auons dit dans la feconde propofition du troifiefme liure en traitant du poly des miroirs de métal.

I'ay dit cy-deffus qu'il faut que la platine fur laquelle on trauaillera ces cryftaux foit extremement plate & vnie: car fi elle eft concaue ou connexe, pour peu que ce foit, elle caufera de grands defauts aux cryftaux, particulierement fi elle eft concaue; car par ce
moyen les faces ou plans des cryftaux tiendront de la conuexité, ce
qui fera qu'en groffiffant quelques parties de l'objet, ils le rendront
difforme: & ces plans pourront arriuer à tel point & à telle conftitution à l'égard des parties qui s'y doiuent reprefenter, qu'on n'en
verra rien qu'en confufion.

PROPOSITION II.

*Expliquer la façon de difpofer le plan auquel on de'crit ordinairement ces fi-
gures, & dreffer la lunette par laquelle elles font veuës.*

ENcore que la foixante-feptiefme figure de la 48 planche femble reprefenter affez expreffement la façon de dreffer cette
machine; i'ay neantmoins iugé à propos pour la faire comprendre
plus ayfément à ceux qui n'en ont iamais veu, d'en faire cefte propofition particuliere.

Soient doneques à cét effet pris deux ais & ioints enfemble à angles droits ou à l'equierre par le moyen de queuës d'arondelles faites en l'vne de leurs extremitez, ce font en la figure foixante-feptiefme les deux ais NGH, l'autre HKI qui eft deffous STVX, qui doit
eftre vn troifiefme ais plus mince de la mefme grandeur que celuy
qu'il couure; or il fe hauffe & baiffe, & il s'ofte & fe remet à difcretion par le moyen d'vne moulure, ou plate-bande attachée
à chaque bord de l'autre, dans laquelle on le coulera: ce qui
fe voit exprimé en la figure où cét ais le plus mince, & qui fe
peut ofter quand on veut paroiftre à demy tiré hors de fa place
en STVZ, qui fera deftiné pour le fonds du tableau, auquel on

deſcrira la figure : nous ajouſtons encore au haut la moulure ML, qui reſpond à celle des coſtez HI, afin qu'eſtant abbaiſſé & arreſté en ſon lieu il ait plus de grace, & face le complement du quadre eſleué ſur le plan. Et puis à quelque eſpace de ce quadre, au milieu du plus grand ais NGH, lequel on ſupoſe de niueau & parallele à l'horizon, ſoient plantées deux petites colomnes, chevrons, ou autres ſuports d'égale hauteur, en ligne droite vis à vis le milieu du fonds du tableau pour auoir plus de grace, ſur leſquels ſera mis vn tuyau compoſé de la façon qu'il eſt repreſenté plus particulierement en la ſoixante-ſixieſme figure, ſçauoir ayant à l'extremité Q, qui eſt tornée vers le tableau, vn verre ou cryſtal polygone ſemblable à l'vne des deux figures ſoixante-quatrieſme ou ſoixante-cinquieſme, ou de quelqu'autre forme, en la conſtitution qu'il eſt repreſenté en ABC de la ſoixante-ſixieſme figure, c'eſt à dire ayant la partie taillée en pointe de diamant tornée vers le tableau : & cette lunette eſtant miſe en la conſtitution qu'on ſe ſera propoſé, ſoit arreſtée fixement ſur les petites colomnes, en ſorte qu'elle ne puiſſe torner en aucune façon, ny decliner d'vn coſté ny d'autre.

Si l'on demande quelles meſures & quelles proportions on doit garder pour la grandeur de ces ais, pour l'eſloignement de la lunette à l'égard du tableau : & du point de veuë au reſpect du tableau, & du cryſtal meſme, c'eſt à dire la longueur du tuyau, où eſt enchaſſé le cryſtal : Ie reſponds qu'il n'y a point de meſures, ny de proportions determinées, & que comme és pieces de Perſpectiue commune, & des continuations d'édifices, galeries & parteres, &c. nous reglons noſtre deſſein & les points de la Perſpectiue ſuiuant les lieux où elles doiuent eſtre placées ; il faut auſſi eſtablir l'eſloignement & la grandeur de la lunette, & la diſtance du point de l'œil ſuiuant le ſuiet qu'on aura à deſſeiner & repreſenter : car quelquesfois il ſera neceſſaire d'eſloigner vn peu dauantage du tableau le bout de la lunette où eſt le cryſtal, pour faire voir vn obiet de plus grande eſtenduë ; quelques fois il le faudra approcher vn peu plus, & reculer l'autre extremité où eſt le point de l'œil pour auoir dauantage de place libre en ce qui ne ſe void point par la lunette, afin de n'eſtre pas contraint dans le deſſein : bref on fera le tuyau de la lunette quelquefois plus long, & quelquefois plus court ſelon qu'on voudra que les eſpaces où doit eſtre deſcrite l'image de la figure propoſée, ſoient plus ou moins grands, & proches ou eſloignez les vns des autres. I'ay neantmoins ſpecifié en la ſoixante-ſeptieſme figure qui repreſente cét inſtrument, quelque ſorte de meſures & proportions, leſquelles eſtant gardées, on diſtinguera & diuiſera le plan de la peinture aſſez commodement pour vn deſſein ordinaire, tel que pourroit eſtre celuy de la 49 planche, en laquelle ſur les figures de douze Empereurs Ottomans, on void l'image de

Louys XIII. ce qui eft encore reprefenté en petit fur le plan S T V X
en cette mefme foixante feptiefme. Supofé doncques qu'on fe fer-
ue d'vn verre ou cryftal polygone qui foit à peu prés de la grandeur
exprimée en la foixante-quatriefme & foixante-cinquiefme figure,
comme on les fait d'ordinaire, il fera bon de faire le tuyau de la lunette long de huit pouces, la planter fur deux petits fuports, chacun haut de fept pouces par deffus le plan N G H, qui eft long de
vint pouces, & eft ioint à celuy du tableau efleué à angles droits fur
l'vne de fes extremitez, lequel eft haut de quinze pouces, & large
de quatorze, auffi bien que le premier de deffous.

Ce n'eft pas qu'on foit obligé à ces mefures, car on les peut changer felon l'occafion comme nous auons defia dit: de mefme qu'il
n'eft pas neceffaire de dreffer la machine precifément en la façon
que i'ay defcrite; & l'on peut prendre pour plan de ce tableau quelque mur, ou quadre dans vn lambri, en atachant la lunette vis à
vis à quelque main de fer, ou autrement, pourueu qu'elle foit en fa
deuë conftitution, c'eft à dire que fa longueur foit perpendiculaire
au plan du tableau: mais ce que i'en ay dit eft pour vne plus grande
commodité: & afin que ces pieces reüffiffent mieux, lefquelles paroiffent ordinairement defectueufes tantoft d'vne façon & tantoft
d'vne autre quand on fait la lunette mobile, parce qu'il eft difficile
de la mettre precifement & fans varier aucunement au mefme
point où elle a efté mife la premiere fois, foit qu'on l'approche ou
qu'on l'éloigne; & qu'on la mette vn peu plus de cofté ou autrement. C'eft pourquoy ie confeille de rechef d'arrefter fixement cette lunette, afin que le tableau eftant vne fois bien fait à ce point, pareffe toufiours de mefme façon.

PROPOSITION III.

Donner la methode de diuifer le plan du tableau, & y tracer le plan artifi-
ciel de la figure, ou les efpaces aufquels doit eftre reduite chacune de
fes parties.

L A machine eftant dreffée & difpofée comme nous auons dit,
& que la foixante-feptiefme figure la reprefente (tant pour le
plan du tableau, que pour la lunette où eft enchaffé le cryftal polygone, excepté que nous deuons icy fuppofer le plan S T V X arrefté
en fa place, & abaiffé en forte que L foit ioint de prés à I, & par confequent l'autre cofté M auffi ioint à l'extremité de la moulure du
cofté gauche) il faut prendre vne baguette au bout de laquelle on
ajouftera vne petite regle en trauers telle qu'eft, en la foixante-hui-
tiefme figure, E F; cette baguette doit eftre fi longue qu'on puiffe
commodement mener çà & là fur le plan du tableau la regle qui y
fera ioint, en ayant l'œil au petit trou de la lunette. Supofons donc

pour voir cecy plus diſtinctement, que le fonds qui nous eſt propoſé pour y tracer le plan artificiel de quelque figure, ſoit en la 49
planche tout l'eſpace qui eſt remply des pourtraits des Ottomans,
& qui eſt marqué en haut de 69: (Or nous appellons plan artificiel
de la figure, tous les trapezes de lignes ponctuées ABCDEFGH,
& les pentagones irreguliers auſſi de lignes ponctuées IKLMNO
PQ, eſpars çà & là en cette ſoixante-neufiéſme figure; à la diſtinction de la ſeptante-vniéſme de la meſme planche, qui eſt compoſée de meſmes parties, mais vnies enſemble, & qui ne font qu'vn
plan continu que nous appellons plan naturel, parce qu'on y deſcrit au naturel ce qu'on veut faire voir au tableau par la lunette,
auant que de le reduire par pieces au plan artificiel, & le deſguiſer
comme nous dirons.) Soit donc propoſé ce fonds pour y tracer le
plan artificiel, & vne lunette plantée vis à vis de telle longueur & diſtance qu'on iugera à propos, où ſera mis vn verre ou cryſtal polygone ſemblable à celuy de la ſoixante-quatriéſme figure, en la meſme conſtitutió qu'il eſt là repreſenté. Il faut s'imaginer qu'en regardant par le trou qui eſt à l'autre exrremité de la lunette, (nous le
pouuons apeller le point de veuë) tous les rayons viſuels qui paſſe-
ront par l'vne des faces ou plans du cryſtal, en ſe rompant iront
tomber en quelque endroit du fonds propoſé, & y deſcriront la figure de la facette par où ils auront paſſé, plus petite, ou plus grande ſelon que ce point de veuë ſera pres ou eſloigné du tableau: de
ſorte que les rayons viſuels ſe rompant diuerſement par toutes les
facettes, deſcriront ſur le plan autant de figures qu'il y a de facettes
au cryſtal, & qui leur ſeront ſemblables toutes eſparſes çà & là, à
cauſe de l'inclination que les faces du cryſtal ont les vnes aux autres
comme vous voyez les trapezes & pentagones irreguliers de lignes
ponctuées qui ſont en la ſoixante neufiéſme figure. Or il eſt queſtion de trouuer ſur le plan propoſé tous les eſpaces que deſcriuent
les rayons viſuels paſſant par toutes les facettes.

Pour le faire auec facilité, l'on doit premierement eſtablir vn
certain ordre entre les facettes du cryſtal, en ſorte que l'vne ſoit la
premiere, l'autre la ſeconde, l'autre la troiſiéſme, &c. par exemple
ſuppoſons que la ſeptantiéſme figure nous repreſente la conſtitution du cryſtal en la lunette & nous exprime ſes facettes, comme en
effet les lignes pleines & apparentes nous le repreſentent aſſez bien
(encore que nous nous deuions ſeruir cy apres de la meſme figure
pour la conſtruction du plan naturel de l'image) commençant par
les huit facettes interieures qui aboutiſſent au centre & qui ſont
trapezes, nous prenons celle d'en haut pour la premiere; celle qui
ſuit à main droite, pour la ſeconde; l'autre d'apres en deſcendant
du meſme coſté, pour la troiſiéſme, & ainſi de ſuitte, comme elles
ſe voyent marquées. 1, 2, 3, 4, 5, 6, 7, 8. Celles qui ſont terminées
d'vn coſté en dehors de la circonference du cercle ABCD, ſuiuent

apres, & font pentagones irreguliers, pour lefquelles nous eftablif-
fons auffi vn ordre, car i'ay marqué celle d'en haut à main droite de
9, & les autres en continuant par le mefme cofté de 10, 11, 12, 13, 14,
15, 16.

Cela eftant fuppofé, l'on mettra l'œil au point de veuë, & auec
l'inftrument reprefenté par la foixante-huictiefme figure, on trouuera tous les efpaces du plan artificiel en menant ledit inftrument çà & là fur le fonds preparé, iufques à ce que l'on voye que la
ligne E F qui eft le bord de la petite regle, pareffe parallele à quelque arrefte de l'vne des facettes; & puis on reculera ou l'on apro-
chera tant qu'elle paroiffe faire iuftement vn cofté de la facette, &
pour lors auec le crayon ou le fufin on marquera cette ligne le long
de la regle : par exemple fupofé qu'il falle trouuer l'efpace defcrit
au plan propofé par rayons vifuels qui paffent par la facete 5 de la
feptantiefme figure difpofée comme nous auons dit à l'efgard de ce
plan ; Ayant l'œil au point, foit mené l'inftrument de la foixantehui-
tiefme figure fur le plan de la foixante-neufiefme, iufques à ce que
la ligne E F paroiffe fur le plan pres de la ligne de la feptantiefme figure qui va depuis *b* iufques au centre ; ce qui fe fera vers la facette
marquée C, & puis on tracera le long de la regle E F la ligne *a b*,
qui fera l'vn des coftez de la facette C. On en fera de mefme pour
tracer la lignes *b c*, pour l'autre cofté du mefme trapeze qui exprime
b 3 de la feptantiefme figure ; & l'on fera le mefme fur toutes les facettes que l'on tracera d'ordre fans fe broüiller, & l'on remarquera que celles qui font en la partie fuperieure du cryftal defcriuent
leur plan en la partie inferieure du fonds, ou du tableau ; & celles
de la partie inferieure du cryftal en la fuperieure du tableau ; celles
qui font à droit le defcriuent à gauche, & celles qui font à gauche, à
droit : c'eft pourquoy dans l'ordre que nous y auons mis, celle qui
eft la premiere du cryftal, & marquée 1, defcrira fon plan en A ; la
feconde à droite en defcendant fur le cryftal, defcrira fon plan en
B à gauche & en montant fur le fonds du tableau ; & ainfi de toutes
les autres, lefquelles eftant marquées en la feptantiefme figure qui
les reprefente auec les chiffres 1, 2, 3, 4, 5, 7, &c. font au plan du tableau marquées des lettres A B C D E F G, &c. A reprefente la premiere ; B, la feconde ; C la troifiefme, & ainfi des autres.

On tracera de cette façon tout ce qui eft compris de lignes droites : mais d'autant que les pentagones irreguliers ont l'vn de leurs
coftez circulaires ; pour le tracer plus precifement on obferuera
premierement auec la regle, comme on a fait du refte, deux points
par où doit paffer cét arc de cercle qui fait l'vn de leurs coftez , qui
fera, par exemple *e f* au pentagone irregulier ou facette K ; & puis
ouurant le compas commun de la longueur de la ligne R V entre la
feptantiefme & feptante vniefme figure au bas de la ftampe (laquelle ligne fera dreffée & diuifée, comme nous dirons apres,) on met-

tra l'vne de ſes iambes ſucceſſiuement au point *e*, & au point *f*, & on
deſcrira les deux arcs qui s'entrecouperont au point *g*, duquel,
comme centre & de lameſme ouuerture de compas, on deſcrira
l'arc *fe*, qui ſera le coſté circulaire requis du pentagone irregulier
qui repreſente au tableau la facette 10 de la ſeptantieſme figure : il
eſt encor exprimé de meſme au pentagone irregulier P qui repreſente la facette quinzieſme de cette meſme ſeptantieſme figure.

On pourra encore plus commodement pour quelques vns
trouuer ces eſpaces du plan artificiel par le moyen d'vne pointe de
fer attachée au bout de la baguette au lieu de regle : car auec cette
pointe l'on peut marquer ſur le plan tous les angles de ces facettes,
& tirer des lignes de l'vne à l'autre ; par exemple, apres auoir obſerué que la pointe eſtant en *b* ſur le fonds du tableau paroiſt par
l'vn des angles de la facette du cryſtal, & qu'eſtant en *c* elle eſt veuë
par vn autre angle de la meſme facette que nous ſuppoſons la troiſieſme, on n'aura qu'à tirer la ligne *bc*, & ainſi de toutes les autres.

COROLLAIRE.

Quelques-vns croyent qu'on peut trouuer ces eſpaces par le
moyen de la lumiere du ſoleil ou d'vne chandelle ; mais s'ils veulent prendre la peine d'y trauailler, l'experience leur fera connoiſtre que cette methode eſt falible, tres-incertaine & ne peut reüſſir, veu principalement qv'elle ne ſuppoſe aucun point de veuë dé-
terminé en ſe ſeruât de la lumiere du Soleil : & ſi l'on en determinoit
vn comme nous faiſons en y procedant par la methode propoſée,
quelque lumiere que ce fût elle ne produiroit aucun bon effet par
vne ouuerture telle que nous la faiſons, qui n'eſt que de la groſſeur
d'vne aiguille ; ce qui ſeroit neanmoins neceſſaire, afin que la lumiere paſſant par cette petite ouuerture peuſt marquer les eſpaces
ſur le plan, puiſque l'artifice, pour eſtre bien regulier & produire
ſon effet dans vne grande iuſteſſe, ne permet pas qu'on en faſſe vne
plus grande : la raiſon le dicte & l'experience le confirme ; car ce
point eſtant eſtably, ſi vous le transferez ſeulement de la largeur
de trois lignes ; la peinture qui pareſſoit auparauant bien & deuë-
ment proportionnée, ne ſera plus que confuſion : c'eſt pourquoy
ie ne conſeille à perſonne de s'en ſeruir s'il ne veut perdre ſon temps
& ſa peine.

PROPOSITION IV.

Conſtruire le plan naturel de l'image, la deſcrire audit plan, & en faire la reduction au plan artificiel, de ſorte qu'eſtant veuë par la lunette, elle y pareſſe auſſi bien proportionnée qu'au plan naturel.

NOus auons dé-ja diſtingué le plan naturel & artificiel de la figure, & declaré ce que nous entendons par l'vn & l'autre. Le plan artificiel eſtant donc dreſſé & les eſpaces trouuez comme nous auons dit en la propoſition precedente, & qu'il eſt repreſenté dans la ſoixāte-neuſieſme figure, il faut ſur iceluy ſelon les meſures & la quantité des eſpaces qui le compoſent conſtruire le plan naturel en cette ſorte. Soit priſe au plan artificiel auec le compas la longueur de l'vn des plus grands coſtez de quelqu'vn des trapezes, comme du coſté *ab* du trapeze C, laquelle grandeur ſera miſe à part ſur vne ligne droite, comme eſt R V, depuis R iuſques à S : ſoit encore priſe auec le compas au meſme trapeze, ou à quelqu'autre ſemblable la diſtance depuis l'angle de la pointe *a* iuſques à ſon oppoſée, & ſoit auſſi miſe cette diſtance ſur la meſme ligne droite R V, qui ſera R T ; puis ajouſtez ſur la meſme ligne droite en continuant depuis T vers V la grandeur de l'vn des plus petits coſtez des pentagones irreguliers, comme *de* coſté du pentagone K, qui ſera TV en la ligne RSTV, ſur laquelle on prendra toutes les meſures du plan naturel : & premierement on deſcrira en la ſeptantieſme figure, le cercle ABCD, dont le demy-diametre ſera egal à toute la ligne RV ; duquel cercle on diuiſera la circonference en huit parties égales és points 9, 10, 11, 12, 13, 14, 15, 16, & par chacun des points de cette diuiſion on tirera des diametres de lignes occultes 9, 13 : 10, 14 : 11, 15 : 12, 16 : & puis on portera auec le compas la grandeur R T ſur tous ces diametres depuis le centre vers la circonference és points 1, 2, 3, 4, 5, 6, 7, 8 : ce qu'eſtant fait, on deſcrira vn plus petit cercle oculte, equidiſtant & concentrique au premier, dont le demy-diametre ſera de la grandeur RS ; & ce cercle ſe trouuera diuiſé en huit arcs ou parties egales au deſſous des points 1, 2, 3, 4, 5, 6, 7, 8, par les diametres meſmes qui diuiſent le grand ; leſquels arcs de cercles ſeront encore diuiſez chacun en deux parties égales és poins *a b c d e f g h*, qui ſeront conjoints chacun à ſon oppoſé, par des diametres apparens comme ſont *ae, bf, cg, dh*, & ſeront auſſi ioints de lignes aparentes les points 1 *a*, *a* 2, 2 *b*, *b* 3, & les autres tout autour, qui formeront les trapezes du milieu & les pentagones irreguliers de l'exterieur, comme il ſe voit en la figure, où ce qui eſt tracé de lignes aparentes eſt le plan naturel requis : le reſte qui n'eſt que de lignes ponctuées n'eſtant que pour ſeruir à ſa conſtruction : c'eſt pourquoy nous l'auons ſeulement deſcrit à part, en la ſeptante-
vnieſme

vniefme figure , de lignes ponctuées, afin de mieux difcerner les parties de la figure qui y fera deffeinée.

On y peut figurer tout ce qu'on voudra pour eftre apres transferé & reduit au plan artificiel ; mais il faut que ce qu'on y deffeinera foit compris & terminé tout autour de la circonference du cercle qui borne ce plan , comme fait voir en la feptante-vniefme figure le portrait qui y eft depeint.

Quant à la reduction de la mefme figure ou portrait au plan artificiel ; il faut fuppofer ce que nous auons defia dit , à fçauoir que la fituation des facettes qui eft en ce plan eft tout à fait cótraire à celle du plan naturel : de forte que la facette A du plan artificiel reprefente la premiere marquée 1 du plan naturel, en la feptante-vniefme figure : & le trapeze B du plan artificiel reprefente la feconde facette du plan naturel marquée 2, & ainfi de fuitte , comme elles fe voient marquées auec mefme ordre par les lettres A B C D E F G H, I K L M N O P Q au plan artificiel, & par les chiffres 1,2,3,4,5,6,7 8,9,10,11,12,13,14,15 16, au plan naturel. Ce qu'eftant fuppofé, il faut defcrire és trapezés & pentagones irreguliers du plan artificiel les parties de l'image qui fe trouuent au plan naturel comprifes és trapezes & pentagones irreguliers qu'ils reprefentét : par exemple l'œil droit, vne partie du gauche, & du nez de la figure à reduire fe trouuás compris au plan naturel en la feptante-vniefme figure au premier trapeze marqué 19 , il faut reduire la mefme partie de l'image ou portrait au plan artificiel dans le trapeze marqué A, qui reprefente ce premier comme il fe voit fait : ainfi l'autre partie de l'œil gauche & le contour du vifage fe trouuant au trapeze 2 du plan naturel, il faut reduire cette partie au plan artificiel dans le trapeze marqué B qui le reprefente ; & ainfi de toutes les autres parties, en forte que s'il fe trouue quelque trapeze ou pentagone irregulier au plan naturel qui foit tout à fait vuide, & qu'il n'y entre aucune partie de la figure , il doit auffi demeurer vuide au plan artificiel, comme font les pentagones irreguliers K & P, qui reprefentent ceux du plan naturel marquez 10 & 15.

COROLLAIRE.

Encore que la methode enfeignée en cette propofition femble eftre particuliere pour cette forte de cryftaux proligones ou à facettes que nous y mettons en vfage , & qui eft reprefentée par la foixante-quatriefme figure de la 23 planche, on peut neanmoins faire le mefme à proportion fur toutes fortes de verres & cryftaux poligones de quelque forme , qu'ils foient taillez, pourueu qu'on ait au prealable bien obferué & marqué tous les efpaces du plan artificiel en la façon que nous auons dit en la precedente propofition.

Pour voir cecy plus clairement & pour faciliter l'vfage de cette
methode aux moins experimentez, i'en ay mis vn fecond exemple
en la vint-cinquiefme & derniere planche, où i'ay dreffé vne de ces
figures fur vne autre forte de cryftal polygone reprefentée en la
vint-troifiefme planche par la figure foixante-cinquiefme. Ce cryftal a autant de plans ou facettes que le premier, & luy eft femblable quant aux facettes exterieures qui font huict pentagones irreguliers. Quant aux interieures, elles font differentes, car ce font
quatre quarrez & autant d'hexagones irreguliers. Supofant donc le
plan artificiel dreffé & les efpaces marquez comme en la figure fep-
tante-deuxiefme, les hexagones & quarrez de lignes ponctuées AB
C D E F G H, & les pentagones I K L M N O P Q ; il faut fur la
grandeur de ces efpaces conftruire le plan naturel en prenant pour
difpofition auec le côpas fur quel qu'vn des hexagones irreguliers,
comme fur celuy qui eft marqué C, la diftance depuis la pointe *a*
iufques à *b*, & en la mettant fur vne ligne droite à part comme eft
RS fur la ligne RX ; de mefme auec le compas foit encore fur le
mefme hexagone ou fur vn autre femblable, prife la diftance *ac*, &
transferée fur la mefme ligne depuis R iufques à T ; de mefme foit
fait de la diftance *ad*, qui fera R V, fur ladite ligne, au bout de laquelle on ajouftera encore la grandeur de l vn des plus petits coftez
de quelque pentagone irregulier, comme en la precedente figure,
& V X fera la grandeur de ce cofté, qui terminera la grandeur de
la ligne RX, fur laquelle on fera le plan naturel requis, en traçant
premierement, comme il fe voit en la feptante-troifiefme de la cin-
quantiefme planche, le cercle A B C D, dont le demy-diametre
foit égal à la ligne R X : & la circonference de ce cercle eftant diuifée en huit parties ou arcs égaux, on tirera de chaque point de la
diuifion à fon oppofé des diametres de lignes oc*u*ltes 9, 13 : 10, 14 :
11, 15 : 12, 16 : fur lefquels, depuis le centre vers la circonference
de part & d'autre, on tranfportera la grandeur K V és points 1, 2, 4,
5, 6, 7, 8 : & fur les deux AC, BD on marquera encore depuis le centre vers la circonference de part & d'autre la grandeur RS és points
i k l m : ce qu'eftant fait, foit tracé vn moindre cercle oculte equi-
diftant & concentrique au premier, dont le demy-diametre foit
égal à la ligne R T ; ce plus petit cercle fe trouuera diuifé en
huit parties egales au deffous des points 1, 2, 3, 4, 5, 6, 7, 8, par les
mefmes diametres qui diuifent le plus grand : lefquels huit arcs de
cercle feront encore diuifez chacun en deux egalement és points
a b c d e f g h, qui feront conioins aux nombres par le moyen de lignes
droites tout autour 1*a*, *a*2, 2*b*, *b*3, & c. qui formeront les pétagones irreguliers de l'exterieur. Pour les 4 hexagones & les 4 quarrez de l'interieur de la figure, ils fe formeront en ioignant les points *il*, & *km*,
de lignes aparentes, & en tirant encore des lignes droites aparentes

de i en *a* & en *b*: de *k* en *c* & en *d*: de *l* en *e* & en *f*: de *m* en *g* & en *h*: Et
pour lors le plan naturel sera dressé, & diuisé; lequel on peut met-
tre au net, comme il se void en la septante-quatriesme figure auec
le portrait d'Vrbain VIII. duquel portrait les parties comprises en
chacune des facettes se voyent reduites au plan artificiel, conformement à ce que nous auons dit en la proposition sur la planche
precedente; où le mesme ordre est gardé pour les chiffres 1, 2, 3, 4,
5, &c. du plan naturel, & pour les lettres A B C D E &c. de l'artificiel: c'est pourquoy nous ne dirons rien dauantage de cette reduction.

COROLLAIRE II.

Il y en a qui apres auoir dressé le plan artificiel & marqué ses espaces pour construire le plan naturel, coupent de petits morceaux
de papier ou carton conformes aux espaces du plan, qu'ils aiustent
ensemble, afin de faire vn plan quasi continu pour desseiner dessus
leur figure, & pour transporter apres les parties qui se rencontrent
sur ces petits morceaux de papier és espaces du plan artificiel qui
les representent.

D'autres coupent les images mesmes & en appliquent les pieces
sur le fonds preparé, chacun selon la disposition qu'elle y doit auoir
pour produire l'effet pretendu. Mais i'estime qu'il est difficile de
reüssir à faire quelque chose de parfait par cette voye: car pour l'ordinaire les facettes de ces crystaux estant inegales, les espaces, comme les trapezes, pentagones & hexagones irreguliers, marquez au
plan artificiel seront aussi inegaux, ce qui fera qu'on ne pourra bien
aiuster ce plan de pieces raportées, ny faire dessus vn dessein sans
interruption: & si vous prenez des images toutes faites & que vous
les coupiez de la sorte pour en appliquer les pieces sur le fonds, outre que vous aurez de la peine à desguiser vostre figure, & en cachant l'artifice faire paraistre vne peinture bien ordonnée differente de ce qui se doit voir par la lunette, comme nous allons enseigner
il se rencontrera quelquesfois que la facette par laquelle on verra
quelque partie de l'objet, sera tellement defectueuse; qu'on sera
contraint en ragreant de faire des difformitez à dessein pour faire
voir quelque chose de parfait: ce qui ne se peut faire si vous ne re-
duisez vostre dessein comme nous auons dit, és espaces du plan
mesme.

PROPOSITION V.

Les parties de la figure eſtant reduites és eſpaces du plan artificiel, les deſ-
guiſer de ſorte qu'en cachant l'artifice de la conſtruction on faſſe que la
peinture eſtant veuë directement repreſente vne choſe toute diffe-
rente de ce qui s'y doit voir par la lunette.

Nous auons enſeigné la methode de la conſtruction de ces
figures en ſorte que les parties de la figure ou de l'image
eſtant reduites & diſperſées çà & la au plan artificiel ſelon la diſpoſition requiſe à cet effet, en regardant par le point de veuë à l'extremité de la lunette on void toutes ces parties ſe raſſembler en vn
meſme plan continu ſans confuſion, & l'image bien proportionnée & ſemblable à celle qui a premierement eſté deſſeinée au
plan naturel.

Mais ſi nous ne deſſeinons au plan du tableau que les ſeules
parties de l'objet, ou de la figure, qui ſont reduites és eſpaces du
plan artificiel, comme és trapezes & pantagones de la ſoixante-
neufieſme figure, oûtre qu'on en reconnoiſtra facilement l'artifice en voyant toutes les parties deſcrites au plan eſtre bornées
par des figures ſemblables aux facettes du cryſtal polygone ; il
ſera encore de mauuaiſe grace de voir, par exemple, vn viſage coupé en ſept ou huit pieces, & ſes parties ſeparées & eſparſes çà & là
dans le deſordre & la confuſion. C'eſt pourquoy afin de rendre l artifice plus admirable ; il faut que le tableau eſtant regardé directement & hors de la lunette repreſente vne peinture bien ordonnée
& differente de ce qu'on y doit voir par la lunette, de ſorte neantmoins que l'vn & l'autre conuienne à vn meſme deſſein pour ſigni-
fier ou repreſenter ce qu'on ſe ſera propoſé.

Ce qui ſera plus intelligible par l'exemple qu'on en peut voir en la
ſoixante-neufieſme figure, où apres auoir fait la reductiō des parties
du portrait de Louis XIII. deſcrit au plā naturel de la 71 figure en la
49 planche, és eſpaces du plan artificiel, pour remplir le vuide que
laiſſént ces eſpaces, nous auons fait de chacune de ces parties vn autre portrait entier different de ce premier en appropriant, par exemple ſur le trapeze A où ſont enfermez l'œil droict, le nez & vne
partie de l œil gauche, & deſſeinant au tour ce qui reſte pour l'ac-
croiſſement d'vn portraict entier, & ainſi pour tous les autres : &
ſi l'on n'a pas aſſez d'eſpace pour faire vn portrait entier à chaſque
facette, comme il ſe rencontre aſſez ſouuent à raiſon de l'irregularité des cryſtaux, & de la diuerſité de l'inclination de leurs plans
ou facettes, on peut faire que les pàrties cōpriſes en deux de ces eſpaces cōnuiennent en vne meſme figure, comme il ſe voit en la meſme planche és trapezes B & C, où la partie des cheueux du portrait

reduite en C forme le pennache de la figure faite ſur le trapeze B; le meſme ſe voit encore és trapezes H, G, qui ſont vis à vis de ceux-cy de l'autre coſté de la ſtampe.

Le tout eſtant diſpoſé de la ſorte, la peinture aura beaucoup plus de grace, & l'artifice en ſera plus eſtimé : mais encore plus ſi l'on ſe forme quelque deſſein pour la ſignificatió de cette peinture; ce qui ſe peut remarquer en la 49 & 50 plâche és figures ſoixáte-neufieſme & ſeptante-deuxieſme: dót la premiere eſt à peu pres la copie, ou du moins le deſſein d'vn tableau que i'ay tracé & fait peindre, & qui ſe garde encore en la Bibliotheque de noſtre Cóuët de la place Roya-le à Paris. Ce tableau dreſſé de la façon que nous auons dit en ce li-ure, eſtant veu directement repreſente vne quinzaine d'Ottomans veſtus à la Turque, la plus part au naturel, tirez d'vn liure intitulé *Icones Sultanorum* : & quand on vient à regarder par la lunette, au lieu de ces Ottomans on ne voit plus que le portrait de Louys XIII. ve-ſtu à la Françoiſe, encore qu'il ſe compoſe de pluſieurs pieces des autres portraits qui ſe ramaſſent enſemble pour le former tel qu'il ſe void.

Ce deſſein eſt fait ſuiuant la Prophetie, qu'on dit que Mahomet a laiſſé à ſes ſucceſſeurs, auſquels il recommanda de ne iamais offen-cer la Monarchie Françoiſe, parce que leur Empire ne ſeroit iamais ruiné que par la puſſance de quelqu'vn de ſes Roys. C'eſt pourquoy nous faiſons que la plus part des Empereurs de ce tableau rendent hommage au Roy, en contribuant chacun quelque partie de ſoy pour former ſon image, comme s'ils ſe deſpoüilloient eux-meſmes pour honorer ſon triomphe: d'où vient que ſi auec le doit ou quel-que baguette on touche l'œil droit de celuy qui eſt au trapeze A, il ſemblera à ceux qui regarderont par la lunette qu'on touche l'œil droit du Roy; ainſi mettant la baguette ſur le bout du nez de l'autre qui eſt au trapeze B, il ſemblera encore que ce ſoit le nez du Roy, duquel le portrait entier, tel qu'il eſt deſcrit en la ſeptante-vnieſme figure, ſe void par la lunette au milieu du tableau, au meſme en-droit où eſt figuré celuy d'Amurath quatrieſme, comme s'il l'oſtoit de ſon Thrône, & prenoit poſſeſſion de ſon Empire.

COROLLAIRE I.

A l'imitation de ces deſſeins chacun en peut former de nou-ueaux à ſa fantaiſie & ſelon ſon intention. On peut prendre au vieil teſtament toutes les figures d'vne meſme ſignification, & faire qu'eſtant peintes & diſpoſées au plan ſelon les regles preſcri-tes, elles ne repreſentent par la lunette que la choſe figurée.

L'on peut auſſi peindre quelques Prophetes de ceux qui ont par-lé plus expreſſement de la Vierge & de l'Incarnation, chacun auec vn liteau volant, où ſoient eſcrits les mots de ſa Prophetie par

exemple, Ifay e auec ces mots, ECCE VIRGO CONCIPIET
ET PARIET FILIVM, & ainfi des autres; & faire que par la lu-
nette on ne voye que la Vierge auec cette infcription : ECCE
ANCILLA DOMINI, &c.

Et fi apres auoir difpofé le plan du tableau, on trouue que les
efpaces tracez foient trop pres l'vn de l'autre, de forte qu'on ne
puiffe rien approprier deffus les parties de l'objet, qui foit fait auec
iufte proportion, on pourra s'auantager de cette incommodité &
prendre vn deffein qui reüffiffe en cette confufion auffi bien que
fi le plan auoit efté difpofé auec toutes les precautions poffibles:
comme fi on prenoit le fujet du trente-feptiefme Chapitre de la
Prophetie d'Ezechiel, & qu'on feignift vn champ remply d'offe-
mens efpars çà & là, auec la deuife; VATICINARE DE OS-
SIBVS ISTIS. par la lunette on les feroit voir fi bien ruünis &
ajuftez enfemble, qu'ils formeroient vn fquelette auec toutes fes
proportions & fes iuftes mefures.

On pourroit faire le mefme en vn deffein où les parties de la figure d'vn corps humain eftant diuifées & reduites aux efpaces du
plan artificiel, ne pourroient eftre accompagnées de ce qu'on y
voudroit adjoufter, faute de place; car en ce cas il n'y auroit qu'à
figurer au milieu du tableau, qui eft ordinairement le plus grand
vuide, vne Medée qui jettaft çà & là les membres de fon frere Ab-
fyrtus qu'elle defchira en pieces l'ors qu'il la fuiuoit comme la fable le defcrit. En vn mot le tout depend de l'addreffe de ceux qui
trauailleront, lefquels nonobftant la fujetion qui eft en ce genre
de peintures, pourront tellement difpofer leurs deffeins, qu'elles
pareftront faites auec auffi peu de contrainte que les peintures
communes.

COROLLAIRE II.

En cette forte de Perfpectiue on peut auffi faire voir deux differentes figures fucceffiuement par la mefme lunette & fur le mefme
plan, en rendant l'vn ou l'autre mobile, comme fi on faifoit tourner le plan au tour d'vn piuot qui fût fixe à fon centre, & fi apres
auoir tracé les efpaces pour y reduire les parties de la premiere figure, on venoit à opofer aux facettes du cryftal le vuide laiffé par ces
premiers efpaces, & qu'on y en traçaft d'autres pour la feconde qui
n'anticipaffent point fur ces premiers; car par ce moyen on defcri-
roit aux vns & aux autres feparément ce qu'on voudroit faire voir à
plufieurs fois : mais en ce faifant on fera contraint de laiffer les parties des figures reduites au plan artificiel toutes en confufion, fans
y rien ajoufter de bien proportioné; outre que, comme i'ay des-ja
dit, il fera difficile de faire reüffir cét artifice bien exactement à caufe que la lunette, ou le plan ne feront pas bien arreftez.

COROLLAIRE III.

Les lunettes qu'on fait d'vn ou plusieurs verres conuexes, & qui nous augmentent si fort la quantité des objets pourroient produire quelque chose de semblable à cét artifice; auec beaucoup moins de peine & de contrainte pour la construction de la figure: Car on pourroit peindre en quelque tableau que ce fût, ce qu'on voudroit faire voir par la lunette, extremement petit, & renuersé, s'il estoit necessaire; de sorte qu'en regardant la peinture directement, on ne s'en aperceuroit pas: & mesme pour en cacher dauantage l'artifice, on pourroit peindre sa figure sur quelque medaille ou anneau qui d'ailleurs ne parût pas inutile en la peinture; & en mettant l'œil à la lunette oposée directement à ce petit objet, elle en grossiroit tellement l'apparence qu'on en verroit les moindres parties fort distinctement, le reste de la peinture ne paroissant plus: ce qui reüssiroit fort bien si on se seruoit de verres ou crystaux de la forme que prescrit Monsieur des Cartes aux discours 8, 9 & dixiesme de sa Dioptrique; car en faisant l'obiet de la grandeur du verre de la lunettte, les rayons des especes qui en partiroient, tombans parallelles sur la surface de ce verre, feroient vne refraction reguliere, & produiroient vn bel effet: on y peut aussi reüssir par le moyen des verres conuexes spheriques: & i'ay veu d'excellentes lunettes de cette sorte, lesquelles renuersant les especes en augmentoient si notablement la quantité & l'estenduë, que d'vn portrait grand comme le pouce, elles en faisoient voir vn presque aussi grand que le naturel.

Fin du quatriesme & dernier Liure.

ADVERTISSEMENT.

IL faut premierement remarquer qu'on a oublié de mettre à la fin de la 35 propofitió du premier liure, que la figure & la metho-de qui fuit dans la 36, a efté prife des œuures de Monfieur Defar-gues, qui auoit fait imprimer vne feüille particuliere de ce fuiet, auant la publication de fa Perfpectiue.

Secondement, que le P. Niceron auoit deffein de faire des trai-tez acomplis du rayon droit, reflechi & rompu, afin de donner vn ou-urage entier au public; ce qu'il pouuoit faire ayfement, fi Dieu luy euft prolongé la vie, car il auoit vne grande viuacité d'efprit : mais parce que Dieu difpofe de nos vies, comme il luy plaift, & que nous nous deuons cette mutuelle charité que de fupleer les vns pour les autres, on trouuera dans les traitez qui fuiurót, vne bonne partie de ce que l'on en euft pû efperer : ioint que fon amy particulier le R.P. Magnan Profeffeur en Theologie à la Trinité du montà Rome, acheue vn ouurage qui ioint à cettuy-cy perfectionnera cét art, puis qu'il y traite fort amplement de tout ce qui apartient aux horloges, & par confequent aux rayons du Soleil.

A quoy l'on peut aioûter les 3 volumes du F. du Breüil, qui don-ne la maniere de faire toutes fortes de Perfpectiues pour toutes for-tes d'arts & de meftiers, auec des figures fi bien tracées, & grauées, qu'il femble qu'on ne doiue rien defirer de mieux en cét art, dont fi l'on ayme la belle Theorie & la Pratique, il fuffit de lire & de com-prendre tout ce qu'en a donné le fieur A. Boffe au nom de l'Au-theur.

En 3 lieu il faut remarquer que les planches qui font grauées, en taille douce, & qui feruent pour entendre les difcours, & les de-monftrations contenuës dans les 4 liures de cette Perfpectiue, ne fe trouuent pas auec ledit difcours, mais à la fin, parce que chaque planche fert pour plufieurs propofitions, mais elles font fi bien cot-tées en chaque lieu, qu'on ne peut manquer à les trouuer. Et fi on veut les auoir vis à vis de chaque propofition, fans retorner le liure à la fin, où elles font, on peut les faire relier à part, afin de les tenir ouuertes en lifant, ou mefme les faire relier dans leurs propres lieux, en faifant tirer le nombre des planches qui fera neceffaire pour ce fuiet.

Loüange à Dieu premier autheur de toutes chofes.

LIVRE

L'OPTIQVE,

ET LA

CATOPTRIQVE

DV

REVEREND PERE MERSENNE
MINIME.

NOVVELLEMENT MISE EN LVMIERE,
aprés la mort de l'Autheur.

A PARIS,

Chez la veufue F. LANGLOIS , dit CHARTRES, ruë
S. Iacques, aux Colomnes d'Hercule.

M. DC. LI.
Auec Priuilege du Roy.

ADVERTISSEMENT
DE L'IMPRIMEVR
AV LECTEVR.

Et aduertiffement eft à deux fins. L'vne, pour faire fçauoir que c'eft icy le dernier œuure du Reuerend Pere Merfenne Religieux de l'ordre des Minimes du Conuent de Paris, tres celebre pour fa haute Doctrine, & connu de tous les fçauans de ce fiecle, tant dedans que dehors le Royaume ; au grand regret defquels il eft mort au commencement de Septembre 1648. laiffant ces deux petits traitez de l'Optique, & de la Catoptrique, à peu prés acheuez, & leur impreffion commencée, mais qui pour quelques confiderations, n'a pû eftre pourfuiuie iufques à maintenant.

L'autre fin eft pour purger ce grand homme de l'accufation formée contre luy apres fa mort, par le Reuerend Pere Alphonfe Antoine de Saraza de la compagnie des Iefuiftes ; qui dans vn petit œuure Latin imprimé à Anuers en 1649. pretend que c'eft fans raifon & mal à propos, mefme contre les loix de la Geometrie, que noftre R. P. Mers. dans fon œuure des reflexiós Phyfico-mathematiques, a reprife la pretenduë quadrature du cercle publiée par le Reuerend Pere Gregoire de S. Vincent de la mefme compagnie des Iefuiftes, dans fon gros œuure Latin imprimé au mefme lieu en 1647. & intitulé de ce titre illuftre *De quadratura Circuli.*

Chacun fçait combien la propofitió de la quadrature du cercle eft celebre entre les Geometres : c'eft pourquoy les noftres la voyant promife au frontifpice d'vn liure qui partoit d'vne telle main, ils le leurent auec toute l'attention que merite le fujet : mais n'y trouuans point ce que leur promettoit vn titre fi magnifique, cela leur dépleut.

Toutefois, le R. P. M. les ayant priez de luy en dóner leur iugemét clair & net, & tel qu'ils le voudroiét publier en vn befoin, ils luy dirent que l'œuure contenoit quátité de fort belles propofitiós, où il y auoit pourtát quelque peu à reprédre ; & que l'auteur

á ij

auoit fort trauaillé à la recherche de la quadrature du cercle, &
de l'hyperbole : mais que n'en ayant trouué aucune des deux,
il n'auoit pas laiffé de donner le titre fpecieux de la quadrature
du cercle, aux effors qu'il auoit faicts fur ce fujet; quoy que nj
pour celle cy, nj pour l'autre, il ne donnaft rien qui puft foulager les Geometres, puis que quand il n'y auroit autre chofe
à redire dans fon œuure, il reduifoit ces quadratures à d'autres propofitions autant ou plus difficiles, peut eftre, que les
quadratures mefmes : fçauoir de comparer entre elles deux
raifons, & donner deux termes connus, comme deux lignes
droites, de telle forte que l'antecedent foit au cófequent comme l'vne des raifons eft à l'autre : qui eft autant que de demander la conftruction des Logarithmes en lignes droites, à la rigueur Geometrique, ce que perfonne n'a encore trouué iufques à maintenant.

Pour éclaircir dauantage ce iugement, nos geometres don-
nerent au R. P. Mers. cét exemple tiré des Logarithmes communs, & qui eftant vn des cas les plus fimples de ce genre, fait
d'autât mieux voir la difficulté des autres plus embaraffez. Eftât
propofée la raifon de 100 à 1, & celle de 2 à 1 ; & affignant à 100
pour logarithme, vne ligne droite de 250000 mefures, & à 1,
vne ligne droite de 50000 mefures, ce qui eft libre; fi on de-
mandoit exactement & à la rigueur geometrique, la ligne droite qui feroit le Logarithme de 2. ou, ce qui reuient à vn mefme
but; fi ayant prife la difference des deux Logarithmes donnez,
qui eft de 200000 mefures; & la pofant pour le Logar. de la raifon de 100 à 1, on vouloit trouuer la difference des Logarithmes
de 2, & 1, laquelle difference feroit le Logar. de la raifon de 2
à 1. il eft certain qu'en cét exemple, par le calcul vulgaire contenu dans les tables qui ne font qu'à peu prés du iufte; (& où le
Logar. de l'vnité eftant 0, les Logarithmes des nombres naturels, font immediatement les differences entre les mefmes Logarithmes & celuy de l'vnité; & en confequence, les mefmes
Logar. font à peu prés entre-eux, cóme les raifons qu'ont les
nombres naturels, à l'vnité) le Logarit. demandé feroit énui-
ron de 30103 mefures. Mais il eft affeurement vn peu plus grand
qu'il ne faut : & de le donner iufte à la rigueur geometrique,
c'eft la propofition qu'ils ont prononcée eftre autant ou plus
difficile, peut eftre, que les quadratures dont eft queftion : que
s'il eftoit dans cette rigueur, on feroit affeuré que la premiere
difference 200000 feroit à celle cy 30103, de mefme que la
raifon de 100 à 1, eft à la raifon de 2 à 1.

La difficulté eft encore plus grande, quand les termes des
raifons propofées, font irrationaux incommenfurables entre-
eux & à la mefure expofée, qui reprefente ordinairement l'vni-

té; & qu'ils ne font point tous contenus dans vne mefme progreſſion de grandeurs continuellement proportionelles. Mais
l'exemple donné ſuffit à ceux qui ſont entendus en la doctrine
des Logarithmes.

Que ſi les deux raiſons propoſées n'ont pas vn mefme terme
commun, tel qu'eſt le terme 1 aux precedentes; la queſtion ſe
reſoudra encore de mefme, mais à deux fois. Comme ſi eſtans
propoſées les raiſons de 100 à 1, & de 3 à 2; & aſſignant à 100, & à
1, les logar. 250000, & 50000. ou prenant leur differéce 200000
pour le logar. de la raiſon de 100 à 1 ; on demande le log. de la
raiſon de 3 à 2. il faudra premierement trouuer le logar. de la
raiſon de 2 à 1, qui eſt enuiron 30103: puis le logar. de la raiſon de
3 à 1, qui eſt enuiron 47712. De ces deux logar. la difference 17-
609 ſera enuiron le logar. de la raiſon de 3 à 2. & lors on pro-
noncera que la raiſon de 100 à 1, eſt à la raiſon de 3 à 2, enuiron
comme 200000 à 17 609.

Remarquez donc cette condition eſſentielle, & vniuerſelle
des logar. d'exprimer par les raiſons qu'ils ont entre-eux, celles
de deux, ou pluſieurs autres raiſons comparées entre elles; ſoit
que ces raiſons comparées ſoient commenſurables, ou incommenſurables. Ainſi la raiſon du logar. 200000 au logar. 1000-
00, exprime celle de la raiſon de 100 à 1, comparée à la raiſon de
10 à 1; dont la premiere eſt doublée de la ſecóde, comme le premier logar. eſt double de l'autre : & ces deux raiſons ſont commenſurables, comme leurs logar. De mefmes, la raiſon du lo-
garitme 100000, au logar. 17609, exprime à peu prés celle de la
raiſon de 10 à 1, comparée à la raiſon de 3 à 2. le dis à peu prés : car
le logar. 17609 n'eſt pas iuſte, eſtant vn peu moindre qu'il ne
faut ; & le iuſte ſeroit incomméſurable au logar. 100000 ; comme la raiſon de 10 à 1. eſt incommenſurable à la raiſon de 3 à 2.

Cette remarque ſeruira pour faire comprendre la beueuë du
R. P. de Saraza, qui n'attribuë des logar. qu'aux grandeurs dont
les raiſons ſont commenſurables : Beueuë qui luy a caché le
ſens du R. P. Merſ. dans ſa cenſure ; & qui luy a fait dire qu'elle
n'eſtoit pas geometrique.

Le R. P. Merſ. ayant ce iugement de nos geometres, dont
quelques-vns viuent encore, qui s'en ſouuiennent fort bien ; &
d'autres tres celebres ſont morts, cóme luy mefme ; il ne fit aucune difficulté de publier que la quadrature dont il s'agit, n'eſt
non plus reſoluë que ce probleme, auquel elle eſt reduite par
ſon auteur, ſinon directement, au moins par vne interpreta-
tion tres facile.

Eſtans données trois grandeurs commenſurables ou incommenſurables ; & les logar. de deux : trouuer le logar. de la troi-
ſiefme.

L'auteur vit cette cenfure, mais il la iugea indigne de réponfe, à ce que nous affeure le R. P. de Saraza; qui fut pourtant d'auis contraire, pour vne raifon qu'il allegue, auec affez de mepris de noftre R. P. Mers. difant que le contenu de la cenfure, pouuoit eftre du tout meprifé; & qu'il l'eftoit en effet par les perfonnes doctes : que s'il répondoit, le feul motif de fa réponfe, eftoit de crainte que le filence ne paffaft auprés des ignorans, pour vn adueu de la faute découuerte.

En fuite, le mefme R. P. de Saraza pofe pour fondement de fon entreprife, cette condition defectueufe des logarithmes, que nous auons déja remarquée; fçauoir qu'ils n'appartiennent legitimement qu'à des grandeurs continuellement proportio-nelles; & en confequence, qu'à des raifons commenfurables: puis fur ce fondement, il baftit fa pretenduë folution du pro-blême du R. P. Mers. c'eft à dire, de nos Geometres; le deter-minant premierement à fa mode; & montrant de la mefme forte qu'il peut eftre impoffible; & en fin, il conclut qu'il a efte mal propofé.

Mais comme fon fondement eft ruineux, fon batiment tom-be de luy mefme : & il ne faut que deux mots de refponfe à tout fon difcours de dix propofitions contenuës en 13 pages : fçauoir qu'il propofe fes propres penfées, touchant les logarithmes, pour les combatre; & non pas celles de nos Geometres : & ainfi il refute fon propre fens, & non pas le leur qui eft tout autre.

Dans fon fens, le problême feroit impoffible toutes les fois que les grandeurs propofées ne fe trouueroient point conte-nuës dans quelque lifte ou progreffion de grandeurs continuel-lement proportionelles; du nombre defquelles chacune des données doit eftre, felon luy, pour rendre le probleme poffible; foit qu'elles fe fuiuent d'ordre immediatement l'vne apres l'au-tre dans la progreffion; ou qu'il y en ait tant d'autres qu'on vou-dra entremeflées. Et ainfi, dans le mefme fens, les raifons des mefmes grandeurs, doiuent eftre commenfurables : & par con-fequent auffi, les logarithmes de ces raifons, (ce font les diffe-rences des logarithmes des grandeurs) deuroient eftre com-menfurables. D'où il arriueroit dans les nombres, que donnant à l'vnité vn logar. & vn autre au nombre 10, comme on fait vul-gairement pour la conftruction des tables; il n'y auroit que les nombres de la proportion denaire, & leurs moyens proportio-naux, qui euffent de veritables logar. comme 100, 1000, 10000, Rq. de 10, Rc. de 10, & cæ. tous les autres nombres, fçauoir 2, 3, 4, 5, 6, 7, 8, 9, 11, & cæ. tant entiers, que rompus, rationaux, ou irrationaux, n'en auroient point de veritables, ny rationaux, ny irrationaux.

Au contraire, dans le fens de nos Geometres, iamais le probleme n'eſt impoſſible. Car les grandeurs données ayans quelques raiſons entre elles, ces raiſons pourront eſtre comparées; & leur comparaiſon s'expliquera par les differences des logar. des grandeurs; comme aux exemples expliquez cy deuant.

Or qu'il ſoit touſiours poſſible dans ce ſens, le R. P. de Saraza le demonſtre luy meſme, ſans y penſer, par les eſpaces hyperboliques, qui expriment à la rigueur geometrique, les logarithmes de toutes les grandeurs, & de leurs raiſons, tant commenſurables, qu'incommenſurables: & rien ne l'a empeſché de la voir, ſinon la preoccupation des continuellement proportionelles, auſquelles ſeules il vouloit attribuer des logar. Et qui auroit donné des lignes droites qui fuſſent entre elles en meſmes raiſons que tous ces eſpaces hyperboliques commenſurables & incommenſurables, auroit donné les logar. à la rigueur geometrique; & en conſequence, il auroit comparé toutes les raiſons des grandeurs à qui appartiendroient ces logar. & enfin (ſuppoſé qu'il n'y euſt rien autre choſe à redire dans l'Oeuure du R. P. de S. Vincent) il auroit la quadrature, tant du cercle, que de l'hyperbole. Mais de la tenter par ce biais, il eſt à craindre que ce ne ſoit vouloir reſoudre vne difficulté par vne autre plus grande , ſuiuant le ſentiment de nos geometres, & du R. P. Merſenne, qui n'oſte pourtant à perſonne la liberté de s'y exercer; veu que tous les exercices de ce genre, quand ils n'obtiendroient pas leur fin principale, produiſent d'ordinaire des fruits inopinez tres beaux, & dignes de la peine qu'on y a employée: & il y a apparence que ces belles connoiſſances contenuës dans l'œuure du R. P. de S. Vincent, ſont les fruits d'vne pareille culture.

Pour concluſion. Puis que les lois de la logique veulent que tant pour reſoudre, que pour refuter vne propoſition, elle ſoit priſe dans le veritable ſens du propoſant ; il paroit clairement que le R. P. de Saraza n'a ny reſolu, ny refuté la propoſition du R. P. Merſenne. Il paroit auſſi par ce qui a eſté dit cy deſſus, qu'elle n'eſt iamais impoſſible. Et enfin, il euident qu'elle ne contient rien qui ſoit contre les regles obſeruées de tout temps en la geometrie. Au contraire; en ce point, ces regles ſont ſi fauorables au propoſant, que quand ſa queſtion ſeroit impoſſible, ou ſujette à quelque determination; il n'eſt point obligé de le ſpecifier; & c'eſt à celuy qui en entreprent la ſolution, de la determiner, ou en demontrer l'impoſſibilité; n'ayant aucun droit de rien reprocher au propoſant, ſur ce ſujet. Que s'il y auoit eu de l'impoſſibilité au probleme du R. P. Merſ (ce qui n'eſt point) & que la propoſition du R. P. de S. Vincent fuſt tombée dans le cas de cette impoſſibilité; ſes quadratures auroient eſté impoſſibles; & le probleme auroit touſiours ſubſiſté dans les lois de la geometrie.

Sur le fujet de la mefme cenfure du R. P. Merf. nous auons aufli veu vne feüille volante Latine imprimée à Cologne, dont l'Auteur ne prend autre qualité que le nom de *Richardus Chidlæus Scotus*. Mais pource qu'elle ne contient que de pures injures contre noftre R. P. fans aucun point de doctrine; l'Auteur ne merite autre refponfe, finon qu'à l'auenir il faut qu'il écriue en honnefte homme, s'il veut qu'on faffe quelque cas de luy.

TABLE
DES PROPOSITIONS
CONTENVES AVX DEVX
LIVRES SVIVANS.

ē

DE LA CATOPTRIQVE.

PREMIERE PROPOSITION.

ë ij

Table des Propositions de l'Optique & Catoptrique.

FIN.

LIVRE PREMIER
DE
L'OPTIQVE.

'O N a eu iufques à prefent vne fi grande multitu-de de penfées pour expliquer ce que nous appel-lons lumiere, qu'il eft, ce femble, difficile d'y ajoû-ter ; car les vns ont penfé qu'elle eftoit l'ame du monde, qui departoit les ames particulieres à cha-que animal; à quoy l'on peut raporter l'opinion de ceux qui difent qu'elle a plus d'eftre, ou d'effence qu'aucune autre chofe corporelle creée, ou qu'elle eft fpirituelle, ou qu'elle eft moyenne proportionelle entre les chofes corporelles & fpirituelles.

Les autres ont creu qu'elle eftoit vne qualité tres-excellente, mais parce que ce mot de *qualité* ne nous imprime point de notion affez claire & diftincte, ie prefere la penfée qui l'exprime par le mouuement, tres-jufte d'vne matiere fluide, dont le Soleil eft com-pofé, ou qu'il contient en foy, & laquelle il meut en rond, afin qu'e-le pouffe la matiere cœlefte, qui l'enuironne de tous coftez, & qui remplit tous les pores des plus groffiers.

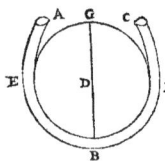

Or l'on peut conceuoir ce mouuement en plufieurs façons, par exemple, en imaginant que le Soleil, ou vn autre luminaire, pouffe & preffe ladite matiere cœlefte, comme les parties fuperieures de l'eau enfermées dans le tuyau A BC (qui embraffe la terre D, & qui eft remply d'eau iufques en C, & A) preffent les parties d'en bas quoy que tres-efloignées. Car fi l'on met vne goute d'eau, dans le goulet C, elle ébranlera toute l'eau de ce tuyau, & en fera tomber vne goute par le bout A, quoy qu'il y ait 8000. lieuës depuis C, iufques à A, en allant par FBE: & la mefme chofe arriueroit quoy

A

qu'il y eu∫t autant de chemin d'A à B ou à C comme dans le tour du firmament.

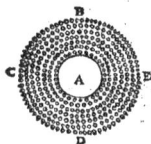

L'on peut donc penſer que le Soleil imaginé en A, eſt remply d'vne matiere liquide, laquelle tornant autour de ſon centre preſſe toutes les matieres cœleſtes BDCE, qui l'enuironnent en forme de petites boules, dont chacune eſt moindre que la centmilieſme partie du moindre grain de ſable qu'on puiſſe voir auec nos meilleurs microſcopes: & que ces petites boules pouſſées en droite ligne, comme la pierre qu'on torne dans vne fonde, (qui eſſaye touſiours à s'echaper pour continuer ſon mouuement en droite ligne par la tangente du cercle que fait la fonde, comme i'expliqueray plus au long dans vn autre lieu.) produiſent la lumiere que nous aperceuons icy; laquelle ne paroiſt plus lors qu'elle ceſſe d'auoir ce mouuement droit, à l'égard de nos yeux, c'eſt à dire lors qu'on ne peut mener vne ligne droite de l'œil au Soleil, ſans aucun empeſchement des corps opaques, qui ne permettent pas que ſon action vienne à nous par vne ligne droite, par ce qu'elle interromp l'action des parties celeſtes.

L'eau qui remplit vn vaiſſeau où il y a pluſieurs pierres, & autres choſes rondes, ou meſme d'autres ſortes de figures, & qui preſſe le fond dudit vaſe auſſi fort que ſi elle le rempliſſoit toute ſeule, peut faire comprendre comme la matiere celeſte qui eſt centmillefois plus liquide que l'eau, & beaucoup plus ſubtile que l'air, paſſe à trauers les moindres pores de nos corps ſenſibles, tant durs que mols; Et lors que cette matiere a touſiours vne telle communication que ſes petites boules ſe touchent, les corps où elle ſe trouue en cette diſpoſition, ſont diafanes; & quand elle n'a pas cette communication de parties, le corps eſt dit opaque, parce qu'il ne tranſmet pas l'action du Soleil, ou le mouuement de la matiere ſubtile iuſques à nos yeux.

Il y a encore vne autre penſée de la lumiere, à ſçauoir qu'elle eſt vne emiſſion de petites boulettes qui ſont perpetuellement pouſſées du Soleil iuſques à nous, d'vne ſi grande viteſſe, que nous la prenons pour vn momēt: mais il eſt neceſſaire qu'elle paſſe par tous les petits vuides qu'on peut imaginer dans les corps diafanes, qui ſont depuis le Soleil, les eſtoiles, ou les autres luminaires iuſques à nous: & qu'elle diſtille, & ſorte du Soleil comme l'eau ſort d'vn canal plein d'eau par vn trou fait au bas, laquelle eſt pouſſée en ligne droite par la force de celle qui la preſſe depuis le haut dudit tuyau, ou comme celle qui iallit en haut dans les iets ordinaires; & qui n'a plus de force de iallir, quand on ferme les tuyaux; ce qui arriue à la lumiere par l'interpoſition des corps opaques qui empeſchent qu'elle ne coule dans nos yeux.

Chacun ſuiura ce qui luy plaira dauantage, car il ſuffit que l'on

demeure d'acord des proprietez de la lumiere pour entendre l'optique, c'eſt pourquoy ie les explique icy ; ceux qui voudront ſçauoir
tout ce qu'on a medité iuſques à preſent de la nature de cette lumiere, peuuent lire la Philoſophie de François Patrice, les Paralipome-
nes de Kepler, le liure de la lumiere de M. de la Chambre, qui donne auſſi lumiere à l'amour d'inclination, & au debordement du Nil:
la Dioptrique & les principes de la Philoſophie de M. des Cartes,
qui a donné de nouuelles penſées de la lumiere, & qui tient que s'il
y auoit du vuide au lieu où eſt le Soleil, nous verrions neanmoins
la meſme lumiere, que nous voyons maintenant, comme il remarque à la 176. page de ſes principes, à cauſe du tourbillon de la matiere ſubtile.

L'on peut auſſi lire le liure de la lumiere de M. Boüillaud, & ce
qu'en enſeigne M. Gaſſendi ſur le 10. liure de Diogene Laërce, ſans
parler de ce que i'en ay dit dans la Balliſtique, & à la fin de l'Optique, parce que ie l'expliqueray dans la Dioptrique: & de ce que
l'on en trouue dans la grande queſtion de la lumiere ſur le 3 verſet
du 1. chapitre de la Geneſe, où i'ay expliqué 50 proprietez de la lumiere.

I'aioûte ſeulement qu'Ariſtote au 2. liure de l'ame, chapitre 7.
ſemble auoir la meſme penſée de la matiere ſubtile, ou étherée, qui
fait le diafane, dont le dit mouuement, ou comme il parle, *l'energie*
eſt la lumiere: de ſorte que quand le mouuement de cette matiere
ceſſe, nous ſommes en tenebres, qu'il dit eſtre le mouuement en
puiſſance de cette meſme matiere celeſte.

Et peut eſtre que ſi l'on medite la Philoſophie d'Ariſtote, on y
pourra trouuer les meſmes penſées dont on vſe maintenant dans
pluſieurs nouuelles Philoſophies, qui commencent à naiſtre ; ce
qui n'eſt pas incroyable, puis que chaque Philoſophe eſſaye à trouuer la verité, & les veritables raiſons des aparences: & parce que
tous les eſprits ſont de meſme eſpece, ils ſe rencontrent ſouuent en
meſmes penſées, bien qu'ils les expliquent en des façons differentes. Voyons les proprietez de la lumiere, dont on demeure d'accord, iuſques à ce que ie parle plus amplement de ſa nature.

PREMIERE PROPOSITION.

Le Soleil, & les autres luminaires rempliſſent tout le monde de leurs rayons,
qu'ils enuoyent également de tous coſtez.

CEtte propoſition contient la premiere proprieté de la lumiere, d'où toutes, ou pluſieurs autres dependent, car il s'enſuit
que le rayonnement de chaque luminaire produit vne ſphere de lumiere tout autour de ſoy (ce que les Latins diſent, *radiare in orbem*)
de ſorte qu'il n'y a point de lieu au monde, d'où l'on puiſſe tirer vne

ligne droite au luminaire, que ce lieu n'en foit illuminé.

Ce que l'on entendra mieux par cette figure L Q E L, qui reprefente l'vn des grands cercles de la fphere du monde, lequel ie confidere fini ou infini ; par exemple, foit le luminaire A, au centre de
ce monde (comme quelques-vns y mettent le Soleil) : & qu'A B foit
le rayon du firmament; c'eft à dire la diftance du centre du monde
iufques aux eftoiles, qui contient pour le moins quatorze mil fois
la diftance du centre de noftre terre à fa circonference. Ie dis que
le rayon du Soleil va iufques en B, & que fi B C eft encore vn autre
corps diafane, le rayon A B s'y eftend, car ie ne connois aucune
chofe que les corps opaques, qui empefchent le rayonnement, ou
l'irradiation.

Et ceux qui croyent que le rayon a quelque terme, au delà duquel il ne peut aller, s'apuyent fur l'effay de leurs yeux, parce qu'ils
ne voyent plus la lumiere d'vne chandelle, lors quelle eft trop éloignée : mais ils fe defabuferont eux mefmes, s'ils vfent d'vne bonne
lunette de longue veuë ; & comme ceux qui ne peuuent voir les 4.
compagnons de Iupiter, qu'on nomme les eftoiles Iouiales, & qui
difent qu'elles n'ont pas la force d'enuoyer leurs rayons iufqu'à
nous, confeffent leur erreur, quand ils les voyent auec lefdites lunettes, de mefme chacun doit penfer que la feule raifon qui nous
empefche de voir les luminaires trop éloignez, vient de la foibleffe
de noftre veuë, ou de ce qu'elle ne reçoit pas affez de leurs rayons
pour nous le faire aperceuoir.

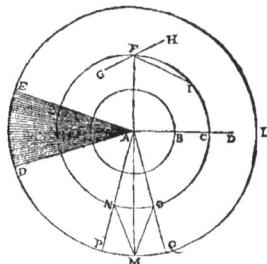

Supofons, par exemple, que le
luminaire A enuoye le feul rayon A
M au point M, & que l'œil mis en M
ne puiffe voir A par ce feul rayon, &
qu'il falle trois rayons pour donner
affez de force à l'œil pour le voir, ie
dis qu'il le verra fi les deux rayons A
P, & A Q s'affemblent auec le premier rayon au point M ; ce qui ari-
uera par le moyen du verre conuexe de la lunette N O, qui flechira
lefdits rayons par les lignes N M & O M, de maniere que le feul ra-
mas des rayons fait voir que la lumiere ne fe perd point, & qu'il n'y
a point de lieu d'où l'on puiffe tirer vne ligne droite iufques au
corps lumineux, qui ne foit illuminé par vn, ou plufieurs rayons,
ou mefmes par vne infinité de rayons : par exemple, la flamme de la
chandelle mife au point A, enuoye tous les rayons A D E en D E, &
ces rayons font en auffi grand nombre que les lignes qui fe peuuent tirer, ou conceuoir depuis A iufques à D E, c'eft à dire qu'ils
font innombrables, ou infinis en nombre ; & partant que s'ils
eftoient continuez bout à bout, ils feroient vne ligne infinie de
lumiere.

Le rayonnement ADE doit estre conçeu non seulement par tout ce cercle ; mais aussi dans toute la solidité de la sphere dont elle est vn des plus grands cercles, de sorte que chaque point Physique de lumiere, ou chaque point du luminaire produit vn solide de lumiere égal à tout le solide du monde.

Or cette figure fait encore conceuoir que si le cercle FCN bornoit le monde, & qu'il n'y eust plus rien qu'vn espace imaginaire, ou vn vuide par delà, representé par l'ourlet KFLODFK, le rayon AC passeroit oûtre, vers DCL, ou se determineroit au point C, d'où il se reflechiroit en A. Et si l'on s'imagine que le commencement de ce vuide, ou la fin du móde ait la forme d'vn miroir plan GH, le rayon AF, qui tombant sur la surface du miroir concaue FI, dont le centre est en A, se reflechiroit sur soy-mesme de F en A, se reflechira de F en I à cause de l'inclination du miroir plan GH, & des angles égaux GFA, & IFA.

Il est certain que si oûtre ce que Dieu a creé (à sçauoir tout ce qui est compris par la derniere surface de la sphere representée par la circonference FCO) il n'y a nul espace, le rayon AC, ou AF ne ne peut passer par delà, puis qu'on supose qu'il n'y a plus rien, & par;consequent qu'il n'y a point de par delà : de sorte que le Neant auroit la mesme proprieté de reflechir que le corps opaque.

Ie laisse la question qu'on fait si le pur espace a besoin de création, ou s'il depéd de Dieu d'vne autre sorte que de la cause efficiente ; ou si c'est l'immensité mesme, qui est de toute eternité; ce qui releueroit la Geometrie par dessus les autres sciences, car elle considere son espace comme vne immensité, & ne luy donnant point de bornes conclud suiuant la pensée de quelques-vns, qu'il est indiuisible, parce qu'il est infini : quoy que les autres le croyent diuisible, dont ie parleray plus au long dans vn autre lieu.

Lors que ie dis que la lumiere rayonne également de tous costés ie la considere vniforme, & homogene, ou de mesme nature en toutes ses parties, afin qu'on n'obiecte pas que la flamme du feu, ou des chandelles n'esclaire pas si fort en haut qu'à costé, car ie sçay que la fumée & les autres vapeurs l'empeschent plus d'vn costé que d'autre, or il n'est icy besoin que de considerer vn point de lumiere, sans fumée, & sans aucun autre empeschement.

PROPOSITION II.

La lumiere ne vient pas seulement du centre, mais aussi de chaque point de la surface lucide des luminaires.

IL est certain que le rayon, qu'on appelle *central*, a plus de vigueur que ceux qui viennent des autres points du luminaire, parce qu'il est le plus court, & qu'il se dissipe moins : par exemple, soit A

le centre du corps lumineux IOQMSGI, le rayon AB eſt appellé
central à l'égard de l'œil B; & ſi la prunele de l'œil eſt auſſi large que
BD, comme elle eſt ordinairement, les
rayons A D , & A C, qui viennent du
centre A, ſeroient en plus forte que les
rayons R D , & T C, qui viennent des
points R & T de la ſurface; ce qu'on
peut experimenter en regardant le Soleil, dont le diſque eſt couuert d'vne
cheminée, d'vn pan de muraille , ou
de tel autre corps qu'on voudra, car ſi
l'on aperçoit ſeulement le coſté du
Soleil SY V , l'œil ſuporte ayſement la
lumiere qui pareſt aſſez foible. Et ſi l'on cache tout le Soleil, excepté la grandeur aparente d'vn denier , ou d'vn point, priſe vers ſon
centre A , la lumiere pareſtra ſi viue que l'œil ne pourra quaſi la ſuporter.

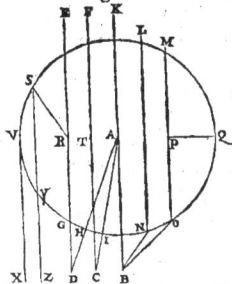

Les lignes PQ, & RS, montrent que les points R e P , & par conſequent chaque autre point de toute la ſurface du luminaire enuoyent des rayons en tous les lieux auſquels on peut tirer des lignes
droites deſdits points , & par conſequent fait vne ſphere de lumiere, de ſorte que l'on peut conceuoir autant de ſpheres lumineuſes
comme de points, quoy que toutes enſemble elles ne faſſent que la
ſphere vniuerſelle du luminaire.

Or plus les points ſont éloignez du centre A , & moins ils ont de
force, tant parce qu'ils s'eloignent dauantage de l'œil , que par ce
qu'ils n'agiſſent qu'obliquement. C'eſt pourquoy l'on peut leur
apliquer la raiſon des peſanteurs qu'ont les corps ſur les plans differemment inclinez, dont la plus grande eſt de ceux qui peſent à plon
ou perpendiculairement: quoy qu'il ſuffiſe icy de conſiderer tous
les rayons comme s'ils ſortoient du centre du luminaire, particulierement quand on parle des eſtoiles, qui ne pareſſent que comme
des points Phyſiques , ou du Soleil qui ſe void ſous l'angle de demy
degré : d'où il arriue que leurs rayons venans de leur centre iuſques
à nous, quoy qu'ils faſſent des angles aigus , peuuent neanmoins
eſtre pris comme s'ils eſtoient paralleles , parce que leur éloignement, ou leur difference du parallelſme n'eſt pas ſenſible, comme
l'on auouëra ſi l'on fait vn angle de deux lignes droites égales au
rayon du ciel du Soleil, qui n'ait qu'vne minute , ou demi degré
d'ouuerture : ce que i'expliqueray plus au long dans la Catoptrique.

COROLLAIRE.

L'on peut experimenter auec vn morceau de bois, ou d'autre ma-

tiere, où il y ait vn trou de la grosseur d'vne teste d'epingle, ou d'v-
ne ligne si la partie du Soleil qu'on regardera vers le centre A, par
ledit trou, sera plus lumineuse, & de combien, qu'vne partie égale
prise vers VR : & il est aisé de prendre telle partie sensible du Soleil
qu'on voudra, parce que le trou en fait voir d'autant moins qu'on
l'éloigne dauantage de l'œil, qui void le Soleil tout entier quand
ledit trou en est proche ; & qui n'en void que comme vn point,
quand il en est fort éloigné. Et si l'on a peur de se gaster l'œil, il est
aisé de faire tomber la lumiere des deux susdites parties du Soleil
par deux trous égaux & également éloignez du papier, ou d'vn autre plan, sur lequel les rayons de ces deux parties tomberont, afin
de iuger de combien la lumiere de la partie centrale sera plus forte
que celle de la partie R V : ce qu'on peut semblablement apliquer
à la Lune, & aux flambeaux, ou autres luminaires, dont la flamme
est essez large pour en prendre, & en voir deux parties comme si elles estoient separées.

PROPOSITION III.

Le rayon n'illumine qu'en long, & en ligne droite lors qu'il passe par vn mi-
lieu parfaitement diafane, & n'illumine point en large, ou à costé.

L'On entendra cecy fort aysément si l'on considere le rayon, ou
le rayonnement qui passe à trauers vne chambre où il n'entre
aucune lumiere que par deux trous, qui la percent vis à vis l'vn de
l'autre, & qui sont tellement faits que ceux qui sont és autres lieux
de cette chambre ne puissent voir aucune reflexion des rayons qui
passent par lesdits trous, & qui sortent dehors par le second trou :
ce qu'on entendra plus aisément par le cone rayonnant ABC, produit par la lumiere du Soleil RS, & qui apres auoir entré par le trou
A va s'élargissant iusques au trou BC, qui doit estre plus grand que
le trou A, afin que le cone lumineux puisse passer sans toucher aux
bords internes du trou BC.

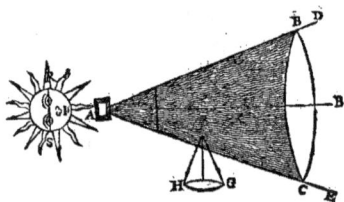

Cela posé ie dis que le cone radieux ABC passât par le
milieu d'vne chambre, qui
n'ait que ces deux trous, celuy qui sera dans quelque
lieu de la chambre, hors dudit cone, par exemple au
point G, ne verra rien, pour-
ueu qu'il ne se trouue point de petits corps opaques qui voltigent
dans ce cone, comme il arriue ordinairement.

Car ces petits corps qui peuuent reflechir quelque lumiere à
l'œil G, qui les verra comme des atomes, sans que la main en puisse

feparer aucun, que fort difficilement. Mais il faudroit dreffer vne chambre dont tous les coftez, & le plancher auec le paué fuft en-crouftée de poterie, ou de verre, ou de quelqu'autre matiere qui n'euft point de poudre, afin d'éprouuer fi ce cone feroit fans les pe-tits corps voltigeans, & fi l'œil demeureroit entierement en tene-bres fans aperceuoir aucune chofe, comme il arriueroit en l'abfen-ce de toute forte de corps opaques ou reflechiffant, car il ne de-meureroit plus qu'vn parfait diafane qui ne pourroit eftre veu par l'œil G.

Or il femble qu'il eft difficile d'expliquer pourquoy chaque point de ce cone lumineux ne rayonne pas tout au tour de foy, com-me fait chaque point du luminaire, particulierement fi nous po-fons que la lumiere n'eft que le mouuement d'vne matiere fubtile, ou etherée, car ce mouuement eft dans ce cone, mais parce qu'il ne fe fait qu'en ligne droite, il ne peut venir obliquement en H G, ou s'il y vient, il n'eft pas affez fenfible pour fe faire aperceuoir à l'œil.

COROLLAIRE.

Il s'enfuit de cette propofition que fi la lumiere du Soleil entroit dans vne chambre par vne feneftre fort large, & qu'elle fortift par vne autre feneftre opofée, pour grandes que fuffent ces feneftres, & pour gros que fuft le cylindre ou le cone rayonnant de lumiere quand mefmes il rempliroit la moitié de la chambre, ceux qui fe-roient en tel lieu de cette chambre qu'on voudra, ne verroient rien, & feroient en tenebres, comme s'ils eftoient enfermez entre qua-tre murailles, ou dans vn lieu foufterrain, où il n'entre aucune lu-miere.

Ce que l'on peut appliquer à l'entendement qui eft l'œil de l'a-me raifonnable, lequel ne pourroit auoir aucune penfée de Dieu, s'il n'en receuoit la motion, & la lumiere; de forte qu'il eft permis de penfer que Dieu eft à nos entendemens ce que le Soleil eft à nos yeux: & il n'y a quafi point de confideration dans la lumiere & dans les rayons qu'on ne puiffe accommoder aux moyens dont Dieu fe fert pour nous attirer à luy; dont il fuffit que i'aye auer-ti pour donner fuiet à ceux qui veulent tirer du profit fpirituel de tout ce qu'il y a de plus excellent dans toutes les fciences de mora-lifer toute l'Optique.

PROPOSITION

PROPOSITION IV.

La lumiere se resserre & se dilate , ou se condense & se rarefie, ou se dimi-
nuë & s'augmente.

CEux qui ne veulent, ou ne peuuent admettre de refraction
ni de condensation dans les corps à raison qu'elle n'est pas intelligible, expliquent les resserrement , ou la condensation de lumiere par vn mouuement plus rapide, & plus viste: c'est pourquoy
ie me sert de differents termes dans cette proposition qui s'entendra tres-aisément par cette figure , dans laquelle le point lucide A enuoye ses rayons en BC, car ABC represente le cone radieux,
qui est vne partie de la sphere lumineuse que le luminaire A produit autour de soy.

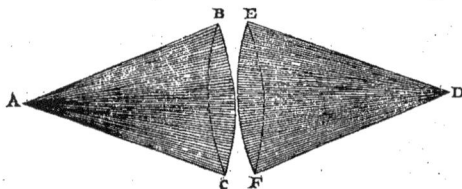

Or il est cer-
tain que toute
la lumiere qui
se trouue dans
la base BC du
cone ABC, se
trouue premie-
rement dans le
point lucide A , où la lumiere est d'autant plus viue & plus forte
qu'en chaque point de la base BC, que toute ladite base est plus
grande que le point A: c'est à dire que s'il faut mille points de la
grosseur du point A, pour remplir cette base BC, chacun de ces
points n'aura que la milliesme partie de la lumiere du point A: de
sorte qu'on peut dire que la lumiere A est dans sa plus grande solidité & condensation, ou dans son plus grand mouuement, & qu'elle est millefois plus dilatée & plus rare , ou que son mouuement est
mille fois plus lent en BC qu'en A.

Mais si l'on s'image qu'elle se resserre apres en mesme raison
qu'elle s'estoit dilatée, & qu'elle aille se terminer en D dans vn
point egal au point A, comme il arriueroit si vn ange, ou Dieu mesme la restreignoit en faisant le cone oposé BCD, qui se fait ordinairement par vn chrystal conuexe posé en BC, comme ie diray
dans la Dioptrique, pour lors la lumiere sera aussi forte en D qu'en
A, quand il y auroit vn milion de diametres de la terre d'A en D: suposé que par le chemin AD il ne se fust perdu aucun rayon, comme
il est aysé de conclurre par la premiere proposition.

COROLLAIRE.

Dans la pratique nous ne pouuons faire que la lumiere soit aussi

forte en D qu'en A, parce que nous n'auons point de cryſtal ſi diafane qu'il n'ait quelques parties opaques ; ioint que la main de
l'homme ne peut donner vne figure ſi parfaite au verre, ou aux autres corps diafanes, qu'ils ramaſſent tous les rayons BC au point D,
comme ſçauent fort bien les artiſans, & ceux qui ont pratiqué cét
art. Ce qu'il faut ſemblablement conclure des miroirs ; & puis l'air
n'eſt point ſi pur & ſi diafane qu'il ne ſoit meſlé de quelques petits
corps opaques, qui font perdre pluſieurs rayons en les reflechiſ-
ſant çà & là, quoy que nous ne l'aperceuions pas. Ceux qui mettent
de petits vuides dans tous les corps tiennent que la condenſation
de la lumiere ſe fait par l'approche plus grande des corpuſcules de
lumiere qui chaſſent les petits vuides, qui la rerefient d'autant plus
qu'ils ſont plus grands, ou en plus grand nombre.

PROPOSITION V.

La lumiere ſe reflechit, ſe briſe, & ſe rompt ſans ſe pouuoir diſcontinuer.

L'Experience monſtre la reflexion & la ruption de la lumiere,
non ſeulement par les miroirs de métal & de cryſtal, ou de verre, mais par toutes ſortes de corps, car ſi toutes les murailles, les arbres, la terre, & tous les corps qui nous enuironnent ne reflechiſ-
ſoient la lumiere, nous ne verrions iamais aucune choſe que le luminaire, lors que nous le regarderons directement : & nul ne verroit
ſes mains, ni aucune partie de ſon corps : d'où il eſt aiſé de conclure que nous auons autant d'obligation à l'autheur de la nature d'a-
uoir donné la force de reflechir aux corps opaques, comme nous
pouuons tirer d'vtilitez de tout ce que nous voyons.

Quant à la rupture elle pareſt dans la propoſition precedente, où
le rayon AB & ceux qui le ſuiuent ſe briſent, ou rompent au point
B & aux autres de la ligne BC pour tomber au point D, qu'ils ne rencontrent iamais ſans cette ruption, car il n'y a que le ſeul rayon A
D qui paruienne d'A en D ſans ſe rompre, ce qu'il a de particulier à
raiſon de ſa perpendicularité. Mais il ſe rompt par la reflexion auſſi
bien que les rayons obliques, comme nous verrons dans la Catoptrique.

Cette ruption ou reflexion ne peut empeſcher la continuité des
rayons : car pour peu qu'il y euſt de diſcontinuation, quand meſmes
elle ne ſeroit que d'vn point, la lumiere ne paſſeroit pas oûtre ; par
exemple, ſi dans la figure de la 4 propoſition les rayons ABD, & A
CD eſtoient diſcontinuez de B à E, & de C à F, & qu'vn ange oſtaſt
les points qui les continuoient, le rayon AB, ou AC ne paſſeroit pas
oûtre : mais il retourneroit ſur ſoy-meſme en A, ou ſe termineroit
en B.

Mais afin que ceux qui ne veulent pas admettre les points Mathematiques, n'ayent point icy de difficulté, ils se peuuent imaginer des points Physiques, comme dans tous les autres lieux dont nous en parlerons.

Or la briseure & la reflexion se fait en vn point, de sorte que le mesme point qui termine le rayon d'incidence sert de commencement au rayon de reflexion, ou de fraction, comme le mesme point qui termine l'vn des costez de l'angle, sert de commencement à l'autre costé qu'on peut dire estre aussi continuauec le costé precedent comme si tous deux ne faisoient qu'vne ligne droite.

Ceux qui croyent que tout est composé d'atomes n'ont pas de difficulté à expliquer cette continuité, parce qu'ils n'en admettent point d'autre que le simple contact desdits atomes: & mesme les petits vuides parsemez entre les atomes n'empeschent pas que nous ne disions que les corps sont continus, pourueu qu'il y ait tousjours quelques atomes du mesme corps qui se touchent mutuellement, & que le sens n'y puisse apperceuoir aucune discontinuation.

PROPOSITION VI.

La lumiere se diminuë en raison doublée de ses éloignemens d'auec le luminaire, ou s'augmente en raison doublée de ses raprochemens, ou retours de la base du cone radieux au sommet du mesme cone.

Cette proposition est l'vne des plus remarquables de l'Optique, car cette raison doublée se rencontre dans vne grande partie des effets naturels ; par exemple les forces qui tendent les cordes de luth, & des autres instrumens de Musique sont en raison doublées des sons ou des tremblemens que font lesdites cordes, de sorte que si l'on veut faire monter vne chorde à l'octaue, c'est à dire la tendre plus fort iusques à ce qu'elle tremble deux fois plus viste, il la faut tendre quatre fois plus fort: & si les cordes sont égales en longueur & en tension, celle qui fait l'octaue en bas, doit estre 4 fois plus grosse.

Dans les cheutes des corps pesans, leurs espaces sont en raison doublée du temps de leurs cheutes, ou comme les quarrez desdits temps: d'où il arriue que les hauteurs des tuyaux d'où coule l'eau par des trous égaux faits aux bouts d'en bas, sont aussi en raison doublée des pesanteurs ou quantitez des eaux qui coulent par ces trous en mesme temps : ce qui arriue encore aux siphons qui pour tirer 2 fois plus d'eau doiuent auoir leur branche qui tire l'eau, quatre fois plus longue : comme le fune pendule doit estre quatre fois plus long pour faire ses tours & retours deux fois plus lentement : ce qu'on applique aux corps qu'on iette, que l'on darde, & que l'on pousse pour fraper, car ces corps meus de mesme vitesse sont en raison

doublée de leurs coups, ou percuſſions : ce qui n'eſt pas neantmoins ſi euident comme aux exemples precedens, ou du moins ſi ayſé à experimenter, à raiſon des grandes difficultez de la percuſſion:
quoy qu'elle ſe puiſſe appliquer aux rayons, ſi on les imagine comme de petites fleches ou gouttes d'eau qui ſortent du Soleil, ou des
autres luminaires, auec vne viteſſe beaucoup plus grande que celle
des bales d'arquebuſes, qui ne feroient pas plus d'vne lieuë dans la
cinquieſme partie d'vne minute, ou en 12 ſecondes, encore qu'elles
allaſſent durant tout ce temps auſſi viſte qu'à la ſortie du mouſ-
quet, ſupoſé que la lumiere ſoit le mouuement de la matiere qui
ſorte du Soleil quand il nous illumine : ſi ce n'eſt qu'au lieu de venir
à chaque moment du Soleil iuſques à nous, on s'imagine que ces petits corps qui font la lumiere, ayent eſté long temps à deſcendre la
premiere fois iuſques à nous, & que maintenant ils demeurent pendus au Soleil comme la limaille ou la pouſſiere de fer à l'aymant, &
qu'il les anime de ce que nous appellons lumiere comme l'aymant
anime le fer d'vne force aymantine : ce qui reuient quaſi à ceux
qui font mouuoir la matiere celeſte autour du Soleil par tout le
monde, du meſme mouuement que ſe meut la matiere qui eſt dans
le Soleil, & qui le rend lumineux.

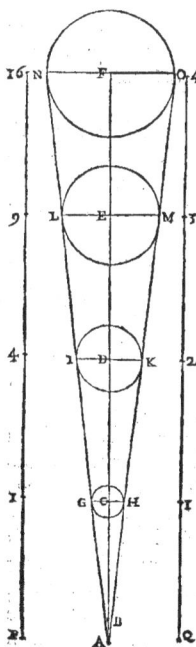

Or quoy qu'il en ſoit, ie preuue cette propoſition par la figure qui ſuit, dans laquelle
il faut s'imaginer vn luminaire au point A,
qui fera ſouuenir d'vn point lumineux qui
enuoye ſes rayons tout autour de luy, pour
engendrer ſa ſphere lucide toute remplie
de rayons, dont ANO repreſente vn petit
ſecteur, ou vn cone dont la baſe a NO pour
ſon diametre. Son axe eſt A F, qui ſignifie
ce rayon qui a le plus de force, tant parce
qu'il eſt plus court, que parce qu'il tombe à
plomb ſur le diametre, & partant ſur la baſe NO.

Cét axe eſt diuiſé en 4 parties égales, AC,
CD, DE & EF, comme eſt la ligne du coſté
droit QO, & celle du gauche PN. Cecy poſé, ie dis que le point de lumiere A illumine
plus fort la baſe GH du moindre cone A G
H, que celle du ſecond I K, & que la plus
grande illumination de GH eſt à la moindre
d'I K comme 4 à 1, c'eſt à dire en raiſon doublée de leurs diſtances d'auec le point lumineux A.

Ce qui ſe demonſtre par la figure meſme,
puis que la lumiere qui paſſe par GH eſt cel-

le qui remplit IK, & que chaque quart de la bafe IK eft égal à la bafe entiere GH: de forte que la lumiere eft 4 fois plus forte, plus viue, & plus preffée dans la bafe GH que dans IK, & dans IK que dans
LM, & dans LM, que dans la derniere bafe NO.

Les raifons de ces illuminations differentes font exprimées par
les nombres de la ligne PN, qui montrent les quarrez des nombres
de la ligne QO: Par où l'on conclud que fi on s'éloigne 4, ou 40 pas,
ou 400000 lieuës du luminaire A; il donnera 4 fois moins de lumiere que fi l'on s'en éloigne feulement 2, ou 20 pas, ou 200000
lieuës. C'eft à dire que la diminution de la lumiere eft en raifon dou-
blé des éloignemens d'auec la fource de lumiere, comme les nombres de la ligne PN, à fçauoir 1, 4, 8, 16, font en raifon doublée des
nombres de la ligne QO, à fçauoir, 1, 2, 3, 4: de forte que la force des
differentes illuminations eft en raifon inuerfe des bafes, qui font
icy au nombre de 4, & qu'on peut imaginer plus grandes à l'infini,
à proportion que l'on s'éloigne du luminaire A, foit qu'on le prenne pour la flamme d'vne chandelle ou pour le Soleil, ou pour tel
autre corps lucide qu'on voudra.

Et lors qu'on defirera fçauoir la force de la lumiere en quelque
lieu, il faudra feulement mefurer combien l'on eft éloigné de la
flamme, ou du luminaire, & apres auoir fupofé la force de la lumiere proche du corps lumineux, par exemple en C, où ie fupofe qu'on
puiffe lire aifement, fi l'on s'éloigne iufques au point F, qui eft 4 fois
plus éloigné du point A, que C, il faut prendre le quarré de 4, qui
eft l'éloignement, pour auoir 16, qui fignifie que la lumiere venant
d'A en F, eft 16 fois plus foible que celle d'A en C.

Et tout au contraire, ou à rebours fi l'on veut auoir 16 fois plus
de lumiere en vn lieu que dans vn autre, il faut s'approcher 4 fois
plus pres du luminaire: car bien que le cone ANO contienne 64
fois le cone AGH, neanmoins la diminution de la lumiere doit feulement eftre mefurée par les bafes de ces cones, puis que nous ne
iugeons icy que de la maniere dont nous voyons les furfaces illuminées; car fi l'on parle des fpheres & des cones de lumiere, leur diminution ou leur augmentation eft en raifon triplée des diftances
d'où ils efclairent par exemple le cone AIK eft octuple du cone AG
H, qui eft contenu 64 dans le cone ANO.

COROLLAIRE I.

Il s'enfuit de ce qui a efté dit dans cette propofition, que fi le Soleil eftoit au point A, & que fa diftance d'auec le centre de la terre
AF, fuft diuifée en 4 parties égales A C, CD, D E, E F, il illumineroit 16 fois moins le point F que le point C: ce qui arriueroit femblablement, fi le Soleil eftoit NO & le centre de la terre A; & pour lors
fes illuminations feroient en mefme raifon que le 4 cercle de cette

figure qui feruent de bafes à 4 cones tronquez, dont le plus gros eft
NOLM, & le moindre IKGH ; car quant au dernier GHA, il n'eft
pas tronqué, puis qu'il a fon fommet en A.

COROLLAIRE II.

Il femble qu'il eft plus difficile de determiner la grandeur de la
lumiere du Soleil mefme, que la diminution, ou l'augmentation de
fa lumiere, fuiuant fes differens éloignemens; l'on peut feulement
penfer que la fphere entiere de fon actiuité luy eftégale ; de forte
que fi l'on imagine que la fphere lumineufe, ou illuminée du Soleil
A, foit terminée par la bafe NO, à quelque diftance qu'elle fe puiffe rencontrer, toute la lumiere qui fera comprife par la fphere, dont
la moitié de l'axe eft AF, fera égale à la lumiere du Soleil, ou des autres luminaires qui auront cette fphere, comme font les eftoiles,
qui n'ont pas moins de lumiere que luy, qui ne nous enuoyroit aucune lumiere fenfible, s'il eftoit auffi éloigné de nous, comme elles,
qui font peut eftre auffi groffes comme la fphere de Saturne, qui
comprend tout le fyfteme planetaire ; du moins on ne fçauroit
prouuer qu'elles foient moindres.

PROPOSITION VII.

*Expliquer en quelle forte les lumieres de differens luminaires, ou plufieurs
rayons d'vn mefme luminaire peuuent eftre, & operer fur vn mefme
point du corps illuminé.*

L'Experience fait voir qu'vn mefme lieu peut eftre efclairé, &
illuminé par plufieurs chandelles & par plufieurs eftoiles, &
qu'vne lumiere ne nuit point à l'autre, puis qu'elles fe renforcent
mutuellement.

Or fi l'on fupofe qu'elle ne foit autre chofe que plufieurs atomes,
ou tres petites parties qui fortent des corps lumineux, il eft tres-difficile d'expliquer comme il s'en peut rencontrer plufieurs enfemble dans vn mefme point de l'efpace illuminé, fi l'on n'admet la penetration des corps, comme celle des qualitez qui femblent fe penetrer, en forte que plufieurs lumieres fe penetrent: comme l'on dit
que les couleurs penetrent les odeurs, & que toutes les qualitez
penetrent la quantité, ou fe penetrent mutuellement.

Où l'on peut remarquer que cette vnion de plufieurs lumieres
ne leur fait rien perdre de leur diftinction, & ne leur aporte point
de confufion ; car on fepare l vne de l'autre comme l'on veut ; puis
qu'en oftant l'vn des luminaires, foit en mettant la main, ou autre
chofe deuant fa flamme, foit en l'efteignant, toute fa lumiere fe fepare des autres lumieres, de mefme que fi l'on feparoit le vin d'auec

l'eau, ou que de plusieurs vins meslez ensemble l'on en separast vn
sans qu'il y en restast vne seule goute.

Ceux qui pensent que la lumiere est vne huyle tres-epurée, ont
icy dequoy s'estonner de la facilité qu'on treuue à separer vne huyle
d'vne autre, soit de dessus le papier couuert d'vne vintaine de ces
huyles lumineuses, ou de dessus quelqu'autre obiet illuminé de
plusieurs, flambeaux.

La distinction de ces lumieres paroist aussi par les ombres differentes qu'elles font, car si l'on met vn corps opaque entre plusieurs
chandelles allumées ; ce corps aura autant d'ombres differentes,
comme il y aura de chandelles, & si tost qu'on ostera l'vne des chandelles, l'vne des ombres perira. Mais nous parlerons apres de l'ombre, qui n'est qu'vne suite ou vn affoiblissement de la lumiere, laquelle estant conceuë comme vn mouuemét, il est aisé d'entédre en
quelle sorte deux ou plusieurs lumieres peuuent estre dans vn mesme lieu, puis qu'il n'y a nulle difficulté d'entendre qu'autant de
mouuement qu'on voudra, peuuent se rencontrer dans la mesme
partie d'vn corps, ou d'vn espace : par exemple, si plusieurs poussent
de toute leur force vn bastom, vne pierre, ou vn autre corps, chaque
partie de ce corps poussé reçoit les mouuemens de tous ceux qui le
poussent : où, si nous voulons considerer la composition des mouuemens, la pierre qu'on iette en haut de la portiere d'vn carosse rou-
lant, reçoit le mouuement perpendiculaire vertical, & le mouuement parallele à l'horizon, en sorte que chaque point de
ce corps est mené par deux mouuemens en mesme temps ; & le
pourroit estre par plusieurs autres, comme le mesme point d'vn obiet peut estre illuminé par 2, ou plusieurs lumieres differentes, dont
on en peut separer vne ou plusieurs afin qu'il n'en demeure qu'vne,
comme l'on peut oster l'vn des mouuemens dont vn corps estoit
meu.

Democrite auec quelques autres ont pensé que la lumiere pour
grande qu'elle soit, ne remplit pas tous les points de chaque espace, & qu'il y demeure tousiours assez de pores, ou de petits vuides
pour receuoir les rayons des autres lumieres qui arriuent de nouueau. Mais il est difficile de croire que si le Soleil descendoit iusqu'icy à vne lieuë proche de nous, il ne remplit pas entierement l'espace voisin, & que le creux d'vn parfait miroir large d'vn pied n'illumine pas toute la partie du corps, sur laquelle frapent tous les rayons de son foyer.

Et enfin ie voudrois qu'ils expliquassent la quantité des rayons,
ou des atomes lucides, c'est à dire des lumieres necessaires pour
remplir tellement la partie d'vn corps illuminé qu'elle ne peut plus
receuoir aucun rayon, & partant que toutes les lumieres qui y arri-
ueroient ne peussent plus rien augmenter.

Quant au mouuement, il n'a point cette difficulté parce qu'il peut touſiours eſtre augmenté ; c'eſt pourquoy i'en prefere la penſée à toutes les autres, qui m'ont paru, puis que nous deuons preferer ce qui eſt plus intelligible & plus ſimple, lors qu'il ne ſuit aucun inconuenient.

Mais i'expliqueray plus amplement cette difficulté en parlant de la reflexion & de la refraction ; il ſuffit d'aioûter icy que comme pluſieurs filets, cordes ou baſtons ſont plus forts qu'vn ſeul, & que plus il y en a enſemble de meſme groſſeur & plus ils ont de force, de meſme la plus grande multitude de rayons ioints enſemble font vne plus grande lumiere, & qui a plus de force tant pour bruſler que pour eſclerer.

Neanmoins ie trouue icy de la difficulté en ce qu'il ſemble que deux lumieres opoſées, nuiſent pluſtoſt qu'elles ne s'aydent, comme il eſt aiſé d'experimenter partie à la chandelle, & partie au iour qui commence, car au lieu que la ſeule chandelle ſeruoit pour lire ayſement, on experimente que le iour de la feneſtre ioint à la lumiere de ladite chandelle, nuiſt pluſtoſt à la lecture qu'elle ne luy ſert : il arriue la meſme choſe quand on liſt à la lumiere de deux chandelles égales, le liure eſtant entre deux, peut eſtre à cauſe que leurs rayons ſe meſlent & ſe broüillent enſemble & empeſchent que leurs images ſe trouuent aſſez diſtinctes dans l'œil, & ſemblablement à cauſe des deux ombres qu'elles font.

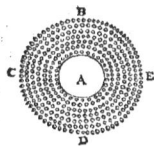

Ce que l'on peut ayſement expliquer par les atomes de lumieres : car ſupoſé que le luminaire E enuoye ſes rayons ED, comme de petits corps ronds, pour illuminer l'œil ou l'obiet D, & que l'autre luminaire opoſé C, enuoye auſſi ſes rayons de C à D, ces petites boules qui ſe rencontrent en D, ſe nuiſent mutuellement, & ſont contraintes de s'échaper de D vers A, ou vers quelqu'autre lieu.

Et ſi l'on conçoit que toute la lumiere du monde ſoit contenüe en ce cercle d'atomes, qui a autant de vuide que de plain, il s'enſuiura que la lumiere ne peut eſtre condenſée, & fortifiée que de moitié : quoy qu'elle peut ſe diminuer à l'infini, parce que ces petits vuides peuuent deuenir plus grands ſans aucunes limites qui nous ſoient connuës : quoy qu'il faille bien conſiderer ſi l'on peut, ou l'on doit accorder de tels vuides parmi les corps, dont nous parlerons ailleurs.

Si la lumiere n'eſt qu'vn mouuement de ces petites parties, & qu'il n'y ait nul vuide, la difficulté ne laiſſe pas de demeurer, parce qu'en meſme moment que le petit corps qui eſt proche de D eſt meu par le mouuement qui vient du coſté du luminaire E de droit à gauche, le meſme corps D eſt auſſi meu par l'autre luminaire C de gauche à droit : & ſi les 2 luminaires ſont d'égale force, il ſemble que le petit atome D demeurera immobile : & partant que l'illumi

nation,

nation, ou mesme l'inflammation, (si ce sont deux miroirs oposez
qui reflechissent mutuellement & d'vne égale force ledit atome ou
d'autres semblables) se fera sans le mouuement de ces corps. Ce
que i'ay proposé, afin que chacun pense à cette difficulté, de la rencontre de differentes lumieres, dont ie parleray plus amplement
dans la Catopttique, & qui fait douter si deux luminaires égaux
également éloignez d'vn obiet, l'illuminent deux fois autant comme l'vn des deux.

PROPOSITION VIII.

Determiner la grandeur du plus grand luminaire du monde; & ce que c'est que
le Soleil.

L'On peut entendre cette grandeur on en estenduë, ou en force; car il peut arriuer qu'vn luminaire de grande estenduë es-
clerera beaucoup moins qu'vn autre de moindre estenduë, comme
l'on remarque sur l'objet qu'on met au foyer d'vn miroir concaue,
qui enuoye vne si grande multitude de rayons sur cét obiet, que les
yeux ont de la peine à le souffrir; quoy qu'il ne soit pas plus gros
qu'vne lentille; au lieu que toute la lumiere qu'il reçoit ne donne
nulle peine quand elle demeure dans son estenduë égale à toute la
surface concaue du miroir.

Or cette difficulté est bien grande tant en l'vne qu'en l'autre
sorte, car bien que la plus part des hommes estiment que ces deux
grandeurs de lumieres appartiennent au Soleil, comme au plus
grand des deux luminaires du Ciel, cóme parle Moyse, neantmoins
les plus sçauans suspendent leur iugement sur ce suiet, à raison que
plusieurs estoiles leur semblent du moins aussi grandes, & aussi lumineuses, quoy que toutes ioignant ensemble leurs rayons ne nous
enuoyent pas icy la milliesme partie de la lumiere que nous rece-
uons du Soleil, à raison de leur éloignement, lequel est si grand, que
si le Soleil estoit aussi éloigné de nous, peut estre qu'il ne nous paroistroit pas, ou qu'il nous sembleroit estre plus petit qu'vne estoile de la quatriesme grandeur.

C'est pourquoy nous ne pouuons determiner absolument qui est
le plus grand des luminaires de l'vniuers, puis que l'on ne peut
sçauoir la grandeur d'vn corps inconnu, si l'on ne sçait l'éloignement. Mais si nous laissons le ciel estoilé, & tout ce qui peut estre
au delà, & que nous ne parlions que de ce qui est dessous, depuis Saturne iusques à la terre, nul ne doute que le Soleil ne soit le plus
grand de tous les astres brillans, soit en estenduë, soit en force de
lumiere, dont il est le pere dans le systeme planetaire: soit qu'il ait
vn propre corps, ou qu'il ne soit qu'vne partie de quelque ciel superieur qui soit percé d'vn trou égal à la grandeur solaire que nous

voyons, comme penſent ceux qui ont dit que la lumiere du ciel em-
pyrée, ou des bien-heureux fait pareſtre, par vn trou fait exprez à
ce ciel, ce que nous appellons Soleil.

Ce que l on ne peut neantmoins ſouſtenir auec raiſon, puis que
cét aſtre fait parallaxe, ce qui n'arriue point aux eſtoiles, qui ſont
plus proches de nous que cét em_yrée, qui pourroit plus ayſément
faire pareſtre ce que nous appellons eſtoiles du firmament, car les
paralaxes, ou diuerſitez d'aſpects ne peuuent plus ſeruir pour ſçauoir leurs diſtances.

Or eſtans demeurez d'accord que le Soleil eſt noſtre plus grand
luminaire, il faut determiner ſa grandeur, que l on explique ordinairement par ſa comparaiſon auec la terre, qui ſans douté illumine la lune, quand elle luy renuoye les rayons qu'elle reçoit du Soleil, comme la Lune éclaire la terre en luy renuoyant la lumiere
qu'elle reçoit du meſme Soleil : de ſorte que s'il y auoit des habitans
dans la lune, ils verroient noſtre terre en croiſſant, pleine, & en
decours, comme nous voyons la lune.

Le corps du Soleil, que l'on croid eſtre rond de tous les coſtez,
eſt 140 fois plus grand que la terre, dont il eſt éloigné pour le moins
de 1400 fois autant qu'il y a d icy au cêtre de ladite terre, lors qu'il
eſt dans ſon apogée, qui ſe trouue maintenant au 6 degré de l'écre-
uiſſe ou vers le commencement de Juillet.

Dans ſon perigée, où il ſe rencontre au ſigne opoſé, il eſt plus prés
de nous de 20 fois autant qu'il y a d'icy au centre de la terre : d où il
eſt aiſé de conclure que ſa plus grande chaleur que nous ſentons
icy, ne vient pas de ce qu il eſt plus proche de nous, mais parce qu'il
enuoye ſes rayons moins obliquement.

Ceux qui voudront la grandeur de cét aſtre reduite en nos lieuës,
en nos toiſes, ou en autres meſures, peuuent ſupoſer que le circuit
de la terre a pour le moins 9000 de nos lieuës, dont chacune eſt
de 2500 toiſes, ou 15000 pieds de Roy, car c'eſt la moindre meſure que nous luy puiſſions donner ; & c'eſt ce que la couſtume apelle
mille tours de roüe, lors que la roüe a quinze pieds de circonference.

Et parce que le diametre du Soleil eſt du moins quintuple de celuy de la terre, il eſt ayſé de determiner combien il a de lieuës tant
en ſa circonference, qu'en toutes ſes autres dimenſions : par exemple, ſa circonference, eſtant quintuple de celle de la terre, a 45000
lieuës. C'eſt ce Geant, (comme parle la S. Eſcriture), qui court toujours autour de la terre, & qui allonge chaque iour d'enuiron 19
minutes & huict ſecondes, par deſſus ce que fait l'equateur : &
qui n'employe ploye quaſi que deux minutes de temps à paſſer
ſous le meridien, de ſorte qu'vn cheual courant auſſi fort que celuy qui court la bague, feroit quaſi vn quart de lieuë, pendant
que le Soleil ſe leue ; c'eſt à dire qu'il ſe meut de toute ſa largeur

qui a plus de 14 mille lieuës : & par conſequent le Soleil va du moins quarante mille fois plus viſte que le cheual le plus viſte qu'on puiſſe trouuer.

Ie ſupoſe icy que la terre ne faſſe pas le iour par ſon mouuement, car ſi elle faiſoit ſon tour en 24 heures, elle employeroit quatre minutes à faire vn degré, & iroit ſeulement deux cens fois plus viſte que ledit cheual, ſi l'on fait ſon diametre de trois mille lieuës ou peu moins.

Quant à la nature, & aux proprietez du Soleil, il eſt difficile de determiner s'il eſt liquide, comme vn fleuue de lumiere, ou comme la flamme d'vne chandelle; ou s'il eſt dur comme vne boule d'or, ou de terre. Entre ceux qui croyent que c'eſt vne flamme, il y en a qui penſent qu'il eſt nourri par les vapeurs & les fumées de l'eau & de la terre qui luy fourniſſent continuellement autant de matiere, comme il en perd, de meſme que le ſuif de la chandelle, où l'huile de la lampe enuoyent autant de vapeurs graſſes & huileuſes à leurs flammes, comme elles en conſomment.

Quelques-vns aioutent que les fumées qui ſortent de la flamme du Soleil montent iuſques au ciel des eſtoiles pour le faire tourner. De ſorte qu'ils s'imaginent que le Soleil n'eſt pas rond, mais qu'ayant ſa baſe arondie de noſtre coſté, il a ſa pointe en haut comme la flamme de nos chandelles.

Les autres l'imaginent comme vne grande terre couuerte de pluſieurs montagnes qui iettent le feu comme Ætna, & pluſieurs autres; ce que les obſeruations de Scheiner ſemblent prouuer; par le grand nombre de fumée qui couurent ſouuent vne partie notable de la ſurface du Soleil, comme nous experimentons à ſes taches, qui s'euanoüiſſent peu à peu, ou qui ſont englouties par les flammes qui ſortent deſdites montagnes.

Mais parce qu'il eſt trop éloigné de nous pour penetrer plus auant dans cette difficulté, il ſuffit que nous l'imaginions comme vn grand torrent d'vne matiere tres ſubtile, qui communique ſon mouuement à toute la matiere qui s'en trouue capable, & que ſans aprofondir dauantage ce qui regarde ſon eſtre, nous en contemplions les merueilleuſes proprietez qu'il a en partie commune auec les flammes de nos feux, qui ne vont pas moins viſte que les ſiennes: car la flamme de la chandelle d'vn denier enuoye ſes rayons auſſi loin, & auſſi viſte que le Soleil enuoye les ſiens.

COROLLAIRE.

Bien que la Lune nous paroiſſe auſſi grande que le Soleil, & qu'elle ſoit l vn des grands luminaires que Dieu a crée, il eſt neantmoins certain qu'elle eſt cinq mille ſix cent fois plus petite, puis qu'elle eſt quarante fois moindre que la terre. Or les lunettes de 6 ou 7 pieds

de long nous font voir si clairement ses eminences, & plusieurs autres particularitez, que l'on ne peut douter qu'elle ne soit monta-
gneuse.

L'on peut voir la plus haute de ses montagnes dans la selenogra-
phie de M. Heuel, où il donne la maniere d'en mesurer la hauteur,
& montre qu'il y en a qui ont vne lieuë & demie de hauteur perpendiculaire.

Le Soleil est trop éloigné de nous pour trouuer par le moyen de
ces lunettes, s'il a des montagnes, & quelles sont leurs hauteurs;
il en faudroit faire de 44 pieds de long, pour nous faire voir le Soleil aussi distinctement comme nous voyons la Lune: ce que l'on
ne doit pas esperer, pour la trop grande difficulté qu'il y a de tailler
des crystaux, & preparer des tuyaux de cette longueur.

Neantmoins on peut les acourcir à mesme raison que la lumiere
du Soleil est plus forte que celle de la Lune, à ce que l'on peut trouuer par le 2 Corollaire de la 6 proposition.

PROPOSITION IX.

Les rayons de toutes sortes de luminaires se reflechissent par la rencontre de
toutes sortes de corps opaques, & s'ils ne se reflechissoient point, nous
ne pourrions rien voir que leurs corps lumineux.

CEtte proposition est si euidente qu'il n'y a pas moyen d'en
douter, puis que nous ne pourrions voir aucune chose sans
cette reflexion: mais il n'est pas trop aysé d'expliquer comme elle se
fait, c'est à dire ce qui contraint les rayons à se reflechir, dont ie parleray dans la 10 proposition: car il suffit d'expliquer en celle-cy les
aparences de la reflexion: & pour ce sujet, imaginez quelque corps,
opaque & dur BEG, par exemple la surface de la terre, ou vn morceau de marbre, ou d'acier, &c.

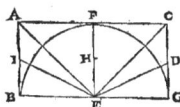

Si ce plan BG est vniforme & poli, & que
le rayon AE d'vne flamme, ou d'vn point lumineux mis au point A rencontre le plan BG
au point E, il se reflechira au point C, ou quelqu'autre part vers D ou G, l'experience fait
voir que c'est en C, où l'œil doit estre pour voir la lumiere d'A, qui
luy seroit cachée par vn rideau tiré entre luy & la lumiere, comme
pouuoit estre FE.

Mais quand la surface du corps opaque n'est pas polie, comme
il arriue à tous les corps raboteux & inegaux, & qui ne sont pas capables d'estre polis, le rayon AE, ne se reflechit pas seulement d E en
C, mais aussi de tous les costez, par exemple en D en G, en F, &c.
de sorte que l'œil C qui regarde sur le corps BEG, & qu'vn rideau
empesche de voir la lumiere par la ligne CA, ne la peut plus voir par

le rayonnement d'EC, parce qu'il est trop foible, aprés s'estre diuisé par la rencontre d'vn corps raboteux, en cent mille parties qui se
font iettées, & reflechies çà & là de tous costez, suiuant les petites
surfaces de chaque parcelle qui se trouue dans les corps brutes, &
non polis.

C'est cette reflexion imparfaite qui fait ce que nous appellons
couleur, & qui, à proprement parler, n'est autre chose que la lumiere, qui par sa foiblesse ne se void que sous l'aparence de la couleur,
qui n'est pas assez forte pour nous representer le luminaire qui luy
donne l'estre; comme nous pouuons dire que les estres corporels ne
font pas assez puissans pour nous faire connoistre leur auteur, à
raison de leur peu d'estre, & le peu de perfection qu'ils ont, à comparaison des estres spirituels & intelligens, qui sont comme des rayons plus forts & plus vnis & qui representent plus naïfuement la
source dont ils puisent la noblesse de leur estre.

Mais i'expliqueray plus amplement les couleurs dans vn autre
lieu: car il suffit icy de dire en quoy consiste l'opacité des corps necessaires pour reflechir, laquelle n'est autre chose que l'empeschemét
& la resistance dont ils empeschent que les rayons ne passent à trauers, soit à raison que leurs pores sont trop interompus & obliques,
& que la matiere semblable à de l'eau tres-subtile, qui porte ou qui
fait la lumiere, ne peut passer, ou mouuoir l'autre matiere semblable qui touche l'œil.

Or le diafane est indifferent au dur, & au mol, car l'air & l'eau,
& plusieurs autres liqueurs sont diafanes quoy qu'elles ne soient
pas dures, & le crystal, le verre, le talc, & plusieurs autres corps sont
aussi transparens, quoy qu'ils soient fort durs. Il est euident que le
different arrengement des parties d'vn mesme corps peut leur faire
perdre leur transparences, comme il arriue au verre, & autres pierres brutes, qui ne sont point diafanes si on ne les polit, & à l'eau qui
apres estre battuë ou pleine d'escume n'est plus diafane; car ce ba-
tement change l'ordre de ces pores & de ces parties, qui repren-
nent incontinent leur transparence quand elles se remettent dans
leur ordre naturel, qui donne libre passage à la matiere de la lumiere.

Si l'opacité estoit ostée de tous les corps, nous ne pourrions rien
voir que le seul corps lucide d'où vient la lumiere, car nul corps ne
pourroit faire reflechir les rayons, qui passeroient à trauers; & bien
que les corps fussent opaques, s'ils estoient tous polis, nous ne verrions aussi que le corps du lucide; de sorte que nous auons toute
l'obligation à Dieu de tout ce que nous voyons de different tant au
ciel, que sur la terre, puis que s'il n'eust fait les parties opaques, ou
le raboteux des corps, nous n'eussions vû que le Soleil, ou les autres
luminaires, & peut estre qu'au ciel nous ne verrons que Dieu qui
contient tout en realité & en eminence comme la lumiere contient

toutes les couleur. Mais voyons pourquoy & comment se fait la reflexion.

PROPOSITION X.

Expliquer pourquoy les rayons se reflechissent & iusques où ils se reflechissent.

L'Vne des plus grandes difficultez de l'Optique, ou si l'on aime mieux de la Catoptrique, consiste à sçauoir pourquoy les rayons de lumiere qui viennent du Soleil, ou d'vn autre luminaire sur les corps opaques se reflechissent, au lieu de demeurer sur eux, comme fait la pluye, qui s'imbibe dans la terre; & le sable qui tombant d'en haut demeure au mesme lieu sur lequel il tombe. Car si la lumiere est vne qualité Aristotelique, qui la fait reflechir?

Mais si nous prenons la lumiere pour vn mouuement tres-viste de tres-petits corps qui ayent la figure spherique, & qui soient tres-durs, il est plus aisé d'entendre comme se fait la reflexion, puis que nous experimentons que les bales de tripot, & les boules d'yuoire, d'os & de marbre reaillissent d'autant plus fort & plus loin, qu'elles sont poussées plus rudement contre les murailles, ou les autres corps durs, qui empeschent leur passage.

La raison qui se prend du mouuement continué est bien probable, à sçauoir que le mouuement imprime à vn corps est capable de l'entretenir tousiours en ce mouuement, s'il n'y a nulle cause qui l'oste, & s'il ne se communique à vn autre corps, de sorte que le mouuement qu'on donne à la bale, ne se communiquant pas, du moins entierement à la muraille, demeurant encore dans la bale la contraint de se mouuoir tandis qu'elle n'est pas depoüillée de son mouuement, & parce qu'elle ne le peut continuer en droite ligne à cause de la resistance, de la muraille, qui la determine à se mouuoir à sens contraire, elle se reflechit, le mouuement qu'elle a en soy n'estant pas aneanti, & ne pouuant demeurer sans son effet, qui consiste à transporter les corps qui ont du mouuement, iusques à ce qu'il soit cessé en quelque sorte qui ce puisse estre.

Cette pensée reuient à celle qui pose 2 ou 3 sortes de puissances, dont l'vne se porte iusques à vn certain lieu sans se reflechir, comme l'on void au plomb, qui tombant sur la terre demeure au mesme lieu où il est tombé, & il s'enfonce ordinairement, à cause de sa pesanteur, lors que le lieu n'est pas dur: soit que cette demeure se face par la traction de la terre, qui tienne les corps pesans, comme la la pierre d'aymant retient le fer qu'elle a atiré, soit que la pesanteur qui pousse tousiours vers le centre l'empesche de reaillir, soit que l'impulsion de l'air, ou de quelque corps plus subtil, le pousse, & le presse tousiours: ce qui neantmoins sembleroit prouuer que nul

corps de ceux qu'on appelle pefans, ne fe deuroit reflechir, ce qui
eft contre l'experience.

Enfin de quelque caufe que ces effets puiffent venir, il eft certain
qu'il y a des corps qui ne fe reflechiffent point fenfiblement, comme font les corps mols & fpongieux, & des puiffances qui ne font
pas reflexiues, & qu'il y a d'autres corps qui fe reflechiffent.

Quelques vns raportent la caufe de cette reflexion au reffort tant
du corps reflechi, que du reflechiffant ; par exemple, lors que la bale de tripot frape la muraille, ou quelqu'autre corps la bale s'apla-
tit, & puis elle fe renfle fur le point où elle a frapé ; & la muraille fe
plie, ou s'enfonce auffi vn peu, de forte que ces deux retours, ou refforts ioints enfemble font la reflexion, plus ou moins grande, fuiuant la viteffe, & la force defdits refforts.

L'vne des grandes difficultez de la reflexion depend de la neceffité de ces refforts, à fçauoir fi le corps qui frape, & celuy qui eft frapé eftoient fi durs, qu'il ne fiffent aucun reffort, fi ledit corps frapât
fe reflechiroit, ou s'il ne fe feroit aucune reflexion, comme il ne s'en
fait aucune fur les corps qui font tres mols, & qui ne refiftent nullement. Mais ie traiteray plus amplement de cette matiere dans la
Catoptrique, où l'on verra pourquoy la reflexion fe fait à angles
égaux.

PROPOSITION XI.

La lumiere fe rompt quand elle rencontre vn corps plus ou moins diafane que
celuy dont elle fort, ou par où elle entre.

CEtte refraction paroift dans l'eau, dans laquelle nous penfons
que le bafton dont vne partie eft dans l'air, & l'autre dans
l'eau, eft rompu, ou tortu, quoy qu'il foit droit, à caufe que l'eau
femble aprocher la partie d'vn bafton trempé, & le rendre plus gros
ou plus court, ou plus éleué, & plus prôche de l'œil pofé dans l'air
qu'il n'en eft en effet : car nous auons couftume de iuger des chofes
comme elles nous paroiffent, iufques à ce que le iugement inter-
uienne, pour nous defabufer de ces apparences, foit que le fens fe
trompent, comme croyent plufieurs, ou qu'ils ne foient pas deçeu s,
comme penfent les autres, à raifon qu'ils raportent fidelement à
l'efprit la maniere dont ils reçoiuent l'image des obiets ; de forte
que fi l'œil raportoit à l'entendement, qu'il a receu l'image d'vn bafton droit, il tromperoit l'efprit qui concluroit de là que le bafton
a efté veû dans vn feul milieu, au lieu qu'il conclud le contraire, fuiuant la verité, à fçauoir que ce bafton eft partie dans l'air , & partie
dans l'eau.

Cefte mefme fraction nous fait paroiftre les corps plus ou moins
grands, que par vn mefme milieu; dont i'expliqueray la caufe dans
la Dioptrique.

D'où il arriue que les verres conuexes nous groſſiſſent les obiets, comme les concaues nous les diminuét. Et ſi nous n'auions point de diaphanes differens, & que, par exemple, il n'y euſt que le ſeul air tranſparant, pluſieurs ne pouroient lire ni eſcrire, comme il ariue à ceux qui ne peuuent faire ni l'vn ni l'autre ſans lunettes: de ſorte que la refraction eſt grandement vtile tant en la terre que pour les cieux, puis qu'elle eſt cauſe que nos iours en ſont plus longs, parce qu'elle nous fait voir le Soleil beaucoup pluſtoſt qu'il ne paroiſtroit; & qu'elle acroiſt les crepuſcules, qui ne paroiſtroient point s'il n'y auoit que le pur air, comme l'on peut conclure parce que raporte Photius du lieu où il fait au matin auſſi obſcur qu'en pleine nuit, vn peu deuant que le Soleil ſe leue, au lieu qu'à Paris nous auons en eſté prés de 2 heures de clarté, ou de crepuſcule, deuant le leuer du Soleil, auſſi bien qu'apres ſon coucher: ce qui n'arriue pas és lieux de Perſe, & de Carmanie dont Photius raporte l'hiſtoire qu'il a priſe d'Agataride, page 1375, où il dit que le crepuſcule du ſoir leur dure 3 heures, ce qui n'a pas beauoup d'aparence, ſi ce n'eſt que du coſté du leuant ces peuples ayent des ſablons, & autres lieux, où il ne pleuue point, & qui ne iettent point de vapeurs, & d'exalaiſons qui faſſent refraction, & que du coſté du couchant ils ayent la mer, ou d'autres lieux d'où ſortent pluſieurs vapeurs, & nuës propres pour renuoyer la lumiere du Soleil 2 ou trois heures apres ſon coucher.

Mais il ne ſe fautpas beaucoup trauailler pour les hiſtoires rapor-tées par ceux qui n'ont vû ce qu'ils diſent, parce que l'on y rencon-tre ſouuent tant de fauſſetez, qu'elles font meſpriſer les auteurs, & leurs ouurages.

PROPOSITION XII.

Determiner combien le rayon qui frape perpendiculairement le plan qu'il illu-mine, fait plus d'impreſſion ſur ce plan, que lors qu'il le frappe obli-quement.

SOit le triangle ABC qui repreſente 2 plans, le droit, ou l'horizontal CB, & CA l'oblique ou l'incliné ſur l'horizon CB. Il eſt certain que la lu-miere qui tombe obliquement ſur AC n'eſclaire pas ſi fort, que celle qui tombe ſur CB, car oûtre l'experience que l'on a des corps illuminez per-pendiculairement, & obliquement, & la lecture qu'on fait des liures, dont les feüillets ſont regar-dez obliquement & directement, la raiſon le per-ſuade, qui veut qu'il y ait meſme raiſon de la for-ce de la lumiere qui frappe, ou couure le plan AC, & le plan CB, que de CB à CA, & par conſequent,

ce

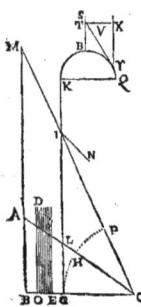

ce triangle rectangle ayant son hypothenuse AC de 5 parties, & sa base de 4, il s'enfuit que la lumiere frape moins fort AC que BC d'vne partie par deſſus 5, c'eſt à dire que ſi l'illumination du plan A C eſt de 4 degrez, celle du plan C B eſt de cinq degrez.

Neantmoins il y a icy quelques difficultez à conſiderer, dont la premiere eſt que la lumiere qui ſe trouue ſur des plans differens, ſemble deuoir eſtre en meſme raiſon que les plans, or le plan ou le quarré CB eſt 16, & celuy de CA eſt 25, qui different dauantage que d'vne cinquiéme, ou d'vne quatriéme partie. Mais ces plans doiuent receuoir la lumiere de meſme façon, comme i'ay ſupoſé dans la propoſition precedente : autrement ſi l'vn la reçoit en biais & l'autre tout droit & à plomb, cette raiſon n'a plus de lieu.

La ſeconde eſt, que le plan A C reçoit autant de rayons que C B, ſur lequel nul rayon ne deſcend qui n'ait paſſé & qui n'ſe trouue ſur CA : or il doit y auoir vne lumiere égale où il y a vn meſme nombre de rayons; ce qui ſeroit vray s'ils eſtoient receus à meſme angles : mais parce que chaque rayon biaiſe ſur A C, ſur lequel il n'apuye pas de toute ſa force, il ariue que la lumiere totale eſt plus foible.

Or quelques parties ſemblables du plan C A, & C B que l'on prenne, par exemple H I & G E, elles auront touſiours meſme raiſon entr'elles que ces 2 plans entiers : Et ſi les plans inclinez ſont encore en plus grande raiſon que CA à CB, par exemple ſi le plan incliné MC eſt de 10 parties, dont CB eſt 4, c'eſt à dire, s'il eſt double du plan CA, comme il ariue quand l'arc PO, ou l'angle PCO eſt double de l'arc H O, ou de l'angle HCO ; la lumiere qui tombera ſur le plan MC eſtant 2, celle du plan CB ſera 5.

La 3 difficulté peut-eſtre propoſée ſur ce que les rayons qui tombent à plomb ſur CB, peuuent eſtre ſi éloignez de leur luminaire, & ceux qui tombent ſur le plan incliné C A, ou C M en peuuent eſtre ſi proche, qu'ils ſeront plus forts, particulierement ceux qui ſont vers les ſommets A, M, de ces plans; comme il arriueroit ſi le ſoleil eſtoit au point K, & que n'y ayant que mille lieuës de K. en I, il y euſt 100000 lieuës de K à G, car pour lors le plan ML, quoy qu'incliné, ſeroit beaucoup plus illuminé que le plan GB, quoy qu'il reçoiue tous les rayons à plomb.

C'eſt en quoy les rayons ſont differéts des poids ou des autres puiſſaces ſéblables qui pouſſent, ou preſſent les plans : car quelque éloigné que ſoit le principe de la preſſion, quand meſme il ſeroit auſſi éloigné que le Soleil deſdits plans; la meſme puiſſance, qui par exemple pouſſeroit vn baſton inflexible contre le plan incliné M C, fera touſiours moins d'impreſſion ſur MC, ou AC, que ſur CB.

D

Or l'on peut determiner combien le luminaire doit eftre plus proche du plan incliné, que de l'horizontal, pour faire vne égale impreffion fur tous deux, ou pour en faire vn plus ou moins grand fur
l'vn de ces plans en raifon donnée: par exemple, la lumiere ayant 5
degrez de force fur C D, & 2 fur M C, auroit femblablement 5 degrez de force fur MC, fi fon plus grand éloignement d'auec BC luy
oftoit autant de force, cóme l'obliquité en ofte au plan MC: ce qu'ô
determinera par la precedente propofition iointe à celle-cy.

COROLLAIRE.

L'on peut conclure de cette propofition, que l'vne des caufes du
peu de chaleur que nous auons à l'hyuer, vient de ce que les rayons
du Soleil frapent noftre plan horizontal fort obliquement; d'où il
arriue que les rayons qui fe reflechiffent ne s'aydent point les vns
les autres: comme l'on void fur le plan MC, fur lequel le rayon K Q
tombant obliquement au point Q, fe reflechit en N: de forte que N
Qu'ayde point KQ, à caufe de leur feparatió: au lieu que les rayons
tombant à plomb s'augmentent mutuellement par leur vnion.

Ie ne parle point icy de la diminution du rayon qui fe fait par les
nuës, les vapeurs, & femblables empefchemens, de peur de mefler
ces circonftances: ni de celle qui vient des differens changemens
des luminaires qui font plus ou moins grands & lucides: parce que
cela apartient à la propofition qui fuit.

PROPOSITION XIII.

Deux ou plufieurs luminaires eftant donnez, determiner la quantité de leur
illumination: où l'on void combien il faut mettre de chandelles enfemble
pour éclairer 2 ou 3 fois plus fort, ou en raifon donnée.

IL y a plufieurs chofes à confiderer dans la force des luminaires,
à fçauoir fi leur lumiere de mefme grandeur eft égale, c'eft à dire,
fi la flamme d'vne chandelle de la groffeur d'vn pouce, ou fi le cone lumineux qui fe fait par vn flambeau de cire, de telle groffeur qu'on voudra, eft auffi fort & donne autant de clarté & de
chaleur, qu'autant de lumiere du Soleil, ou d'vne eftoile; nous ferons apres vne propofition en faueur de cette difficulté.

Ie ne parle point icy de la lumiere de la lune, de Venus, ou des
autres corps qui la reflechiffent, mais de ceux qui la produifent immediatement: or il eft difficile de fçauoir combien vne égale quantité de lumiere prife, ou conçeuë dans le Soleil, eft plus forte que
la flamme d'vn flambeau, & de combien elle eft plus viue. Cette
plus grande force vient peut eftre de ce que fa lumiere qui nous
éclaire icy, n'a point de fumée comme nos flammes; & que fa matiere eft plus épurée, & mefme qu'elle eft incorruptible, ie laiffe

ceux qui penfent que le Soleil eft vn corps tres compact, & femblable à vn or tres-pur enflammé : quoy que d'autres ayment mieux
imaginer qu'il eft tres liquide & compofé d'vne matiere qui fe meut
d'vne grande viteffe. Quoy qu'il en foit ; puisque nous ne pouuons
auoir que de fimples penfées, & des coniectures de ces grands corps
lucides qui font fi éloignez de nous, il fuffit de confiderer nos flammes, & de raifoner des autres à proportion.

Ie dis donc premierement que deux luminaires égaux efclairent
également d'égales diftáces, ou qu'ils illuminét également vn mefme
efpace, ou vn égal, lors qu'on les confidere feul à feul : car toutes les
caufes égales produifent vn effet égal, quád toutes les circóftances
font égales. Par exemple, deux chandelles de mefme groffeur & dé
mefme matiere allumées de mefme façon, enuoyent leurs rayons
auffi loin, & illuminent l'air & les autres corps qu'elles efclairent,
auffi fort l'vne que l'autre.

Mais quand ces 2 chandelles illuminent les mefmes obiets en
mefme temps, & que l'on confidere leurs 2 actions iointes enfemble ; par exemple, lors que la flamme, ou fi vous voulez, le point lucide C illumine le point H du plan A B, & qu'il luy a communiqué
tout ce qu'il a peu ; à fçauoir fi la flamme égale D peut encore com-
muniquer autant de lumiere au mefme point ? car bien qu'il foit
certain qu'il augmente la lumiere & la chaleur du
point H, toutes-fois il n'eft pas fi certain qu'il l'augmente de moitié, parce qu'il n'eft peut eftre pas capable de receuoir vne double lumiere, ou vn double mouuement ; ioint qu'on peut penfer que comme le mouuement C H produit par les deux mouuemens de C E vers A H, & de C A vers E H, eft moindre
qu'eux, puisque C H eft moindre que C A ioint à
C E, le mouuement ou l'illumination du point H peut auffi eftre
moindre, que les deux illuminations des deux flammes C & D confiderées feparément.

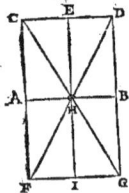

A quoy i'aioute que la flamme D pouffe ou meut le point H par
la ligne D H, comme fi elle le vouloit pouffer au point F, & que la
flamme C le pouffe vers G : & partant le mouuement ou l'illumination de H eft vn mouuement compofé de C H & de D H, de forte
que fi le plan A B n'eftoit dur, & reflechiffant, & que les forces C, D
peuffent paffer à trauers fans aucun empefchement, il femble que
le point H, meu de ces 2 mouuemens, deuroit defcendre en I par la
ligne H I compofée des deux mouuemens H F & H G ; de mefme que
2 cordes H C & H D tirées d'vne égale force attireroient le point H
qui les conduit au point E par la ligne H E.

Or fi l'on ne veut point s'amufer à cette confideration, & que
l'on fupofe qu'vne lumiere n'empefche point que tant d'autres
qu'on voudra n'ayent autant d'effet fur les corps defia illuminez

D ij

que fur ceux qui ne l'eftoient pas encore.

Ie dis en tc cond lieu qu'il femble que deux corps lucides égaux illuminent dauantage eftant feparez, qu'eftant ioints enfemble, à raifon que c'eft par leurs furfaces qu'ils illuminent, car les deux furfaces de 2 flammes égales font plus grandes quand elles font defunies, puis qu'il femble qu'il en falle ioindre 4 enfemble, pour faire leur furface vn peu plus que double de la furface d'vne feule flamme confiderée à part & deuant fon vnion auec les autres : car la flamme octuple en grandeur n'a que quatre fois autant de furface.

Il y a beaucoup d'autres confiderations à faire fur cette vnion & diuifion des luminaires par exemple qu'eftant feparez ils peuuent illuminer le point ou le corps H des deux coftez, comme feroient deux Soleils opofez & éloignez de 180 degrez, qui éclaireroient toute la furface de la terre en mefme temps, ou comme 2, ou 4, fagots qui echauferoient le corps de tous les coftez en mefme temps, & qui par confequent receuroit plus de leur lumiere que s'ils eftoient ioints enfemble pour vne feule flamme.

Il eft aifé d'en faire l'experience en plufieurs façons, foit auec 4 feux, ou 4 chandelles également éloignées de quelque efcriture, car en les raffemblant on verra fi elles illumineront moins d'vne mefme diftance que lors qu'elles font feparées: mais il eft difficile, & prefqu'impoffible d'efprouuer fi leur lumiere ou leur chaleur fera iuftement double, parce que les fens ne font pas capables d'vne telle precifion : de forte qu'il s'en faut raporter au raifonnement.

Si quelqu'vn imagine que la force de la lumiere fuit la raifon de la folidité des luminaires, il eft aifé de conclure qu'vne flamme dont le diametre eft double d'vne autre flamme, illuminera 8 fois autant. Les differens éloignemens d'vne flamme, & puis de 2, de 4 & de 8 flammes fituées dans la mefme circonference d'vn cercle, & puis iointes enfemble feront apperceuoir à l'œil ce que l'efprit en doit conclure: car il femble qu'vne flamme double en furface doit efclairer auffi fort de deux diftáces, par exéple de 2 toifes, qu'vne flamme fous double éclaire de la diftance d'vne toife, & que la flamme compofée de 8 autres flammes égales doit éclairer auffi bien de 4 fois auffi loin ; puis qu'elle a 4 fois autant de furfaces, & qu'elle imprime 4 fois autant de mouuement.

Et fi cela n'arriue pas, il faut penfer que les circonftances l'empefchent, foit que les petits corps qui compofent l'air, ou qui rempliffent fes pores, ne puiffent receuoir ce redoublement de lumiere, ou qu'elle diminuë comme fait le mouuement compofé: foit que les petits atomes qui deuroient augmenter la lumiere, ne puiffent trouuer affez de pores, ou de vuides en l'air illuminé, pour entrer dedans, & qu'ils foient contrains de prendre vn autre chemin pour faire place à ceux qui viennent continuellement du luminaire.

Mais ie parleray encore de cette difficulté dans la 20. proposition où l'on verra de nouuelles pensées sur ce suiet.

PROPOSITION XIV. PREPARATOIRE.

Determiner si l'on peut trouuer combien nos flammes sont plus foibles, & éclairent moins qu'vne partie du Soleil égale ausdites flammes, par exemple; de combien la grosseur d'vn pouce du Soleil éclaire dauantage que la flamme de mesme grosseur d'vne chandelle, ou d'vne lampe.

CEtte difficulté n'est pas impossible à resoûdre, puis que l'experience nous peut seruir pour ce suiet, quoy qu'elle soit tres difficile : il est donc question de trouuer combien vn morceau du corps du Soleil de la grosseur d'vn pouce, ou de telle autre grosseur qu'on voudra, illumine plus fort que la flamme d'vne chandelle ou du feu, de mesme grosseur : ce qui est la mesme chose que si nous imaginions qu'vn feu semblable au nostre fust où est le Soleil, & que nous voulussions sçauoir s'il nous éclaireroit autant que fait le Soleil, ou de combien il nous éclaireroit moins, car ie ne pense pas qu'il y ait aucun, qui pense, ou qui croye que le feu, ou la chandelle nous donnast dauantage de lumiere.

Nous pouuons donc premierement experimenter de combien la lumiere du iour nous éclaire dauantage qu'vne chandelle d'vne grosseur donnée; i'apelle la lumiere du iour celle qui n'est pas faite par la lumiere immediate du Soleil, soit directe ou reflechie, & rompuë par des miroirs, ou des diaphanes polis, qui portent le rayon, & l'éclat du Soleil és lieux differents où la reflexion & la refraction les fait reiallir.

Cette lumiere du iour est celle qui parest dans les chambres à trauers les chassis de papier, ou des autres corps qui ne laissent point passer les rayons, ou l'éclat & la splendeur du Soleil : ou qui se void dehors à trauers les nuës, quand le temps est couuert, comme l'on dit, ou mesme hors des rayons du Soleil quand il éclaire immediatement : cette lumiere du iour parest comme vne ombre à l'égard de la premiere lumiere.

Or il est certain que cette lumiere peut estre si foible qu'vne chandelle nous éclairera dauantage, cóme l'on experimente au matin & au soir, vn peu auát & apres le leuer & coucher & du soleil, & dás plusieurs lieux des chábres, où le iour est moindre que la lumiere de nos feux : & si l'on met plusieurs verres, ou chassis les vns sur les autres, l'on obscurcit tellement le iour qu'on ne peut lire, quoy que les rayons du Soleil frapent à trauers, parce qu'ils se perdent peu à peu, & qu'il n'en demeure pas assez sur le dernier chassis pour pouuoir lire à trauers : de sorte que si l'on sçauoit combien chaque chassis nous oste de rayons, nous pourrions tellement proportioner nos chandelles qu'elles nous éclaireroient autant que le iour de l'vn des chaſſis.

Si apres auoir ferme les feneſtres d'vne chambre, en laiſſant vn trou de la groſſeur de la flamme d'vne chandelle à l'vne d'icelles, comme l'on fait quand on veut repreſenter tous les obiets de dehors ou les taches du Soleil, & qu'en opoſant vn carton, vn ais, ou quelqu'autre corps audit trou, il receuſt la lumiere du Soleil d'vn coſté, & de l'autre coſté celle d'vne chandelle de la meſme groſſeur du trou, & qu'on peuſt iuger, de combien l'vne de ces lumieres eſt plus forte que l'autre, il n'y auoit plus qu'à ſuputer à quelle partie du corps du Soleil auſſi proche de nous comme la chandelle, reſpondroit cette lumiere ſolaire qui entre par le trou de la feneſtre.

Car il ne ſuffit pas que les trous ſoient égaux pour iuger de l'égalité des lumieres qui y paſſent, il faut conſiderer la grandeur du luminaire, d'où vient la lumiere, & ſa diſtance d'auec le trou, parce que le Soleil auſſi bien que le feu ou le flambeau, peut eſtre imaginé ſi prez du trou, qu'il n'y aura que la partie du Soleil égale au trou, d'où viendra la lumiere; ce qui ſera la meſme choſe que ſi l'on couppoit vne partie du Soleil aſſez grande pour boucher ledit trou.

Sur quoy l'on peut former vne nouuelle difficulté qui ſeruira pour la precedente, à ſçauoir ſi cette portion du Soleil apliquée au trou éclaireroit d'auantage que ne fait maintenant le Soleil entier éloigné de ce trou de 12, ou 15 cent ſemi diametres, ou rayons de la terre: c'eſt à dire ſi le Soleil enuoye plus de rayons par ce trou, que ladite portion imaginée proche du trou; car ſi les rayons de l'vn & de l'autre ſont également épais, il ſemble que le trou, ou ce qu'on void par le moyen de ce trou, doit eſtre également illuminé.

Si nous auons égard à tous les points de la ſurface du Soleil d'où l'ó peut tirer vne ligne droite iuſques audit trou, il eſt certain que ce trou reçoit des rayons de toute cette ſurface: & qu'il n'en reçoit aucú autre que de la ſeule portion du Soleil égale au trou, de ſorte que le peu de rayons qu'il reçoit de cette portion ſeront auſſi forts que tous les rayons de toute cette ſurface du Soleil, s'ils illuminent le trou également, c'eſt à dire ſi le nombre des rayons eſt égal.

Mais parce que cette difficulté merite vne propoſition particuliere, ie reuiens à la preſente, pour dire premierement qu'il eſt certain que la groſſeur d'vn pouce de lumiere du Soleil paſſant par vn trou, a beaucoup plus de lumiere & plus d'effet, que la flamme de nos chandelles de meſme groſſeur, comme enſeigne l'experience, car ce pouce de lumiere ſolaire peut faire bruſler eſtant rompuë par vn excellent diafane conuexe, ou reflechie par vn miroir concaue, ou du moins qu'elle peut beaucoup plus échauffer, & eclairer, car il pourroit arriuer que l'eſpace d'vn pouce ne contiendroit pas aſſez de rayons pour bruſler par reflexion; ce que i'eſſayray de determiner dans la Catoptrique, & dans la Dioptrique.

La seule lecture d'vn liure qu'on fera à la faueur de ces deux lumieres, contraindra d'auoüer que la lumiere du Soleil est plus viue que celle de la chandelle ; mais parce que cette lumiere solaire est faite par les rayons de toute la demie surface du Soleil que nous voyons, & que la flamme de la chandelle semble donner vn nombre de rayons d'autant moindre, qu'elle est moindre que la surface solaire, il est necessaire de determiner l'autre difficulté, à sçauoir si le Soleil, éloigné comme il est, donne plus ou moins de lumiere par le trou de la fenestre, que s'il estoit tout proche du trou : de sorte que cette proposition n'aura serui que pour preparer à celle qui suit, laquelle seruira semblablement pour la mesme, comme nous verrons cy-apres.

PROPOSITION XV.

Determiner si le Soleil esclaire plus fort par le trou fait dans la fenestre d'vne chambre, estant éloigné comme il est, que s'il estoit si prés dudit trou qu'il le bouchast : ou qu'vne portion du Soleil égale à ce trou fust apliquée pour le boucher : & combien de fois il éclaire dauantage.

ENcore qu'il semble que ce soit vne mesme chose ou que le Soleil s'aplique luy mesme au trou d'vne chambre, ou qu'ó aproche ce trou de la surface du Soleil, & que l'on imagine qu'vne portion dudit Soleil égale au trou, y soit apliquée ; il y a neantmoins autant de difference qu'entre vn petit feu de la grosseur d'vn pouce, qui échaufferoit par l'ouuerture d'vn trou, & vn grand feu de l'espaisseur, & largeur d'vne toise, ou plus, qui échaufferoit par le mesme trou : or l'experience enseigne que le feu plus épais, ou plus grand échauffe dauantage, à raison qu'il y a plus de parties qui agissent : de sorte qu'on peut dire que le Soleil apliqué au trou illumineroit beaucoup plus puissamment qu'vne portion du soleil d'vn pouce en grosseur : parce que son action est aydée, & augmentée par son épaisseur, ou sa profondeur ; ce qui nous fait encore naistre vne nouuelle difficulté, que ie resserre pour vn autre lieu, afin que ie ne mesle point tant de considerations, & que nous n'ayons maintenant que la grandeur des surfaces à comparer ensemble.

Il faut donc premierement suposer que le diametre du Soleil contient 5 ½ celuy de la terre, dót il est éloigué de 1500 demi-diametres de sorte que le diametre du Soleil a 16500 lieuës, ou 247500000 pieds.

Mais il suffit que nous prenions des lieuës, & partant faisons que le diametre du trou par où le Soleil entre, soit d'vne lieuë, & qu'on veüille sçauoir quelle raison a la lumiere du Soleil entrant par ce trou, à la lumiere d'vne partie du mesme Soleil égale à ce trou, qu'on imagine iointe audit trou : ce qui reuient à la mesme chose que si le Soleil bouchoit ledit trou.

Il est certain que cette portió du Soleil ne seroit que la 2722 50000. partie de la surface aparente du Soleil, que ie supose icy comme vn cercle; car cette partie seroit le quarré de 16500. Et pource que le Soleil est éloigné de 2250000 lieuës, la portion de la lumiere receuë par ledit trou est signifiée par le quarré de ce nombre, parce que la superficie de la demie sphere illuminée par le Soleil, a mesme raison à ce trou, que 1 au quarré de 2250000; & partant il y aura mesme raison de toute la lumiere du Soleil, à celle qui entre par le trou, comme du quarré de 2250000.

Or la lumiere du Soleil est à celle de sa portion égale à ce trou, comme le quarré de 16500 à 1, donc la lumiere de ladite portion sera plus grande que celle du trou, de la raison du quarré de 2250000 au quarré de 16500 : qui est comme 18595 à 1 : de sorte qu'vne portion d'vne lieuë, d'vn pied, ou d'vn pouce du Soleil appliquée au trou d'vne lieuë, d'vn pied, ou d'vn pouce, éclairera dix-huict mil cinq cens quatre-vint quinze fois d'auantage que la lumiere ordinaire du Soleil qui passe par le mesme trou.

D'où il est aisé de conclure que la grandeur d'vn pouce du Soleil estant proche de nous brusleroit plus fort, que nos meilleurs, & plus grands miroirs concaues, qui ne pourroient l'égaler s'ils n'auoient leur diametre de 12 pieds, ou de 2 toises; & s'ils ne r'assembloient tout ce qu'ils receuroient de lumiere dans l'espace d'vn pouce : de sorte que les flammes de nos chandelles de mesme grandeur qu'vne portion du Soleil, ont si peu de lumiere à l'égard de cette portion, qu'elles ressemblent plustost aux tenebres, qu'à la lumiere : & par consequent il suffit de comparer lesdites flammes, à la lumiere dix-huit mille fois plus foible, comme est celle du Soleil qui passe par le trou, dont nous vsons pour les comparer, ce que nous ferons dans la propos. qui suit, apres auoir remarqué que la lumiere du Soleil s'affoiblit d'autant plus qu'il est plus eloigné de nous, suiuant les loix expliquées dans la 6. prop.

PROPOSITION XVI.

Rechercher de combien la lumiere immediate du Soleil est plus forte, ou plus claire que celle de la flamme d'vne chandelle, & combien celle-cy est plus forte que la lumiere de la Lune.

IL faut premierement remarquer qu'il n'importe nullement de quelle grandeur soit la flamme de la chandelle qu'on veut comparer à celle du Soleil, d'autant qu'on prend tousiours vn espace

illuminé

illuminé par le Soleil, égal à la lumiere, ou à fon illumination : par exemple, fi l'on fupofe la lumiere du Soleil d'vn pouce de grandeur, on prend auffi la flamme d'vn pouce.

En fecond lieu, il eft certain que le Soleil peut eftre imaginé fi loin de nous, qu'il ne nous illuminera pas tant qu'vne chandelle; qui le furpafferoit, fi fon éloignement eftoit égal à celuy des eftoiles.

Troifiefmement, qu'il nous éclaireroit 36 fois moins, par exemple, s'il eftoit 6 fois plus éloigné qu'il n'eft, par la 6 propofition ; & partant, que fon aparence ne feroit que de cinq minutes, ou enuiron ; puis que fon diametre pareftroit 6 fois moindre que nous ne le voyons maintenant : & s'il eftoit auffi éloigné de nous comme font les eftoiles; à fçauoir 300 ou 400 fois plus éloigné qu'il n'eft, il ne nous éclaireroit pas dauantage que lefdites eftoiles, qui nous paroiffent auffi grandes, comme il paroiftroit : & partant il nous illumineroit beaucoup moins qu'elles, s'il eftoit 600 fois plus éloigné; de forte que l'on peut tenir pour certain que la lumiere d'vne chandelle nous éclaireroit plus fort que la lumiere du Soleil qui n'auroit plus que la 360000 partie de fa vertu.

Si les diafanes concaues de verre diminuent autant la lumiere comme les miroirs concaues d'acier, ou de verre terminé par l'eftain, les augmentent; on pourroit voir apres qu'vn miroir concaue d'acier d'vn demi pied en diametre aura raffemblé la lumiere qu'il reçoit d'vne chandelle, & que le concaue de verre aura diuifé, ou diffipé la lumiere du Soleil, qu'il aura receuë en mefme grandeur, fi cette lumiere du Soleil ainfi diffipée fera égale à la lumiere de la chandelle ramaffée, ce qu'eftant fait, & ayant trouué qu'elle eft égale, le calcul qu'on fera de l'augmentation & de la diminution de ces lumieres donnera la conclufion, & montrera de combien la lumiere immediate du Soleil eft plus forte, que celle d'vne chandelle dont on eft tout proche: quoy qu'il y auroit toufiours de la difficulté, à caufe que les rayons paralleles du Soleil fe ramaffent mieux par les miroirs, & les diafanes; que ceux des chandelles, qui ne peuuent eftre pris pour paralleles; ioint que la lumiere de la chandelle éclaire toufiours mieux à vn pied pres, qu'au lieu où fa lumiere eft ramaffée par vn verre, ou par vn miroir.

E

MANIERE D'EXPERIMENTER LA FORME
de la lumiere tant au matin qu'à midy, par le moyen de l'ombre.

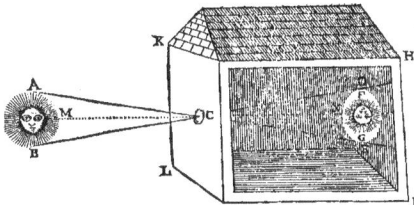

S'Vpofons vne fal-le ou vne gallerie affez longue, & que le Soleil vienne de fe leuer, en forte qu'il enuoye fa lumiere iuf-ques au bout, fuiuant la figure du cone lumi-neux CFG, dont la bafe FG foit tellement élargie ou rarefiée, que l'on voye clairement que cette lumiere eft plus foible que celle d'vne chandelle, qu'on aura allumée à part, fans qu'elle ayde à celle du Soleil, & aprez qu'en approchant du trou C, l'on aura trouué le lieu où elle eft égale à la chandelle, il faut mefurer le diametre de la bafe, & fa diftance d'a-uec le trou.

Et afin de ne fe pas tromper, il faut opofer quelque corps opa-ques à la chandelle, afin de voir s'il fera de l'ombre fur la lumiere du Soleil, ce qui témoignera qu'elle n'eft pas plus forte en cét endroit que la lumiere de ladite chandelle: quoy qu'il faille bien de la pre-caution en ces ombres, comme ie diray en parlant de l'ombre.

Mais parce que la lumiere du matin ou du foir eft beaucoup plus foible que depuis midy iufqu'à 2 ou 3 heures, il faut atacher vn ais de fuffifante longueur & largeur; & chercher vn lieu propre dans quelque cour, ou iardin, d'où l'on puiffe voir le Soleil vers fon midy, qui darde fes rayons par vn trou fait au milieu de l'ais, de la groffeur d'vne ligne, ou d'vne autre mefure, fuiuant ce qu'on experimente: car fi on reçoit le cone lumineux (dont le fom-met commence prez du trou, & la bafe finit à terre) dans vn lieu expreffement obfcurci par des tapis ou autrement, de forte qu'il n'y ait point d'entrée en ce lieu que pour ledit cone, on verra en quel lieu fa bafe fera la lumiere égale à la chandelle; & fi au lieu qu'il aura fallu 2 toifes, par exemple, pour l'éloignement du trou qui donne au matin la lumiere égale à la chandelle, il faut 10 toifes à la lumiere du midy, pour la trouuer égale à celle du matin; on aura fa force du midy: & fi l'on veut, on vfera, comme deuant de l'ombre faite par la chandelle fur la lumiere du Soleil.

Ce qui aprendra combien les vapeurs du matin font perdre des ra-yons, ou de la force du Soleil, de forte qu'à toute heure du iour, l'on pourra fçauoir la force de la lumiere: & lors que la furface du Soleil eft couuerte de macules, ou qu'il a plufieurs facules, il fera ayfé de voir combien fa lumiere s'afoiblit ou s'augmente.

Au reste si le trou qu'on fera à la fenestre par où doit passer le ra-yó du Soleil, est d'vne ligne, & qu'il faille s'en eloigner de 20 toises; la base du cone lumineux aura pour le moins vn pied de diametre; de sorte que si proche dudit trou, la base du cone n'a qu'vne ligne, sa lumiere sera vint-mil sept cens trente six fois plus forte que celle de la base dont le diametre a vn pied, parce que cette base contient 20736 fois la base lineaire du trou.

Ce qui fait assez voir qu'il n'est pas necessaire de s'en éloigner de 20 toises, vne seule experiéce d'vn quart d'heure enseignera le tout & donnera le moyen de connoistre combien la lumiere du Soleil est plus forte tout proche du Soleil, ou dans le Soleil mesme, que la lumiere de nos chádelles; & celle-cy, que la lumiere d'vn ver luisant: de sorte qu'on pourra mesurer chaque degré de lumiere, soit dire-cte, reflechie, ou rompuë vne ou plusieurs fois.

Mais il faut remarquer qu'il sera plus commode d'atacher vne la-me de fer blác ou d'autre matiere, au haut de quelque toit, qui soit ronde & qui ait vn pied en diametre & vn trou au milieu de la gros-seur du petit doigt, afin qu'on puisse rencontrer plus aisement le co-ne rayonnant de la lumiere du Soleil qui sera iustement tout cou-uert par cette lame, & qui par cósequent aydera à enuisager le trou & le rayon du milieu, afin de sçauoir le lieu où le cone radieux doit tomber, & d'y accommoder comme vne petite chambre qui ait vne ouuerture de la mesme grandeur & figure de la lame.

Or l'on peut border cette ouuerture de quelque frange noire, par exemple de peluche, ou de drap, mais afin d'empescher les ra-yons de toutes les autres lumieres, & qu'il n'y entre que celle dudit cone, dont on comparera la base lumineuse à la lumiere d'vne chá-delle cachée par vn tapis, ou vne lanterne sourde, afin qu'elle ne se mesle point auec celle du Soleil, que lors qu'on experimenta si elle iette l'ombre sur elle.

L'experience poura faire trouuer plusieurs autres precautions, dont il est difficile de s'auiser auant l'obseruation.

CONIECTVRES DE LA FORCE DE LA
lumiere du Soleil, & maniere pour la trouuer.

ENtre plusieurs manieres dont il semble qu'on peut trouuer la proportion de la lumiere du Soleil & de la chandelle, la lectu-re de tres-petites, & de tres grosses lettres, ou characteres peut ser-uir, car s'il arriue que le mesme œil lise aussi bien des caracteres huit fois plus gros à la chandelle, que 8 fois plus petits à la lumiere du Soleil, qui passe par vn trou de la grosseur de la flamme de la chan-

delle, ce fera vn figne qu'elles font égales : quoy qu'il arriue fouuent qu'on ne lift pas fi bien à vne plus grande, qu'à vne moindre
lumiere, parce que fa trop grande fplendeur ebloüit & fait pleu-
rer les yeux.

Mais afin que ceux qui trouueront la commodité d'vne galerie,
ou d'vne fale pour obferuer le Soleil leuant, ou le couchant, qui a
couftume d'eftre plus fort, ie mets quelques mefures qui pourront
feruir, & quelques coniectures, dont on iugera apres l'obferuation.

Soit donc DE le trou de la chambre, ou du baftiment par où la
lumiere du Soleil entre : fi l'on fupofe que l'angle AOB foit d'vn demidegré, fous lequel le diametre AB du Soleil a couftume de pareftre, & que la bafe FG foit éloignée de 5 pieds du trou O, le diametre FG fera d'vn demi pouce, car puis que le rayon OF de 5 pieds
contient 60 pouces, & que la circonference du cercle dont OF eft
le rayon, contient du moins 6 fois OF, il eft conftant que cette circonference aura 360 pouces, (car il n'eft pas icy neceffaire de mefurer la circóference plus exactement :) dont chaque demidegré fera
d'vn demi pouce, & partant le rayon de dix pieds donnera vn pouce pour la largeur de la lumiere FG : & par confequent il faudra s'é-
loigner du trou O de 60 pieds pour auoir la largeur de la bafe GF
d'vn demi pied ; & de 120 pieds ou de 20 toifes pour l'auoir d'vn
pied, qui donnera beaucoup moins de lumiere qu'vne chandelle ; foit qu'on prenne cette bafe au foir, ou au matin, ou à midy,
mefme.

Et fil'on veut vfer de la flamme de la chandelle, ou de la lampe
(qui eft plus commode, & plus exacte, parce qu'elle demeure en
mefme hauteur) comme d'vn prélude, il faut tellement l'éloigner
d'vn trou qu'on la voye fous l'angle de demi degré, afin qu'en me-
furant fa proiection de lumiere conique, on fçache comme il faudra faire pour mefurer celle du Soleil.

Mais quand on receura fon cone radieux, lors qu'il eft éleué de
40, ou 50, degrez, plus ou moins, fur l'horizon, oûtre ce que i'ay dit
cy-deuant, ceux qui font fur les ports de mer, pourront attacher
vne lame ronde au haut d'vn mas de nauire, & faire entrer le cone
du Soleil qui aura paffé par le trou de la lame, par la feneftre d'vne
chambre, qu'ils obfcurciront tellement qu'il n'y aura que cette lumiere conique du Soleil qui y foit fenfible.

Ie laiffe les autres commoditez des arbres toufus, à trauers lefquels on peut faire vne ouuerture qui conduira le cone lumineux :
& au lieu de chambre, qui reçoiue la bafe de ce cone, l'on peut former vne petite hutte auec des couuertures, tapis, ou manteaux, en
y laiffant feulement vne ouuerture égale à la bafe dudit cone, & en
empefchant le mieux qu'on pourra, que nulle autre lumiere n'y entre. Ceux qui trauaillent à des mines, ou quarieres profondes, où

le Soleil enuoye quelquefois sa lumiere, ont encore plus de commodité pour faire cette experience: ioint que le Soleil du midy donne plus de loisir pour l'obseruation : laquelle se pourroit aussi faire dans vn puis, ou en des quarrieres profondes , comme celles
d'Angers , & des autres lieux, d'où l'on tire l'ardoise & les autres
pierres.

Sil'on pouuoit accommoder vn zodiaque large d'vn pied au haut
de quelque toit, par lequel on conduiroit vn trou par quelques res-
sorts, afin qu'il suiuist le cours & le lieu du Soleil, & que sa splendeur
passast tousiours par le mesme trou, l'experience seroit tres-aisée :
ie laisse plusieurs autres façons d'experimenter la force de la lumiere du Soleil, qui dépendent de la reflexion & des refractions.

Experience faite.

Encore que le 2 3. Iuillet i'aye, ce me semble, assez experimenté la
force, ou la clarté de la lumiere du Soleil vne ou deux heures auant
qu'il se couchast, pour determiner combien elle est plus forte que
la lumiere de la chandelle dont on est tout proche, neantmoins ie
seray bien aise que chacun en fasse aussi l'obseruation, pour se confirmer dans la verité.

Ayant donc fait passer la lumiere immediate du Soleil par vn trou
rond d'enuiron vne ligne, ou vn peu d'auantage, à deux toises, ou 12
pieds du trou, i'ay treuué que le diametre de la base du cone lumineux du Soleil estoit de 16 lignes, c'est à dire d'vn pouce & vn tiers,
ou enuiron ; & que cette lumiere deuenoit bluastre, comme de l'a-
midon, en la presence de la flamme de la chandelle ; & qu'à l'approche de cette flamme elle s'euanoüissoit presque toute de dessus
l'obiet illuminé, c'est à dire qu'elle n'y paroissoit quasi plus : par où
i'ay connu & conclu que si l'on s'eloigne seulement de 4 toises du
trou, afin que le diametre de la base soit de 2 pouces & demi ou enuiron, cette lumiere ne sera pas plus forte que celle d'vne chandelle
ordinaire, comme est la bougie de la grosseur de 6 lignes.

Ce qui rend l'experience si aisée qu'il n'y a plus personne qui ne
la puisse faire dans sa chambre, si elle a vne ouuerture au leuant, ou
couchant : de maniere que l'on n'a plus que faire de choisir vne longue sale ou galerie, si ce n'est pour faire l'essay par vn trou beaucoup plus grand par où passera le Soleil, ou pour voir tous les degrez de lumiere depuis celle du trou iusques aux tenebres, que l'on
aura quand la base du cone aura vn pied de largeur : car puis que 4
toises affoiblisset trop la lumiere du Soleil pour estre égale à la clarté de la chandelle, elle ne doit donner aucune lumiere sensible à 16
toises plus loin, si ce n'est qu'à raison de ses rayons qui sont quasi paralleles, elle ait quelque priuilege ; mais l'experience fera voir si la
lumiere de cette chandelle se diminuëra dauantage que celle du Soleil.   E iij

Or il eſt euident par mon obſeruation, que la lumiere du Soleil priſe à vn pied du trou eſt 144 fois plus forte que celle de la chan-delle, par la 6 propoſ. puis qu'à 12 pieds loin de ce trou ces 2 lumie-res ſont égales ; & parce que nous auons calculé dans la 15. propoſi-tion, combien la lumiere du Soleil priſe dans le Soleil meſme, c'eſt à dire combien vne portion du Soleil égale au trou & appliquée à ce trou, ſeroit plus forte, & illumineroit dauantage, à ſçauoir prez de 18000 fois, ce nombre multiplié par 144 montrera que la lumie-re du Soleil priſe dans ſa ſource, égale à la flamme de la chandelle eſt 2592000 fois plus puiſſante, & illumine dauantage, que ladi-te chandelle.

Qui pourra s'imaginer de quelle matiere doit eſtre le Soleil, pour auoir deux milions cinq cens nonante & deux mille fois plus de lu-miere que nos feux? quoy qu'ils fuſſent auſſi grands que tout le So-leil, c'eſt à dire plus grands 144 fois que la terre.

Nous ne pouuons l'imaginer plus auantageuſement que com-me vne groſſe maſſe liquide de metal, ſoit d'or, ou d'argent, fondu comme dans vne fournaiſe, d'où coule le metal ſoit pour fondre & faire les cloches ou les canons, ou pour fondre la mine de fer, & ſes *geuſes*: dont l'œil ne peut ſouffrir l'éclat qu'auec peine · car il ſem-ble qu'il ſoit affecté de meſme ſorte que s'il regardoit le Soleil.

ADVERTISSEMENT.

· L'on pourra encore comparer la lumiere de la chandelle en l'en-fermant dans vne lanterne ſourde, d'où elle ne luiſe que par le trou d'vne ligne, ou par vn trou égal à la baſe de la lumiere du Soleil: & quand par l'éloignement du trou par où paſſe le Soleil, ſa lumiere ſe ra beaucoup plus foible que celle de la chandelle, on pourra fai-re paſſer la lumiere de ladite chandelle par vn trou, pour prendre ſa baſe iuſques à ce qu'elle ſe trouue égale à la baſe de la lumiere du Soleil.

Il n'y a rien plus facile de ſçauoir combien la baſe du cone que fait que le Soleil eſt plus foible, & illumine moins qu'au trou par où elle paſſe; car il ne faut que voir combien de fois ſon diametre contient celuy du trou. par exemple dans mon experiéce de douze pieds, loin du trou, la baſe du trou d'vne ligne ſe trouue 16 fois dans l'autre baſe éloignée de 12 pieds, & partant la lumiere du Soleil eſt 256 fois plus foible à cét éloignement qu'au trou: & par conſequent la lumiere de la chandelle eſt du moins plus foible 256 fois que cel-le du ſoleil priſe au trou.

PROPOSITION XVII.

Determiner si le Soleil, estant consideré immobile, lors qu'il éclaire vn obiet
semblablement immobile, illumine tousiours par vn mesme rayon,
ou s'il en change à chaque moment.

CEtte difficulté ne parest pas beaucoup grande dans l'opinion
de ceux qui pensent que le rayon est vn accident tiré de l'air:
car suposé que l'air ne soit point agité, il n'y a pas de raison pourquoy le mesme rayon ne doiue pas perseuerer, veu qu'il n'est pas besoin d'vne nouuelle production de lumieres, ou d'especes inten-
tionnelles, puis que la premiere lumiere demeure ferme.

Mais parce que cette eduction ne semble estre autre chose, que
la reduction de la puissance qu'a la matiere de la lumiere à se mouuoir, & que cette reduction en acte, ou cette actualité, n'est que le
mouuement actuel de cette matiere qui continuë depuis le Soleil
iusques au fonds de l'œil, & par tout ailleurs; & que cette matiere se
meut perpetuellement comme vn torrent; on peut dire que le
rayon du Soleil se change perpetuellement, quoy qu'on ne le
puisse aperceuoir.

Ce qu'il faut aussi conclure suiuant la pensée de ceux qui croyent
que la lumiere est vne gráde multitude de petites par celles, qui sortent continuellement du Soleil, quoy qu'il ne semble point diminuer, soit parce qu'elles y retornent par quelques chemins que
nous ne sçauons pas, ou qu'elles sont si petites & si subtiles, que
leur continuelle sortie par l'espace de 6000 ans n'ait pas diminué
le Soleil sensiblement.

C'est vne chose merueilleuse que l'espace de 8 ou 15 iours vne fleur
de lis, ou vne rose puisse perpetuellement ietter hors de soy vne
sphere entiere de petits corps, dont le diametre a du moins vne toise: car si l'on diuise ce temps en secondes minutes, ce qui sera sorti
de cette fleur sera plus gros qu'vne maison: car il est certain que les
vapeurs odorantes sont de petits corps, & qu'il n'y a nul lieu dans la
sphere d'actiuité de cette fleur, qu'elle ne parfume par son odeur: ce
qu'ó peut encore dire du musc, & des autres corps qui ont de l'odeur.

L'on peut dire qu'vne fleur tire de nouuelles odeurs, ou de nou-
ueaux corpuscules, ou atomes odoriferans de la terre & de l'eau,
pendant quelle demeure sur sa tige: mais quand vne fleur de iasmin,
ou vne feüille de marjolaine est separée de la branche, & qu'elle
remplit perpetuellement, la spere de son action vne semaine entiere, il est difficile de comprendre comme vne feüille si mince peut
comprendre vne si grande multitude & quantité d'atomes; de
sorte que quelque opinion qu'on embrasse, il est difficile de se contenter sur mille difficultez qui se presentent, dont nous parlerons
encore cy-apres.

Or quelque changement qui puiſſe arriuer à ce rayon, on peut dire qu'il eſt le meſme, à raiſon qu'il a vn meſme effet, & qu'il preſ-ſe également tandis qu'il frape l'obiet par vne meſme ligne: & que l'on a couſtume de prendre l'équiualence, ou l'égalité pour l'iden-tité. Comme il arriue aux deux yeux, qui ſe ſoulagent tellement que nous penſons voir ſouuent de l'œil gauche, ce que nous voyons du droit; ou voir des deux yeux, ce que nous ne voyons que d'vn: ce que i'explique plus amplement en parlant du paralleliſme des yeux.

PROPOSITION XVIII.

Determiner combien le rayon qui vient de l'axe du Soleil, ou d'vn autre lumi-naire, illumine plus fort que ceux qui viennent des autres endroits du Soleil.

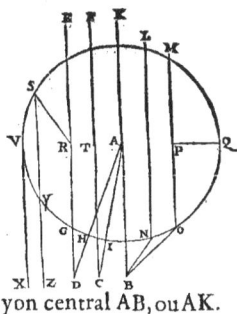

SOit le corps du Soleil, ou l'vn de ſes plus grands cercles QMSIQ, & ſoit le principal rayon paſſant par l'axe du Soleil AB, le plus fort de tous: & ſoit le dernier rayon V X qui vient du point V, où il ſert de touchante au cercle du Soleil; & le rayon Y Z qui part du point Y. Il eſt certain que ces 2 rayons, ou tels autres qu'on peut ima-giner entre celuy de l'axe AB & le tou-chant V X, ſont plus foibles que le ra-yon central AB, ou AK.

Ce que montre l'experience, aux bors de la lumiere, qui n'ont pas leur lumiere ſi vigoureuſe que le milieu: & l'on peut dire que la force de chaque rayon eſt d'autant moindre qu'il eſt plus long qu'AB: & par conſequent, que le rayon V X, qui eſt plus long qu'A B de tout le ſemi diametre du Soleil: car il y a moins loin depuis l'œil ou l'obiet iuſques à la plus prochaine partie du Soleil, qui ſe ren-contre au point de ſa ſurface d'où ſort le rayon AB, qu'au point V, d'où part le rayon V X, du ſemidiametre tout entier A V.

Donc, ſi le rayon du Soleil contient 3 fois le rayon de la lettre, & qu'il y ait 1200 rayons terreſtres d'icy au point le plus proche du So-leil, le rayon V X ſera plus foible d'vne quatre centieſme partie que le rayon A B. Si ce n'eſt qu'on veüille prendre la puiſſance de ce rayon au lieu de ſa longueur. Mais il faut encore conſiderer l'obli-quité du rayon venant d'V, qui ne va pas en X pour nous éclairer: puis que l'œil eſtant en B, eſt éloigné de trois mille lieües du point X: de ſorte qu'il eſt neceſſaire qu'il vienne obliquement d'V en B, pour nous illuminer. Ce que l'on doit auſſi conclure de tous les au-

tres

tres rayons imaginez entre V & A , ou A & Q: par exemple le rayon
PO doit venir en B , aussi bien que le rayon LN , ce qu'ils ne font
pas par les lignes OB , & NB mais par le chemin le plus court de P
& de L en B, où les droites n'ont pas esté tirées en cette figure.

    Or oûtre la consideration des points differens du Soleil , d'où
viennent les rayons, l'on peut aussi auoir égard à ceux qui viennent
d'vn mesme point : par exemple du point central A, qu'on peut ayfément transporter au point

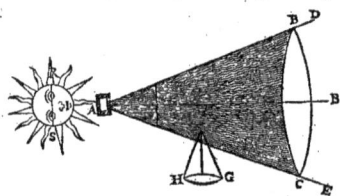

A de la figure qui suit , dans
laquelle AB est le rayon principal & le plus fort, comme
l'on experimente sur la terre,
ou sur les autres obiets lors
que la lumiere du Soleil passe
par le trou A, qu'on peut su-
poser estre rôd afin que le cone lumineux ABC aye vn cercle pour sa
base : car il ne faut que l'œil pour s'asseurer que la lumiere est beaucoup plus foible, & comme vne penombre vers les points D & E,
au lieu qu'elle est tres viue vers le milieu B.

    Et parce que cette foiblesse ne peut pas venir de la plus grande
longueur du rayon AD, ou AE, puis qu'ils sont les rayons de la mesme sphere, dont AB est le rayon du milieu, il faut que cette foiblef-
se procede de l'obliquité des rayons AD & AE, n'y ayant que le seul
rayon du milieu AB qui tombe à plomb sur l'objet, ou sur l'œil.

    Où il faut remarquer que ce rayon AD n'est oblique qu'à l'égard
de celuy qui est au point B du milieu , car il frape à plomb sur celuy
qui est en D, auquel le rayon dudit milieu sera oblique. Quant à l'a-
foiblissement de cette obliquité, elle a esté determinée dans la
douziesme proposition , dont on peut conclure ce que i'obmiets
icy.

    Et c'est le principal de tous, parce que l'affoiblissement qui vient
de la plus grande longueur du rayon n'est pas quasi sensible, si l'on
prend rayon pour rayon, quoy que si on le prend d'vne grosseur de
cylindre, il puisse deuenir assez sensible. Or generalement parlant,
quand les obiets sont seulement illuminez plus ou moins d'vne vintiesme partie , cela ne nous est pas sensible , c'est pourquoy on
n'y prend pas garde de si prés, & le sensible doit estre la sixiesme
me, ou douziesme partie &c. suiuant la viuacité de l'œil & du iugement.

P

PROPOSITION XIX.

Determiner si les luminaires produisent d'autant plus de chaleur qu'ils ont
plus de lumiere.

CEtte difficulté est remarquable en ce que nous experimentons que la lumiere du iour qui est beaucoup moindre que la
lumiere immediate du Soleil, est beaucoup plus grande que celle
de nos chandelles & de nos feux, & neantmoins que la flamme d'v-
ne chandelle dont on est proche d'vn pouce, par exemple, échauffe d'auantage que ladite lumiere tant du iour que du Soleil : & nous
ne trouuons pas que la lumiere de la lune eschauffe sensiblement :
de sorte que ce n'est pas vne loy generale que toute plus grande lumiere échauffe d'auantage ; quoy que la reflexion des miroirs concaues nous contraignent d'auoüer que plus on reflechit de lumiere
à vn mesme endroit, & plus elle brusle.

Certes si nous imaginions la lumiere comme vne flamme rarefiée, & comme l'eau rarefiée, & tornée en vapeurs ; il semble que
plus la flamme sera épaisse, & plus elle donnera de lumiere; & que si
la flamme d'vne chandelle estoit pure & separée des humiditez qui
l'accompagnent, & qu'elle fust plus condensée que la lumiere du
iour ou du Soleil, elle éclaireroit aussi plus fort ; n'y ayant point d'a-
parence que la lumiere d'vne chandelle soit d'vne espece que
celle du Soleil, dont elle surpasse la lumiere reflechie par la Lune.

Il faut donc penser que c'est le feu de la flamme qui échauffe plus
qu'vne plus grande lumiere du Soleil : mais parce qu'il faudroit expliquer la nature du feu pour entendre parfaitement cette difficulté, on pourra lire ce qu'en écrit M. des Cartes depuis le 80 article de
la 4 partie de sa Philosophie iusques au 108, où il touche plusieurs
choses qui côcernent la nature, & les proprietez de la flamme & du
feu, suiuant ses propres pensées, qui ne sont pas approuuées de tous.

Ie diray seulement qu'il semble que cette plus grande chaleur
vienne d'vn autre principe que la lumiere ; puis que nous experimentons que plusieurs choses sont fort chaudes qui n'ont point
de lumiere sensible : comme l'on void aux cailloux & en plusieurs
autres corps si échauffez qu'on ne peut les toucher sans se brusler,
quoy qu'ils ne fassent aucune lumiere sensible ; parce que le mouuement qui produit la chaleur n'est pas celuy qui fait la lumiere ; ou
les petits corps qui se doiuent mouuoir pour faire l'vne, ne sont pas
de mesme figure, ou grosseur que ceux qui produisent l'autre : ce
qui reuient à ceux qui croyent que nostre feu s'engendre d'vn sou-
phre plus grossier & plus humide que celuy qui sert à la lumiere.

Ce que l'on pouroit confirmer par l'odeur des corps qui bruslent
par la lumiere du Soleil; car ils sentent l'odeur du souffre en bruslant

comme ſi la lumiere eſtoit compoſée de petites boules ſulfureuſes,
dont chacune n'eſt pas ſi groſſe que la centmillieſme partie d'vn ciron ou d'vn grain de ſable.

PROPOSITION XX.

*Expliquer en quelle proportion deux ou pluſieurs lumieres égales iointes enſem-
ble s'augmentent.*

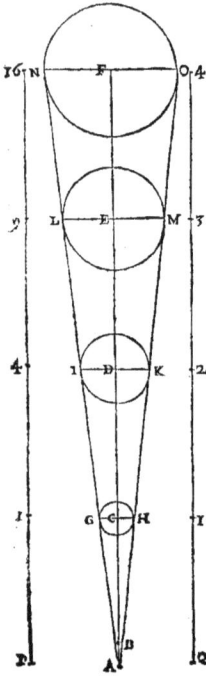

IL ſemble d'abord que 2 lumieres égales
iointes enſemble faſſent vne double lumiere, mais il eſt difficile de l'experimenter
voyons ce qu'il en faut conclure par la raiſon; & pour ce ſuiet repetons la figure de la
6 propoſition, dans laquelle ſi nous ſupoſons qu'vne chandelle miſe au point A éclaire & faſſe le cone lumineux ANO, & qu'A G
H contienne vn degré de lumiere, A I K
$\frac{1}{4}$, A L M $\frac{1}{9}$, & C (car ie meſure la force
de la lumiere par les baſes GH & IK, & non
par la grandeur du cone.) Si l'on met encore vne chandelle en A, & que des 2 on n'en
faſſe qu'vne, il ſemble qu'il doiue y auoir 2 degrez de lumiere en GH, $\frac{2}{4}$ en IK, $\frac{2}{9}$ en LM
& ainſi des autres: & neantmoins cela n'eſt
pas vray, car il faut ioindre 4 chãdelles en A
pour illuminer deux fois autant A GH, ou la
baſe GH; parce que 4 chandelles égales
iointes enſemble ne font gueres que 2 fois
autant de ſurface: de ſorte que ſi la lumiere
ſuit en ſon eſtenduë la raiſon des ſurfaces, &
que la ſimple lumiere A ne s'eſtende que
iuſques au point C, la lumiere quadruple A
s'eſtendra deux fois autant de A en D.

De là vient qu'on peut dire que cette pro-
poſition eſt en quelque ſorte inuerſe de la 6: car comme dans la ligne PN les nombres de la progreſſion Geometrique 1,4,9 &c.mon-
trent la diminution de la lumiere qui vient de P, ou d'A, ſuiuant les
baſes, ou les cercles C,D, E &c. les meſmes cercles montrent auſſi
la proportion de lumieres, ou chandelles qui éclaireroient ſuiuant
les nombres de la progreſſion Arithmetique en commençant d'O
en Q, à ſçauoir 4, 3, 2, 1, qui ſignifient qu'vne chandelle de 16 pouces de grãdeur eſt neceſſaire en A, pour illuminer F auſſi fort que C
eſt éclairé par la chãdelle d'vn pouce en A; & partãt l'on peut enoncer en general que les lumieres de meſme force & groſſeur doiuent

F ij

auoir leurs furfaces en raifon doublée des efpaces pour éclairer vit
mefme point de mefme force ; par où l'on peut conclure combien
il faudroit qu'vne chandelle fuft groffe pour éclairer d'auffi loing
qu'eft le Soleil, auffi fort que nos chandelles, dont la flamme eft
d'vn pouce ; il faudroit qu'elle paruft toufiours fous mefme angle ,
ce qui arriueroit fi la lumiere GH montoit toufiours vers D, E, &c.
auffi haut que le Soleil, ou mefme que les eftoiles ; qu'elle deuroit
furpaffer de beaucoup en grandeur, parce qu'elle deuroit paréftre
fous le mefme angle que nous paroift la flamme d'vne chandelie ,
dont nous ne fommes éloignez que d'vn pied, par exemple, d'où
nous la voyons fous l'angle de 10 degrez, ou enuiron, & partant la
chandelle proche des eftoiles deuroit couurir le tiers d'vn figne
pour nous illuminer comme fait icy vne chandelle , dont la flamme eft groffe d'vn pouce. Et fi la chaleur fuit fa lumiere , elle échau-
feroit autant, éloignée de 14000 femidiametres terreftres, comme
l'autre éloignée d'vn pied : d'où l'on peut tirer plufieurs autres confequences que ie laiffe pour l'exercice de ceux qui fe plaifent en cette matiere.

Mais il y a tant de difficultez dans les obferuations de ces lumieres , qu'il n'eft pas quafi poffible d'en rien determiner affez exactement : car bien que 8 chandelles de mefme groffeur ioignent leurs
flammes en vne feule , & que la furface de cette flamme foit exactement quadruple de la flamme de chaque chandelle, il ne s'enfuit
pas neceffairement qu'elle éclaire 4 fois dauantage le mefme point
qui eft éclairé par vne feule ; d'autant que l'application de la flamme
octuple n'eft peut-eftre pas égale à celle de la fous octuple : & puis
il faut confiderer fi vn mefme point eft capable de receuoir la lumiere entiere de tous les luminaires qui le peuuent regarder.

Si nous confiderons le nombre des lumieres comme autant de
mouuemens égaux, la difficulté fera reduite à fçauoir fi deux mouuemens égaux communiquez à vn mefme corps produifent vn double mouuement, comme le mouuement, dont vn homme fait vne
lieuë dans vne heure, ioint au mouuement dont la terre le porteroit
auffi vne lieuë dans vne heure, luy feroit faire deux lieuës, & luy imprimeront vn double mouuement.

Quoy qu'il en foit , (ce que ie pourray examiner ailleurs) de mefme que l'on croid que l'œil void plus clairement vn obiet, quand il
le regarde de 2 fois plus pres, de mefme, on penfe qu'vne flamme
deux fois plus proche , éclaire deux fois plus : mais il eft bon de s'en
affeurer par l'experience , en faueur de laquelle ie mets encore cette propofition.

PROPOSITION XXI.

Expliquer la communication des lumieres differentes sur vn obiet par le moyen des mouuemens simples & composez, où l'on void si vne chandelle aussi grosse que deux autres chandelles illumine d'auantage qu'elles, & de combien.

SOient les 2 chandelles A, B qui éclairent le poinct E, & que C soit toute seule aussi grosse que les deux A, B, lesquelles ie suppose égales entr'elles, de peur que leur inégalité ne nous iette en d'autres difficultez.

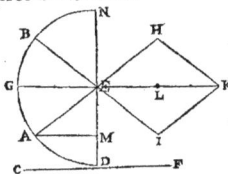

Or bien que cette difficulté soit éclaircie dás la 24 prop. de ma Balliftique, neanmoins i'en repete icy quelque chose en faueur de ceux qui n'entendét pas le Latin; & dis que C illuminera plus fort l'obiet D, que B & A, qui sont également éloignez de leur obiet, n'illumineront E : car plus l'angle AEB est grand, & plus les mouuemés illuminatifs s'oposent & se detruisent l'vn l'autre; & partant le mouuement composé des deux est moindre. Or l'angle AEB, est plus grand que l'angle C D, puis que cét angle concourt auec la droite C D, & par consequent le mouuement de C en D est plus fort que les 2 mouuemens d'A en E & de B en E; puis que la lumiere de C est égale aux lumieres A & B. La verité de cecy dépend de celle de ce principe, qu'vne double vitesse fait vne double clarté : dont ie laisse l'examen aux plus subtiles.

Quant à la porpotió, on la trouue en prolongeant les lignes A E en H, & BE en I, de sorte que A E, B E, E H, E I soient égales; & en acheuant le parallelogramme E H I K, dont E K soit la diagonale diuisée en deux également au point L.

Cela posé, ie dis que la force dont E est illuminé, est à la force dont D est illuminé, commme E K à CF, ou bien à E I K.

Car les forces A E, B E n'engendrent, estant composées, que la force E K, au lieu que C estant double d'A, ou de B, engendre la force A E deux fois, c'est à dire CF : ce que l'on peut enoncer en cette sorte, comme les forces A, B font la force double d'E L, la double force A, fait la double force A E, c'est à dire C F.

La ligne A M perpendiculaire sur N D, monstre que la force du rayon A E est à la force du rayon GE, comme AM est à G E, ou A E; & bien qu'icy l'inclination du rayon A E sur le plan N D soit de 45 degrez, on la peut suposer telle qu'on voudra.

Voila ce qu'on peut conclure de ce principe auec plusieurs autres

P iij

choses qui en dependent ; i'ajoufte seulement qu'il faut touſiours
auoir égard au ſuiet qui eſt meu, ou illuminé, afin de voir s'il eſt capable de receuoir toutes ſortes de mouuemens; & à l'aplication des
lumieres, ou des luminaires qui ne peuuent pas ſouuent eſtre apli-
quez ſuiuant toutes leurs forces ; & pour lors il faut ſouſtraire de la
proportion tout ce qu'ils perdent ſoit par l'incapacité du ſuiet, ou
de l'obiet, ſoit faute d'eſtre appliquez. La preface de cét œuure
contient pluſieurs conſiderations qui ſeruent à ce diſcours.

Ie laiſſe à ſuputer quand 2 ou pluſieurs luminaires ſeparés illumineront moins 2 ou 3 fois &c. qu'vn ſeul qui leur ſera égal en groſſeur. Ie parleray encore auſſi des mouuemens compoſez dans la
Captoptrique & la Dioptrique, qui ſupleéront à ce qu'on pourroit
icy deſirer; & ie donnray dans la preface ce que i'auray experimenté ſur ce ſuiet.

MANIERE D'EXPERIMENTER CE QVI
eſt dans cette propoſition.

APres auoir pris vne chandelle de bonne cire blanche menuë
de 20 ou 24 à la liure, & marqué le plus grand éloignement
d'où l'on peut lire commodement, il en faut prendre de plus groſſes 2, 4, 8, & 16 fois ou d'auantage plus groſſes qui ayent leurs me-
ches bien proportionnées, & voir de combien plus loin on pourra lire auſſi aiſement qu'à la premiere, dont on ſera le moins éloigné.

Ceux qui voudront prendre cette peine ſçauront par cette table
combien ſera grande la ſurface de chaque chandelle : la premiere
colomne ſignifie combien de fois chaque chandelle contient la
premiere.

La ſeconde colomne donne la raiſon des ſurfaces de toutes ces
chandelles par les racines cubes : & la troiſieſme les donne par ſimples nombres qui ſont aſſez iuſtes pour y faire l'eſſay.

Il n'y a donc que la ſurface de la premiere, de la 8 & de la vingt-
ſeptieſme qui ſoient commenſurables: mais les autres ſurfaces ſont
aſſez iuſtes pour voir ſi la difference des illuminations les ſuit.

TABLE DES SVRFACES DE LA FLAMME
d'onze chandelles.

1	1	1
2	℞. Cube de 4	1 ¼
3	de 9	2
4	de 16	2 ½
5	de 25	3
6	de 36	3 ⅓
7	de 49	3 ⅔
8	4	4
12	de 144	5 ¼
16	de 256	6 ¼
27	9	9

Il est aisé de trouuer la grandeur de la surface de toutes sortes d'autres flâmes, mais celles cy suffisent pour l'obseruation.

PROPOSITION XXII.

Expliquer ce que c'est que l'ombre, & les tenebres, & leurs proprietez & vtilitez.

L'Ombre est la priuation de la lumiere immediate des luminaires, ou de telle autre lumiere qu'on voudra. Car bié que par l'óbre, pour l'ordinaire on entéde ce qui paroist à costé où à l'oposite de la lumiere du Soleil, ou d'vn autre luminaire ; & ce qui paroist noir à l'égard de ladite lumiere directe, & immediate, de laquelle on peut tirer vne ligne droite au centre, ou à quelque partie du luminaire : neantmoins toute moindre lumiere voisine d'vne plus grande, peut estre nommée *ombre*: de sorte que la lumiere de la lune sera vne ombre, si la lumiere du Soleil en est voisine : & la lumiere du iour des chambres ou des campagnes où le Soleil n'enuoye pas immediatement ses rayons ne sera pas apellée ombre, mais lumiere, à l'égard de l'ombre que fera le corps opaque dans cette lumiere du iour ; de maniere que l'on peut remarquer plusieurs sortes d'ombres dans vne mesme chambre qui vont tousiours depuis la fenestre, ou autre ouuerture, iusques au lieu le plus obscur, en se nuant iusques aux tenebres.

Car à proprement & absolument parler, les tenebres ne participent point de la lumiere, comme elles seroient sous terre dans les caues qui n'auroient aucun trou par où la lumiere peut passer, & deuant celuy qui torneroit le dos au Soleil, s'il n'y auoit que le Soleil & luy au monde, ou qu'il n'y eust nul corps qui reflechist ses rayons sur ses habits de deuant.

Ceux qui ne croyent pas qu'aucune ombre se puisse trouuer dans

la lumiere du Soleil, prennent l'ombre dans fa premiere fignification: car fi nous imaginons vne lumiere beaucoup plus grande &
plus forte qui foit voifine de celle qu'il nous enuoye, celle-cy pourra eftre appellée *ombre*, comme la foible lumiere du mefme Soleil
qui paffe à trauers les vapeurs, & les nuës, peut eftre dite ombre à l'é-
gard de celle qu'il produit fans ces vapeurs: & cette feüille de papier
eftant expofée diuerfement à la lumiere, foit immediate, ou d'vne
feneftre, fuffit pour faire pareftre toutes fortes d'ombres.

　Or l'on peut diftinguer autant de degrez dans l'ombre que dans
la lumiere, puis qu'il y a vne infinité de degrez depuis la premiere
ombre que fait la lumiere, ou le corps opaque interpofé entre l'œil
& la lumiere, iufques aux pures tenebres. Et fi le corps eft plus
grád que le luminaire, l'ombre va toufiours s'élargiffant. Par exem-

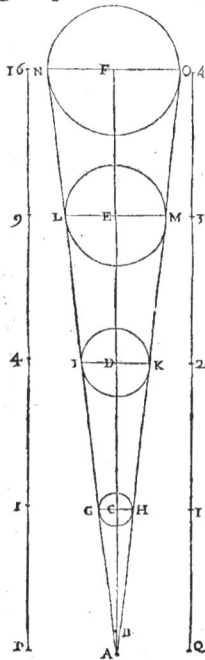

ple fi GH eft la fláme d'vne chandelle, elle
enuoye l'ombre d'vn corps opaque IK plus
gros qu'elle n'eft, en forme du cone tronqué IKON: ce que feroit auffi le Soleil s'il il-
luminoit vn corps plus grand qu'il n'eft.
Mais parce qu'il eft plus grand que tous
nos corps, il faut l'imaginer de la largeur
de NO, afin qu'illuminant ce corps IK,
il faffe l'ombre terminée en cone, à fçauoir
IAK, laquelle peut eftre nommée conique; comme l'inuerfe, ou la renuerfée IK
ON eft ordinairement appellée calatoïde,
& cylindrique quand le corps opaque eft
égal au luminaire, parce qu'elle imite la figure d'vn cylindre continué à l'infini.

　Cette ombre femble diminuer fa force
ou fa noirceur à proportió qu'elle s'élargit
d'auantage, de mefme que la lumiere; ce
qui arriue pource qu'apres qu'elle eft fort
élargie, la lumiere qui fe trouue à cofte, n'eft
pas fi forte que celle qui l'accompagne,
quand elle eft plus étroite: c'eft pourquoy
l'on peut dire que l'ombre eft d'autant
moindre qu'elle eft plus éloignée du luminaire, & plus large, comme quand elle eft
calatoïde, ou cylindrique, quoy qu'en
effet elle foit priuée de plus de degrez de lumieres, & par confequent plus noire : mais c'eft à caufe que l'affoibliffement des
rayons, ne la rend pas fi fenfible à la fin qu'au commencement.

　Quant aux vtilitez de l'ombre, outre qu'elle fert pour éuiter l'ardeur du Soleil, & fes incommoditez, elle reprefente toutes fortes
　　　　　　　　　　　　　　　　　　　　　　　　　　　de

de corps, & femble auoir donné la naiffance à la peinture ; & à tous les arts qui enfeignent la methode de reprefenter quelque chofe.

Elle fert en fecond lieu pour mefurer la hauteur du Soleil & des autres aftres qui font ombre fur l'horizon ; & par confequent pour fçauoir qu'elle heure il eft, de forte que toute l'horlogiographie, ou la Gnomonique eft fondée fur cette proprieté.

Troifiefmement pour mefurer la force de la lumiere du Soleil, comme i'ay montré dans la 16 propofition : fur quoy il faut remarquer qu'vne moindre lumiere ne peut faire d'ombre fur vne plus grande, ny mefme fur vne égale, fi ce n'eft en augmentant cette égale : car puis que l'ombre n'eft qu'vne diminution de lumiere, la proiection de l'ombre que feroit la moindre lumiere, deuroit diminüer la plus grande, ce qui ne peut ariuer.

Mais quand il y a plufieurs lumieres d'vne égale force, par exemple plufieurs chandelles allumées, chaque chandelle fait fon ombre, parce que le corps opaque qui leur eft opofé diminue la lumiere de chaque chandelle ; & fi la lumiere du Soleil eftoit tellement diminüée qu'elle fuft égale à la lumiere de la chandelle, cette chandelle feroit fon ombre fur icelle : ce qu'elle ne peut fur la lumiere du Soleil qui n'eft point affoiblie, parce qu'elle n'eft point augmentée fenfiblement par ladite chandelle ; car la fenfibilité de l'ombre fuit celle de la lumiere.

PROPOSITION XXIII.

Expliquer la maniere dont fe font les couleurs, & prouuer qu'elles ne font point differentes de la lumiere.

LEs couleurs paroiffent dans plufieurs fortes de corps ; à fçauoir dans les fleurs, dans les fruits, dans les pierres fines, dans les teintures de vers de foye & de draps ; dans les nuées & l'arc en ciel, dans les coquilles & dans les efcailles des poiffons & des infectes ; dans le poil des beftes, & dans la plume des oyfeaux, &c. de forte que nous ne pouuons rien voir qui n'ait quelque couleur, entre lefquelles on a de couftume de donner le premier rang à la blanche, & le dernier à la noire, côme aux deux contraires, ou aux deux extremitez : car celle-là reprefente la lumiere, la ioye, la vie, & l'action ; & celle-cy reprefente les tenebres, la triftefle, la mort, & le repos.

Or il femble que tous les plus fçauans croyent que les couleurs ne font point differentes de la lumiere, par laquelle ils les expliquét toutes auffi aifement, ou plus, que ceux qui les font naiftre des elemens, & des differents temperamens de chaque corps : ie fçay que dans la Philofophie l'on ne doit point admettre de chofes fuperfluës, particulierement lors qu'il s'agit des principes, & des maxi-

mes : & que les fciences font d'autant plus claires, & plus aifées à
comprendre, qu'elles ont moins de fupofitions ; & qu'elles expliquent toutes chofes plus intelligiblement & plus briefuement. De
là vient que les Geometres font plus d'eftat des folutions les plus
courtes, aux problemes propofez, pourueu que la clarté n'y manque pas.

Voyons donc fi nous pourons expliquer les principales couleurs
par la feule lumiere ; foit rompuë, reflechie, ou droite .quoy que
l'on peut tomber d'accord qu'elles viennent des differens temperamens, fi l'on met leur diuerfité dans la figure, le nombre, la quantité & l'arangement des petits corps qui compofent les plus grands.
Ce qui eftant pofé, tous demeureront d'accord ; & le materiel des
couleurs ne fera autre chofe que la difpofition, & la figure qu'ont
les parties de chaque corps : pour reflechir, rompre, écarter, ou affembler autant de rayons qu'il en faut pour faire l'aparence de chaque couleur : afin que la lumiere foit femblable à la charité qui produit toutes les vertus fuiuant les differens rayons de fa bonté qu'elle
communique aux hommes : ou pluftoft à Dieu, qui depart fa puiffance en tel degré qu'il luy plaift, & qui fait que toutes les creatu-
res annoncent fa gloire, comme autant de couleurs qui témoignent
la merueilleufe puiffance de fa lumiere.

Or le changement qui fe fait des couleurs dans le mefme fujet,
fans qu'il change de nature, perfuade que les couleurs ne font autre chofe que les differens arangemens des petites parcelles qui les
compofent. Ce qui fe void à l'eau qui deuient blanche dans la nege ; & à la cire iaune qui deuient blanche.

En fecond lieu, la lumiere qui frape diuerfement la terre, les tableaux, le drap, & leur fait prendre diuerfes couleurs : & il eft difficile de difcerner le vert d'auec le violet à la lumiere de la chádelle.

En troifiefme lieu, le papier & les autres corps deuiennent noirs
par la poliffure, auffi bien que par l'humidité : car la terre qui paroif-
foit blanche, deuient noire fi on l'arofe : & la verdure des herbes eft
d'autant plus fombre qu'elles ont plus d'humidité, laquelle fe per-
dant, elles deuiennent iaunes ou blanches. En quatriefme lieu,
le vin rouge deuient blanc par diftillation : & le blanc deuient rouge dans les veines : comme le fang deuient blanc dans les mam-
melles.

Quant à la lumiere, elle eft blanche, & ne deuient rougeaftre que
par le mélange des vapeurs, & des autres humiditez : & les corps polis qui ne reflechiffent point de rayons à l'œil, ou qui les reflechiffent peu, femblent noirs.

Et fi on lift attentiuement les textes d'Ariftote, on trouuera qu'il
definit les couleurs comme la lumiere : à fçauoir l'être, ou la forme
des corps tranfparens : ioint que les couleurs ne font atachées à
aucun temperament : car le blanc, par exemple, conuient auffi bien

aux chofes froides, comme aux chaudes ; puis que la nege eft froi-
de, & la chaux eft feiche & chaude ; le lait eft humide, la farine eft
feiche : enfin la couleur ne dépend point des premieres qualitez,
mais de la feule figure & de l'ordre des parties : de forte que quand
les corpufcules font ronds, ils font le blanc ; & s'ils font triangulaires, il font le noir. Delà vient que plufieurs corps calcinez ou bro-
yez deuiennét blács, à caufe que leurs bafe font de petites boules.

Et la feule raifon des differentes couleurs de l'arc en ciel, du verre triangulaire, des bouteilles pleine d'eau, des diuerfes parties du
feu, doit eftre prife du nombre, & de l'ordre des rayons lumineux
qui entrent dans l'œil ; puis que le feul changement d'vne lumiere
plus ou moins forte, fait vne infinité de couleurs noires. comme on
void aux nuances des ombres, qui paffent tellement de la plus
noire à la plus claire, qu'à la fin on ne void plus que du blanc, qui
monte iufqu'à la lumiere, qui eft vne parfaite blancheur caufée
par les rayons continuels, qui n'ont point d'interruption, comme
il arriue quand la flamme eft meflée de vapeurs, d'eau, & d'exalai-
fons, ce qui la rend rouffe, & rougeaftre ; au lieu qu'elle eft tres-
blanche, quand elle n'a point de vapeurs meflées ; comme eft celle
qu'on fait auec du bois fec : & par ce que nous n'aperceuons pas de
loin les interruptions des rayons que font les vapeurs de la chandelle, elle nous paroift moins blanche de prés, à caufe que cette interruption eft pour lors fenfible.

Or comme le blanc eft d'autant plus vif, qu'il eft produit par vne
plus grande multitude de rayons ; le noir eft d'autant plus noir, qu'il
a moins de rayons, iufques à ce qui foit tel qu'on croye que ce n'eft
rien qu'vn vuide : ce qui trompe les animaux, car fi l'on fait vn rond
bien noir au bas d'vne porte, les chats imaginans ce noir comme vn
trou vuide, fe frapent fouuent la tefte en voulant y paffer, iufques à
ce que l'experience les defabufe. On peut donc dire que la noirceur parfaite eft la priuation de toutes fortes de lumiere.

Mais la couleur moyenne entre ces deux extremitez, s'appelle
rouge ; parce qu'elle tient autant de l'vne que de l'autre : au lieu que
le iaune tient plus du blanc ; & le bleu, du noir. Quant au vert, il
naift du meflange du iaune & du bleu : car fi l'on met vn morceau
de verre bleu fur vn morceau iaune, & qu'on les mette entre l'œil
& les obiets, ils paroiftront verds : & ie n'ay trouué que cette feule
combinaifon de verres qui changent la couleur bien nettement &
diftinctement.

D'où l'on peut conclure que le rouge fe fait par vne égale interruption & continuation de rayons : de la mefme forte que s'il y auoit
3 rayons cótinus, & 3 points de l'obiet qui n'en enuoiroient point, &
ainfi du refte, fuiuant la diuerfité des rouges : & cette maniere fait
entendre que les couleurs font compofées du noir & du blanc : c'eft
à dire de la lumiere & de fa priuation ; ou de l'étre & du rien, ou du
mouuement & du repos.

Le iour est egalement eloigné du blanc & du rouge ; & le bleu, du rouge & du noir : & l'on peut expliquer l'ordre des interruptions qui se fait des rayons en chaque couleur, comme fait vn excellent Philofophe, dont nous pouuons attendre vne Philofophie nouuelle, & qui explique le blanc de la neige par la continüité des rayons qui fe reflechissent dans la retine, de chaque petit globe dont il imagine que la neige est composée.

Il est vray que si ces globes sont polis & reflechissans, il n'y en aura point qui n'enuoye du moins vn rayon à l'œil : car vn miroir spherique reprefente toufiours l'obiet à l'œil, en quelque endroit que l'œil fe mette : parce que l'on imagine autant de plans differens dans le cercle, comme il y a de points, & de tangentes.

Il est donc aifé de faire le blanc, puis qu'en batant l'eau & les autres liqueurs, on fait de l'escume blanche, qu'il faut regarder auec les lunettes de courte veuë, pour voir si l'on difcernera les petits globes.

Et il arriue que la couleur fe change fouuent par la feule filtration, qui fait changer la figure des parties : comme quand le fang fe filtre par la mammelle fpongieufe, qui le rend blanc.

Le charbon ardent deuient noir estant éteint ; parce qu'il est composé de figures fpheriques & de parties triangulaires, qui ne reflechissent quasi point de lumiere que dans elle mesme : de forte qu'à fon égard, il peut estre conçeu plus illuminé que le blanc : par où l'on pourroit expliquer le *nigra fum fed formofa*, de la perfonne qui receuant la lumiere diuine & les graces de Dieu, fe contente de fe reflechir fur foy-mesme fans aucun éclat deuant le monde : car on peut dire que celuy a moins de lumiere pour foy-mesme, qui s'ocupe dauantage aux foins exterieurs : mais cela est moral : & chacun peut former tant de penfées femblables qu'il voudra fur ces couleurs.

Suiuant cette idée des couleurs, on peut dire que le marbre noir est composé de petits atomes triangulaires, & que le fuc dont il a esté composé dans les quarrieres, a passé à trauers des lieux de la terre, & des rochers, qui ont contraint fes parties de prendre cette figure triangulaire : comme nous experimentons que les filtres donnent leur figure à tout ce qu'on tire par leurs trous.

L'argent qui est poli femble noir, parce qu'il renuoye fort peu de rayons à l'œil : & l'argent qui n'est pas poli, parest blanc à caufe qu'il enuoye des rayons à l'œil de toutes fes parties : ce qui arriue auffi aux morceaux de verre qui font à terre, dont vne partie femble noire, & l'autre blanche, ou illuminée.

La couleur de pourpre est composée du rouge & du bleu : celle d'or, du iaune & du rouge : & ainfi des autres, dont nous parlerons encore au traité de la refraction, qui engendre les 3 couleurs ordinaires de l'arc en ciel, à fçauoir le zinzolin, le verd & le bleu, qui

paroiſſent auſſi la nuit, & meſme le iour, à l'entour des chandelles &
des trous illuminez du Soleil, quand on a les yeux moites par quelque fluxion.

Ces interruptions de lumiere qui font les couleurs d'autant plus
eloignée du blanc qu'elles ſont en plus grand nombre, reuiennent
à la plus grande multitude de petits vuides, qu'on ſupoſe dans la
Philoſophie de Democrite, & à l'opinion qui les compoſe de tenebres ou d'ombres & de lumieres : de façon que l'on peut dire que
toutes les idées que nous auons, ou que nous pouuons auoir, ont
touſiours quelque verité pour leur fondement.

Les atomes ronds qui viennent immediatement des corps lumineux, ou qui ſont reflechis par les petites faces polies d'vne gran-
multitude de petits atomes, font le blanc : & le noir prend ſa naiſ-
ſance des parties raboteuſes qui ne reflechiſſent que peu de rayons
à l'œil.

Il ſera difficile de deſcrire & denommer toutes les couleurs, d'autant que chaque couleur à vne autre grande multitude de couleurs :
par exemple, il y a le blanc de neige, de l'ail, d'yuoire, d'argent & de
mille autres choſes, dont les blancheurs ſont toutes differentes :
entre le blanc & le iaune, il y a vne grande multitude de choſes paſ-
les, comme eſt la paille, le vin blanc qui tire ſur le iaune, c'eſt le *gil-
uus* des Latins : & en montant par degrez, la couleur de citron, de ſa-
fran, de roüille de fer, de poil de Lion, qui ſemble eſtre le *iaune*, &
de toute ſorte de couleur rouſſe, peut eſtre raportée au iaune, iuſques à ce qu'il paruienne au rouge : de ſorte que le dernier ou le
plus ſublime degré du iaune ſoit le moindre degré du rouge, qui a
le pourpre ou l'écarlate, les fleurs, & les pepins de grenade, & le feu
du rubi, pour l'vne de ſes plus riches eſpeces.

Ie laiſſe le bleu du ciel, & celuy de l'œil, & de la mer, & que les
Latins nomment *glaucus*, *venetus*, *& caſius*, & qui a ſemblablement
vne grande multitude d'eſpeces : comme l'on experimente aux fleurs
de la bugloſe, & de pluſieurs autres plantes ; & qui ſemble auoir ſes
plus nobles eſpeces dans l'azur, la turquoiſe, & le ſaphyr ; (comme
le vert à la ſrenne dans l'emeraude, & dans le vert des herbes prin-
tanieres) & qui ſemble terminer ſon dernier degré par la couleur liuide, & plombée, qui paroiſt aux lieux du corps qui ont eſté meur-
tris.

Sanctorius compoſe toutes les couleurs de l'opaque & du diaphane : & au lieu de ſe contenter de dire que le noir ſe fait par la refraction d'vne infinité de petites ſurfaces, & le blanc par la reflexion
d'vne ſeule, ou de peu ſurfaces, il produit vne experience par laquelle il croid prouuer que le noir ſe fait par des petites ſpheres diaphanes pleines, & illuminées ; & le blanc par des ſpheres vuides : parce
que les premiers font ombre, & les ſecondes qui ne ſont pleines que
de l'air, n'en font point : pource que l'air, ou les autres corps plus

G iij

subtils ne font point de refraction.

L'experience s'en fait en vne phiole de verre qui deuient noire & fait de l'ombre, ce qui n'arriue pas quand elle eſt vuide : & beaucoup mieux auec pluſieurs ſpheres de verre toutes vuides, qui miſes dans l'eau d'vn verre font le blanc ; & le noir quand on les remplit d'eau : quarante ou cinquante : de ces ſpheres de la groſſeur d'vn noyau de ceriſe, ſuffiſent.

De tout ce qui a eſté dit cy-deuant on peut conclure qu'il n'y a que des couleurs aparentes, qui toutes ſont veritables. Car ſi les nuës demeuroient touſiours en meſme diſpoſition qu'elles ſont en faiſant l'Iris, nous dirions auſſi bien que ces couleurs ſeroient ſtables & permanentes, comme celles du marbre & des autres corps : & ſi nous pouuions faire le changement des petits corps qui nous font paroiſtre le blanc, ou le rouge dans les obiets, nous ferions des couleurs changeantes tant que nous voudrions, ſuiuant les differentes reflexions, ou refrations de la lumiere.

Il y a encore vne imagination des couleurs, qui ne ſont que les differens mouuemens de la lumiere, par leſquels elle affecte l'œil auſſi differemmét cóme le baſton d'vn aueugle affecte ſa main, par le moyen de laquelle il ſent ſi ce que touche le baſton eſt dur, ou mol, ou rond &c. de ſorte que ſi oûtre le mouuement droit des rayons qui frapent l'œil & font la lumiere, ou le blanc, les petits corps lucides reçoiuent encore vn autre mouuement, afin que le globe ſe meuue comme s'il eſtoit frizé : c'eſt à dire que la determinatió de la lumiere à ſe mouuoir de diuerſes manieres, fait la difference des couleurs. Voyez M. des Cartes en l'explication de l'Iris.

Ie ne veux pas laiſſer l'opinion des Chymiſtes qui croyent que toutes les couleurs ſont produites par les ſouphres differents qui compoſent les corps ; c'eſt pourquoy ils l'appellent le feu de la nature : de ſorte qu'il faut s'imaginer que la lumiere frapant chaque corps, enflamme, & reduit en acte le ſouphre qui n'auoit les couleurs qu'en puiſſance. voyez le commentaire du P. Cabée ſur le 1. des meteores.

Mais pour entendre ce que c'eſt que le ſouphre dans tous les corps, il faut ſupoſer les principes de Chymie, dont on verra vn abregé parmy les lettres des hommes ſçauans de ce ſiecle, à la fin ou au commencement de ce volume, d'où l'on pourra deduire quelque raiſonnement pour les couleurs.

I'adjouſte ſeulement icy vne liſte de celles dont on vſe quand elles ſont compoſées & diſtillées, & qu'on en vſe tant en gome qu'à l'eau, ſans trituration, ou broyement : ceux qui deſireront voir l'ordre de toutes ces couleurs, ie le leur montreray, quand ils voudront.

Noms des couleurs.

IE commece par le noir qui se fait & s'appelle d'os de cerf bruslé, de flandre bruslé, de pierre noire, & d'ancre: apres lequel suit le tanné brun, qui est comme le premier degré de muance: le tanné mourant, à quoy se rapportent les couleurs de feüilles mourantes, de minime brun & cendré, & plusieurs autres: le violet noir; violet d'Inde: violet tornesol: violet de bois de Perse distilé & cuit en vinaigre: violet passe fait du precedent, & d'vn peu de blanc. Les azurs suiuent apres, dont le fin est à 4 francs l'once. Le second vaut 10 sols l'once. puis il y a l'azur qu'on nomme blanc; l'azurmourant: le bleu le celeste.

Quant aux rouges, il y a le brun, la laque pure commune: couleur d'armes composée de laque, de saffran & d'vrine: gomme goute, & laque couleur de bois: vermillon pur: mine commune: mine blanchette: rouge blanche. Laque blanchette auec ceruse, dont il y a 4 qui vont tousiours en afoiblissant. Couleur de chair vermilonnée, composée de vermillon, de laque & de blanc; vraye couleur de chair: chair morte.

Aprez cette muance de rouge, ie viens au iaune, dont l'or a le premier degré; les peintres distinguent entre l'or de Flandre de Paris & d'Allemagne, qui sont de la diuersité quand on les aplique: ce qui se fait sur le bois, le fer, le cuiure &c. il faut deux couches de blanc sur le bois pour y mettre vne couche d'or de couleur, qu'on polist auec la dent de chien ou de loup : & quand on le couche en huile, il en faut vne couche de blanc, & deux de rouge: & apres l'or de couleur on met l'or dessus.

L'or en feüille s'applique auec le pinceau fait de poil de Blereau & auec le coton. On aplique sur le cuiure l'or poli ou bruni, apres auoir poly & rougy ledit cuiure, auec le caillou, puis on le recuit.

On peut en mettre deux ou trois couches l'vne sur l'autre, en le mettant tousiours à feu de charbon pour le polir: & si on le polist sur de la carte, ou du papier, il faut vser de la dent de deuant d'vn bœuf.

La gomme goute, la graine d'Auignon, le saffran, le massicot, le iaune pasle, & le iaune doré suiuent apres.

Le premier verd est celuy de vessie: le verd calciné, verd de mer, verd gay: verd safrané, verd iaune, verd de gris composé de graine d'Auignon: vert pur distillé: vert bleu, vert de montagne tant pur que composé: vert de terre pur & composé &c.

Les gris sont, le gris brun, le blanc, celuy de Lion, le composé d'Inde & de blanc, le gris blanc noir, le composé de tornesol & de blanc; & le composé de blanc, de noir, & de violet de Perse.

Quant aux blancs, ils commencent par les trois sortes d'argent, par où les ; sortes d'or ont commencé le iaune: & puis suiuent apres le bleu de cerufe de Venife, celuy de plomb, de croye, & quelques autres.

Ie laiffe les couleurs de foye, dont ie feray auffi voir toutes muances à ceux qui le defireront, à fçauoir la muáce de la teinture rouffe; de la iaune, de la colombine, du pourpre ou laque; de la rofe, du gris fale; du gris de lin: du vert; du vert de tulipe: du vert de poreau du vert d'Iris: du vert de citron: du iaune de feüille morte du violet: du nakhaad, & de l'Imperiale: car i'ay toutes ces muances arangées fur vne mefme feüille de papiér?

CONSIDERATION.

Il femble que l'on puiffe dire que chaque eftre fini eft compofé du neant & de l'eftre, de telle façon que chaque chofe eft d'autant plus parfaite, qu'elle tient plus de l'eftre, & qu'elle a moins du neát: comme la lumiere eft d'autant plus excellente, ou plus claire, qu'elle tient moins des tenebres : & comme nous imaginons qu'on peut toufiours conceuoir qu'vne lumiere eft imparfaite, lors qu'il luy manque quelque degré de clarté, & qu'elle peut eftre effacée quant à l'aparence, par vne plus grande lumiere.

DE L'OEIL
ET DE LA MANIERE QV'IL VOID
LES OBIETS.

E traité de l'œil n'eft pas moins difficile que le precedent, tant à caufe de la maniere dont fe fait la vifion, que pour les difficultez qui fe rencontrent aux rayons qui meuuent le fond de l'œil, & toutes les parties du cerueau iufques au lieu où l'ame aperçoit le mouuemét qui reprefente tout ce que nous voyons. Ie n'entreprés pas d'expliquer en quelle façó l'ame cónoift le mouuement du nerf optique qui compofe la retine, où l'on tiét que les rayons vifuels fe terminent: foit que l'ame ocupe quelque partie du cerueau dans les animaux qui ont cela de commun auec nous qu'ils voyent, & mefme que plufieurs d'entreux voyent plus loin, & plus clair que le plus clair-voyant des hommes, comme l'on croid de l'aigle, & des autres oyfeaux de proye: ou qu'elle foit prefente à

tous

tous les nerfs, qui semblent estre les principes de la sensation, ou
du sentiment.

Car ie ne veux pas m'amuser à l'examen de toutes les opinions
qu'on a sur ce sujet: par exemple, qu'elle est en quelque lieu du cerueau, comme l'aragnée au bout de sa toile, pour épier tous les mouuemens dont les nerfs sont ébranlez, & pour atraper & comprendre tous les obiets exterieurs, comme elle prend les mouches, par
les diuers mouuemens des nerfs, qui sont diuisez où se peuuent diuiser en des filets fort menus, comme la toile des aragnées.

Ie ne veux pas aussi entreprendre de decider si nous auons vne
ame corporelle, oûtre la spirituelle, comme les brutes qui face en
nous toutes les operations dont elles sont capables, suiuant la pensée de ceux qui mettent trois ames distinctes dans l'homme, la ve-
getatiue pour gouuerner les actions que nous auons communes
auec les plantes, la sensitiue pour les actions animales, & l'intelle-
ctuelle pour la raison; il suffit icy de penser qu'il y a dans nous vne
puissance interne qui iuge de la presence, ou de l'absence de la lumiere, des couleurs, & des autres obiets, par le moyen des sens que
Dieu nous a donnez, entre lesquels il semble que l'œil soit le plus
excellent, tant à cause de la grande diuersité des obiets qu'il nous
fait apperceuoir que pour l'artifice merueilleux qui parest dans
sa construction, comme nous allons voir dans la proposition suiuante.

PROPOSITION XXIV.

Expliquer la figure, les parties, & les vsages de l'œil.

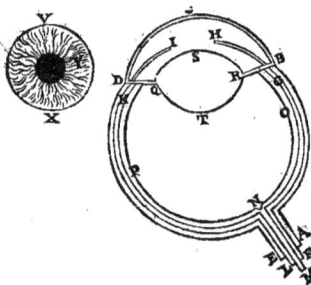

Ette figure de l'œil represente si bié tout ce qui luy
apartient, qu'il faut peu de discours pour la faire entendre: car
B C D represente sa premiere
peau, ou membrane, de la mesme épaisseur qu'elle est ou enuiron.

Elle a ce semble son centre
different des autres membranes
& elle se nomme *cornée*, parce
quelle est de la couleur de corne
dont on fait les lanternes, & transparente comme du talc, afin que
les rayons passent aisement à trauers pour entrer iusques au fond de
l'œil N par la prunelle 1H, à trauers le chrystalin QSRT. Cette premiere peau de l'œil n'est plus transparente en aprochant de B & de
D, mais elle est blanche; c'est pourquoy on l'appelle le blanc de

H

l'œil: on l'appelle auſſi *ceraloïde*.

Mais depuis B iuſques à A , & depuis D iuſquesà E, on la nomme
ſcleroïde; ſoit qu'elle face vne membrane differente de la cornée , &
qu'elle paſſe par deſſus en B & D, comme croyent quelques-vns, ou
qu'elle luy ſoit continuë , & que toutes deux ne ſoient qu'vne production de là dure mere qui eſt immediatement ſous le crane de la
teſte, & qui ſert de premiere couuerture au cerueau.

Il y en a qui font vne membrane particuliere du blanc de l'œil,
parce qu'elle eſt compoſée du perioſte & des tendons ou bouts des
muſcles qui meuuent l œil: ſi la cornée deuenoit blanche comme elle, ou rude, nous ne pourrions rien voir que tout au plus confuſé-
ment.

La ſeconde membrane eſt HGF, IKL, qui eſt enuelopée par dehors, de ladite ſcleroïde; on la nomme vuée, parce qu'elle eſt ſemblable à vn grain de raiſin noir, dont on a oſté le petit pied, car elle
eſt percée en IH, & cette ouuerture qui eſt róde dans l'œil de l'homme, eſt appellée la *prunelle*, autour de laquelle eſt l iris V X Y ; on appelle Z le noir de l'œil : car bien que cette figure ne montre que le
profil de l'œil coupé par ſon axe, neantmoins il faut imaginer chaque membrane comme vne ſphere concaue au dedans pour conte-
nir comme vn ſac rond, les liqueurs, ou humeurs que i'expliqueray incontinent.

On appelle cette membrane vuée, parce qu'elle eſt ſemblable à
la peau d'vn grain de raiſin depuis D iuſques à I & depuis H iuſqu'à
G. Ie n'ay point vû de membrane qui ioigne les bords de l'vuée IH
par de petits filamens, que ceux qui diſent l'auoir obſeruée, nomment membranes *pupillard*, car il ne m'a rien paru que l'humeur
aqueuſe, ou alhugineuſe qui remplit tout l'eſpace compris entre la
cornée DCB & l'vuée DI, HB, & le cryſtallin Q S R.

Quoy qu'il en ſoit, l'ouuerture de l'vuée IH ſe peut eſtendre &
retrecir pour receuoir plus ou moins de lumiere & pour tranſmetre
les images des obiets plus ou moins grádes , ſuiuant le beſoin qu'on
en a, ce qui ſe fait naturellement & ſans election, ou liberté.

L'vuée s'apelle *choröidé* depuis K iuſques en L, & depuis G iuſques à
F : parce qu'elle eſt parſemée de petites veines comme le *chorion* qui
contient l'embrion: elle eſt noire du coſté qu'elle regarde le cryſtalin;& du coſté que ſa partie vuée l H regarde la cornée, elle a les couleurs qui paroiſſent en regardant l'œil de dehors ; à ſçauoir bleuë,
rouſſe, ou noire.

Il y a vne autre membrane, qui ne paroiſt pas icy, enuelopant le deuant du cryſtalin Q R S, elle ſe nomme *chryſtaloïde* : il y a ſemblablement vne membrane qui enuelope le derriere Q T R , mais ie n'ay
peu diſcerner ſi elle eſt continuë auec celle du deuant : elles ſont
toutes deux ſi minces & ſi diafanes, que quelques-vns ne les aperçoiuent pas, & les nient, mais ſans raiſon , & ſans experience , la-

quelle montre encore que l'humeur vitrée qui remplit toute la cauité de l'œil Q P N O R T Q , eſt auſſi entourée d'vne membrane
fort 'mince qui eſt de la meſme couleur, ce qui empeſche qu'on
la puiſſe diſcerner, iuſquesà ce qu'on la ſepare auec la pointe d'vn
tranche-plume, d'vn biſtory, ou ſemblable inſtrument: on la nomme *hyaloide*, *arachnoide*, & *amphibleſtode* ; quoy que d'autres entendent par ces noms la membrane qui enuelope le cryſtalin, & qu'ils
font venir de la retine: ils l'appellent araigne.

Les petits trauers D Q & R B montrent la membrane qui fait l'iris
marqué V X Y, on le appelle *procez ciliaires*, parce qu'ils reſſemblent
aux cils de l'œil. Or afin que les 2 dernieres membranes qui ne paroiſſent ni en noſtre figure, ni à l'œil, iuſques à ce qu'elles ſoient ſeparées, n'entrent point en noſtre nombre, ie mets la retine P N O
pour la troiſieſme, que preſque tous les anatomiſtes qui entendent
l'Optique, mettent pour le lieu où les images ſe forment, ſuiuant
l'experience, dont nous parlerons dans la propoſition qui ſuit.

Le point M montre le nerf ſeparé du reſte qui va dans le ceruean,
lequel apres auoir paſſé iuſques à N s'eſtend par delà O & P, & ne
paſſe point les procez ciliaires D Q & B H. Il m'a paru d'vne couleur griſe ou blancheaſtre, & comme morueuſe: & la choroide qui
eſt deſſous, m'a paru eſtre iaune, verte & bleuë : il ſemble que les
rayons peuuent paſſer iuſques à cette membrane, car la retine paroiſt vn peu diaphane: de ſorte que ie croy que les images des obiets, ou les mouuemens qui font la lumiere, vont iuſques ſur la
choroide, qui ſert comme l'eſtain, ou le teint du miroir, à ladite retine.

Or pluſieurs croyent que toutes les membranes contribuent à
faire les procez ciliaires, qui leur ſeruent comme d'vn commun lien.
Voyez Rioland & les autres ſur ce ſuiet ; afin que nous venions aux
humeurs dont l'aqueuſe reſſemble à l'eau : c'eſt la premiere à l'entrée de l'œil, depuis la cornée iuſques au chriſtalin; la ſeconde eſt le
cryſtallin Q R S T, qui eſt plus dur, & ſemblable à de l'eau glacée,
quoy qu'il ne ſoit pas ſi dur, & qu'il imite plus la cire à demi molle:
ſa partie de deuant Q S T eſt moins conuexe, que celle de derriere
Q T R ; mais il eſt difficile de ſçauoir ſi ces deux conuexites ſont circulaires, hyperboliques, ou de quelqu'autre eſpece ; parce que ce
cryſtalin eſt trop petit dans l'homme pour pouuoir eſtre bien examiné.

On a remarqué que nous auôs 50 fois plus d'humeur vitrée, que
d'aqueuſe, mais nous n'auons pas beſoin de cette proportion pour
l'Optique: pour laquelle il ſuffit de remarquer que la veuë ſe change au changement du cryſtalin; qui deuenant plus plat en ſa partie
anterieure, fait lire de plus loin: comme il fait, lire de plus prez,
quand il eſt plus gonflé, ou portion 'd'vn moindre cercle ; ſuiuant
les loix des cryſtaux conuexes ; qui prolongent ou accroiſſent les

H ij

cones lumineux des rayons. Et peut-eftre que les procez ciliaires
qui le tiennent fufpendu, luy donnent quelque liberté de s'abaiffer
ou de fe hauffer vn peu, pour faire que les images des obiets fe rencontrent au fond de la retine.

Le fieur Carré Chirurgien affeure qu'il ofte la catarate en abaif-
fant l'humeur cryftalin auec la pointe d'vne aiguille qui paffe par K
ou C, & qu'aprez l'auoir abatu & ofté de fon lieu, l'humeur vitrée
prend fa place, & qu'vn cryftal de la figure du cryftalin mis deuant
l'œil le fait voir, & que pour lors le trou Z de l'iris paroift plus lumineux : & que l'on n'empefche point la vifion dans cette operation,
quoy qu'on bleffe la coniunctiue, la fcleroide, la choroide, la retine,
la vitrée, la ragnoide & le chryftalin : & finalement que l'humeur
aqueufe, ou albigineufe, ne fort point de fa place, quoy que la vitrée
& le cryftalin foient oftez.

On tient que cette humeur albugineufe eftát perduë, fe repare aux
ieunes gens, comme aux poulets: que l'aiguille fichée dans l'œil &
remuant le vitré ne fait point de mal & ne gafte point la veuë: que
le cryftalin eftant affecté d'vne fuffufion fait la catarate &c. Ie diray
feulement que l'experience m'a enfeigné que le frequent vfage des
lunettes de longue veuë, & le regard fixe du Soleil qu'on fait pour
le voir torner d'Occident en Orient fur fon axe, fur lequel il femble
qu'il acheue fon tour entier dans prés d'vn mois, ou 27 iours, change quelques parties du diafane des membranes qui blanchit en les
endurciffant.

Ie laiffe les 6 ou 7 mufcles qui feruent pour éleuer, abaiffer & tourner l'œil d'vn cofté & d'autre, parce qu'ils ne font pas marquez dans
la figure: & femblablement les maladies aufquelles les parties de
l'œil que i'ay expliquées font fuiettes; la commodité de fa rondeur;
les excentricitez, & les centres de fes membranes & de fes humeurs;
la communication qu'il reçoit des efprits du cœur, & du cerueau;
l'aliment qui nourit chaque partie de l'œil; & milles autres chofes,
dont nous n'auons pas befoin pour expliquer la maniere dont
fe fait la vifion, laquelle i'explique dans la deuxiefme propofition.

Au refte il femble que l'œil foit la proiection, ou Perfpectiue racourcie du cerueau: car fa dure mere produit la fcleroide : fa pre-
mere, la choroide : & fes nerfs la retine : de forte que l'œil luy fert de
lieutenant, & de fentinelle qui luy raporte tout ce que paroift au
dehors; l'œil eft comme le Soleil de l'homme, qui ne peut affez pri-
fer cét organe que lors qu'il l'a perdu; car la priuation, qui n'eft rien
à proprement parler que l'abfence de l'eftre, nous fait plus eftimer
chaque chofe, que ne fait fa prefence, dont la raifon merite d'eftre
recherchée, afin de voir fi elle reuient à la plus grande eftime que
quelques-vns font des demonftrations qui vont à l'abfurde, & à l'impoffible, que de celles qui concluent directement : ou des negati-
ues, que des pofitiues.

Ceux qui defirent fçauoir les noms, & l'origine des fix mufcles
qui meuuent l'œil, & la grande multitude de maladies qui l'affli-
gent en plus de cent façons, peuuent lire le traité qu'a fait M. du
Laurent fur cette matiere, & plufieurs autres qui en ont fait des liures entiers.

PROPOSITION XXV.

Expliquer comme les images des obiets fe forment dans l'œil, & comme les
rayons y entrent : & pourquoy l'on void les obiets droits, quoy qu'ils
foient renuerfez au fond de l'œil.

L A forme tant de l'œil que des rayons, ou lignes de cette figü-
re, nous épargnera le difcours : car elle eft tellement conditio-
née qu'elle contient prefque tout ce qu'on peut dire fur ce fuiet : ie

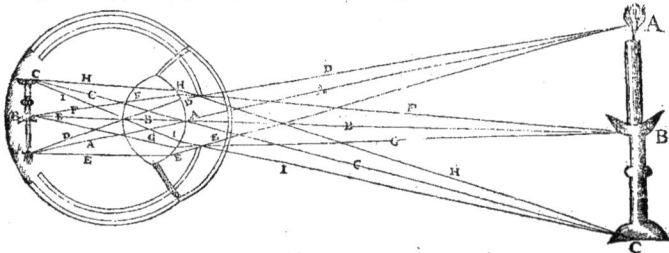

ne repete point ce que i'ay dit des 3 peaux qui l'enuelopent comme
trois peaux d'oignon ; il faut feulement remarquer que ie n'ay point
mis la retine au fond de cét œil, parce que le chandelier renuerfé
CBA, qui reprefente le chandelier droit ABC, tient fa place : de
forte qu'on void premierement que les obiets fe renuerfent au fond
de l'œil, comme il eft ayfé d'experimenter auec vn œil de bœuf tout
frais, dont la fclerotique, & la choroide, font tellement coupées,
qu'au lieu de ladite choroide on met vn papier huilé, à trauers duquel on void le chandelier comme il pareft en CBA ; & neanmoins
nous iugeons que le chandelier exterieur ABC eft droit ; & que la
flamme de la chandelle A eft au haut, quoy qu'elle tienne le bas de
l'œil ; à caufe que nous penfons que l'obier eft au mefme lieu où va
le rayon depuis le fond de l'œil ADDDA : de forte que l'on peut
imaginer deux rayons qui vont par vn mefme chemin, à fçauoir celuy qui vient de l'objet au fond de l'œil, & celuy qui retorne de ce
fond audit objet ; ce qui peut accorder les deux opinions, dont l'v-
ne eft, que la vifion fe fait par les rayons que l'œil iette hors de foy
iufques à l'objet ; comme s'il l'atiroit à foy auec autant de filets, ou
de cordes qu'il enuoye de rayons, ou qu'on peut tirer de lignes de
l'œil à l'obiet : l'autre, que cét obiet enuoye fes rayons, ou fes ima-

ges à l'œil : car il eft neceffaire que l'œil fe meuue, ou fe dreffe d'vne
particuliere direction vers le point de l'obiet qu'il veut voir; puis.
que lors que cette direction manque, comme il arriue quand ayant.
les yeux ouuerts, nous occupans l'imagination à d'autres chofes
auec contention, & que nous ne nous fouuenions pas d'auoir veu
ce qui a paffé deuant nous, quoy que les yeux ayent efté ouuerts du
cofté des obiets, & mefme qu'ils ayent formé leurs images, & en-
uoyé leurs rayons au fond de l'œil, nous ne les auons pas veus, à proprement parler, à raifon que le retour, & la reflexion de l'œil n'a pas
fuiuy l'incidence des rayons de l'obiet.

D'où il faut conclure que bien qu'vn homme, ou vn ange fuft
imaginé au fond de l'œil, & qu'il y vift l'image du chandelier renuerfé C A, il ne fçauroit pas fi l'œil void, s'il ne connoiffoit d'ailleurs
fi l'ame y accommode fon attention, & fi elle redreffe & renuoye les
rayons de bas en haut.

Or il faut premierement remarquer qu'entre les rayons, qui
viennent de chaque point de ce chandelier à l'œil, encore que ie
n'aye icy mis que ceux qui viennét des 3 points A,B,C, il y en a toujours vn principal qui eft celuy du milieu; comme eft BBBB entre
les 3 rayons qui vont du point B au fond de l'œil.

Et parce que ce rayon du milieu eft le plus court, & par confequent le plus fort de tous, & qu'il tombe à plomb fur le cryftalin H
E, on le peut appeller le rayon optique, ou l'axe de la vifion : & bien
qu'il n'y ait icy que 3 rayons, on en peut autant tirer ou imaginer
que l'on voudra.

Secondement, qu'il n'y a que ce feul rayon qui ne fe rompe point
à l'entrée de l'œil; car le fecond BFD A fe rompt au point D, ou continuë à augmenter fa fraction qu'il auoit commencée fur la cornée:
quoy que ie ne veüille pas maintenant confiderer les differentes
fractions qui fe peuuent faire par la rencontre des 3 membranes &
des 3 humeurs; car il fuffit d'entendre que toutes ces fractions en
compofent vne qui conduit enfin les rayons obliques au mefme
point du rayon principal; que les 3. rayons du poinct B rencontrent
leur principal au poinct B du fonds de l'œil; comme les 3 autres des
points A & C rencontrent leur principal rayon au fouds du mefme
œil en A & en C : ce qui eft fi bien exprimé dans la figure, qu'il n'eft
pas befoin d'aucun difcours pour l'entendre.

Il faut feulement imaginer que le chandelier eft la bafe d'vn cone radieux, dont il eft le diametre, & qu'au lieu de fon triple ternai-
re de rayons, il en va vne infinité de tous fes points au fonds de l'œil
qui eft comme le fommet tronqué de ce cone ; & neàntmoins qu'il
y en entre d'autant plus que la prunelle eft plus ouuerte : de forte
que le dernier rayon qui peut paffer en haut eft A D D A, & le dernier d'en bas eft C H C.

Si l'on pouuoit expliquer comme quoy l'ame fent dans le cerueau le mouuement dont l'obiet ébranle le nerf qui fait la retine ; &

fi elle eſt à quelque bout dudit nerf, comme l'araignée eſt au bout
de ſa toile, dont elle ſent le mouuement quand on y touche; & comme quelques-vns ont penſé, que le premier moteur eſt à l'extremité, ou au milieu du monde dont il eſt impoſſible qu'aucune partie
ſe meuue qu'il ne le connoiſſe au meſme moment; ou bien ſi l'ame
eſt preſente dans toutes les parties de la retine, comme nous diſons
que Dieu eſt preſent par tout, nous aurions non ſeulement le principal point de l'Optique, mais ce qui manque de plus excellent à
toutes les ſciences, qui ſont ſi imparfaites qu'elles ne nous font
point conceuoir de quelle façon l'ame, ou l'eſprit opere: laquelle
nous eſt preſque auſſi cachée & inconnuë, comme la maniere dont
Dieu agit: & la connoiſſance de l'vne de ces deux façons ſeruiroit
pour l'autre.

C'eſt vne choſe eſtrange que ce que nous deſirons dauantage,
ſoit ſi éloigné de noſtre connoiſſance; & que ce qui nous eſt le plus
interieur, & ce ſemble le plus eſſentiel, nous ſoit le plus inconnu:
ce qui nous doit faire eſperer que Dieu nous reſerue vne autre ſorte
de veuë, où l'entendement trouuera toute ſorte de ſatisfaction.

Ie n'explique point comme les rayons de l'obiet ſe croiſent dans
le cryſtalin, ou auant que de toucher la cornée; parce que
la figure montre cela clairement, à laquelle il faudra auoir recours
en pluſieurs difficultez qui ſe rencontrent dans les differentes manieres dont on void les obiets, ſoit proches ou éloignez de l'œil.

Si l'on imagine que tous ces rayons aillent du fond de l'œil à l'objet, ils tiendront tout le meſme chemin: de ſorte qu'il ne faudra
rien changer en la figure, non plus qu'on ne change rien dans les
phenomens du ciel & de la terre, ſoit qu'elle torne, ou qu'elle ſoit
immobile. Il y a d'habiles Philoſophes qui mettent vne action reci-
proque de l'œil vers l'obiet, ſemblable aux cercles de l'eau qui vont
iuſques au bord, & qui du bord reuiennent vers le lieu d'où ils ont
commencé.

Quelques-vns croyent que le cryſtalin s'aproche, ou s'éloigne des obiets, ſuiuant qu'ils ſont grands, ou petits, proches, ou
éloignez, & ſombres ou clairs, par le moyen des procez ciliaires,
qui ſe laſchent, ou ſe roidiſſent. Sa figure imite celle d'vne lentille,
& eſt compoſée comme de deux parties de ſpheres, dont la ſuperieure eſt partie, ou portion d'vne ſphere moindre; & l'inferieure,
d'vne plus grande: mais cela n'eſt peut eſtre pas ſi general, qu'il n'y
ait des cryſtalins qui ne gardent pas cette diſtinction.

Or ie n'eſtime pas qu'il ſoit ſi neceſſaire que tous les rayons qui
viennent d'vn meſme point de l'obiet, aboutiſſent tout enſemble
à vn meſme point de la retine, que l'œil ne puiſſe voir ſans cette conionction; quoy qu'il ſemble que la viſion en ſoit plus diſtincte, &
plus forte.

Si l'on met vne teſte d'épingle, ou quelqu'autre petit obiet moin-

dre que la prunelle, deuant l'œil; on remarquera plusieurs circon-
stances qui arriuent à la veuë, à raison de la trop grande proximité
dudit obiet; mais ie ne veux pas mamuser à ces petites gentillesses,
que chacun peut obseruer en particulier.

J'aioûte seulement que le frequent vsage des lunettes, engendre
à la longue des duretez ou des inégalitez qui font parestre quantité
de petits corps dans l'air, lors qu'on regarde le ciel, & qui souuent
trompent en telle sorte qu'on chasse ces corpuscules comme si c'e-
stoient des moucherons qui nous importunassent: d'où il est aisé de
conclure que ce sont des parties du crystalin, ou mesme de la cornée, ou de la retine, qui se sont desseichées, endurcies, ou bruslées
par la trop grande lumiere qui est entrée dans l'œil ; ce que ceux-
là iugeront aisement qui ont cette incommodité , s'ils ferment
l'œil gauche, (lequel est ordinairement celuy dont on se sert pour
regarder, & examiner les obiets) car s'il n'y a que luy qui ait ces
duretez, l'œil droit ne verra point ces corpuscules dans l'air.

PROPOSITION XXVI.

Determiner si les rayons des deux yeux qu'on imagine s'estendre iusques aux ob-
iets, se rencontrent à vn mesme point, ou si leurs axes demeurent tousiours
paralleles, depuis les yeux iusques à l'obiet.

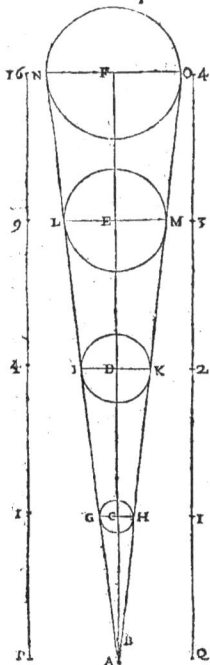

IL semble que la commune creance à toujours esté iusques à present que les deux
yeux se vont recontrer au mesme point de
l'obiet qu'on void des deux yeux, & que, par
exemple, si l'on imagine qu'ils soient N O,
& que l'œil droit O regarde le point A, par
la ligne O A, l'œil gauche N regarde aussi
par la ligne N A: & si l'œil gauche N dresse
son axe au point A par la ligne, N A , l'œil
droit dresse aussi son axe au mesme point A,
par le rayon O A.

Neantmoins il y en a qui pensent que les
deux rayons optiques ne se rencontrent
point pour l'ordinaire au point A, ny en aucun autre point si ce n'est à l'infiny, & que
lors que l'œil N regarde par son axe NP,
l'axe de l'œil O va par la droite O Q; ou que
lors que l'œil O regarde par la ligne O A,
l'œil N dresse son axe de N en P. De sorte
que les deux axes des deux yeux sont quelque fois paralleles: quelquefois non; mais
ils se ioignent au point A ou B, ou en tel autre qu'on voudra.

D'où

D'où il arriue que quand l'vn des yeux void diſtinctem ent vn
point de quelque obiet, l'autre ne le peut voir; & que lors qu'on liſt
quelque liure, on ne liſt que d'vn ſeul œil, quoy qu'ils changent
ſouuent, & que tandis que l'vn ſe repoſe l'autre trauaille. Et parce
que ce ſubit changement n'eſt pas aperçeu, l'on croid qu'ils liſent
tous deux enſemble, encore que l'on ne voye que confuſement
tout autour de l'obiet, pendant que l'autre s'y attache, & y porte ſon
axe viſuel.

Ce que ceux qui ont vn œil plus foible que l'autre, ou qui
void l'obiet plus gros, ou plus petit, ou plus obſcur, aperçoiuent
plus ayſement en changeant d'œil, & en les tranſportant l'vn apres
l'autre ſur le meſme point de l'obiet, que les autres qui ont les deux
yeux égaux en bonté & vigueur: ce qui eſt aſſez rare; car, pour l'ordinaire, l'vn des yeux void mieux que l'autre, comme chacun peut
éprouuer en liſant quelques lettres fort menuës de l'vn & de l'autre
œil alternatiuement & ſeparément.

Cecy pareſt encore en ce qu'ils ne peuuent voir les deux coſtez
du nez, & qu'on aperçoit qu'apres auoir veu le coſté droit, ſi l'on
veut voir le gauche, on ſent que l'œil gauche ſe meut autrement
qu'auparauant, & qu'il ſaute vn ſaut, comme en treſſaillant: de ſorte qu'il n'y a nul danger que les arquebuſiers ouurent les deux yeux
quand ils tirent, puis qu'il n'y a iamais qu'vn ſeul œil qui voye l'obiet; & partant les yeux ne font point de paralaxes au meſme moment
qu'on regarde le point d'vn obiet, puis que le parallelifme de leurs
axes ne permet pas qu'ils ſe rencontrent en ce point: mais ils doiuent regarder ce point alternatiuement, pour faire la parallaxe.

Il faut donc que chacun concluë ſuiuant les eſſais qu'il fera de
ſes propres yeux que le nerf & les muſcles de l'vn ſe relaſchét, & n'o-
perét quaſi point, pendant que l'axe de l'autre eſt bandé pour regarder fixement vn objet: & que, par exemple ſi l'œil gauche eſt au
point A, & qu'il regarde les points B, ou C, ou D, &c. le droit Q aura ſon axe de Q en O, qui ne luy fera rien voir que confuſement; à
cauſe qu'il eſt relaché; & ſi l'œil Q regardoit le point F, l'axe de l'œil
A ſe torneroit vers N.

Mais les deux lettres que M. Gaſſendi a fait ſur ce ſuiet, meritent
d'eſtre leuës, parce qu'elles répondent aux obiections qu'on fait
contre cette opinion: & la lecture ne laiſſe pas d'eſtre plus aiſée auec
deux yeux qu'auec vn ſeul, à raiſon qu'ils ſe ſoulagent l'vn l'autre
mutuellement, & que celuy qui a ſon axe parallele à l'axe de l'autre
& qui ne regarde pas le meſme point de l'obiet, ne laiſſe pas de ſeruir pour faire voir plus clair, à raiſon des rayons obliques qui le
frapent de toutes parts, & qui augmentent l'horizon, ou la ſphere,
& l'actiuité de la veuë.

Or ce relaſchement de l'vn des axes tandis que l'autre eſt bandé,
ſe peut confirmer par le repos, ou le moindre effort des autres par-

ties du corps qui font doubles, & qui fe foulagent mutuellement
par vn repos alternatif, comme font les deux iambes, les deux bras
&c. bien que, faute de reflexion, plufieurs ne l'aperçoiuent pas, &
ne fçachent s'ils ont vn œil, meilleur que l'autre, ni plufieurs
autres chofes, qui ne fe remarquent que par le retour que fait l'efprit fur la maniere dont les organes font affociez. Neantmoins tout
cecy n'empefche pas qu'il ne fe puiffe trouuer des yeux qui ayent la
force de conduire leurs deux axes à vn mefme obiet: mais il fuffit
que chacun examine les fiens. Et que l'on ne croye pas que ie fois
tellement dogmatique en cecy, que ie ne croye que l'opinion commune eft affez probable, à fçauoir que les deux axes vifuelles fe rencontrent au mefme point d'vn obiet, lors qu'il eft affez éloigné des
deux yeux, par exemple de 3 ou 4 pieds, ou toifes: car il eft certain
que fi l'obiet eftoit à 2 ou 3 lignes de l'vn des yeux, l'autre ne pourroit le voir: & il a d'autant plus de peine à le regarder, qu'il en eft
plus proche, de forte qu'on fent l'effort que font les mufcles, pour
torner l'œil à l'obiet. Or cette propofition, comme plufieurs autres de nos traités, n'eft propre que pour ceux qui ayment l'experience.

Où il faut remarquer que Baptifta Porta a eu la mefme opinion,
que nous auons expliquée, à fçauoir que nous ne voyons diftinctement que d'vn œil, quoy qu'ils foient tous deux ouuerts: voyez le
premier chapitre de fon 6. l. de la refraction: & aioûte, comme plufieurs autres, que l'œil droit eft ordinairement le meilleur.

PROPOSITION XXVII.

Determiner fi le Soleil peut faire l'ombre d'vn corps opofé plus large, lors que
l'œil void le Soleil plus grand.

IL femble que le Soleil ne puiffe pareftre plus grand à l'œil, comme il fait quand il fe leue, ou qu'il fe couche, qu'il ne faffe auffi
l'ombre d'vn corps moindre, ou plus eftroite, puis que la largeur de
l'ombre eft determinée par la grandeur du luminaire, par celle du
corps illuminé, & par leurs diftances; or le Soleil eft auffi éloigné
de nos corps quand il fe leue, que quand il eft éleué de 20, ou 30 degrez fur l'horizon; & neantmoins il paroift plus grand; foit à caufe
de la refraction de fes rayons qui rencôtrét les vapeurs de l'athmof-
phere; ou de la prunelle de l'œil, qui s'ouure plus au matin qu'à midy, & aux autres heures du iour, qui la font refermer par leur plus
grande lumiere: d'où il arriue que l'image de l'obiet imprimée au
fond de l'œil, eft moindre, & fait pareftre le Soleil plus petit qu'au
matin qui a moins de lumiere.

Mais l'ombre peut eftre égale tout le long du iour, parce que le
corps illuminé n'eft pas fuiet aux changemens de la prunelle; &

mefme elle peut eftre plus large, parce que lefdites vapeurs peuuent eftre affez épaiffes pour empefcher & comme retrancher les rayons des bords du Soleil, de maniere qu'il n'y ait que les autres rayons plus forts & plus éloignez defdits bords, qui arriuent iufques au corps qui fait l'ombre : d'où il arriue le mefme effet, que fi le Soleil eftoit reéllement de fait diminué ; ou au moins, fon diametre apparent retrecy : car en ce cas, l'ombre s'élargiroit : eftant vne maxime generale en l'Optique, que la diminution du luminaire caufe l'augmentation de l'ombre : & au contraire, que l'augmentation du luminaire caufe la diminution de l'ombre.

Cecy peut eftre confirmé par la lumiere du Soleil paffant au trauers du trou d'vne pinule, & de là, allant tomber fur vne autre pinule affez large : car cette lumiere ayant paffé par ce trou, ira en s'élargiffant, & ce d'autant plus que les deux rayons menez du centre de ce trou aux extremitez d'vn mefme diametre du corps Solaire, comprendront vn plus grand angle : ainfi la lumiere du Soleil receuë fur la feconde pinule, fera plus ou moins grande, fuiuant l'augmentation ou la diminution de cét angle. Or quelques vns pretendent auoir éprouué qu'au leuer & coucher du Soleil, cette lumiere paroift moindre que vers midy : laquelle chofe, fi elle eft, ne peut venir d'ailleurs que des vapeurs qui empefchent que les bords du Soleil n'efclairent affez pour faire la lumiere fenfible fur la feconde pinule ; & ainfi elles caufent la diminution de cette lumiere ; ce qui n'arriue pas vers midy, ou les vapeurs nuifét peu ou point au Soleil.

COROLLAIRE I.

Ce qui a efté dit du Soleil, peut auffi s'apliquer à la lune ; & l'on doit diftinguer entre l'ombre forte & la plus noire, & entre vne fauffe ombre, qui fait vne forte de feparation d'auec la lumiere, & l'ombre dont on ne peut douter : on pourroit nommer ce commencement d'ombre la *nuance* mitoyenne entre l'ombre & la lumiere ; car elle tient de l'vne & l'autre, comme fait la lumiere des bords de la lune eclypfée, quand ils font feulement éclairez par les rayons du Soleil qui vont tomber fur eux, apres auoir paffé par l'atmofphere, ou les vapeurs de la terre, qui les ont affoiblis.

COROLLAIRE II.

Si ce que Diodore raporte des habitans de Saba, dans le 3 chapitre de fon liure, eft veritable ; à fçauoir qu'il n'y a point de crepufcule, & qu'il faffe auffi obfcur qu'à minuit, iufques à ce que le bord du Soleil paroiffe ; il faut conclure qu'il n'y a point de vapeurs en cette partie de l'Arabie heureufe ; & partant, que l'ombre n'y eft pas plus eftroite au matin qu'à midi : mais ie ne croy pas facilement toutes ces relations : parce qu'elles ne font pas affez bien circonftantiées.

PROPOSITION XXVIII.

Expliquer les erreurs dont l'esprit peut estre surpris par les differentes ouuer-
tures de la prunelle de l'œil: & quand on peut dire qu'on void l'obiet en
sa propre grandeur.

LA commune erreur consiste à croire que l'on void les astres, &
les autres obiets plus ou moins grands, ie ne dis pas qu'ils sont,
mais seulement qu'ils ne doiuent parestre, du lieu où on les regarde: si toutesfois nous pouuons dire qu'ils paroissent plustost vne
fois que l'autre, comme ils doiuent parestre: car il n'y a point de loy
qui les oblige à estre veus d'vne façon ou d'autre, ni qui nous oblige à les voir plus ou moins grands: & souuent leur grandeur aparente dépend de l'imagination, ou de la preocupation; d'où il arriue
que de plusieurs qui regardent le Soleil ensemble, l'vn dit qu'il le
void grand comme la paume de la main, l'autre d'vn demi-pied, l'autre d'vn pied de large &c. ce que l'on peut apliquer à tout ce que l'on
void sur la terre, ou dans l'air: car si ce qu'on void n'a point esté me-
suré niveau par ceux qui le regardent de loin; il y aura presqu'autant
de differentes opinions de sa grandeur, comme il y aura de spectateurs.

Or puis que l'on tient que la plus grande ouuerture de la prunelle fait voir l'obiet plus grand; à raison de la plus grande peinture qui
se fait de l'obiet sur la retine, ou du plus grand nombre de rayons
qu'elle reçoit; & que c'est pour cette raison, du moins en partie,
que la lune nous paroist plus grande la nuit que le iour, & que les
estoiles nous paroissent plus grandes en les regardant la nuit, qu'au
crepuscule, qui fait vn peu retrecir la prunelle: il faut consider si ces
deux sortes de visions sont indifferentes, & si l'vne represente l'obiet plus fidellement que l'autre: ce que l'on peut encore rendre plus
general, à sçauoir si tous voyent la veritable grandeur de l'obiet, ou
s'il n'y a personne qui ne le voye trop grand ou trop petit, ou si quelqu'vn le void en sa propre grandeur.

Sur quoy ie dis premierement que l'œil void l'obiet plus parfaitement, lors qu'il y distingue vn plus grand nombre de parties; &
qu'il ne le peut voir parfaitement, parce qu'il y a des parties si petites qu'il n'en peut les voir: come nous enseigne l'experience des mi-
croscopes, qui font voir les 10 pieds d'vn ciron, & les autres parties
de son corps; & plusieurs parties raboteuses & inegales sur les miroirs & autres corps, qu'on croid estre polis & parfaitement vnis.

Secondement, que l'œil estant également ouuert void tout autant dans vne chambre, qui remplit sa retine, que lors qu'il void
l'hemisphere entier du ciel: parce qu'à proportion qu'il void plus
de parties, il les void plus confusement: & quand il en void moins,

il les void plus diſtinctement: de ſorte qu'on peut dire qu'il reçoit au

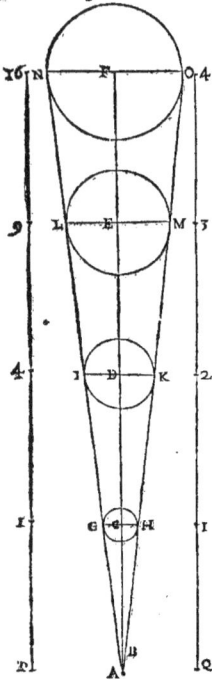

tant de rayons, ou d'images des objets qui ſont proches, que de ceux qui ſốt éloignez; quand meſme il ne verroit que l'eſpace d'vn pied, ou qu'il ne verroit que le grain de ſable B, qui luy enuoyroit autant de rayons que l'obiet GH, ou HO; or ce que l'on void dans ce ſecteur de ſphere ANO, ſe doit entendre de tout l'hemiſphere qui ſeroit veu par l'œil A.

C'eſt de là qu'il s'enſuit que comme la baſe NO du ſecteur, NOA, eſt 16 fois plus grãde que la baſe GH du ſecteur AGH, l'on void auſſi 16 fois plus diſtinctement les parties de l'obiet GH, que de l'obiet NO.

Troiſieſmement, que l'on ne void iamais vn obiet en ſa propre grandeur, autrement il faudroit que la baſe du cone optique qu'il fait auec l'œil, euſt la largeur de l'obiet pour le diametre de ſa baſe, au lieu que ce diametre ſe diminuë toujours à meſure qu'il s'éloigne: de ſorte qu'il ſemble qu'il ſeroit neceſſaire d'auoir l'obiet dans l'œil meſme, pour eſtre veu en ſa propre grandeur, comme il eſt neceſſaire de maniere vn baſton pour ſçauoir ſa veritable grandeur; car l'œil, auſſi bien que les autres ſens, peut eſtre appellé *vn toucher.*

Où l'on peut remarquer que les nombres de 2 lignes NP & OQ, enſeignent combien l'on void les obiets plus diſtinctement les vns que les autres, ſuiuant les differens éloignemens de l'œil A: car les differentes aparences de la viſion ſuiuent les meſmes loix, que les diuerſes illuminations.

Quatrieſmement, l'on peut dire qu'on void touſiours chaque choſe en ſa propre grandeur, parce que ſi apres auoir meſuré l'obiet auec vn pied de Roy, ou auec vne autre meſure, on regarde la meſme choſe à trauers vn verre conuexe, ou en d'autres façons qui groſſiſſent ordinairement l'obiet; ſi on regarde le meſme pied qui a ſerui de meſure, par le meſme verre, on le verra touſiours égal audit obiet: & ſi on éloigne l'obiet en ſorte qu'il ne paroiſſe plus que comme vn point, le pied pareſtra de meſme.

Par conſequent puis que la meſure conuient touſiours auec la choſe meſurée, l'on void touſiours les obiets en leur grandeur, quoy qu'on ne les voye pas ſi diſtinctement de loin que de pres; ioint qu'ils paroiſſent comme ils doiuent, ſuiuant l'angle ſous lequel ils ſont veus.

Mais pour euiter toute forte d'ereur, & qu'on ne croye pas qu'vn
obiet foit plus grand qu'il n'eft, comme il ariue qu'vn grain de fable paroift de la longueur d'vn pouce par vn excellent microfcope;
il faut imaginer que l'on voye auffi la longueur du pouce par le
mefme microfcope, & l'on verra que le grain de fable fe trouuera
d'autant moindre que cette longueur de pouce, que le grain de fable paroift plus gros qu'il n'eft.

L'vne des plus grandes tromperies qui vient en partie de la dila-
tation de l'vuée, s'experimente aux eftoiles & aux planetes, que
nous croyons pareftre plus grandes qu'elles ne font ; autrement il
s'enfuiuroit qu'elles nous donneroient plus de lumiere la nuit que
ne fait le Soleil : car bien qu'on ne prift que la moitié des eftoiles du
Ciel, l'hemifphere qui eft fur nous durant la nuit en contient affez
pour faire que fi toutes les eftoiles aparentes eftoient mifes enfemble pour faire vn feul difque, ou vne feule eftoile, elles paroiftroient
plus grande de moitié que le Soleil ; fupofé qu'on prenne la grandeur de leurs diametres fuiuant ce que Tycho & les autres Aftronomes les mettent.

Et neantmoins il eft certain qu'elles ne font pas fi grandes qu'elles paroiffent, car apres que les lunettes de longue veuë ont retranché leurs irradiations, ou faux rayons, elles paroiffent fi petites,
qu'vn excellent Aftronome a trouué par le calcul que toutes lefdites eftoiles veuës en leurs vrayes grandeurs, ou prifes felon leurs veritables aparences, ne paroiftroient pas plus grandes qu'vne eftoile
de la 4 ou 5 grandeur felon Tycho.

De forte que les eftoiles n'éclairent pas à proportion de ce qu'elles paroiffent la nuit à la prunelle dilatée dans les tenebres, mais
fuiuant la veritable aparence : de mefme que le Soleil ne fuit pas
dans la proiection de fon ombre, l'apparence qu'il fait dans l'œil,
comme i'ay dit dans la propof. precedente. Or chacun fe peut defabufer au matin : car Venus, Iupiter &c. qui paroiffent la nuit fous
l'angle de 2 ou trois minutes, ne paroiffent pas le iour d'vne minute, tant à caufe du retranchement que fait le iour des irradiations
de la nuit, qui augmentent leurs diametres apparans, qu'à caufe que la prunelle reçoit de plus grandes images la nuit que le iour;
autrement, pourquoy le diametre de Venus, par exemple, paroi-
ftroit-il cinq fois moindre le iour que la nuit ?

Il ne faut donc pas s'eftonner pourquoy les eftoiles dont chacune eft peut-eftre auffi luifante que le Soleil, nous éclairent fi peu la
nuit ; puis qu'elles ne nous doiuent pas plus éclerer que le Soleil,
dont la veritable aparence feroit tant diminuée, qu'il ne nous paroiftroit que fous l'âgle d'vne minute, ou auffi petit cóme nous paroift
la nuit vne eftoile de la cinquiefme grandeur ; puis que toute les
eftoiles eftant iointes enfemble ne nous deuroient pas pareftre plus
grandes, comme elles pareftroient en effet au matin, lors que la

cheuelure, qui empefche d'aperceuoir leurs vrais difques, ou leur cercles, eft retranchée, & que la paupiere n'eft plus fi dilatée.

Ce qui fuffit pour conclure plufieurs autres chofes, & pour éuiter les erreurs qui pourroient nous abufer, en croyant qu'vne chofe eft beaucoup plus grande qu'elle n'eft; mais nous aurons encore fuiet de parler des tromperies de l'œil dans la Dioptrique, & ailleurs.

PROPOSITION XXIX.

Expliquer pourquoy chaque obiet ne pareft point double aux deux yeux, puis qu'ils en reçoiuent deux images differentes.

CEux qui croyent que l'obiet ne pareft pas double, parce que les deux nefs optiques qui font leurs deux retines, s'vniffent enfemble dans le cerueau, n'ont pas rencontré la bonne raifon, puis qu'outre qu'ils ne font pas vnis en toutes fortes de perfonnes; lors qu'on preffe l'vn des yeux, l'obiet pareft double, & la vifion fe fait dans l'œil auant que de rencontrer cette vnion. Il faut donc prendre la raifon de ce que les deux images receuës au fonds des deux yeux font fi femblables, qu'ils n'y peuuent remarquer aucune difference. C'eft pourquoy les deux oreilles n'oüyent qu'vn mefme fon quoy que les nerfs qui feruent à l'oüye ne fe croifent point, & n'ayent point d'vnion, que dans le cerueau, comme dans leur fource.

Il arriue encore la mefme chofe au toucher : car bien qu'on touche vn obiet auec deux doigts, ou auec les 2 mains, on ne iuge pas que l'on ait touché deux obiets; fi ce n'eft quand on croife les deux doigts l'vn fur l'autre, & qu'on met l'obiet entre deux; car pour lors, il femble qu'on touche deux obiets, bien qu'il n'y en ait qu'vn.

Mais fi l'opinion expliquée dans la troifiefme propofition, eft vraye, cette difficulté n'aura point de lieu, parce qu'il n'y aura qu'vn feul œil qui voye vn obiet, & qui foit peint comme il faut de fon image.

PROPOSITION XXX.

Expliquer quel eft le plus grand, ou le moindre angle fous lequel l'œil peut voir les obiets.

IL eft difficile de determiner exactement quel eft le plus grand angle qui peut feruir à l'œil pour voir vn obiet : car il y a des yeux qui peuuent voir fous vn plus grand angle les vns que les autres : il eft certain qu'il void affez bien depuis l'ouuerture de 60 degrez iufques à celle d'vne minute, & qu'il ne peut voir par vn angle plus grand que de 180 degrez, qui font le demy cercle, fans fe forcer : or l'œil eftant au centre d'vn cercle, peut voir le demi-cercle entier, ou peu s'en faut, particulierement quand l'œil fort beaucoup dehors ; mais fi celuy qui regarde ce demi-cercle fait reflexion fur le mouuement de fon œil, il apercevra aifement, qu'il eft neceffaire qu'il fe meuue, & que c'eft à diuerfes reprifes, & par de differentes actions qu'il void ce demi-cercle, & mefme le quart dudit cercle : & à proprement parler l'œil ne void exactement que le lieu de l'obiet où fe rencontre l'axe optique de la vifion.

Mais fuiuant qu'vn mefme obiet s'aproche de l'œil, il eft veu fous vn plus grand angle, par exemple fi le Soleil defcendoit vers nous, ou que nous aprochaffions de luy, nous le verriós fous vn plus grand angle ; & fous vn moindre s'il s'éloignoit. Si l'œil pouuoit enuifager tout d'vn coup, & d'vne feule vifion, tous les obiets qui entrent par la cornée, il pourroit quelquefois voir plus qu'vn demi-cercle : mais cette forte de veuë eft fi confufe, qu'elle ne merite pas qu'on s'y arrefte.

Quant au moindre angle fous lequel on peut voir, il eft difficile le determiner, à raifon de la differente force & fubtilité des yeux differens ; ie diray feulement que i'ay experimenté qu'vne veuë bien forte, ou fubtile void vn grain de fable de 10 ou 12 pieds ; & parce que le diametre de ce grain de fable n'a que la dixiefme partie d'vne ligne, il s'enfuit que le rayon du cercle de dix pieds, ou de 120 pouces, ou de 1440 lignes, apartient à vn cercle dont la circonference eft du moins fextuple dudit rayon.

Voyons maintenant quelle partie d'vn degré de cette circonference refpond à la dixiefme partie d'vne ligne : & pour ce fuiet prenons la 60 partie du rayon, à fçauoir 24 lignes ; que ie multiplie par 10 pour auoir le nombre des grains de fable contenus par vn degré, à fçauoir 240 ; lefquels eftant comparez aux fecondes minutes contenuës par le mefme degré, c'eft à dire à 3600, il eft euidét que le grain de fable ne contiét guere qu'vne quatriefme partie d'vne minute, c'eft à dire 15 fecondes, qui font, ce femble le moindre angle, fous lequel l'obiet peut eftre veu : & s'il fe trouue quelque œil fi perçant qu'il puiffe voir fous l'angle d'vne feconde minute, il pourra feruir de mefure, ou d'idée, pour la perfection des yeux.

PROPOSITION

PROPOSITION XXXI.

Expliquer ſous quels angles l'œil void les obiets proches & éloignez: & mon-
trer que les angles ne ſuiuent pas la raiſon des diſtances; & pourquoy
les obiets qui ſont en haut ſemblent s'abaiſſer, ceux qui ſont en bas
ſemblent ſe hauſſer, & les gauches ſemblent s'ap:ocher du
coſté droit, & ce qni eſt à droit aller à gauche.

SOit l'œil B, qui regarde l'obiet DQ mis à diuerſes diſtances: il
eſt certain que plus il ſera proche, & plus il ſe verra grand, &
ſous des angles plus grands: comme l'on void en cette figure, dans
laquelle DQ ſe void ſous l'angle DBQ, qui eſt moindre que l'angle
FBP, cettuy-cy moindre que l'angle GBO, & GBO moindre que
HBN que ie ſupoſe eſtre de 90 degrez.

Supoſons auſſi que ces lignes droites AH, HG, G F, FD, ſoient
égales, tant entr'elles, qu'à la ligne A B, & que l'angle H A B ſoit
droit.

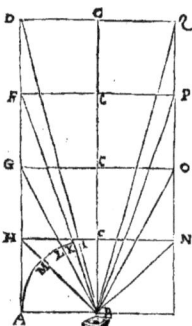

Il eſt clair que les diſtances AH, AG, AF,
AD, n'ont pas les meſmes raiſons entr'elles
que les angles HBN, GBO, FBP, & DBQ.
Car ces diſtances ſont en la progreſſion
Arithmetique 1, 2, 3, 4, & les angles ont tou-
te vne autre ſuite: ſçauoir HBN, 90 degrez;
GBO, 53-7; FBP, 36-52; & DBQ, 28-6.

Puis donc que les obiets HN, GO, FP, &
DQ, quoy qu'égaux, ſemblent neantmoins
plus petits à raiſon qu'ils paroiſſent ſous des
angles moindres; & que ces angles ne ſuiuét
pas les raiſons des diſtances; il paroiſt que la
diminution aparente des obiets, ne ſuit
pas la raiſon des meſmes diſtances. Au reſte, il n'eſt pas difficile
de comprendre pourquoy les obiets qui ſont en haut, ſemblent ſe
baiſſer en s'eſloignant de l'œil; ſi on ſe repreſente que l'œil eſtant B,
la diſtance AD ſoit le haut d'vne gallerie, & la diſtance BC ſoit l'horizon de l'œil. Car alors les lignes égales CH, CG, CF, CD, ſeront
les hauteurs de la gallerie, leſquelles vont touſiours apparamment
en diminuant, comme nous venons de demonſtrer, & partant auſſi
le haut de la gallerie ſemble ſe baiſſer. C'eſt la meſme raiſon qui fait
que le bas de la gallerie ſemble ſe hauſſer; puis qu'il ſemble s'aprocher de l'horizó BC. De meſme, les parties de la main droite de cette gallerie, ſemblent tirer à gauche; & les gauches, ſemblent tirer à
la droite; les vnes & les autres s'aprochant touſiours apparamment
de la ligne du milieu BC: ce qui fait, en general que toute la galle-

K

rie s'étrecir vers le bout le plus éloigné de l'œil. En quoy il n'y a aucune difficulté pour celuy qui aura bien entendu ce que nous auons dit cy-deſſus.

Fin du premier Liure.

LIVRE SECOND.
DE LA
CATOPTRIQVE,
OV
DES MIROIRS.

E Vocable de Catoptrique eſt en vſage, pour ſi-
gnifier la partie de l'Optique qui traite des reflexions, & qui ſert pour trouuer le chemin que tiennent les rayons en leur retour; & comme il faut
faire les miroirs qui puiſſent les renuoyer en meſme ordre qu'ils les ont receus: par exemple, qui
de paralleles les renuoyent paralleles; & qui de paralleles les reduiſ-
ſent à vn point, ou les écartent, &c. & comme l'on trouue les lieux où
paroiſſent les images des obiets.

Or ie ne pretends icy autre choſe que de donner ſuccinctement
l'explication de la reflexion, afin qu'on entende comme elle ſe fait,
& pourquoy elle ſe fait pluſtoſt à angles égaux, que par d'autres:
& parce que i'ay fait l'Optique precedente par propoſitions, ie ſui-
uray encore le meſme ordre dans cette ſeconde partie, quoy que ſi
l'on veut, on puiſſe vſer d'autant de chapitres qu'il y aura de propoſitions.

K ij

PREMIERE PROPOSITION.

Expliquer pourquoy la reflexion se fait à angles égaux ; où l'on void ce que c'est que la composition des mouuemens, & plusieurs autres choses qui appartiennent à ce suiet : & comme le rayon tombant perpendiculairement, se peut reflechir sur soy-mesme.

LA plus grande partie des actions, & des mouuemens qui se font dans la nature gardent vn mesme ordre, & tesmoignent l'vniformité des actiós diuines qui en sont les sources: ce que peu de personnes considerent, comme s'il n'apartenoit pas à tous les hommes de s'instruire des loix que Dieu fait garder à la nature, & par lesquelles, il gouuerne le monde qu'il a fait pour sa gloire.

C'est à quoy ie les exhorte par la consideration des retours du rayon, que i'explique par la figure ABCG, dans laquelle il faut imaginer le plan ou le miroir droit BG, bien poli, & vniforme, de sorte que sa surface n'ait aucune eminence ou fossette: car bien qu'il soit tres-difficile que le plan des miroirs soit si parfaitement poli, qu'il n'y demeure quelque inégalité, & plusieurs pores, quoy que les yeux, ou le toucher ne soient pas assez subtils pour les remarquer, neantmoins il le faut suposer parfait pour en parler exactement.

Car la science ne considere pas seulement les choses dont elle traite, comme elles sont ordinairement dans la nature, mais aussi comme elles y peuuent estre par la puissance absoluë de Dieu; de sorte qu'on peut dire que chaque science n'a que le seul possible pour son obiet, & partant qu'elle est aussi veritable & aussi pure que le mesme possible. Et parce que le possible n'a point d'existence, que dans la puissance de Dieu, nous pouuons encore dire que toutes les sciences ne sont autre chose que des considerations de la souueraine puissance.

Soit donc BG la section d'vn miroir plat, qui serue pour toutes ses autres sections ; & que toutes les lignes qui paroissent en cette figure, ou qui y peuuent estre imaginées, soient suposées dans vn mesme plan ; ce qu'il faut aussi penser de tous les autres miroirs soit conuexes, ou concaues dont nous parlerons apres.

Quant à la demie circonfereuce BFG, elle ne sert que pour montrer la maniere de mesurer les angles d'incidence, & de reflexion: & pour ce suiet, il faut considerer vn seul rayon, par exemple si l'on considere le Soleil au point A, le rayon duquel il frapera le miroir B G, sera AE que l'on peut conceuoir comme vne ligne indiuisible, quoy qu'estant Physique, elle ait en soy quelque largeur, ou grosseur, dont il faut prendre la ligne du milieu, à la maniere d'vn axe

indiui-

indiuifible, comme l'on fait dans la Geographie, lors que l'on parle de l'axe des fpheres, ou des autres corps : autrement il feroit neceffaire d'enueloper trop de chofes enfemble , au lieu que les
fciences ont efté inuentées pour les deueloper.

Ce qui n'empefche nullement que l'on ne conçoiue que tout
corps lucide fait vne fphere folide de lumiere, auffi grande comme
l'on veut fe l'imaginer.

Soit donc le rayon AE, qui tombant obliquement fur le point E
du miroir BG, ne demeure pas en E, comme s'il auoit efté attiré par le
point A, & ne coule pas auffi fur EG, cóme feroit le bafton AE qui feroit pouffé par telle force qu'on voudra d'A en E : quoy que fi la lumiere eft le mouuement des petites boules d'vne matiere tres-fubtile, il femble que le continuel pouffement, ou l'impreffion qui fe
fait fur ces petits corps, deuroit pluftoft les faire couler par la ligne EG, que par EC, qui eft la ligne par où ils font reflechis, ou par
où le mouuement du Soleil leur eft communiqué , comme montre l'experience, à laquelle il fe faut arrefter , quelque raifon
qu'on puiffe s'imaginer contr'elle : puis que la raifon eft tousjours fauffe toutes & quante-fois que l'experience luy eft contraire.

Or elle nous enfeigne que le rayon AE fe reflechit d'E en C, de
forte que l'angle de reflexion CEG eft égal à l'angle d'incidence A
EB. Comme fi l'angle AEB eft de 45. degrez, l'angle CEG fera auffi
de 45. degrez.

La mefme chofe arriue au rayon tombant d'I en E, car fi l'angle
IEB eft de 30 degrez, l'angle de fa reflexion DEG fera femblablement de 30 degrez ; & ainfi des autres.

Et fi le rayon coule de B en E, il continuëra d'E en G fans fe reflechir : & finalement , s'il tombe du point F perpendiculairemenr
en E, il retornera par la mefme ligne EF, puis qu'il n'y a nulle caufe qui le determine pluftoft vers le cofté droit CG, que vers le cofté
gauche AB.

Ie fçay qu'il eft difficile d'imaginer comme quoy vn mefme rayon peut reuenir fur foy-mefme, particulierement fi on le conçoit
comme vne chaine, ou vn enchainement de petites boules qui fe
pouffent mutuellement : car fi le corps lucide F pouffe toufiours ces
corps depuis FE, comme fe peut il faire que tandis que les vns tombent continument de F en E, ceux qui ont precedé retornent par le
mefme chemin EF ; qui eft toufiours rempli des autres qui conti-
nuent à venir de F en E, fi ce n'eft que l'on die qu'ils retornent à cofté, & qu'eftant tombez par le cofté droit de la ligne FE , ils s'en
retournent par le cofté gauche de la mefme ligne EF, contigument
à icelle, afin que cette ligne foit Phyfique, & par confequent diui-
fible par l'efprit, bien que l'œil ne le puiffe apercevoir.

Si cela eft, ou s'il fe fait quelque chofe de femblable , la fcience

L

ne le confidere pas, car elle fupofe que la ligne du rayon F E, & du reflechi EF eft indiuifible;& que la mefme vertu qui vient de F en E, fe redouble & s'vnit par vne parfaite penetration en retournant d'E en F.

Ce qui ne peut, ce me femble, eftre conçeu plus diftinctement, & plus clerement qu'en pofant que ce rayon redoublé foit vn mouuement renforcé, femblable à celuy d'vn bafton pouffé auffi fort & en mefme temps d'E en F, que de F en F; car il eft aifé d'imaginer que deux mouuemens, foit égaux, ou inégaux, peuuent eftre communiquez en mefme temps à vn mefme corps; la feule difficulté qui refte, confifte à fçauoir comme il fe peut faire qu'vn corps pouffé de deux forces égales oppofées en droite ligne, comme les forces FE & EF font oppofées, puiffe eftre meu: puis que la raifon contraint d'auoüer que ce corps demeurera en repos, & qu'il ne pourra fe mouuoir pendant qu'il fera pouffé par 2 forces égales: comme il arriue que le fleau des balances fe repofe neceffairement quand les poids des 2 baffins font égaux.

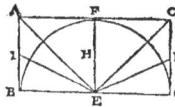

Mais ce qui donne tant de peine à l'argumentation, luy peut feruir pour la foulager: car fi l'on conçoit que les bras du fleau, ne laiffent pas d'eftre en perpetuel mouuement, quoy qu'ils femblent eftre en repos, puis que par fucceffion de temps ils fe courbent, ou fe rompent par la force des poids qui les attirent, ou les preffent également; on peut auffi entendre que le corps qui a deux mouuemens opofez & qui femble eftre en repos, ne laiffe pas de fe mouuoir ou d'auoir vne actuelle inclination au mouuement, ce qui fuffit pour multiplier la fenfation de l'action du mouuement.

Quoy qu'on puiffe dire que le mouuement qui fait la lumiere fe faifant par vne efpece de vibration, ou fecouffe; il fuffit que cette vibration fe faffe auec plus de vigueur, par la reflexion perpendiculaire iointe à la cheute perpendiculaire, que lors que celle-cy eft toute feule.

Ceux qui admettent le vuide, difent que le rayon ayant quelque groffeur cylindrique, ou conique, les petites boules qui font ce rayon, ont de petits vuides ou des pores, & qu'apres que ces corpufcules qui font le rayon d'incidence, font defcendus fur la glace du miroir, ils remontent par lefdits vuides au mefme temps que fe fait la defcente continuelle des autres.

Or pour mieux entendre la reflexion, & pourquoy elle fe fait à angles égaux; fupofons que le mouuement du rayon AE, foit compofé du mouuement AF parallele à BE, & du mouuement AB perpendiculaire à BE, comme il feroit en effet, fi l'on imaginoit qu'vn corps fuft tiré en mefme temps par des forces égales d'A en F & en B, car il n'iroit ny par AF, ny par AB, mais par par la diagonale AE.

Ce qui arriueroit en mesme façon, si la ligne AF descendoit parallelement sur BE, tandis que la ligne AB va parallelement sur la
ligne FE : & parce que le mouuement d'A B vers F E, n'est point
oposé au plan BE , & que l'on supose que le rayon ne perd point de
sa vitesse, si tost qu'il a frapé E, il doit retourner dans vn temps égal
à celuy auquel il a tombé depuis A iusques à E, (si toutesfois on peut
imaginer deux temps differens dans le moment) du mesme E à
quelque point de la ligne C G : or s'il retournoit d'E en G en coulant le long d'EG, ou en D, il auroit perdu de sa vitesse , puis qu'il
ne feroit pas son chemin de retour égal au premier qu'il a fait d'A
en E.

Au reste, l'on peut imaginer que le rayon AE, ou HE, diminuë,
ou augmente sa vitesse au point E : par exemple, si le rayon perpendiculaire HE l'augmente en E, comme il arriueroit si le plan BG faisoit ressort au point E, qui aioûtast vn nouueau mouuement à celuy
qu'a le rayon en descendant de H en E, la reflexion ne se feroit seulement pas iusques en H, dans vn temps égal à celuy auquel le rayon est descendu de H en E, car il iroit plus haut vers F.

Mais afin que nous ne fassions point de nouuelle hypothese sur
vn suiet qui semble d'ailleurs assez difficile, voyons s'il y a quelqu'autre raison pour laquelle le rayon A E se reflechit par le rayon
EC, qui fait l'angle de reflexion EGC égal à celuy d'incidence E B
A, & s'il y a quelque raison qui combate cette reflexion, & qui semble prouuer qu'elle se doit faire entre C & G comme en D, ou entre
C & F, ou enfin qu'elle ne se doiue point faire, & que le rayon doiue plustost demeurer en E, qu'il pousse tousiours comme feroit vn
baston poussé d'A en E, qui demeureroit en E, ou qui couleroit vers
G, à cause de son inclination ou de sa pante : c'est pour ce genre de
difficultez que ie fais vne nouuelle proposition, de peur que celle-
cy soit trop longue.

PROPOSITION II.

Expliquer la difficulté qui fe trouue dans la reflexion par angles égaux : &
que cette égalité d'angles fe fait encore que les lignes ne foient pas les
moindres par lefquelles le rayon peut arriuer par reflexion de l'ob-
jet à l'œil.

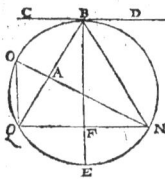

PLufieurs ont creu que la raifon des angles
égaux qui fe font dans la reflexion fe deuoit prendre de la briefueté des lignes d'inci-
dëce, & de reflexion: parcequ'ils ont penfé que
ces 2 lignes ne pouuoient iamais eftre moindres, en quelque forte qu'on les tiraft de l'obiet
au miroir reflechiffant, & du miroir à l'œil.

    Ce qui n'eft pas neantmoins veritable, com-
me l'on void dans cette figure qui reprefente vn miroir concaue.

    Soit donc BD la tangente du cerle BOQN ; & que B foit le point
où elle le touche; duquel foient tirées deux lignes BQ & BN faifans
deux angles égaux auec le diametre BE : que l'obiet foit dans la
circonference du cercle au point N, & l'œil au point Q. Ie dis que
les lignes BQ & BN font plus longues que toutes les autres lignes
tirées des points Q & N à tel point de la circonference qu'on voudra ; quoy que la reflexion de l'obiet N à l'œil Q fe faffe par les
lignes NBQ.

    Soient, par exemple, les 2 droites QQ & NO, qui font plus cour-
tes que les deux fufdites, comme ie demontre, puis que les deux angles QBN & QON font égaux, auffi bien que les angles BN O, &
BQO. Les angles contrepofez au point A font auffi égaux: & partant nous fçauons, par la 4 du 6. qu'AB eft à AO, comme AN à AQ,
& BN à OQ: & par confequent qu'ABN eft AOQ, comme AN à
AQ.

    Or au triangle ANQ, l'angle AQN eftant plus grand que l'an-
gle ANQ, puis que cét ANQ n'eft qu'vne partie de BNQ efgal à
BQN ou AQN; ils'enfuit, par la 18 du 1. que le cofté AN eft plus
grand que AQ: partant il s'enfuit auffi que les deux coftez enfemble ABN font plus grands que les deux AOQ. Puis donc que ces
quatre grandeurs font proportionnelles ABN, AOQ, AN, AQ; &
que les extremes ABN & AQ font la plus grande & la plus petite; il
s'enfuit par la 25 du 5. qu'eftans iointes enfemble, elles font plus
grandes que les deux moyennes iointes enfemble, AOQ & AN;
c'eft à dire que NBQ valent plus que NOQ.

    La mefme chofe eft demontrée plus vniuerfellement dans Bap-
tifta: qui fait voir que cette briefueté de lignes eft indifferente.

    Or l'autre raifon par laquelle les angles d'incidence & de refle-

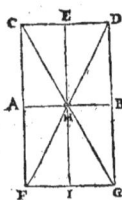

xion sont égaux, se prend de ce que si le rayon pas-
soit à trauers le miroir, il feroit dessous le miroir vn
angle égal à celuy qu'il fait dessus, comme l'on void
en cette figure, où l'angle G H B que fait le rayon
C H G, dessous le miroir A B, auec le mesme miroir
A B, est égal à l'angle C H A, comme l'angle D H B
est égal au mesme C H A : de sorte que cét angle qui
se fust fait dessous le miroir, si le rayon eust passé à
trauers, se fait par dessus le mesme miroir; tellement que l'angle D
H B est égal à l'angle G H B; c'est à dire à l'angle C H A.

Mais cette raison ne semble pas encore satisfaire pleinement;
c'est pourquoy i'aioûte icy le raisonnement d'vn excellent esprit, à
sçauoir qu'vn corps estant meu auec violence, reiaillit quand il rencontre vn corps dur, dont il s'éloigne par le mesme mouuement qui
luy auoit esté imprimé, lequel n'estant point épuisé par l'atouchement du corps dur, retourne, & se reflechit, soit que ce mouuement
se diminuë vn peu par le choc du corps dur, ou qu'il demeure en
son entier, comme lors que le corps dur n'oste aucune partie du
mouuement du corps poussé, ce qui arriue quand ces z
corps sont parfaitement durs: de sorte que si cette dureté ne se trouue point au monde, l'on peut dire qu'il n'y a point de corps reflechissans qui ne diminuënt vn peu l'égalité de l'angle de reflexion,
ou du moins qui ne diminuënt la force & la longueur du rayon reflechi, bien que nous ne l'aperceuions pas.

Or pour faire comprendre d'où peut venir l'égalité susdite des angles, supposons vn corps spherique, qui ne touche le plan reflechissant qu'en vn point, & qui soit vniforme en toutes ses parties, en
sorte que son centre de pesanteur soit le mesme que celuy de sa
grandeur : parce qu'il semble que les corps qui ont d'autres figures ne sont pas propres pour se reflechir à angles égaux.

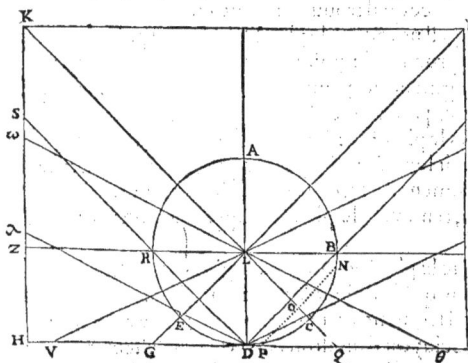

Soit donc
la sphere A
B C D E, (car
par ce cer-
cle on peut
entendre la
sphere) dót
le centre
descende,
ou soit pous-
sé, ou ietté
du point F
par la ligne
de directió
F L G sur le
L iij

plan dur H
I. Ce mou-
uement par
la ligne FG,
à l'égard du
plan HI,
peut eſtre
conçeu có-
me compo-
ſé du mou-
uement pa-
rallele re-
preſeté par
la droite F
K , & du

perpendiculaire repreſenté par la droite FI ; quoy qu'en effet il
ſoit ſimple : mais parce que cette penſée de compoſition de mouuement qui ne change rien dans ſa ſimplicité, ayde à comprendre la raiſon de l'égalité des angles, il eſt permis de s'en ſeruir, puis
qu'il peut eſtre compoſé en cette façon, ſans meſme que nous puiſſions le diſcerner.

　　Cecy eſtant poſé, le point D de cette ſphere touchera pluſtoſt le
plan HI, que le point E, qui ſe rencontre en la ligne du centre, comme la figure montre ſi euidémment, qu'il n'eſt pas beſoin de le
prouuer. Or il faut tirer de ce point d'atouchement D, la droite D
M parallele à la ligne de direction F G, coupant la circonference
du cercle au point B ; afin d'auoir le ſegment BCD ; & lors que la
ſphere ſe meut du point F vers le plan, ou la ligne H I ; & que ſa vertu d'impulſion, ou de peſanteur eſt faite parallele à la ligne F G, ledit ſegment veut aller d'vn mouuement contraire par la ligne DM, à
cauſe de la reſiſtence qu'il trouue au point D.

　　Mais parce qu'il ne touche le plan HI qu'en vn point, ou en fort
peu de parties proches du point D, toütes les autres parties qui
compoſent le ſegment, ne peuuent eſtre arreſtées, de ſorte que P
& pluſieurs autres parties de ce ſegment NCP, ne ſont pas empeſ-
chées d'aller vers le plan H I : ioint qu'au meſme moment que les
parties qui ſont au long de la ligne DB voudroient retorner vers M,
le plus grand ſegment BAD, où ſe trouue le centre de peſanteur, de
toute la ſphere, tend vers le plan H I, qu'il n'a point encore touché.

　　De manière que le plus fort emporte le plus foible, & le contraint
de le ſuiure, quoy qu'il diminuë la vertu impulſiue, ou le mouuement de ce grand ſegment, & qu'il le contraigne de prendre vn autre chemin que celuy qu'il prédroit ſans cét empeſchement, ſuiuant
la ligne F G, & ſes paralleles ; au lieu duquel il va par la ligne QLK,

comme le petit fegment monte par la ligne parallele D R S , de forte que la fphere s'aproche de la ligne K H , & s'éloigne du coſté F I.

Mais monſtrons pourquoy la reflexion de cette fphere (qui nous reprefente l'vn des corps qu'on fupofe faire ce que nous appellons lumiere ou rayon) fe fait à angles égaux ; c'eſt à dire pourquoy la ligne de retour, ou de reflexion QK fait l'angle KQH,égal à celuy que fait la ligne d'incidence FG, à fçauoir FGI, ou MDI. Sur quoy il faut remarquer que plus cét angle fait par la ligne MD parallele à la ligne du centre FG,& par la ligne du plan DI fera grand, & plus grand fera le fegment compris par cette ligne MD : comme il arriueroit fi la fphere defcendoit par la ligne T V , qui fait vn angle plus aigu auec H I, que l'angle F G I. Car il eſt éuident que la fphere touchera pluſtoſt H I en D , qu'en V. Cecy eſtant pofé, il faut tirer du point D la ligne DX parallele à T V ligne du centre de ce fecond mouuement, qui montrera que le fegment CPD eſt moindre que le fegment BCD, puis que la partie eſt moindre que le tout.

La mefme chofe arriuera pour tous les autres angles, iufques à ce que la ligne du mouuement central ne faffe plus d'angle auec la ligne HI ; c'eſt à dire iufques à ce que fon mouuement foit parallele à HI, fuiuant la ligne YZ, ou fes parallcles,

Au contraire, fi la fphere tombe perpendiculairement fur le plan, & qu'il ne tienne rien du mouuement parallele, comme l'ors qu'il tombe par la perpendiculaire A D, les deux fegmens de la fphere, AKD , & ABD feront égaux , puis que chacun fera vn hemifphere.

Apres tout cecy, difons que puis que le moindre fegment eſt d'autant plus grand, que l'angle de la ligne d'atouchement eſt plus grand, qu'il aura vne plus grande vertu impulfiue, & partant qu'il, aportera d'autant plus d'empefchement à la fphere, & par confequent, qu'il fera auffi d'autant plus varier fa ligne du mouuement central, & fes parallcles.

Or l'angle de reflexion fait , par exemple de la ligne HQ & de la ligne QK, ou de fes parallcles comme SD , eſt d'autant plus grand que ledit empefchement eſt plus grand : de forte qu'il y a touſiours égale raifon de l'angle d'incidence au fegment fait par la ligne d'atouchement, & du fegment à fa vertu impulfiue, de cette vertu à la variation du mouuement paralele, quand la fphere touche au point D, & de cette variation à l'angle de reflexion : & par confequent tel que fera l'angle F GI, ou MDI d'incidence, tel feront les angles de reflexion KQH ou SDH.

C'eſt pourquoy fi la fphere defcend par la ligne T V , elle ne fe reflechira pas par les lignes QLK, DRS, ou par leurs parallcles, mais par les lignes θω, Dλ, qui font des angles auec HI égaux aux angles

TVI, & XDI. Ce font là les 3. mouuemens qui font confiderables dans les mouuemens du rayon, qui ne peut aller que parallelement au plan HI, en le rafant, parce que nulle portion de la fphere n'eft interceptée ou coupée par la droite tirée parallele du point d'atouchement à la ligne du mouuement du centre YZ: & partant la fphere ne s'éleuera nullement, puis qu'il n'y a nul fegment intercepté qui la puiffe éleuer.

Et fi elle tombe par AD, elle remontera par la mefme ligne qu'elle eft defcendüe, vers la ligne K F, parce que fa ligne du mouuement central la diuife en deux parties égales : c'eft pourquoy l'vne ne peut furmonter l'autre : & n'y ayant point de raifon pourquoy elle fe détourne à droite ou à gauche, elle eft contrainte de remonter par DA : puis qu'elle retient encore le mouuement qui luy a efté imprimé lors qu'elle a defcendu : autrement elle s'arrefteroit au point D, comme fait vne maffe de plomb, qui tombe fans fe reflechir.

COROLLAIRE. I.

Encore qu'il foit certain que les petits corps qui nous font fentir la lumiere en fe reflechiffant à nos yeux, ne font pas fi gros que cette fphere, qui creueroit les yeux ; & que les fpherules qui feruent à la lumiere & à l'œil foient beaucoup moindres qu'aucun corps vifible ; neantmoins il eft neceffaire de faire les chofes fenfibles, quand on les affuietit à l'œil, ou aux autres fens : & la demonftration ne perd rien de fa force, ou de fon euidence par cette augmentation.

Et bien que la lumiere ne fe fift pas auec le mouuement de ces petites boules, elles ne laiffent pas d'en donner l'intelligence plus claire que ne font les qualitez ordinaires, dont on n'a point d'idée bien diftincte, & euidente.

COROLLAIRE II.

Si au lieu du rayon l'on prend cette fphere pour vne bale de tripot ; il faudra conclure que la mefme impreffion l'enuoyra plus loin parallelement, que par aucune reflexion ; parce qu'elle n'a point d'empefchement ; & lors qu'elle fe reflechira, elle ira d'autant plus loin que l'angle de la reflexion, & par confequent de l'incidence, fera moindre : parce que le fegmét intercepté par la lig. DB eft moindre és moindres angles : c'eft pourquoy lors qu'on veut que le corps qu'on iette dans l'eau reialiffe bien loin, on le iette par vn angle fort aigu : & ce corps ira d'autant moins loin qu'il fera de plus grands angles auec les corps reflechiffans : & par confequent, fa reflexion perpendiculaire le portera moins loin qu'aucune autre reflexion.

A fçauoir

A sçauoir si le rayon va semblablement plus ou moins loin suiuant ces mesmes reflexions; & si par exemple, le rayon du Soleil qui tombe perpendiculairement sur la glace d'vn miroir, va moins loin apres sa reflexion, que celuy qui tombe & qui est reflechi obliquement; cela dépend de sçauoir comme se fait ce rayon : car s'il est composé de petits corps poussez par le luminaire, comme la fleche par vn archer, ou comme la bale par vn ioüeur, l'on peut dire que la lumiere suit les mesmes loix de ladite bale.

Et nous ne sçauons pas par experience si les rayós de la lumiere du Soleil que la terre, où nos miroirs reflechissent vers le Soleil, vont iusques à luy: quoy que le corps de la Lune priué de la lumiere directe du Soleil, qui nous la rend claire, montre qu'elle va iusques à elle: autrement, nous ne verrions pas son corps, sur lequel les rayons de la terre ont si peu de force, qu'ils nous paroissent fort obscurément, & quelquefois ne paroissent point du tout; à cause que la reflexion des mers, & des autres parties de nostre terre, n'est pas assez forte pour l'illuminer, & pour se reflechir sensiblement iusques à nous; comme la lumiere receuë du Soleil, qu'elle nous renuoye n'est peut estre pas capable de se reflechir encore vne fois sensiblement iusques à elle : ce qui est difficile à sçauoir, si l'on n'imagine vn œil qui en face l'obseruation sur la mesme Lune; quoy que l'on ne doute point que la lumiere que la terre reçoit immediatement du Soleil, ne retourne à ladite Lune , qu'elle illumine sensiblement.

S'il ne se perdoit plusieurs rayons, il seroit aysé de supputer combien elle est plus ou moins illuminée que la terre, soit par la premiere, ou par la 2, & 3 lumiere du Soleil : mais les inegalitez de ces deux corps, empeschent la conclusion.

PROPOSITION III.

Expliquer encor autrement pourquoy la reflexion se fait à angles égaux : & comme se peut faire la reflexion perpendiculaire.

IE mets icy la pensée d'vn autre Philosophe sur ce sujet ; afin que le lecteur embrasse ce qui luy agreéra d'auantage: c'est à dire ce qu'il iugera plus raisonnable, & plus veritable.

Soit donc vne ligne Physique A B roide, & qui ne se puisse ployer: & sur AB soient menées les deux perpendiculaires AE, BD, qui seront paralleles; & qui aboutiront au plan reflechissant aux points F, D.

Imaginez que cette ligne rigide AB se meuue obliquement suiuant tel angle BDF que vous voudrez, & qu'elle se trouue en CD: le point D qui frapera premierement le plan en D, reiaillira tandis que le point C ira en E; de sorte qu'vn cercle sera descrit par ce mouue-

M

ment; excepté que les points C & D;te-
nant quelque chose de leur mouuement lateral, feront pluftoft vne ouale qu'vn cercle: quoy que n'eftant pas
icy neceffaire de confiderer cette par-
ticularité, nous retiendrons le cercle,
dans lequel nous fupofons que le point
D fe reflechit iufqu'à G; de façon que
le point C arriue auffi-toft au point H
du plan reflechiffant, que le point D à G.

Il eft euident que le mouuement du point C, foit le circulaire par
H D, ou le perpendiculaire par H I, fe perdra par la refiftence du
plan reflechiffant en H: Et parce qu'à mefme temps que le mouuement circulaire ceffe au point H, il ceffe auffi au point G; il n'y a que
le mouuement parallelle à la droite ED, & celuy qui furuient de la
reftitution du plan reflechi par IH, qui va perpendiculairement
en haut, qui refifte au point H; comme il n'y a que le mouuement
parallele à ED, & le perpendiculaire par KD, qui refifte au point
G.

Or le mouuement du point H par HL, & le mouuement de G par
GM, eft compofé de ces mouuemens.

Il s'enfuit de ces mouuemens compofez, que l'angle d'incidence
BDF eft égal à l'angle de reflexion LHE. Où il faut remarquer que
l'irregularité du mouuement du point D vers G, & du point C vers
H, vient de ce que la reflexion ne commence pas au point E, mais
plus proche au point H: c'eft pourquoy cette reflexió fe fait par vne
ligne parallele à HL. Semblablement la droite par laquelle fe reflechit le point G, eft plus proche de C; autrement GH ne demeureroit pas rigide, & feroit plus longue qu'au commencement.

Ce qui a efté demonftré dans le bafton rigide de la longueur d'A
B, fe demontre auffi dans la droite fous double, fous quadruple, &c.
d'AB, iufques à l'infini: c'eft pourquoy la propofition eft vraye dans
le point Phyfique: de forte que fi AB eft vn point, les paralleles A E,
BD, ne feront qu'vne feule ligne droite.

Supofons dans la mefme figure qu'au lieu du bafton CD, le globe CGDH tombe obliquement fur le plan E D, entre les mefmes
paralleles AE, BD: le premier toucher fe fera dans vn point mathematique; & la premiere impreffion, dans vn point Phyfique. Po-
fons que l'impreffion continuë, & que la premiere foit le fegment
du cercle de deffous le plan HD: le globe fe mouuera en haut entre
les paralleles IH, & KD, par la force du reffort du plan, qui fe refta-
blira dans fa premiere affiette.

Et parce que le globe a receu le mouuement lateral vers la partie gauche, il fe fera vn mouuement compofé de deux, comme cy-
deuant, entre les paralleles HL, GM. Car à mefure que le mouue-

ment du globe s'auance sur le plan DH, vers H, le restablissement,
ou le reiaillissement des parties qui se releuent continuellement depuis D iusques à H, s'auance tout de mesme : de sorte qu'il n'y a point
d'oposition entre les parties qui se leuent continuellement deuant
le globe, qui ne soit recompensée par celles qui s'éleuent derriere,
& qui le poussent de mesme force que les parties de deuant s'y op-
posent.

La mesme chose arriuera aux petits globes, dont le mouuement
fait la lumiere : & la raison de la reflexion n'aura plus de difficulté,
quand elle se fera obliquement. Quant à la perpendiculaire, il faut
imaginer que les corps tombans & reflechissans, n'ayant pas vne
dureté infinie, se pressent, en mesme sorte que deux cylindres de
cire que l'on pousse l'vn contre l'autre, qui se rebouchent & deuiennent plus courts & plus gros : car bien que le sens n'aperçoiue
rien de cela ; neantmoins la raison le persuade : & parce que le rayon
qui illumine, doit estre consideré Physiquement ; il faut imaginer
qu'il reiaillit tout autour de soy ; & qu'il se fait quelque chose de semblable à vne pierre plate qui tombant sur vne autre pierre plate couuerte d'eau, feroit reiaillir cette eau à costé, & en haut ; & que la lumiere qui se reflechit perpendiculairement, fait quelque chose de
semblable ; & que c'est en ce sens que le rayon qui tombe à plomb,
redouble sa force : autrement, il est impossible qu'il remonte tandis qu'il descend.

AVERTISSEMENT POVR LA REFLEXION
des rayons.

IL n'est pas necessaire qu'aucune chose reuienne de dessus les mirois, pour les effets qu'on y remarque : il suffit que les rayons
soient repoussez, & qu'ils endurent la mesme chose qu'vn homme
qui pousse & presse vn mur : car la reaction du mur qui represse
l'homme, est semblable à la reflexion ; quoy qu'il ne reiaillisse pas
comme vne bale : pource que la reflexion ne consiste pas au reiaillissement, mais à la repression, ou reaction du corps frapé : de sorte
que tout reiaillissement est reflexion ; mais toute reflexion n'est pas
vn reiaillissement.

Or cecy estant posé, le reste est facile : pource que les loix de la
reflexion sont connuës : puis qu'elles sont toutes fondées sur l'égalité des angles : & il n'est pas necessaire de mettre en question si le
rayon reflechi va aussi viste que l'incident ; puis que le mur repous-
se l'homme en mesme temps qu'il pousse le mur.

PROPOSITION IV.

Expliquer la cauſe de tant de differentes opinions, touchant la nature de la lu-
miere, & de ſa reflexion.

PAr les trois propoſitions precedentes, on peut aſſez conno-
ſtre qu'il y a vne grande incertitude entre les Philoſophes, ſur
le moyen que la nature tient en la reflexion de la lumiere tombant
ſur les ſuperficies des corps reflechiſſans ; puis qu'ils ſont preſque
tous differens, tant en leurs hypotheſes touchant l'eſſence, & la
production de cette lumiere, qu'en la cauſe qui la fait reflechir.
Meſmes, tout ce qu'ils ont dit ſur ce ſuiet, reſſemble pluſtoſt à autant de viſions, qu'à vne verité bien eſtablie: imitans en cela ceux
de nos eſcholes vulgaires ; qui aux queſtions douteuſes & incertaines, aiment mieux aduancer vne grande multitude de paroles qui
ne ſignifient rien, & embroüillent d'autant plus la matiere ; que de
confeſſer franchement qu'ils ne voyent point de raiſons qui les
contentent au ſujet dont il s'agit. Mais bien loin de faire vne telle
confeſſion, qui ſeroit autant ingenuë que veritable ; ils s'obſtinent,
au contraire, à ſouſtenir le party qui leur eſt tombé en fantaſie,
comme s'il eſtoit le vray ; quoy qu'ils n'en produiſent aucune preuue vallable ; & s'arreſtant à ce maſque de verité, ils negligent de la
rechercher d'auantage, croyans la poſſeder.

Pour ne pas tomber en vn pareil inconuenient ; voyons ſi nous
pourrons parmy tant de doutes, eſtablir quelques fondemens aſſez
fermes pour eſtayer & ſouſtenir le baſtiment de la Catoptrique, iuſques à ce que la verité de la reflexion, ſortant du puy de Democrite,
nous fourniſſe des colomnes qui durent eternellement.

Et puis qu'en cette occaſion, le raiſonnement ſeul ne nous fournit pas dequoy contenter vn eſprit qui veut philoſopher franchement, & ne rien accorder qui ne luy paroiſſe clairement & diſtinctement vray ; ioignons luy l'experience, & empruntons d'elle ce
qu'elle nous aura touſiours conſtamment teſmoigné, ſans auoir iamais rien fait paroiſtre de contraire, au fait dont il eſt queſtion.
C'eſt ce que nous ferons en la propoſition ſuiuante, qui ſera la cinquieſme.

Mais auparauant, ie veux icy en faueur de ceux qui n'ayment que
la pure verité, faire vne petite conſideration (ſans toutesfois ſortir
de mon ſuiet, en ce qui regarde le general) & rapporter en peu de
paroles, les meditations d'vn homme également verſé en la Philoſophie, & en la Mathematique, ſur ce prurit & cette demangaiſon
de pluſieurs, qui veulent à quelque prix que ce ſoit, paroiſtre ſçauans, meſmes aux choſes qu'ils connoiſſent bien qu'ils ignorent. Il
en attribuoit donc le principe à vn vain deſir de gloire : mais il les

accufoit d'arrogance, en ce qu'ils pretendent le plus fouuent, faire croire aux autres, ce qu'ils ne croyent, ou au moins, ce qu'ils ne
voyent pas clairement eux mefmes : & ce qui eſt pis, ils penfent
auoir affez bien eſtabli vne verité pretenduë, quand ils croyent
qu'on ne la peut conuaincre de faux; comme ſi vn meurtrier croyoit
eſtre innocent, pource qu'on ne pourroit prouuer fon affaffinat.
Ainſi, au fuiet dont nous traitons, touchát l'eſgalité des angles d'incidence, & de reflexion, les vns veulent nous faire croire que la lumiere fe reflechit par reffort ; d'autres, par vne continuation du
mouuement actuel des corpufcules qui la font; d autres, par la continuation du mefme mouuement de ces pretendus corpufcules,
non pas actuel, mais feulement en puiffance ; telle que feroit l'a-
ction de plufieurs boules difpofées en ligne droite contigument,
dont la premiere toucheroit vne muraille & la derniere feroit pouf-
fée par quelque force qui voudroit les faire mouuoir toutes à la fois
le long de la mefme ligne droite, vers la mefme muraille ; d'autres
encor fe feruent de la comparaifon d'vn baſton ietté par force perpendiculairement, ou obliquement contre vn plan ; d'autres ont
d'autres viſions encor moins vrai femblables: mais tous expliquent
cette illuſtre action de la nature, par quelque reffemblance qu'ils
croyent qu'elle a auec quelque autre chofe qu'ils penfent bien
connoiſtre.

Et toutefois, il eſt certain qu'ils ne cognoiffent rien que par l'en-
tremife des fens ; foit que ces fens produifent immediatement cette cognoiffance ; comme ils produifent immediatement la premiere fenfation de la lumiere, des couleurs, du chaud, du froid, du
bruit, des odeurs, des faueurs &c. Soit qu'ils la produifent feule-
lement par occafion, donnant fuiet à l'entendement de raifonner
fur les efpeces qui luy font venuës par leur moyen : comme quand
ils luy ont rapporté vne telle qu'elle efpece d'vn triangle ; ce qui luy
a donné occafion de fe reprefenter vn triangle parfait, & en fuitte
d'en rechercher les proprietez : de mefmes, les fens ayans rapporté
à l'entendement les efpeces fenfibles de Pierre, de Iean, de Paul,
& autres indiuidus des hommes ; ils luy ont donné l'occafion de
confiderer ce qu'ils ont de commun, & de fe former l'idée d'vne nature humaine, qu'il confidere comme vne chofe vniuerfelle qui
conuient à tous les particuliers.

Que ſi nous confiderons l'entendement comme eſtant & ayant
toufiours eſté denué de tous les fens ; alors nous ne fçaurions comprendre qu'il peuſt auoir aucunes idées des chofes exterieures ; &
il y auroit occafion de douter s'il en auroit vne de fa propre exi-
ſtence.

Cela eſtant, il s'enfuit que s'il y a dans la nature quelques chofes qui ne puiffent tomber fous aucun de nos fens, ny directement,
ny indirectement, l'entendemét ne pourra former aucunes idées de

ces chofes : comme vn aueugle né qui n'auroit iamais ouy parler de couleurs, n'y penferoit iamais ; & quand il en auroit ouy parler, il ne s'en fçauroit former d'idée veritable ; mais feulement, il pourroit, peut eftre, fe reprefenter quelque chofe reuenant aux idées qu'il auroit acquifes par les autres fens : & fi en luy donnant à tafter de l'efcarlate, il la trouuoit douce, auec vn certain gouft, ou vne telle odeur, ou faifant vn tel bruit au maniment ; il fe compoferoit peut eftre vne idée de toutes ces fenfations, & en feroit à fa mode, l'idée de l'efcarlate, qui feroit bien efloignée de la veritable idée d'vne telle couleur. Que fi ce mefme aueugle ayant fenty par plufieurs fois la chaleur du Soleil, durant les diuerfes faifons, vouloit entreprendre de raifonner fur toutes les proprietez & les actions de cét aftre, n'en ayant iamais rien appris d'ailleurs ; il y a apparance qu'il aprefteroit bien à rire aux Aftronomes clair-voyans qui l'entendroient difcourir, quoy qu'il fuft le plus fçauant des aueugles, & qu'entr'eux il paffaft pour vn oracle. Cependant, il n'ignoreroit pas qu'il y eut vn Soleil, s'en eftant aperçeu par le fens du tact ; mais faute d'vn autre fens bien plus propre pour en defcouurir les plus confiderables proprietez, fon entendement ne s'en formeroit que des idées tres imparfaites, qui toutes auroient quelque rapport à celles qu'il auroit accouftumé de fe former à l'occafion du fens du tact ; & ainfi il n'en pourroit raifonner qu'auec beaucoup d'imperfections.

Or, quelle affeurance auons nous d'auoir vn fens propre pour defcouurir la nature de la lumiere ; comment elle eft produite par le luminaire dans les corps diaphanes ; comment elle eft arreftée par les corps opaques ; comment elle eft reflechie par les miroirs ; comment elle eft rompuë dans les diaphanes de differente denfité ; & vne grande quantité d'autres accidens qui luy arriuent, qui ne s'accommodent, peut eftre, non plus à aucun de nos cinq fens, que l'odeur s'accommode au fens de l'ouye : il eft vray que nous auons vn fens propre pour nous appercevoir qu'il y a de la lumiere ; qu'elle eft produite, reflechie, rompuë &c. Mais fa nature, la caufe de fon exiftence, de fa production, de fa reflexion, de fa fraction &c. nous eft inconnuë : & il y a grande apparence que nous n'auons aucun fens propre pour defcouurir vne telle caufe, non plus que plufieurs autres qui appartiennent à la nature de tout l'vniuers : c'eft pourquoy nous ne nous en reprefentons que des idées tres imparfaites, qui ont rapport à ces cinq fens dont nous iouyffons : comme font les idées de certains corpufcules enuoyez du Soleil en terre en fi peu de temps qu'il paffe pour vn moment : ou celles de certaine matiere tres-fubtile compofée d'vn nombre innombrable de boules parfaitement rondes, fi petites qu'il y en a des millions en vn feul grain de fable, & qui fe touchent fans difcontinuation depuis le Soleil iufques icy ; tellement que le mefme Soleil, par vn mouuement

fpherique qu'il a à l'entour de fon propre centre, fait vn effort continuel contre ces boules, les pouffant en dehors de toutes parts, ce
qui fait qu'au mefme temps qu'il preffe celles qui le touchent immediatement, celles-là preffent leurs voifines, & ainfi de fuitte iufques au fonds de noftre œil, où ce preffement fait cette fenfation
fur nos nerfs, laquelle nous appellons la fenfation de la lumiere,
dont l'ame s'apperçoit par le moyen des mefmes nerfs, dans le
cerueau, d'où ils tirent leur origine. Ie pourrois icy rapporter d'autres idées que d'autres ont eu de la lumiere: mais toutes auffi bien
celles-cy, paroiftroient peut eftre auffi ridicules à vn qui en con-
noiftroit la veritable nature, que celles de noftre aueugle à vn clair-
voyant; fi cét aueugle ayant fait tous fes efforts en vne campagne
toute raze, pour fe cacher de luy, s'efloignant affez loin, fans faire
bruit, apres auoir deftourné de foy toutes les odeurs; & fe fentant
neantmoins à toutes les fois trouué & pris promptement & fans
peine; fe fantaftiquoit que le clair-voyant auroit le tact, ou l'odo-
rat tres-fubtil, & qu'il fentiroit de loin la refiftance de l'air compris
entre eux deux; ou que l'aueugle enuoyant continuellement & fans
s'en apperceuoir, quelques petits corpufcules de toutes parts hors
de foy, le clair-voyant en auroit le nez frapé, ce qui luy defcouuri-
roit la part ou feroit l'aueugle. Peut eftre auffi que cette belle penfée d'vn tel philofophe fans yeux, ne feroit pas peu admirée par les
autres aueugles fes confreres, qui auroient trauaillé comme luy à
rechercher la caufe pourquoy le clair-voyant les trouueroit fi facilement, les nommans fans hefiter, en mefme temps qu'il les toucheroit, ou mefmes auparauant, quelque mélange qu'ils peuffent
faire entr'eux par leurs differens mouuemens.: qui ne feroit pas vn
petit diuertiffement pour le clair voyant, entre des aueugles qui
n'auroient iamais ouy dire ce que c'eft que de voir.

Et cependant, nous voyons tous les iours arriuer la mefme chofe dans nos efcholes; puis que les penfées qu'on y admire ordinairement, n'ont autre fondement que l'ignorance, tant de l'inuenteur, que des admirateurs; qui tous fe tourmentent, pour defcouurir des cognoiffances, pour lefquelles fouuent, ils n'ont pas de
fens propres: en quoy ils fe laiffent tellement emporter par le defir
de paroiftre fçauans, que celuy-là eft le plus admiré, & le plus
imité, qui aux chofes les plus douteufes, produit les plus hautes ex-
trauagances.

Voila quel eftoit en fubftance, le raifonnement de ce grand Philofophe, & Mathematicien, fur le fuiet des dogmatiftes de ce temps,
qu'il nommoit les fçauans vifionnaires, tant en Philofophie, que
Mathematique, & autres fciences. Et fa conclufion eftoit, qu'en
ce qui regarde les fciences humaines, nous deuons, tant qu'il eft
poffible, nous feruir du pur raifonnement; pourueu qu'il foit efta-
bli fur des principes clairement & diftinctement vrais, pour en ti-

rer des conclufions indubitables ; comme nous faifons en la Geometrie , & en l Arithmetique : pour lefquelles tous nos fens fe trouuent propres ; nous faifans defcouurir qu il y a vn efpace ou vne
eftenduë en tout fens & de toutes parts ; ce qui donne occafion à
l'entendement d'eftablir la pure Geometrie : & que dans cét efpace il y a plufieurs chofes : ce qui luy donne occafion de mediter fur
le nombre, & d'eftablir l'Arithmetique. Au deffaut de tels principes, nous deuons auoir recours à vne experience conftante faite
auec les conditions requifes, pour en tirer des conclufions vrai-fem-
blables. Et il appelloit Science, la cognoiffance qui vient des conclufions de la premiere forte : quant aux conclufions tirées des experiences ; il appelloit Opinion la cognoiffance qui nous en vient.
Hors quoy , dans les mefmes cognoiffances purement humaines ;
il appelloit toutes les autres perfuafions des hommes , autant de vi-
fions, qui ne meritoient aucune croyance : & en general, il prefe-
roit l'ignorance cognuë, à vne perfuafion mal fondée. Il eft vray
que nous nommons Sciences plufieurs cognoiffances de celles
qu'il comprend fous le nom d'Opinion : comme la Mechanique,
l'Optique, l'Aftronomie, & quelques autres ; qui toutes emprun-
tent quelque chofe de l'experience : mais pour ce qu'elles emprun-
tent auffi beaucoup de la Geometrie , & de l'Arithmetique , qui
font des pures fciences; nous les nommons ordinairement fciences,
empruntans leur nom, de leur plus noble partie. Luy au contraire,
tiroit leur nom de la partie la plus foible, à caufe de cét axiome de
Logique, que quand vne conclufion eft tirée de premiffes qui ne
font pas de mefme dignité, elle fuit toufiours la plus foible partie,
& n'a ny plus de force, ny plus de dignité que la premiffe la plus foible. Mais, pour ne pas difputer des noms; fi nous les voulons nommer Opinions ; nous entendrons que ce font des Opinions fort certaines, à comparaifon de plufieurs autres qui font fort legeres. Que
fi nous les voulons nómer Sciences; nous entendrons que ce font
des fciences meflées, à comparaifon de la Geometrie, de l'Arithmetique, & encore de la Logique prife dans fa pureté, & purgée des
queftions eftrangeres : car celles-cy font des pures fciences fans incertitude , & defquelles le doute , qui fe pourroit gliffer dans les autres de la part de l'experience, eft abfolument banni.

PROPOSITION V.

Expliquer les fondemens qu'on doit pofer pour principes de la reflexion de la
lumiere fur toute fuperficie reflechiffante.

Aintenant donc, reuenons à noftre principal fujet ; & fui-
uons le confeil de ce Philofophe, pour l'eftabliffement des
fondemens generaux de la Catoptrique; ce que nous imiterons encore

core dans les propofitions fuiuantes. En quoy le Lecteur fera
aduerty que nous nous feruons des termes ordinaires, & en mefme fignification que celle qu'ils ont euë iufques à maintenant.
Et particulierement, il remarquera qu'à l'efgard de chacun point
de tout obiet qui en¬oye fes efpeces fur vn miroir, d'où elles font
reflefchies à vn feul œil du regardant, il y a trois lignes principales; fçauoir, la ligne d'incidence, qui eft le rayon par lequel
ce point enuoye fon efpece à quelque point du miroir: la ligne
ou le rayon de reflexion, par laquelle le rayon d'indence retourne à l'œil: d'où vient que ce point du miroir, auquel fe rencontrent ces deux lignes, ou rayons, eft tantoft appellé le point
d'incidence, & tantoft le point de reflexion : & la perpendiculaire du miroir, menée du point commun d'incidence & de reflexion, perpendiculairement à la furface du mefme miroir, &
prolongée de part & d'autre tant que de befoin: que fi cette furface eft plane, il n'y a aucune difficulté d'entendre cette perpendiculaire: mais fi la mefme furface eft courbe, on doit entendre
vn plan qui la touche au point d'incidence, & lors la ligne qui
de ce point fera perpendiculaire au plan touchant, eft celle que
nous appellons la perpendiculaire du miroir; & ce plan fera appellé le plan touchant. Toutes ces chofes doiuent eftre confiderées à l'efgard de chacun point de l'obiet; qui ayant vne infinité de
points, produira auffi vne infinité de telles lignes; & encore vne
infinité de tels plans touchans, fi la fuperficie du miroir eft
courbe.

   Dauantage, pour ne pas embarraffer enfemble la Dioptrique
auec la Catoptrique, chacune prife feparement eftant affez difficile; nous ne confidererons les actions de la lumiere, & de fa
reflexion, que dans vn mefme milieu vniforme; comme dans l'air
feul, ou dans l'eau feule, & ainfi des autres diaphanes vnifor-
mes en toutes leurs parties: cela pofé, nos principaux fondemens
feront tels.

   1. La ligne d'incidence, & celle de reflexion, font des lignes
droites. C'eftce que l'experience témoigne conftamment, tant
en noftre Catoptrique, qu'en la Dioptrique, & en general, en
toute l'Optique; fçauoir, qu'vn rayon eft droit tant qu'il trauer-
fe vn milieu diaphane tout vniforme.

CONSEQVENCE.

   Mais particulierement, il s'enfuit icy que ces deux lignes d'incidence, & de reflexion font en vn mefme plan; & c'eft ce plan
que nous appellons le plan d'incidence, ou le plan de reflexion.

   Quant à la perpendiculaire du miroir, elle eft droite, par fup-

N

pofition ; ne dependant que de l'eftabliffement des autheurs, pour faciliter leur cognoiffance.

2. La perpendiculaire du miroir eſt dans le meſme plan que les lignes d'incidence & de reflexion , c'eſt à dire , dans le plan d'incidence, qui eſt auſſi celuy de reflexion. Cecy eſt encor conſtant par l'experience.

DEFINITION.

Et, pour ce que le plan d'incidence coupe le long d'vne ligne droite le miroir, s'il eſt plan, ou le plan touchant du miroir, s'il eſt courbe ; c'eſt cette ligne que nous appellons la touchante du miroir ; ſoit que cette touchante ſoit au miroir meſme , quand il eſt plan ; ſoit qu'elle touche ſeulement le miroir en vn ou pluſieurs points, quand il eſt courbe.

Or l'angle compris de la ligne d'incidence & de la touchante du miroir , de la part du point de l'obiet , eſt l'angle d'incidence : & l'angle compris de la ligne de reflexion & de la meſme touchante du miroir , de la part de l'œil , eſt l'angle de reflexion. Que ſi ces angles d'incidence, & de reflexion, ſont aigus, leurs complemens ſeront les deux angles aigus compris de la perpendiculaire du miroir, & des lignes d'incidence & de reflexion.

3. Les angles d'incidence, & de reflexion, ſont eſgaux entre eux. Le rayon d'incidence, qui eſt perpendiculaire au miroir, ſe reflefchit en ſoy meſme : que ſi le rayon d'incidence eſt oblique au miroir, il ſe reflechit obliquement ; & lors, la perpendiculaire du miroir eſt touſiours compriſe entre les rayons d'incidence & de reflexion , c'eſt à dire , entre le point de l'obiet & l'œil qui voit la reflexion de ce point. Nous auons auſſi cette connoiſſance de l'experience ; & c'eſt celle pour laquelle nos Philoſophes viſionnaires ont tant produit de fantaſies, deſquelles nous auons rapporté quelques vnes dans les trois premieres propoſitions.

4. En tout miroir , le plan d'incidence eſt perpendiculaire au plan touchant. Et ce meſme plan d'incidence contient les quatre principales lignes ; ſçauoir, la perpendiculaire du miroir, les lignes d'incidence, & de reflexion, & la touchante du miroir. Cecy eſt de la pure Geometrie, en conſequence de ce qui a eſté eſtably cy-deſſus.

Meſmes, aux miroirs plans & ſpheriques , ce plan d'incidence contient encor deux autres perpendiculaires fort conſiderées par quelques autheurs ; ſçauoir la perpendiculaire d'incidence, qui tombe du point de l'objet perpendiculairement ſur le miroir ; & celle de reflexion, qui tombe du point de l'œil perpendiculairement fur le mefme miroir.

Mais en tous les autres miroirs outre les plans, & les fpheriques, ces deux perpendiculaires d'incidence, & de reflexion, ne
fe rencontrent que rarement dans ce plan d'incidence ; fçauoir
quafi feulement quand il paffe le long de l'axe du miroir: car en
toute autre propofition du mefme plan, on ne trouuera prefque
point que ces deux perpendiculaires le fuiuent, ou qu'il les contienne. Mefmes, il fera fort rare de les rencontrer entre elles en
vn mefme plan autre que celuy d'incidence.

Nota C'eft ce qui faute d'eftre connu, ou confideré, a fait faire de lourdes fautes à plufieurs, qui ont voulu eftablir pour regle
generale, que le lieu apparant de l'image d'vn point veu par reflexion dans quelque miroir que ce fuft, eftoit dans la perpendiculaire d'incidence ; pour ce feulement qu'ils l'auoient trouué
vray au miroir plan, ne l'eftant pas generalement ny au fpherique,
ny en aucun des autres. Mais nous parlerons de cecy plus amplement en la 10. propof. & autres fuiuantes.

5. Tout obiet qui ne paroift qu'en vn feul lieu, paroift eftre
vnique : celuy qui paroift eftre en deux lieux, paroift eftre double : fi en trois lieux, triple : fi en quatre, quadruple &c. Reciproquement, tout obiet qui ne paroift eftre qu'vn, ne paroift eftre
qu'en vn feul lieu : celuy qui paroift double, paroift en deux lieux,
& ainfi de trois, quatre, &c. Cecy eft vray generalement en l'Optique, Dioptrique, & Catoptrique : & eft du fens commun, confirmé vniuerfellement par toutes les experiences. C'eft auffi fur
ce principe que l'entendement iuge de l'vnité, ou de la multitude
des chofes qu'il ne defcouure que par le moyen des fens exterieurs.

6. Le lieu apparant d'vn point de quelque obiet veu par reflexion dans vn miroir, eft dans la ligne de reflexion de ce point,
prolongée au deuant de l'œil vers le miroir, & outre le mefme miroir, s'il en eft befoin. Cecy eft de l'experience : & c'eft vn effet
de la fantafie, qui iuge toufiours fon objet eftre vers la part d'où
luy vient l'efpece qui frappe l'œil.

CONSEQVENCE.

Voila pourquoy l'image d'vn obiet paroift fort fouuent eftre
de l'autre part du miroir, que celle en laquelle fe rencontre cet
obiet, qui eftant deuant le miroir, fait voir fon efpece derriere,
quoy que non pas toufiours, comme nous dirons ailleurs.

Nous ne difons point auffi combien cette image apparante
eft efloignée de l'œil, ou du miroir, pour ce que cette diftance
change pour plufieurs raifons, & que le vray lieu d'en parler, viendra cy-apres.

7. Vn mefme point d'vn obiet ne peut enuoyer fon efpece aux

deux yeux que par deux rayons d'incidence differens , & deux
differens rayons de reflexion , faifans fur le miroir deux differens
points d'incidence, & deux differentes perpendiculaires du miroir &c. Ce que l'experience confirme conftamment.

CONSEQVENCE.

Si donc vn mefme point de l'obiet eft eft veu par les deux
yeux à la fois dans vn miroir , l'efpece de ce point paroiftra auoir
fon lieu dans chacune des deux lignes de reflexion ; fçauoir, tant
dans celle qui fe reflefchit à l'œil droit, que dans celle qui fe reflefchit à l'œil gauche : partant , ou cette efpece paroiftra double ;
ou , fi elle paroift fimple , fon lieu apparant fera au point , où fe
coupent les deux rayons de reflexion , prolongez felon qu'il en
fera de befoin. Nous expliquerons auffi dans la propofition 9.
& les fuiuantes , en quelle occafion ces rayons fe rencontrent,
& en quelle ils ne peuuent fe rencontrer ; par où on connoiftra
en quelle difpofition des yeux & du miroir , vn obiet doit paroiftre fimple ou double dans le mefme miroir.

DEFINITION.

Outre les lignes dont nous auons donné les definitions cy-
deffus , & qui ne fe rapportent qu'à vn feul point de l'obiet veu
dans vn miroir par vn œil feul confideré comme vn point : noftre
Geometre en confidere encor vne qu'il appelle la fection d'incidence, laquelle fe rapporte au mefme point de l'obiet veu dans
vn miroir par les deux yeux à la fois confiderez comme deux
points ; ou par vn œil feul confideré comme ayant vne grandeur
fenfible ; de forte qu'on puiffe prendre dans l'eftenduë de cét œil
deux points fenfiblement eftoignez entre eux , chacun defquels
points aye fon plan d'incidence different de celuy de l'autre ; auquel cas , ces deux plans d'incidence s'entrecouperont , & leur
commune fection fera cette ligne qui eft icy appellée la fection
d'incidence. Et quoy que cette fection ne foit pas abfolument neceffaire pour determiner le lieu apparant de l'image d'vn objet,
toutefois noftre Geometre fait voir qu'elle y eft fi vtile & fi confiderable , que c'eft dans elle qu'on rencontre ce que les autres
cherchoient en vain dans leur perpendiculaire d'incidence, qui
eft inutile & ne produit rien finon quand elle eft la mefme que
cette fection dont nous parlons , comme il arriue aux miroirs
plans & fpheriques. C'eft ce qui a fait equiuoquer les autheurs ,
qui n'ayans efgard qu'à ces deux efpeces de miroirs , ont attribué
à leur perpendiculaire d'incidence, ce qui ne luy appartient pas
proprement, mais feulement à la fection d'incidence.

COROLLAIRE. I.

Il paroiſt qu'à l'eſgard de chaſcun point de l'obiet veu dans vn miroir par les deux yeux à la fois conſiderez comme deux points, il y a cinq points principaux ; ſçauoir ce point de l'obiet, les deux yeux, & les deux points d'incidence ou de reflexion, qui ſont ſur le miroir qui renuoye l'eſpece du point de l'obiet à chacun des yeux.

Que ſi ces cinq points ſont donnez, on pourra connoiſtre ſi les rayons reflechis prolongez des yeux vers le miroir, & plus outre, s'il en eſt beſoin, ſe rencontrent ou non : & au cas qu'ils ſe rencontrent, on pourra en trouuer le point, qui ſera le lieu apparant de l'image exterieure du point de l'objet propoſé : que s'ils ne ſe rencontrent point, on conclurra que ce lieu de l'image ne ſçauroit eſtre vnique. Mais cecy ſera demonſtré plus au long dans les prop. 9, 10, & ſuiuantes, auquel lieu nous renuoyons le Lecteur, nous contentans d'auoir icy indiqué que ces deux derniers fondemens, ſçauoir le 6 & 7 pourroient ſuffire en vn beſoin pour l'eſtabliſſement de la doctrine du lieu de l'image exterieure d'vn obiet regardé dans vn miroir : car ce qui a eſté dit d'vn ſeul point du meſme obiet, peut eſtre eſtendu à chacun des autres points : auſſi ces fondemens ſeront les principaux qui ſeruiront pour appuyer les propoſitions qui ſuiuront pour ce ſuiet.

COROLLAIRE II.

Il s'enſuit auſſi de ces 6.& 7. fondemens, qu'aux miroirs auſquels la perpendiculaire d'icidence n'eſt pas dans le plan de reflexion, le lieu apparant de l'image exterieure ne peut eſtre dás cette perpendiculaire; puisqu'elle ne peut eſtre rencontrée par la ligne de reflexion dans laquelle eſt neceſſairement ce lieu apparant, par le 6. fondement ; ce que nous confirmerons encor dans la 10. propoſition, & les ſuiuantes, où nous demonſtrerons que ce lieu eſt dans la ſection d'incidence, qui, hors les miroirs plans & ſpheriques, eſt toute differente de cette perpendiculaire d'incidence.

8. L'œil & l'objet eſtans conſiderez comme deux points, par le moyen de quelque miroir que ce ſoit, ſe renuoyent mutuellement leurs eſpeces l'vn à l'autre par les meſmes lignes ; tellement que la ligne d'incidence de l'obiet à l'œil, eſt la ligne de reflexion de l'œil à l'obiet ; & reciproquement la ligne de reflexion de l'objet à l'œil, eſt la ligne d'incidence de l'œil à l'objet. De là vient que ſi vn œil voit vn autre œil dans vn miroir, celuy-cy reciproquement verra le premier, ſi tous deux ont d'ailleurs les autres conditions

requifes. Ce fondement fe peut déduire des precedens, & principalement du 3. eftant au furplus confimé conftamment par toutes les experiences.

9. Tout obiet qu'on veut voir par le moyen d'vn miroir, doit
eftre illuminé; ce qui n'eft pas requis ny au miroir, ny à l'œil, qui
au contraire font d'ordinaire mieux eftans dans les tenebres qu'e-
ftans illuminez. Cecy eft vray non feulement en la Catoptrique,
mais generalement en toute l'Optique; foit que l'œil voye directement, ou par reflexion, ou par refraction : & eft encor conftamment confirmé par l'experience.

DEFINITION.

Au difcours fuiuant nous confidererons deux fortes d'images
d'vn mefme obiet veu par reflexion au moyen d'vn miroir ; ou
par refraction au moyen des lunettes & autres corps diaphanes;
l'vne que nous appellerons l'image interieure ou fenfible, eft
celle qui eft reprefentée dans l'œil fur la principale tunique, qui
receuant les rayons de l'obiet chacun en fon ordre, fert à l'ame
de principal organe pour la veuë, luy faifant fentir ces rayons
dans vn tel ordre, qui luy en fait connoiftre l'image comme dans
vn tableau. L'autre forte d'image que nous appellerons exterieure ou apparante, eft celle que noftre fantafie nous reprefente
au dehors en quelque lieu loin ou prés de nous, comme fi l'objet mefme eftoit en ce lieu-là, d'où il nous enuoyaft fes rayons
pour former l'image interieure; quoy que cét obiet foit fouuent
fort éloigné du mefme lieu.

PROPOSITION VI.

Expliquer combien il y a de fortes de miroirs fimples.

VOvs aurez dans le refte de ce liure de la Catoptrique, vn
abregé, fur ce fuiet, des meditations du fieur de Roberual
Profeffeur és Mathematiques au College Royal de France : celuy
qui en plufieurs lieux de nos œuures, eft nommé abfolument noftre Geometre; non pas que i'entende par là qu'il ne faffe profeffion que de la Geometrie, puis qu'il eft efgalement verfé en toutes les parties des Mathematiques, mais à la façon des anciens qui
ne qualifioient les plus grands Mathematiciens que du nom de
Geometres : comme Apollonius Pergæus fut furnommé de fon
temps le grand Geometre.

Ce font auffi les mefmes meditations aufquelles le R. P. Niceron dans la Preface de fon troifiefme liure de la Perfpectiue Curieufe Latine, renuoye le Lecteur, au cas qu'elles s'impriment vn

iour, ce que ne pouuant fe faire pour le prefent, à la diligence de
l'autheur, à caufe de fes occupations ordinaires en fes leçons pu-
bliques & particulieres; i'ay obtenu de luy de les pouuoir mettre
icy en abregé: ce que i'ay fait d'autant plus volontiers, que i'ay reconnu qu'en ce qui regarde le lieu apparant de l'image exterieure d'vn obiet reprefenté par vn miroir, il fatisfait plainement, &
fait voir l'erreur de ceux qui ont penfé que pour chacun point
de l'obiet, ce lieu eftoit toufiours dans la perpendiculaire d'incidence du mefme point: ce qui toute fois, n'eft vray generallement
qu'aux miroirs plans; ne l'eftant que rarement aux fpheriques;
& encor bien plus rarement aux autres.

Or quoy que noftre Geometre diuife fes meditations fur ce fuiet, en plufieurs petites propofitions, felon la methode ordinaire
de ceux qui fuiuent les loix exactes de la Geometrie; adiouftant
partout les demonftrations déduites tant des principes Geometriques, que des fondemens particuliers de la Catoptrique, rap-
portez cy-deffus en la 5. prop. lefquels pour la plufpart, i'ay tiré
de fon traité: toute-fois, nous en cet abregé, n'eftans pas obligez
à vne fi grande rigueur, nous mettrons plufieurs de fes propofitions en vne des noftres. Et quant aux demonftrations, nous en
donnerons feulement quelques-vnes des principales, qui feui-
ront à rendre les autres affez faciles pour ceux qui feront mediocrement verfez en la Geometrie. Commençons donc cette matiere par l'explication des miroirs fimples, & compofez, defquels
les fimples acheueront cette propofition; & les compofez feront
pour la fuiuante.

Nous appellons vn miroir fimple celuy qui eftant engendré
d'vne figure fimple, ne reflefchit que d'vne feule fuperficie, & par
vn feul milieu diaphane. D'où il eft clair que nos miroirs communs
qui font des glaces de cryftail ou de verre, auec vn enduit de vif-
argent, ou autre corps fixé fur la face de derriere, ne font pas
des miroirs fimples; puis qu'ils reflefchiffent des deux furfaces;
fçauoir de celle de deffus, qui fait peu d'effect; & de celle de deffous, qui eft la principale; ioint que cette principale face de deffous, ne reçoit & ne reflefchit l'efpece, qu'apres deux refractions
caufées l'vne à l'entrée; & l'autre à la fortie du cryftail; à caufe
que le milieu diaphane n'eft pas fimple, mais, pour l'ordinaire,
compofé de l'air & du cryftail mefme du miroir: ainfi en ces miroirs ordinaires, il y a deux refractions, & vne reflexion au milieu
d'elles, ce qui les met au rang des miroirs compofez.

Or, en general, on reduit tous les miroirs fimples en trois claffes. La premiere contient les miroirs plans. La feconde, les miroirs
conuexes. Et la troifiefme claffe contient les miroirs concaues.

Touchant les miroirs de la premiere claffe; fçauoir les plans;
il font tous d'vne mefme efpece: mais ceux des deux autres claffes,

qui ſont les conuexes, & les concaues, ſe repartiſſent en vne infinité d'eſpeces de ſuperficies courbes, tant conuexes, que concaues, chacune deſquelles peut engendrer vn miroir de ſa ſorte; &
ce miroir, outre les proprietez qu'il aura communes auec les autres, aura auſſi celles qui luy ſeront ſpecifiques, & qui ne conuien-
dront qu'à luy ſeul.　Mais de ce nombre infini, nous ne nommerons icy que ceux qui ſont les plus connus entre les ſçauans; pour
ce que le denombrement des autres ſeroit impoſſible, & inutile.

　　Les miroirs plans, quoy qu'ils ſoient tous d'vne eſpece, ſont
pourtant differens en bien des ſortes; ſçauoir, en grandeur ou
eſtenduë, en la figure exterieure, qui pourra eſtre circulaire, ouale, triangulaire, quarrée, pentagone, exagone &c. en la matiere
qui pourra eſtre du métail, du marbre, ou autre; & ainſi de beaucoup de ſemblables differences accidentelles, qui peuuent auſſi
conuenir aux miroirs conuexes, & concaues, & ne ſont gueres
conſiderables qu'entre les Marchans ou Artiſans; ſinon que quelquefois elles font changer de couleur à l'eſpece qu'ils reſteſchif-
ſent, à cauſe de la matiere dont ils ſont faits; ce qui ne changeant
rien aux loix de la reflexion, nous n'en dirons auſſi rien d'auantage.

　　Les eſpeces des miroirs conuexes, plus conſiderables, ſont le
ſpherique, le cylindrique, le parabolique, l'hyperbolique, & l'elliptique ou ouale: c'eſt à dire, qui ſont faits des ſuperficies de ſpheres, de cylindres, de cones, de conoïdes paraboliques, de conoïdes hyperboliques, & de ſpheroïdes: qui tous outre les differences accidentelles dont nous venons de parler, en reçoiuent encor
vne infinité d'autres de la part de la figure d'où ils ſont engendrez,
laquelle figure peut eſtre plus grande ou moindre, eu eſgard à ſes
diametres, ou à ſes principales lignes: comme il y a des ſpheres
plus grandes ou moindres, &c.

　　Les eſpeces des miroirs concaues, ſont les meſmes que des conuexes: & en effet, ce ſont les meſmes figures pour les vns & les autres; mais elles ſont diuerſement conſiderées; c'eſt à dire, par le
dehors ou par la partie qui eſt bouge, pour le conuexe; & par le
dedans ou par la partie qui eſt creuſe, pour le concaue: partant le
denombrement que nous venons de faire des conuexes les plus
connus, ſeruira auſſi pour les concaues.

PROPOSI-

PROPOSITION VII.

Expliquer combien il y a de sortes de miroirs composez.

NOvs appellons vn miroir composé, generalement tout miroir qui n'est pas simple: sçauoir, ou quand il est engendré d'vne figure composée, ou qu'il reslefchit de plusieurs superficies; ou par des milieux diaphanes differens; ou quand il est fabriqué de l'assemblage de plusieurs miroirs simples qui tous ensemble concourent à vn mesme effect; ou autrement en quelque maniere que ce puisse estre. Voicy ceux qui sont les plus connus, & le principal dessein de leur composition.

1. Tout miroir dont le corps est diaphane de soy; non pas parfaitement, (car nous n'auons point de corps parfaitement diaphanes propres à faire des miroirs) & ayant deux superficies, dont l'vne est enduite de quelque corps opaque fixé, & l'autre non; est composé; veu qu'il reslechit de chacune des deux superficies; quoy que l'vne des reflexions soit d'ordinaire bien plus forte que l'autre. Cecy se verifie en nos miroirs communs de crystail ou de verre, tant plans, que conuexes, & concaues; ausquels la face enduite reslechit d'autant plus clairement, que plus le verre ou le crystail est net & diaphane: au contraire, si le verre ou le crystail est moins diaphane, tenant plus de l'opaque, cette face enduite reslechira d'autant moins, & la premiere face en reslechira mieux: ce qui est assez connu par l'experience. C'est ce qui est cause qu'en nos miroirs ordinaires, principalement en ceux dont le crystail est fort espais, les images des obiets paroissent auoir les extremitez doubles. Mesmes les espingles, les poinçons & autres tels menus obiets, y paroissent entierement doubles: ce qui fait croire à plusieurs qu'vn miroir est faux, qui souuent est excellent. Il est vray que si vn obiet paroist plus que double en vn tel miroir, quand il doit estre plan, la veuë du regardant estant en bonne disposition, ce miroir est faux, & est concaue au lieu d'estre veritablement plan: mais cecy appartient plus particulierement aux propositions suiuantes, où il est parfaitement demonstré.

2. On compose plusieurs miroirs plans, les assemblant en vn mesme, ou en diuers lieux, auec correspondance, pour produire vn mesme effet: soit pour l'vtilité, ou pour le diuertissement, comme si du fonds de ma chambre ie veux voir ce qui se fait en vn lieu de mon iardin, que ie ne vois pas mesme de ma fenestre; ie pourray choisir quelque endroit duquel ie verray & ma fenestre, & ce lieu proposé de mon iardin; à cét endroit choisi, ie mettray vn grand miroir plan tourné de sorte que receuant l'espece du lieu proposé, il la renuoye à ma fenestre, où elle sera receuë par vn au-

O

tre miroir qui n'aura pas souuent besoin d'estre si grand ; & cettuy-
cy la renuoyera au fonds de ma chambre où ie seray. Si deux miroirs ne suffisent , on en employera plusieurs ; dont le premier receuant l'espece de l'objet qu'on veut voir, la renuoyera au second ;
celuy-cy, au troisiesme ; & ainsi d'ordre iusqu'au dernier qui la
renuoira aux yeux du regardant : où on aura le plaisir de voir dans
ce dernier miroir tous les precedens comme enfoncez l'vn dans
l'autre en mesme ordre qu'ils sont disposez , commençant par le
dernier ; de sorte que le premier sera le plus enfoncé, & l'obiet paroistra encor plus enfoncé dans ce premier. Par ce moyen , il
n'y aura guere de lieu , quelque destourné qu'il soit , qu'on ne
puisse voir, au moyen d'vne telle composition de miroirs , si on
veut en faire les frais , & y employer la peine : pourueu qu'on
se souuienne que les premiers miroirs doiuent estre d'autant plus
grands, qu'ils feront proches de l'obiet ; & que cét obiet doit estre
clair ou illuminé, & non pas en tenebres ; ce qui n'importe à l'esgard des miroirs, & du regardant. De mesmes , par le moyen
de plusieurs miroirs plans assemblez auec addresse, on peut reünir les especes de plusieurs parties d'vn mesme obiet, dispersées
en diuers lieux : de sorte que dans ce miroir composé, l'obiet ne
paroistra qu'vn , & toutes ses parties sembleront estre en leur propre place : auquel cas , il n'y aura qu'vn lieu propre pour y placer l'œil du regardant. Il y a vne infinité d'autres telles compo-
sitions de miroirs plans ; mais elles ne se font qu'à grands frais ;
& celuy qui aura l'industrie & la pratique iointes auec la connoissance , pourra se faire admirer par ces seuls miroirs ; sans qu'il
soit besoin, s'il ne veut, de recourir aux courbes, dont les frais
sont encor plus grands.

　3. On compose un grand miroir concaue parabolique auec
vn petit conuexe ou concaue aussi parabolique , y adioustant, si
on veut, vn petit miroir plan ; le tout à dessein de faire vn miroir
ardant qui bruslera à quelque distance, aux rayons du Soleil. La
mesme composition peut aussi seruir pour faire vn miroir à voir de
loing & grossir les especes, comme les lunettes de longue veuë.

　4. On compose vn grand concaue parabolique auec vn
moindre conuexe ou concaue hyperbolique , y adioustant , si
on veut, vn petit miroir plan ; pour faire vn miroir ardant qui
bruslera à vne distance certaine, aux rayons du Soleil. La mesme
composition pourra aussi seruir comme vne lunette de longue
veuë.

　4. On compose les grands miroirs concaues, principalement
le parabolique, auec vn plan de mesme grandeur ; l'hyperbolique
auec vn concaue parabolique plus grand ; & l'elliptique auec vn
conuexe parabolique moindre ; pour faire vn miroir qui par le
moyen d'vne seule chandelle , esclairera fort loing , & suffi-

famment pour lire comme de prés. La mefme chofe fe peut pratiquer auec le fpherique ; & encor auec plufieurs plans , mais non
pas fi parfaitement.

6. On peut faire de pareilles compofitions pour l'Echo ; mais
icy, les murailles peuuent feruir au lieu de miroirs ; dequoy nous
auons parlé dans nos autres œuures.

Ie laiffe vne infinité d'autres compofitions, admirables veritablement, mais longues, difficiles, & inutiles.

PROPOSITION VIII.

Expliquer quelques proprietez geometriques, tant des lignes droites qui ne
peuuent eftre en mefme plan , que de celles qui font perpendicu-
laires fur quelques fuperficies.

ENtre plufieurs propofitions de geometrie que noftre autheur demonftre pour feruir de lemmes aux demonftrations
de la Catoptrique, les plus confiderables font celles-cy.

1. Si deux lignes droites ne font pas en vn mefme plan, (fçauoir quand n'eftans pas paralleles , elles ne fe rencontrent pas,
quoy qu'elles foient continuées à l'infiny de part & d'autre) il
n'y a qu'vne feule autre ligne droite qui leur puiffe eftre perpendiculaire à toutes deux.

2. Cette perpendiculaire fera la plus courte ligne qui puiffe
eftre menée de l'vne à l'autre des deux premieres. Tellement
qu'elle monftre le lieu où ces deux lignes s'approchent le plus
l'vne de l'autre. Il appelle ce lieu, le croifement en puiffance.

3. Que fi ces deux premieres lignes font données de pofition,
cette perpendiculaire ou plus courte diftance ou croifement en
puiffance, le fera auffi ; ce qui fe conftruit & demonftre facilement.

4. De tous les plans qui peuuent paffer pour chacune de ces
deux lignes propofées , il n'y en a que deux qui foient paralleles
entre eux ; tous les autres s'entrecoupent deux à deux.

5. Aucune des communes fections de ces plans qui s'entrecoupent, n'eft iamais parallele à toutes les deux lignes propofées ;
mais à vne feule des deux au plus ; & le plus fouuent à aucune.

6. Que fi quelqu'vne des communes fections de ces plans, rencontre toutes les deux lignes propofées, ce fera en deux points differens, qui feront donnez , fi les deux lignes & cette commune fection font données de pofition.

7. Reciproquement, fi la commune fection de deux plans eft
rencontrée en deux points differens, par deux lignes droites, dont
l'vne foit dans l'vn des plans, & l'autre dans l'autre ; ces deux dernieres lignes ne pourront eftre en vn mefme plan , & ne fe rencon-

O ij

treront iamais, quoy qu'elles ne foient pas paralleles.

Touchant les fuperficies, & les lignes droites qui leur font perpendiculaires, nous pouuons raifonnablement en faire cinq
claffes.

1. La premiere claffe contient les feules fuperficies planes; qui
ont cette proprieté, que toutes les lignes droites qui leur font
perpendiculaires, font paralleles entre celles; ce qui eft prouué
en l'vnziefme liure d'Euclide prop. 6. Reciproquement, s'il y a
quelque fuperficie telle que toutes les lignes droites qui luy feront
perpendiculaires, foient paralleles entre elles; cette fuperficie fera plane. Ce qui fe prouue par deduction à l'abfurde: attendu
que quelque courbure qu'on pretende y eftre, les perpendiculaires ne feroient pas paralleles, contre la fuppofition.

2. La feconde claffe contient les feules fuperficies fpheriques
tant conuexes que concaues; defquelles toutes les perpendicula-
res concourent à vn mefme point qui eft le centre. Reciproquement toute fuperficie de qui toutes les perpendiculaires concourent à vn mefme point, eft vne fuperficie fpherique.

3. La troifiefme contient toutes les fuperficies defcrites à l'entour d'vn axe ou aiffieu qui foit vne ligne droite, & qui ne font pas
fpheriques. Pour les comprendre en general, il faut fe reprefenter vne figure plane telle qu'on voudra, dont le premier cofté foit
vne ligne droite, les autres à difcretion, ou lignes droites, ou courbes, ou partie droites & partie courbes, fans qu'aucune autre courbure en foit exceptée que la demie circonference de cercle; & fans
limiter aucun nombre de ces coftez, autrement qu'à la difcretion
de chacun; & entendre qu'vne telle figure plane tourne à l'entour
de la premiere ligne droite comme de fon aiffieu; lors les autres
coftez de la figure, en tournant, defcriront quelque fuperficie qui
fera celle dont nous entendons parler.

Or il eft clair qu'il y a vne infinité de genres & d'efpeces toutes
differentes de telles fuperficies; de mefme qu'il y a vne infinité de
figures planes qui les peuuent décrire. Comme les triangles defcriuent les fuperficies coniques; les parallelogrammes defcriuent
les fuperficies cylindriques; les autres figures rectilignes defcriuent d'autres fuperficies compofées de coniques, de cylindriques,
& de circulaires; les fections coniques defcriuent des fuperficies
de fpheroides, & de conoides; les autres figures defcriuent d'autres
fuperficies à l'infiny. Mais toutes ont cette proprieté, que fi vn
plan les coupe qui foit perpendiculaire à leur axe, il donnera pour
commune fection, auec chacune de ces fuperficies, vne circonference de cercle: que fi le plan coupant paffe tout le long de l'axe,
il donnera vne figure efgale & femblable à celle qui a defcrit la fuperficie. Et, ce qui regarde noftre fuiet, toutes les lignes droites
perpendiculaires à la fuperficie, eftans prolongées, rencontreront

l'axe, ou elles luy feront paralleles. Reciproquement, fi toutes les perpendiculaires d'vne fuperficie rencontrent vne mefme ligne droite, la fuperficie fera de cette troifiefme claffe, & la ligne droite en fera l'axe.

4. La quatriefme claffe contient toutes les fuperficies décrites par vne conference de cercle, quand le cercle fe meut de forte que fon centre eft porté le long d'vne ligne courbe quelle qu'elle puif-fe eftre, pourueu qu'en toute pofition du cercle elle foit perpendiculaire au plan du mefme cercle, en la façon que les lignes courbes peuuent eftre perpendiculaires aux fuperficies planes. Chacune fuperficie ainfi defcrite eft appellée vn boyau.

Il eft donc clair que comme il y a vne infinité de genres & d'efpeces de lignes courbes, il y a de mefme vne infinité de genres & d'efpeces de telles fuperficies, entre lefquelles font celles des anneaux. De toutes ces fuperficies, les lignes droites perpendiculaires prolongées comme de befoin, rencontrent toutes la ligne courbe qui fert comme d'axe au boyau.

5. La cinquiefme & derniere claffe contient toutes les autres fuperficies dont toutes les perpendiculaires ne concourent pas à vn mefme point ; ny ne rencontrent pas toutes vne mefme ligne, foit droite ou courbe ; ny toutes ne font pas paralleles entre elles. Il y en a vne infinité de fortes prefque toutes irregulieres ; c'eft pourquoy nous n'en parlerons pas dauantage.

Les demonftrations de tout ce que nous auons dit en cette propofition ne feront pas fort difficiles à ceux qui feront mediocrement verfez en Geometrie, ne dépendans que des 6. premiers, & de l'onziefme liure d'Euclide.

PROPOSITION VI.

Expliquer quelques proprietez notables des rayons reflechis par les miroirs.

LA plus notable & plus reguliere proprieté des miroirs, touchant les rayons refléchis, eft celle des miroirs plans, aufquels tous les rayons d'incidence qui viennent d'vn feul & mefme point de l'obiet, apres auoir efté reflechis, s'en retournét en s'écartant comme s'ils venoient tous directement d'vn autre feul & mefme point, & ce point eft derriere le miroir autant enfoncé que le point de l'obiet en eft efloigné en auant ; tous ces deux points eftans dans vne mefme ligne droite perpendiculaire au miroir : tellement que fi du point de l'obiet on abbaiffe vne perpendiculaire fur le plan du miroir continué s'il en eft befoin, & que cette perpendiculaire foit autant prolongée derriere le miroir qu'elle eft longue en deuant, on aura derriere le mefme miroir au bout de cette perpendiculaire prolongée, le point dont nous parlons, duquel femblent venir tous les rayons reflechis dont les rayons d'incidence ont efté produits par le point de l'obiet.

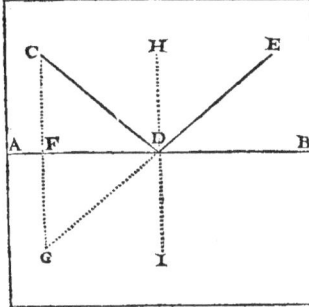

Comme fi le miroir plan eft A B, le point de l'obiet C, & tel rayon d'incidence qu'on voudra CD duquel le rayon de reflexion foit DE; l'angle d'incidence CDA, & fon égal l'angle de reflexion E D B eftans aigus: foit C F perpendiculaire au plan du miroir, laquelle foit prolongée de l'autre part vers G tant que FG d'vne part, foit égale à F C d'autre part. Ie dis que la ligne DE eft inclinée de mefme que fi elle venoit directement du point G. Car foit menée H D I perpendiculaire au miroir, & partant parallele à CG. & en mefme plan qu'elle, fçauoir dans le plan d'incidence FC D E: donc menant DG, elle fera auffi dans le mefme plan. Or par la 4. prop. du 1. l. d'Euclide, aux deux triangles CF D, & GFD, on demontrera que les angles CDF & G D F font efgaux; mais CDF eft égal à EDB par le 3. fondement. Donc GD F eft égal au mefme EDB, partant la ligne GD eft en mefme ligne droite auec DE, par la conuerfe de la 15. p. du 1. l. d'Euclide: ainfi DE vient comme du point G. Il en eft de mefme de toutes les autres.

La feconde proprieté entre les notables, appartient aux miroirs fpheriques tant conuexes que concaues: elle eft telle; Tous les rayons d'incidence produits d'vn mefme point de l'obiet, venans à eftre reflechis par vn miroir fpherique, ont l'vne de ces trois directions; fçauoir ou d'eftre paralleles au diametre de la fphere, lequel prolongé s'il en eft befoin, paffe par le point de l'obiet; ou de s'en retourner vers le mefme diametre, mais à diuers points; ou enfin, de s'efcarter comme s'ils venoient de diuers points. Et fpecialement, tous les rayons d'incidence qui tombent fur la circonference de quelque cercle perpendiculaire à vn diametre, fi apres eftre reflechis ils ne font paralleles à ce diametre; eftans prolongez de part ou d'autre, ils concourent tous à vn mefme point du mefme diametre. La demonftration eft plus longue que la precedente, mais non pas plus difficile: nous la laiffons aux ftudieux pour s'exercer.

Il arriue vne pareille proprieté aux miroirs qui n'ont qu'vn axe, mais elle n'eft pas vniuerfelle comme aux fpheriques, eftant re-

ſtrainte aux ſeuls points de l'obiet, qui ſont dans cét axe prolongé s'il en eſt beſoin.

Les proprietez ſuiuantes ſont plus vagues que les precedentes, mais elles ne ſont pas moins vtiles à la connoiſſance de la Catoptrique, à cauſe que comme elles, elles ſeruent à determiner le
lieu apparant de l'image exterieure, & ſon vnité ou multiplicité.

La Geometrie nous fait connoiſtre qu'il y a des miroirs qui
aprés auoir receu les eſpeces d'vn meſme point d'vn obiet par
les lignes d'incidence menées de ce point à diuers points du miroir, leſquelles lignes d'incidence, par conſequent, vont touſ-
jours en s'écartant depuis le point de l'obiet iuſques au miroir;
renuoyent les meſmes eſpeces par des lignes de reflexion qui
vont auſſi touſiours en s'écartant : tels que ſont tous les miroirs
plans, & conuexes; & encor les concaues, en certaine diſpoſition.

D'autres miroirs font ces lignes de reflexion paralleles, quoy
que celles d'incidence aillent en s'écartant : ſoit que toutes ces
lignes de reflexion deuiennent paralleles, ce qui eſt rare, & n'arri-
riue qu'aux ſeuls paraboliques concaues, & au ſeul cas auquel le
point de l'obiet eſt le foyer : ſoit que quelques-vnes ſeulement deuiennent paralleles, les autres s'écartans ou s'approchans : ce qui
n'arriue auſſi qu'aux ſeuls miroirs concaues, en certaine diſpoſitió.
Enfin, il n'arriue auſſi qu'aux ſeuls miroirs concaues de faire que
ces lignes de reflexion s'approchent; ſoit pour concourir toutes à
vn meſme point, ce qui eſt rare, n'appartenant qu'aux ſeuls elliptiques & au ſeul cas auquel le point de l'obiet eſt l'vn des foyers;
ſoit pour concourir à diuers points, ſçauoir quelques vnes à vn
premier point, d'autres à vn ſecond, d'autres à vn troiſieſme, &c.
ſoit qu'elles s'approchent ſeulement pour faire vn croiſement
en puiſſance, ſuiuant ce qui a eſté dit en la 8. propoſit. En tous
leſquels cas de concours ou croiſement, en effet, ou en puiſſance ſeulement, il arriue neceſſairement que les meſmes lignes,
apres ce croiſement, viennent à s'eſcarter à l'infiny.

Ainſi en general, tout miroir plan, conuexe, ou concaue, en
certaine diſpoſition du point de l'obiet, fait eſcarter les lignes
ou rayons de reflexion dn meſme point; peu, ſçauoir quelques
concaues, les rendent paralleles; & quelques-vns auſſi concaues,
les font s'approcher.

Or entre ces rayons reflechis, nous conſiderons principalement ceux qui s'eſcartent comme s'ils venoient directement
d'vn meſme point; car il n'y a que ceux-là qui deux à deux puiſſent eſtre en vn meſme plan, & qui puiſſent faire paroiſtre le
point de l'obiet en vn ſeul lieu, & partant vnique, lors qu'il ſera regardé des deux yeux à la fois dans le miroir qui fera la reflexion de ces rayons : & la propoſition ſuiuante fera voir que tous

les autres rayons, tant ceux qui ne se croisent qu'en puissance, que ceux qui sont paralleles, ou qui vont en s'approchant, ne peuuent produire cét effet.

Par les rayons reflechis qui s'écartent comme s'ils venoient directement d'vn mesme point, nous entendons, non seulement ceux qui tous viendroient comme d'vn seul & vnique point; mais encor ceux desquels deux ou plusieurs viendroient comme d'vn certain autre point; & ainsi d'vn troisiesme point, & d'vn quatriesme, &c. à l'infiny; quoy que tous en general, n'ayent qu'vn mesme point de l'obiet pour origine, & qu'ainsi tous les rayons d'incidence partent reéllement & de fait de ce point original, comme nous auons supposé au commencement de cette proposition.

Que si quelqu'vn demande s'il peut y auoir des miroirs autres que les plans, qui dressent ces rayons reflechis, comme si tous venoient d'vn mesme poinct; il sçaura que le miroir hyperbolique fait encor la mesme chose, quand le point de l'obiet est à l'vn des foyers; car soit qu'vn tel miroir soit conuexe ou concaue, si les rayons d'incidence viennent de l'vn des deux foyers, les rayons de reflexion s'en retournent tous comme s'ils venoient de l'autre foyer. Le miroir elliptique concaue est aussi de cette classe : car si le point de l'obiet est à l'vn des foyers, les rayons de reflexion s'assemblent premierement tous au second foyer, au partir duquel ils s'écartent à l'infiny, comme si tous venoient de ce second foyer par lequel ils ont passé reéllement & de fait.

Quant aux miroirs qui font escarter quelques rayons reflexis comme s'ils venoient d'vn certain point; quelques autres, comme s'ils venoient d'vn certain autre point; & ainsi d'vn autre point, & d'vn autre, à l'infiny; il n'y a que le miroir plan qui en soit excepté : & tous aussi, excepté le mesme plan, font des rayons reflechis qui ne se croisent qu'en puissance, sans se rencontrer iamais en effet, de quelque part qu'on entende qu'ils soient prolongez à l'esgard du miroir. Mais pour toutes ces differentes reflexions, il faut le plus souuent des differentes positions du point de l'obiet, ce que nous laissons à considerer aux amateurs de telles speculations.

PROPOSI-

PROPOSITION X.

Demonstrer quels sont les rayons reflechis qui font voir aux deux yeux à la fois considerez comme deux points, l'image exterieure d'vn point de l'obiet en vn seul lieu: & faire voir que ce lieu apparant est dans la section d'incidence, lors qu'il y en a vne; & qu'il se peut trouuer, supposé que le point de l'obiet, les deux points des yeux, & les deux points d'incidence ou de reflexion sur le miroir, soient donnez.

OR qu'il n'y aye que les seuls rayons reflechis qui tombans dans les yeux, vont en s'écartant comme s'ils venoient d'vn point, lesquels fassent voir aux deux yeux l'image exterieure d'vn point de l'obiet en vn seul lieu; & qne cét effet ne puisse estre produict ny par les rayons paralleles; ny par ceux qui en tombant dans les yeux, vont en s'approchant comme pour s'entrecroiser en effet ou en puissance; ny mesmes par ceux lesquels arriuans aux yeux vont en s'écartant, mais non pas comme s'ils venoient d'vn mesme point; c'est vne verité facile à demonstrer. Car posons, suiuant l'hypotese de cette proposition, que deux rayons reflechis venans l'vn à l'œil droit, l'autre à l'œil gauche, fassent voir l'image exterieure de ce point de l'obiet proposé, en vn seul lieu, c'est à dire en vn seul point; lors, par les 6 & 7 fondemens, & leur consequence, en la 5. propos. ce lieu doit estre dans chacun des rayons droit & gauche prolongé en auant vers le miroir, & outre, s'il en est besoin; & puis que le mesme lieu est vnique, il faut que ces rayons ainsi prolongez se rencontrent, autrement il paroistroit double, contre la supposition : partant puis que des yeux tirant vers le miroir, ces rayons vont en s'approchant comme pour concourir à vn point; il est clair qu'arriuans aux yeux, par mouuement contraire, ils vont en s'écartant comme s'ils venoient du mesme point: il est clair aussi que ni les rayons paralleles, ny les autres specifiez cy-dessus, ne peuuent concourir estans prolongez au deuant des yeux vers le miroir; & partant ils sont incapables de faire voir l'image exterieure d'vn point de l'obiet, en vn seul lieu.

Maintenant faisons voir que quand il y a vne section d'incidence, ce lieu apparant de l'image est dans cette section menée du point de l'obiet proposé, à l'esgard des deux yeux considerez comme deux points. Et pour ce faire, considerons les deux plans d'incidence qui en ce cas sont differens, & engendrent cette section, par sa definition qui est dans la 5. prop. l'vn pour l'œil droit & l'autre pour le gauche: il est clair que ces deux plans n'ont rien de commun entre eux que cette section d'incidence qui est leur commune section: & partant, que tout point qui sera commun à ces deux plans, sera dans cette ligne : or le point où se rencontrent les deux rayons de reflexion de l'œil droit, & du gauche, c'est à dire le lieu apparant de l'image exterieure, est commun à ces deux plans, puis que le rayon droit est tout dans le plan droict, & le rayon gauche est tout dans le plan gauche, par le premier fondement & sa consequence, & que ces deux rayons n'ont que ce

P

point de commun : donc ce mefme point ou lieu apparant de l'i-
mage exterieure, eft dans la fection d'incidence , qui eft ce que
nous voulions demonftrer ; & la demonftration eft vniuerfelle
pour tous les miroirs.

Nous auons mis cy-deffus vne reftriction touchant la fection
d'incidence , quand nous auons adioufté ces mots , Lors qv'il
y en a vne. Or vne telle reftriction eftoit neceffaire, veu qu'il
peut arriuer, que cette fection ne fe rencontrera point , fçauoir
lorsque les quatre principaux rayons, qui font les deux d'incidence & les deux de reflexion, feront tous en vn mefme plan, d'où il
arriuera que les deux plans d'incidence feront reünis en vn feul ,
fans fection d'incidence : toute-fois , le lieu apparant de l'image
exterieure du point de l'obiet fera toufiours au point du concours
des deux rayons de reflexion , prolongez en auant vers le miroir
tant qu'ils fe rencontrent. Voila pourquoy dans la 5. prop. nous
auons dit que cette fection d'incidence n'eft pas abfolument neceffaire, mais feulement vtile, pour faire l'office que les auteurs
attribuent vainement à la perpendiculaire d'incidence. Il eft vray
qu'aux miroirs plans & fpheriques , noftre fection d'incidence
eft vne mefme ligne auec cette perpendiculaire d'incidence ; ce
qui fait qu'en tous les plans, & en plufieurs cas des fpheriques, ce
lieu apparât de l'image fe trouuoit bien eftably par les auteurs dâs
leur perpendiculaire : mais dans les autres miroirs, mefmes aux
cas plus ordinaires des fpheriques, leur eftabliffement eftoit mal
fondé, & manquoit toufiours, finon que par rencontre fort rare,
noftre fection & leur perpendiculaire fe rencontraffent vnies en
vne feule ligne, & de plus, que les rayons de reflexion fuffent en
vn mefme plan ; ce qui eft facile à demonftrer en confequence de
ce qui a efté dit cy-deuant.

Maintenant , fuppofé que les principaux points foient donnez fçauoir le point de l'obiet, les deux yeux, & les deux points
d'incidence fur le miroir, il fera facile de trouuer le lieu apparant
de l'image exterieure en plufieurs fortes, dont celle-cy eft la plus
facile, & la plus affeurée.

Premierement, par les points donnez on menera comme il
faut, les deux lignes d'incidence & les deux de reflexion, & encor les deux plans d'incidence, qu'il fuffira de s'imaginer, & remarquer s'ils font differens, ou s'ils s'vniffent en vn. Si donc ils
font differens, il faut, par les regles de Geometrie, trouuer leur
commune fection qui fera la fection d'incidence , & prolonger
les rayons de reflexion tant qu'ils rencontrent cette fection ; &
s'ils la rencontrent en vn mefme point , ce fera le lieu apparant
de l'Image exterieure, mais s'ils la rencontrent en des points differens ; alors les rayons de reflexion ne feront pas en mefme plan,
mais fe croiferont puiffance ; partant l image ne paroiftra pas vnique, mais fe verra en diuers lieux ; & fi ces lieux font fenfiblement
éloignez l'vn de l'autre, ces images feront auffi fenfiblement dif-

ferens ; autrement , fi ces lieux font fort proches entr'eux , ces
images pourront affez fouuent fembler eftre confonduës en vne,
quoy qu'à la rigueur geometrique , elles foient diuerfes & feparées ; c'eft pourquoy il y aura quelque confufion en vne telle
forte de veuë , dont nous parlerons plus amplement en la propofition fuiuante : & en ce cas de confufion , le lieu apparant de
l'image exterieure , fera enuiron où eft le croifement en puiffance des deux rayons de reflexion , qui eft l'endroit ou ils ont le
moins de diftance entre eux, laquelle diftance , en ce cas , nous
fuppofons fi petite qu'elle eft comme infenfible , & partant elle
faict à peu prés le mefme effet à la veüe , que fi c'eftoit vn croifement actuel des rayons de reflexion qui fe rencontraffent en vn
mefme point. Que fi les plans de reflexion font vnis en vn mefme & vnique plan ; alors il fuffira de prolonger en auant, les deux
rayons de reflexion tant qu'ils fe rencontrent , s'ils le peuuent ; &
au point de leur concours ils donneront le lieu apparant de l'ima-
mage exterieure : autrement , fcauoir lors qu'ils ne peuuent concourir, l'image ne paroiftra pas vnique , mais elle fe verra en diuers lieux , chacun defquels fera determiné en la prop. fuiuante.

Cecy eft general en tout miroir ; mais en fpecial au plan , il fuffit
de prolonger l'vn des rayons de reflexion autant au delà du miroir
que fa ligne d'incidence eft longue. Comme en la figure de la 9.
propofition, prolongeant le rayon de reflexion ED vers G , tant
que DG foit efgale à fa ligne d'incidence CD , le point G fera le
lieu apparant de l'image exterieure du point de l'obiet C veu
de tant d'yeux qu'on voudra, par la reflexion du miroir plan A B.
Au miroir fpherique, fuppofant que tous les rayons d'incidence
d'vn mefme point de l'obiet veu dans le miroir, par tant d'yeux
qu'on voudra, tombent en la circonference d'vn mefme cercle
qui aye pour axe la ligne droite menée du point de l'obiet au
centre de la fphere , & pour pole, le point où cét axe rencontre
la fuperficie fpherique du miroir ; le mefme axe fera en mefme
temps la perpendiculaire & la fection d'incidence ; & tous ces
yeux enfemble, par la reflexion de tous ces rayons , ne verront
qu'vne feule image exterieure , dont le lieu apparant fera dans
la mefme fection d'incidence ; lequel lieu fe trouuera prolongeant vn feul des rayons de reflexion depuis l'œil iufques à cette fection : car quand on prolongeroit tous les rayons de reflexion venans des rayons d'incidence que nous venons de fpecifier, tous fe rencontreroient en ce mefme point de la mefme fection d'incidence : ainfi ce point trouué donnera le lieu de l'image.

Quant aux autres rayons d'incidence d'vn mefme point de
l'obiet , qui tombent fur la circonference de diuers cercles d'vn
miroir fpherique, leurs rayons de reflexion prolongez tant qu'on
voudra, ne fe rencontreront iamais tous en vn mefme point , mais
au plus , deux , trois , ou quatre ; ce qui fait que le plus fouuent ils reprefentent plufieurs images d'vn mefme point de l'ob-

iet, & en diuers lieux, dont nous parlerons dans la 13. propoſition.

Il y a auſſi des miroirs, ſçauoir generalement preſque tous les
concaues, par leſquels vn ſeul & meſme point de l'obiet enuoye
pluſieurs differens rayons de reflexion à vn ſeul & meſme œil; ce
qui eſt encor vne cauſe de la multiplication des lieux apparans
de l'image de ce point; dont il ſera auſſi parlé en la meſme 13. propoſition.

PROPOSITION XI.

*Determiner le lieu apparant de l'image exterieure d'vn point de l'obiet, veu
dans vn miroir par vn œil ſeul conſideré comme ayant vne grandeur ſenſible.*

POur l'éclairciſſement de cette propoſition, il faut remarquer que la nature a tellement formé l'œil, de tuniques &
d'humeurs differentes; & auec vn tel ordre, eu eſgard à la figure,
à la grandeur, à la diſtance, & à la ſituation de chacune, que
par leur moyen tous les rayons qui venans d'vn meſme point,
tombent ſur cét œil & paſſent par la prunelle, ſont rompus auec
tant de iuſteſſe, que quoy qu'ils allaſſent en s'écartant lors de
leur arriuée à l'œil, neantmoins apres cette refraction ils ſont
contraints de ſe reünir à vn meſme point au dedans de l'œil: ou ſi
cette reünion ne ſe fait à vn meſme point preciſement & geometriquement, elle en approche ſi prés, & l'eſpace où ces rayons
s'approchent le plus, eſt ſi petit, que parlant ſenſiblement, il peut
paſſer pour vn point Phyſique. I'entends vn œil bien formé, tel
que l'ont ordinairement ceux que nous diſons auoir l'œil bon:
quant aux autres qui ont quelque vice, nous en dirons deux mots
cy-aprés. De plus, à ce point de reünion, la meſme nature a eſtabli le lieu de la principale partie de l'œil, pour l'action de la veuë;
ſçauoir, ſelon l'opinion la mieux receuë, cette tunique appellée
vulgairement la retine, ſur laquelle, comme ſur vn tableau, ſont
imprimez tous les points de reünion appartenans à chacun point
de l'obiet, en meſme ordre & diſpoſition, (ou fort prés) qu'ils ſe
rencontrent dans le meſme obiet, ſuiuant qu'il eſt expoſé à la veuë,
eu eſgard aux loix de la Perſpectiue: ainſi tous ces points enſemble forment ſur cette tunique l'image exterieure ou ſenſible de
l'obiet, qui par l'entremiſe des nerfs, eſt apperceuë de l'ame,
pour en eſtre conſiderée ſuiuant le beſoin. Dauantage, pour ce
que les obiets ne ſont pas tous à vne diſtance de l'œil, les vns en
eſtant ſouuent fort proches, d'autres tres eſloignez, & d'autres
mediocrement; d'où il arriue, par les loix de la refraction, que le
point de reünion des rayons rompus dans l'œil, eſt quelque-fois

plus enfoncé dans le mefme œil , (fçauoir aux obiets plus proches) & quelques-fois moins ; (fçauoir aux obiets plus efloignez)
il arriueroit auffi que fi la principale tunique qui doit receuoir
tous les points de reünion, demeuroit toufiours ftable dans l'œil,
auec vn enfoncement qui fuft toufiours immuable, elle ne receuroit pas toufiours les rayons en leurs points de reünion , mais
trop toft ou tard, ce qui cauferoit de la confufion : pour obuier à
cét inconuenient, cette fçauante mere la nature a fait cette principale tunique mobile , luy donnant la faculté de s'auancer ou
s'enfoncer dans l'œil plus ou moins, felon le befoin, pour receuoir ces rayons en leurs points de reünion , precifement , ou au
plus prés que faire fe pourra : & tout œil qui n'a point cette faculté, comme il arriue aux vieillards, qui d'ordinaire l'ont perduë,
ne peut pas s'accommoder à toute forte de veuë ; c'eft pourquoy
il a befoin de lunettes pour corriger vn tel defaut.

Or quoy que ce mouuement de la principale tunique, par lequel elle s'auance vn peu plus vers le dehors de l'œil pour les obiets efloignez, & s'enfonce vn peu dauantage vers le dedans, pour
les obiets plus proches, ne foit pas arbitraire, c'eft à dire, que la
faculté qui caufe ce mouuement, ne foit pas fuiette à l'Empire
Defpotique de la volonté, agiffant feulement par neceffité, fuiuant le befoin, & le plus fouuent fans la connoiffance de l'animal;
neantmoins l'ame s'apperçoit des effets d'vn tel mouuement, &
reconnoift par vne longue habitude, qu'il faut quelque changement en la difpofition de l'œil, pour voir les obiets dans ces differens éloignemens ; quoy que cette reconnoiffance ne foit fimplement qu'habituelle & fans aucune reflexion du raifonnement.
Quiconque voudra s'en éclaircir ; qu'il regarde fixement durant
vn affez long-temps, vn obiet efloigné, foit des deux yeux, ou
d'vn feul ; puis tout foudain, qu'il regarde vn obiet proche, comme vn liure pour le lire ; il ne verra fur le champ que de la confufion, pour ce que la principale tunique fera trop auancée vers le
deuant de l'œil pour cét obiet prochain , eftant difpofée pour le
premier plus efloigné ; mais petit à petit, cette tunique fe renfon-
çant, la confufion ceffera, & il pourra lire ; que fi apres auoir leu
quelque temps , il tourne foudain l'œil vers fon premier obiet, il
ne le verra d'abord que confufement, pour ce que la mefme tunique fera trop enfoncée pour vne telle veuë, mais elle s'y accom-
modera bien-toft. Ce mouuement eft vne des caufes qui nous
font iuger de la diftance des obiets qui font proches ou peu efloignez ; car pour ceux qui le font beaucoup, il ne nous fait connoiftre autre chofe finon qu'ils font fort efloignez, fans iuger autrement de la diftance, s'il n'y a d'autres moyens, comme fi on def-
courre vn grand païs entre l'œil & l'obiet ; fi cét obiet paroift petit, encor que d'ailleurs nous fçachions qu'il foit grand; & ainfi des

autres moyens de connoiftre les diftances , qui font enfeignez
dans l'Optique. Mefmes les vieillards qui ont perdu la faculté
d'vn tel mouuement , s'apperçoiuent neantmoins de l'efloignement de l'obiet, quand ils le voyent clairement; & de fa proximité,
quand ils le voyent confufement : à caufe que par le defeche-
ment des humeurs, ayans l'œil plus plat , la tunique s'auance trop
vers le dehors pour les obiets proches,& fouuent mefmes pour les
plus efloignez , & alors ils deuiennent comme aueugles. Aux gros
yeux & fort profonds, il arriue fouuent le contraire: c'eft à dire que
la principale tunique eft fouuent trop enfoncée, ainfi ils voyent
mieux de prés que de loin; & quelque-fois elle ne fe peut affez aduancer, ce qui eft caufe que mefmes tout prés, ils ne voyent que
confufement. De là vient auffi qu'à de tels yeux trop gros il faut des
lunettes concaues; au contraire des yeux plats des vieillards, aufquels il en faut des conuexes.

   Cela pofé, il eft facile de reduire cette propofition à la precedente. Car puis que chacun œil feul ne voit diftinctement vn feul
point de fon obiet dans vn miroir, que quand tous les rayons de
reflexion de ce point viennent au mefme œil comme s'ils partoient tous d'vn feul autre point; il eft clair qu'il ne faut que trouuer cét autre point d'où ces rayons de reflexion femblent partir;
car ce point fera le lieu apparant de l'image exterieure du point de
l'obiet dont il s'agift.

   Partant eftans donnez le point de l'obiet, le miroir, & l'œil de
quelque grandeur fenfible; on prendra dans cette grandeur de
l'œil, deux poincts fenfiblement efloignez l'vn de l'autre; &
auec ces poincts on fera de mefme que fi c'eftoient deux yeux
confiderez comme deux poincts, en la propofition precedente;
c'eft à dire que fuiuant la nature du miroir, il faudra trouuer fur
fa furface les deux poincts d'incidence appartenans aux deux
points oculaires; ainfi on aura les deux rayons de reflexion, lefquels
on prolongera en deuant tant qu'ils fe rencontrent, s'ils le peuuent, & à ce point de rencontre fera le lieu apparant de l'image exterieure: car en fuite de ce qui a efté dit, il faudra que pour voir
cette image, l'œil & fa principale tunique fe difpofent comme
pour regarder vn obiet qui feroit en ce mefme lieu de rencontre. Que fi les deux rayons de reflexion prolongez ne fe rencontrent pas, eftans en diuers plans, ou paralleles, ou s'écartans; la
veuë en ce cas, ne pourra eftre bien claire & diftincte, mais confufe; & ce d'autant plus, que ces rayons feront plus efloignez l'vn
de l'autre; mefmes, parlant geometriquement & à la rigueur, ils
reprefenteront le point de l'obiet en diuers lieux.

   Il eft donc clair que ce que nous auons dit en fpecial du miroir
plan & du fpherique , dans la propofition precedente, eft encor
vray dans celle-cy, & pour les mefmes raifons ; c'eft pourquoy
nous n'en ferons aucune repetition.

PROPOSITION XII.

Du lieu apparant de l'image exterieure de l'obiet entier. De la confusion de
la veuë. Et du point d'incidence.

AYant expliqué le lieu apparant de l'image exterieure de chacun point d'vn obiet ; il ne sera pas difficile de determiner
le lieu apparant de son image entiere ; i'entends l'image de toute
cette partie de l'obiet qui est exposée au miroir, de sorte qu'en receuant les rayons d'incidence, il les peut reflechir à l'œil ; attendu
que le miroir ne reflechit rien de ce qui luy est caché. Car comme
l'obiet qui est exposé à l'œil en la veuë directe, forme son image interieure & sensible sur la principale tunique, par le moyen des
rayons qui sont enuoyez directement de tous les points de l'obiet,
& receus sur la mesme tunique, chacun en son ordre, eu esgard
aux loix de la Perspectiue : de mesme, en la veuë de reflection, l'i-
mage exterieure & sensible de l'obiet est formée sur cette tunique par le moyen des rayons qui estans enuoyez de tous les points
de l'obiet sur le miroir, sont reflechis par le mesme miroir, & receus
dans l'œil sur la mesme tunique, chacun en son ordre, eu esgard
aux loix, tant de la Perspectiue que de la Catoptrique ; auquel lieu
ils forment cette image interieure & sensible ; soit qu'elle soit
conforme à son obiet, ou difforme, suiuant l'espece du miroir
qui peut souuent causer de grands changemens en la conformité ou difformité de l'image auec le mesme obiet.

Cela posé, si on trouue, par les deux propositions precedentes, hors l'œil, le lieu apparant de l'image exterieure de chacun
point de l'obiet veu dans vn miroir, tous ces lieux ensemble representeront hors le mesme œil, & à quelque distance de luy, le lieu
total de l'image exterieure entiere de l'obiet, suiuant les loix ci-
tées cy-dessus, & auec la conformité ou difformité requise par les
mesmes loix.

Or quoy qu'en la veuë actuelle, cette image auec toutes ses cir-
constances, paroisse comme en vn instant, & toute à la fois : neantmoins ce ne seroit pas vne petite entreprise, de vouloir par la science ou par l'art, assigner actuellement le lieu apparant de chacun
point ; tant pour ce que ces points sont infinis, que pour ce que
l'espece du miroir peut est telle, qu'elle y apporteroit vne grande difficulté par sa forme. Il n'y a que le miroir plan qui soit exempt
d'vne si difficile recherche ; à cause qu'en vn tel miroir, chacun
rayon de reflection, estant prolongé directement au delà du miroir, autant que son rayon d'incidence est long du miroir à l'obiet, donne au bout du prolongement le lieu apparant de chacun
point, comme il a desia esté dit en la 10. proposition. Nostre in-

tention donc, n'eft pas icy d'enfeigner vne pratique qui feroit
trop difficile, & inutile; mais feulement de donner la connoiffance de la verité touchant le lieu apparant des images exterieures. Que fi on veut en quelque forte reduire cette theorie en pratique, il fuffira de trouuer les lieux apparans des images exterieures des principaux points de l'obiet; fçauoir de fes extremitez, &
des plus confiderables parties du milieu; ce qui ne fera pas fi difficile, & neantmoins capable de reprefenter l'image affez parfaitement.

Touchant les caufes de la confufion qui arriue fouuent en la
veuë, foit directe, foit par reflexion, ou par refraction; on peut
par les propofitions precedentes, en auoir remarqué les principales caufes: i'entends parler de cette confufion qui peut furue-
nir quoy que l'obiet aye toutes les conditions requifes en ce qui
regarde fa diftance, fa grandeur, fon illumination, fon opacité,
& la tranfparance du milieu par lequel il enuoye fes efpeces.

En la veuë directe donc, ces conditions eftans pofées, il n'y
peut arriuer de confufion que par le vice, ou par l'indeuë difpofition de l'organe, c'eft à dire de l'œil, qui pourra eftre trop plat,
ou trop profond; de forte que la principale tunique ne pourra
eftre placée dans vne iufte diftance; mais où elle fera trop prés de
la furface exterieure de l'œil, où elle fera trop enfoncée; d'où arriuera la confufion dont nous auons parlé au commencement
de la propofition precedente. Dauantage, l'œil peut eftre trou-
blé, ou coloré de couleurs eftrangeres, comme il arriue aux Icte-
riques. Adiouftez à cela, que la fociecé naturelle des yeux peut
eftre empefchée par violence, ou par maladie; ce qui feul peut
caufer de la confufion.

En la veuë de reflexion ou de refraction, outre les caufes de
confufion dont nous venons de parler, qui y peuuent auffi auoir
lieu; la forme du miroir, ou de la lunette, peut auoir fes caufes
particulieres, qui feront que les rayons de reflexion, ou de refraction qui viendront à l'œil, ne concoureront pas à vn mefme
point eftans prolongez au deuant de l'œil, quoy que tous viennent d'vu mefme point de l'obiet: d'où il eft neceffaire qu'il naif-
fe de la confufion: ce qui a efté affez expliqué en la propofition
precedente.

Il eft pourtant à remarquer que les miroirs plans fimples n'ont
d'eux mefmes à caufe de leur forme, aucun principe de confufion: & partant s'il y en arriue, il faut qu'elle vienne ou de
l'obiet, oude l'œil, ou bien du milieu par où paffent les efpeces.

Enfin, pour ce qui regarde le point d'incidence auquel le miroir eft rencontré par l'efpece d'vn point de l'obiet, pour de là
eftre renuoyée à l'œil; comme il eft tres facile à trouuer en la veuë
                                            actuelle,

actuelle, c'est à dire lors que l'obiet, le miroir & l'œil sont presens & arrestez en leurs propres places, auec toutes les conditions requises pour bien voir, ce point s'offrant comme de soy-mesme au sens, qui le descouure & le remarque sans peine: par vn sort contraire, il est souuent fort difficile à donner scientifiquement par les regles de la geometrie. Car hors le miroir plan, auquel ce probleme se rencontre aussi plan, & sans difficulté, auec vne solution vnique pour chacun point vnique de l'obiet, l'œil estant aussi vnique & representé comme vn seul point; il n'y a presque aucun autre miroir auquel ce mesme probleme ne soit solide, ou lineaire; & souuent auec plusieurs solutions.

Nostre Geometre en a fait l'analyse, & la composition pour les miroirs spheriques, pour les cylindriques, pour les coniques, pour les spheroides, pour les paraboliques, & pour les hyperboliques: mais ces recherches sont trop particulieres, & d'vne Geometrie trop profonde pour ce lieu cy auquel nous ne pretendons traiter la reflexion qu'en general, laissans ces particularitez à éclaircir aux grands Geometres, qui sans doute, ne les trouueront pas indignes de leurs speculations.

PROPOSITION XIII.

Quels miroirs representent l'obiet en plusieurs lieux, multiplians le nombre de ses especes.

NOvs entendons icy parler de la seule augmentation du nombre des especes d'vn mesme & vnique obiet; par le moyen de laquelle augmentation, cét obiet est representé en deux, trois, ou plusieurs lieux differens, par vn mesme miroir; & non pas de l'augmentation par laquelle vne mesme espece est renduë plus grande & plus estenduë, ce que nous reseruons pour la 15. proposition.

En general, le principe de la multiplicité des especes d'vn mesme obiet, dépend de deux chefs. L'vn est la multiplicité des yeux, & conuient tant à la veuë directe, qu'à celle de reflexion, & à celle de refraction. L'autre chef est la forme du miroir, ou de la lunette, & ne conuient qu'à la Catoptrique, & à la Dioptrique.

Quant au premier chef, il faut sçauoir que chacun animal qui a deux yeux (s'il s'en trouuoit qui en eussent plus de deux, il arriueroit le mesme à proportion, que ce que nous dirons) bien disposez & en vne bonne assiete pour considerer vn mesme obiet des 2. à la fois, s'accoustume par habitude, à vne certaine situation telle que toutes & quantesfois qu'elle se rencontre aux mesmes yeux, il iuge que son obiet est vnique, quoy que chacun œil reçoiue vne espece differente de celle que reçoit l'autre: cette situation ou disposition

Q

yeux est appellée d'ordinaire la societé naturelle des mesmes yeux;
& chacun de tels animaux, particulierement l'homme, possede
vne faculté par laquelle il peut au besoin, dresser ses yeux pour les
accommoder à vne telle disposition, toutes les fois qu'il les veut ar-
rester tous deux à la consideration d'vn mesme obiet: & par la mesme faculté il les maintient souuent vn longtemps en cet estat: mesmes, il peut les tourner tous deux ensemble, & les pourmener par
toutes les parties de son obiet, sans alterer sensiblement cette societé naturelle; ce qui fait qu'il ne voit tousiours qu'vn mesme
obiet, quand cét obiet est vnique reéllement & de fait. Mais la
mesme societé peut estre empeschée en plusieurs manieres; sçauoir par violence, par foiblesse ou maladie, par trop de vin, ou autrement; & tels accidens font assez souuent paroistre double l'i-
mage d'vn obiet vnique; & d'autant plus que les yeux s'écartent
loin de leur societé naturelle, d'autant plus les deux images du
mesme obiet, paroissent esloignées l'vne de l'autre. Ce chef comme nous auons dit, est general en toutes les trois veuës; & nous ne
l'auons rapporté icy que pour ce qu'il peut auoir lieu dans la Catoptrique.

   Pour l'intelligence du second chef, en tant qu'il regarde la Catoptrique, où la forme du miroir peut multiplier en plusieurs lieux
l'espece d'vn seul & vnique obiet, mesmes à l'esgard d'vn seul œil;
il est certain que si la forme d'vn miroir est telle, que de tous les
rayons d'incidence qui viennent d'vn mesme point de l'obiet, &
tombent sur diuers points du miroir, deux, trois, ou plusieurs de
ces rayons, apres leur reflexion, se reünissent en vn mesme point
hors le miroir; posant l'œil à ce point de reünion, cét œil receura
ces diuers rayons de reflexion, qui venans de diuers lieux sensiblement esloignez l'vn de l'autre, representeront diuerses images exterieures, en autant de lieux diuers, quoy qu'elles soient produites d'vn mesme point de l'obiet: car il est clair en ce cas, qu'à prendre de l'œil tirant vers le miroir, & plus loin s'il en est besoin, ces
rayons de reflexion vont tousiours en s'écartant vers diuers lieux,
ausquels, & en chacun d'eux, l'image exterieure semble estre; &
partant elle paroist estre multipliée, par le 5 fondemét de la 5. prop.

   Or qu'il y aye des miroirs d'vne telle forme, c'est vne chose no-
toire, par les demonstrations tirées de la Geometrie: & il n'y en a
presque point de concaues qui n'ayent cette proprieté; iuques là
que plusieurs d'entre eux font reflechir à vn mesme point hors le
miroir, vne infinité de rayons qu'ils reçoiuent d'vn mesme point
de l'obiet, & ce en certaine situation du mesme obiet; car en vne
autre situation, ils ne feront concourir à vn mesme point qu'vn
nombre determiné de ces rayons reflechis, sçauoir 2, 3, 4, ou plus,
selon la forme & la nature du miroir; de quoy nous auons desia dit
quelque chose en la 9. prop.

Mais il faut remarquer que les miroirs plans & conuexes n'ont point cette proprieté ; c'est à dire qu'en de tels miroirs, les rayons qui viennent d'vn mesme point de l'obiet, apres estre reflechis, vont tousiours en s'écartant, & ne concourent iamais ensemble, ny deux ny plusieurs, estans prolongez en dehors vers le regardant : partant ils representent tousiours l'obiet vnique à vn œil seul consideré comme vn point.

Que si la societé naturelle des yeux n'est point empeschée, nous raisonnerons des deux yeux comme d'vn seul : mais si elle l'est, les obiets doubleront ; chacun œil representant à la fantasie, son image en vn lieu different de l'autre. Ainsi ce qu'vn miroir ne representoit que simple à vn œil, sera representé double aux deux yeux : ce qu'vn miroir representoit double à vn œil, paroistra quadruple aux deux, &c. Et dans cette multiplicité il arriue quelquefois que deux images se reünissent en vne ; & ainsi quatre ne paroissent que trois : six ne paroissent que cinq, quatre, ou trois, &c. ce qui iroit à vne consideration infinie.

Dauantage, ce que nous venons de dire se doit entendre des miroirs qui ne reflechissent que d'vne seule superficie : car ceux qui reflechissent de deux superficies, comme nos miroirs communs de crystail, chacune superficie faisant son effet, comme vn miroir simple ; il arriuera encor de la multiplicité pour ce chef, comme nous auons desia dit ailleurs ; & l'effet en sera d'autant plus sensible, que plus la glace sera espaisse, & que l'obiet y sera regardé plus obliquement : & encor bien plus, si les deux superficies d'vn tel miroir ne sont pas paralleles ; ce qui causera bien des accidens assez remarquables, que nous laissons à considerer aux plus curieux.

Ce qui a esté dit d'vn point de l'obiet, peut estre facilement entendu de tous les points du mesme, & partant de l'obiet entier : mais souuent, en cas de multiplicité de l'image entiere d'vn tel obiet, ces images se confondent plusieurs en vne, soit du tout, ou en partie ; principalement si l'obiet & le regardant sont proches du miroir ; dequoy les causes ne sont pas difficiles à comprendre, en suite de ce que nous auons dit.

PROPOSITION XIV.

Quels miroirs font paroistre l'image exterieure de l'obiet au dedans ou au dehors d'eux mesmes : droite, ou renuersée.

NOus disons qu'vn miroir fait paroistre l'image exterieure de l'obiet au dedans du mesme miroir, quant à l'esgard du regardant, cette image est plus esloignée que le miroir, qui par consequent se trouue placé entre l'œil qui voit, & le lieu apparant

de l'image exterieure qui est veuë. Au contraire, nous disons qu'vn
miroir fait paroistre hors de soy l'image exterieure d'vn obiet,
quand le lieu apparant de cette image, est entre le miroir & l'œil
qui voit. La premiere de ces deux sortes de veuës qui fait paroistre
l'image exterieure plus esloignée que le miroir, estant fort commune, ne cause point d'admiration: mais la seconde, où l'image
exterieure paroist en l'air entre le miroir & le regardant, est admirée quasi le tout ceux à qui elle arriue, comme vne chose extraor-
dinaire dont ils ignorent la cause.

En general, pour faire cette apparance, il faut vn miroir qui
ayant receu plusieurs rayons d'incidence d'vn mesme point de
l'obiet, renuoye ces rayons par reflection, vers vn mesme point,
soit precisement & geometriquement, soit fort prés & physiquement; de sorte que sensiblement parlant, les rayons de reflexion
concourent à vn mesme point entre le miroir & le regardant : car
par ce moyen, il arriuera que ces mesmes rayons, apres auoir passé par ce point de concours, s'écarteront de rechef tirant vers l'œil
du regardant qui venant à les receuoir, sera obligé, pour les considerer, de se disposer de mesme que si tous partoient reéllement,
& de fait de ce point de concours, & que le point de l'obiet y
fust; ainsi, par tout ce qui a esté dit & repeté tant de fois cy-deuant,
le lieu apparant de l'image exterieure: du point de l'obiet dont il
s'agist, sera à ce point de concours, quoy que peut-estre l'obiet en
soit fort esloigné : puis que, par nos maximes precedentes, & pour
les consequences que nous en auons déduites, ce lieu apparant est
celuy vers qui l'œil du regardant est dressé & arresté. Et tous les
autres points de l'obiet, faisans le mesme, chacun selon sa disposition, eu esgard aux loix de la Perspectiue, & à la forme du miroir; il pourra arriuer que tous seront representez en apparance,
entre l'œil & le miroir, & qu'ainsi le lieu apparant de l'image exterieure entiere, sera en l'air au mesme lieu, non sans l'admiration
de plusieurs.

Ce que nous venons de dire est à l'esgard d'vn œil seul: mais il
est certain que l'apparance est bien plus sensible à l'égard des
deux: en quoy pourtant il ne suruient aucune nouuelle difficulté
à expliquer: car comme de tous les rayons de reflexion qui ont
passé par vn mesme point de concours, & qui en suitte sont allez
en s'écartans, vne partie est tombée sur l'œil droit, pour exemple;
à mesme droit & pour mesme raison, vne autre partie peut tomber
sur le gauche; & ainsi tous les deux yeux sont obligez de se dresser vers ce mesme point pour bien receuoir & considerer ces rayons; & partant ce point sera le lieu apparant de l'image exterieure du point de l'obiet dont il s'agist: & tous les autres points de
l'obiet faisans le mesme, nous raisonnerons de l'image entiere,
comme cy-dessus.

En deux mots, le lieu apparant de l'image exterieure d'vn point d'vn obiet, en toutes sortes de veuës, droite, reflechie, & rompuë; tant pour vn œil seul, que pour les deux, estant le point ou les rayons qui tombent sur les yeux concourent en effet ou en puissance, immediatement au deuant des yeux; (c'est à dire que quand il y auroit plusieurs points de concours on doit prendre celuy qui est le plus proche des yeux & au deuant d'eux) si en la Catoptrique ce point est au delà du miroir, le lieu apparant de l'image exterieure, sera aussi au delà du miroir: mais si ce point est entre les yeux & le miroir, l'image exterieure paroistra aussi en l'air entre les yeuy & le miroir.

Ce que dessus estant expliqué en general, il sera facile de distinguer en particulier, quels miroirs ont la forme propre pour representer les images des obiets au dedans ou au dehors des mesmes miroirs; pour quoy on aura recours à la 9. prop. de ce traité, qui enseigne que tous les miroirs plans & conuexes renuoyent les rayons de reflexion en s'écartant; & partant les mesmes rayons ne peuuent concourir qu'en puissance, estans prolongez au deuant de l'œil iusques au delà du miroir: ainsi ils ne representent iamais l'image exterieure de l'obiet qu'au dedans d'eux mesmes; c'est à dire que cette image paroist tousiours plus esloignée de l'œil que le miroir mesme; puis qu'elle paroist estre à ce point de concours. Les miroirs concaues font le mesme en certaine disposition de l'obiet & de l'œil: mais en quelques autres dispositions, ils font que les rayons de reflexion, au partir du miroir, vont en s'approchant, dont quelques-vns concourent, soit Mathematiquement ou Physiquement, & aprés ce concours, vont de rechef en s'écartans: posant donc les yeux en estat de receuoir ces rayons, lors qu'aprés leur concours ils sont écartez, il est certain que le point de concours sera entre les yeux & le miroir, auquel lieu paroistra estre l'image exterieure. D'où il est clair qu'il n'y a que les seuls miroirs concaues qui puissent causer vne telle veuë, laquelle mesmes, ils ne font pas tousiours, mais seulement en vne certaine disposition des yeux & de l'obiet.

Touchant cette disposition des yeux & de l'obiet aux miroirs concaues qui sont capables de representer l'image exterieure au dedans ou au dehors d'eux mesmes; nous dirons seulement en general, que pour representer cette image en dehors, l'obiet doit estre plus esloigné du miroir que pour la representer en dedans: il en est de mesme des yeux: Quant au particulier, il n'y a point d'ordinaire de distance limitée ou precise, sinon celle qui limite l'endroit iusques où l'image exterieure paroist en dedans du miroir; de sorte que tant que l'obiet sera entre cét endroit & le miroir, l'image exterieure de cét obiet paroistra estre au dedans du mesme miroir: mais si au contraire l'obiet se trouue plus

esloigné du miroir, l'image exterieure paroiſtra en dehors, entre
le miroir & l'œil du regardant. Or cet endroit eſt ordinairement
eſtendu par toute vne ſuperficie, ce que les Geometres appellent
vn lieu ſuperficiel, dont la conſideration eſt d'vne trop ſubtile &
trop profonde Geometrie pour ce traité.

Sur le ſuiet du renuerſement des images, cauſé par les miroirs,
On remarquera qu'à cauſe que le rayon d'incidence & ſon rayon
de reflexion, font au point d'incidence vn angle; de ſorte, que ſi
ces deux rayons eſtoient prolongez au delà du miroir, ils ſe croiſe-
roient, il eſt neceſſaire que tous les miroirs faſſent quelque renuerſement, ſoit de la droite à la gauche, ſoit du haut au bas : mais
il y a des occaſions où ces renuerſemens ſont bien plus remar-
bles qu'en d'autres : nous en remarquerons donc quelques-vns,
qui pourront ſuffire pour donner occaſion aux curieux de conſiderer les autres.

Tout miroir plan auquel l'obiet eſt parallele, fait l'image renuerſée de droite à gauche : c'eſt ce qui arriue continuellement à
ceux qui s'y mirent : car quoy que leur image exterieure repreſente vne autre perſonne toute ſemblable à eux meſme, qui les regarde face à face, faiſant les meſmes geſtes qu'eux, toutefois s'ils y
prennent garde, cette image fera de la gauche, ce qu'eux font
de la droite : & s'ils ont quelque marque en la partie droite, comme en la ioüe pour exemple, cette image ſemblera auoir vne pareille marque en la ioüe gauche &c. Mais cette apparance eſt
plus ſenſible par le moyen de l'écriture, qui eſtant expoſée à vn
miroir plan, fait voir dans ce miroir vne autre écriture dont chacune lettre eſt à rebours, iuſtement comme vne forme d'impreſſion preſte à mettre ſous la preſſe; de ſorte qu'on ne la peut lire,
ſi on n'eſt accouſtumé comme les Imprimeurs, à cette ſorte de
lecture. Reciproquement, vne forme d'impreſſion ou vne eſcriture faite de meſme à rebours, eſtant expoſée à vn miroir plan,
paroiſtra dans le miroir redreſſée à l'ordinaire & facile à lire.

Que ſi vn obiet eſt perpendiculaire à vn miroir plan, cét obiet
paroiſtra renuerſé de haut en bas à l'eſgard du meſme miroir :
comme il arriue aux arbres & aux hommes qui ſont ſur le bord des
eſtangs, riuieres &c.

Ce que nous venons de dire des miroirs plans, conuient à peu
prés de meſme à tous les autres miroirs qui repreſentent l'image exterieure de l'obiet au dedans d'eux meſmes.

Mais aux miroirs concaues conſiderez en la diſpoſition où ils
repreſentent l'image exterieure au dehors, entre eux & les yeux
du regardant; il arriue qu'à cauſe du croiſement des rayons de
reflection lequel ſe fait au concours des meſmes rayons, au
lieu apparant de l'image exterieure, cette image paroiſt renuerſée de haut en bas; ce qui ſe voyant en l'air comme nous auons

dit, augmente encor l'admiration des spectateurs.

Toutes ces apparances se diuersifient infiniment, selon les diuerses situations des yeux & de l'obiet à l'esgard du miroir: mais
le destail en seroit trop long, & peut estre ennuyeux; c'est pourquoy nous le laissons à ceux qui ont assez de patience, de connoissance, & de loisir.

PROPOSITION XV.

Quels miroirs augmentent ou diminuënt; font paroistre l'image bien ou mal-
ordonnée; & conforme à son obiet, ou difforme.

NOvs disons qu'vn miroir (entendez la mesme chose d'vne
lunette) augmente vn obiet, quand l'image exterieure qu'il
nous en fait paroistre, se montre plus grande que ne se montre-
roit l'obiet mesme, s'il estoit au lieu apparant de l'image, sans changer l'œil : le contraire se doit entendre de la diminution : & en
cette occasion l'ame assied son iugement sur la grandeur de l'image interieure qui est formée dans l'œil sur la principale tnique,
ayant esgard à la distance depuis le mesme œil iusques au lieu apparant de l'image exterieure representée par le miroir au dedans
ou au dehors de luy mesme: car si l'image interieure occupe vne
plus grande partie de la tunique qu'elle ne deuroit, eu esgard à
la distance susdite, il est sans doute que l'ame iugera l'obiet plus
grand qu'il n'est en effet, & sera trompée, si elle n'est redressée
d'ailleurs : elle fera vn contraire iugement, par vne apparance
contraire ; c'est à dire lors que l'image interieure occupera vne
moindre partie de la principale tunique, qu'elle ne deuroit eu esgard à la distance specifiée cy-dessus.

Aux miroirs plans cette augmentation ou diminution n'a point
de lieu; & l'image exterieure de quelque obiet que ce soit, representée derriere le miroir aussi enfoncée que l'obiet en est esloigné en deuant, paroist iustement de mesme grandeur que paroistroit l'obiet mesme, s'il estoit transporté en la place de l'i-
mage exterieure, l'œil le regardant directement sans changer
de lieu.

Aux miroirs conuexes l'image exterieure paroist diminuée pour
deux raisons; l'vne est que cette image est reflechie par vne bien
petite partie du miroir, c'est à dire que cette partie est bien moindre qu'elle ne seroit si le miroir estoit plan, tout le reste estant pareil en ce qui regarde l'éloignement de l'œil & de l'obiet: l'autre
raison est que le lieu apparant de l'image exterieure est bien moins
enfoncé au dedans des miroirs conuexes que des plans ; ainsi cette image exterieure paroist estre plus proche de la veuë par les
conuexes: Partant, puis qu'vne telle image est diminuée en ef-

fet par le miroir, & que toute petite qu'elle eſt, elle paroiſt proche de l'œil; il eſt neceſſaire que ſa diminution paroiſſe fort ſenſible à la faculté eſtimatiue, qui eſt accouſtumée de iuger de la petiteſſe d'vn obiet, par la petiteſſe & le peu d'eſloignement de ſon
image exterieure.

Enfin, aux miroirs concaues, en vne certaine diſpoſition de
l'œil & de l'obiet, l'image exterieure paroiſt fort augmentée; &
au contraire, en vne autre diſpoſition, cette image paroiſt diminuée. La diſpoſition pour l'augmentation, eſt la meſme que celle
qui fait paroiſtre le lieu de l'image exterieure au dedans du miroir;
de quoy nous auós parlé en la prop. preced. Surquoy il faut remarquer qu'aux miroirs, toutes les autres choſes eſtant pareilles, leurs
formes exceptées, l'image d'vn obiet receuë ſur la ſuperficie d'vn
miroir concaue, occupe plus d'eſpace ſur cette ſuperficie, que ſur
celle d'vn miroir plan, ou d'vn conuexe: & de plus, le lieu apparant de l'image exterieure, lors qu'il eſt enfoncé au dedans du miroir concaue, en paroiſt ſouuent eſtre fort eſloigné: par ce moyen
cette image exterieure eſtant grande, & paroiſſant eſloignée de la
veuë, il eſt neceſſaire que la fantaſie la iuge fort augmentée.

Mais ſi cette image, eſtant grande ſur le miroir concaue, comme nous venons de dire, paroiſt eſtre hors le miroir en l'air, entre
ce miroir & l'œil du regardant, alors il ſe pourra faire qu'elle paroiſtra ſi proche de l'œil, qu'encor qu'elle ſoit grande, elle ne le ſera
pas aſſez, à proportion d'vne ſi petite diſtance; tellement que ſi
l'obiet meſme eſtoit en ce lieu apparant, il paroiſtroit plus grand
que l image, laquelle pour cette raiſon, paroiſtra neceſſairement
eſtre diminuée.

Ceux qui voudront conſiderer plus profondement cette partie
de la Catoptrique, ſeront aduertis qu'aux miroirs plans, le lieu que
l'image d'vn obiet occupe ſur la ſuperficie du miroir, à l'eſgard
d'vn œil ſeul conſideré comme vn point, ce lieu dif-je, examiué
ſelon toutes ſes dimenſions en longueur, tant de haut en bas, que
de droite à gauche &c. & comparé au meſme obiet examiné ſelon
les meſmes dimenſions en longueur, tant de haut en bas, que de
droite à gauche &c. ſe trouuera touſiours proportionné enuiron
dans la proportion ſuiuante. Comme la diſtance de l'œil au miroir, eſt à la ſomme de la meſme diſtance iointe à la diſtance de
l'obiet au miroir, ainſi la longueur ou la largeur de l'image meſurée ſur le miroir, eſt à la longueur ou largeur correſpondante de
l'obiet; ayant toutefois eſgard aux loix de la Perſpectiue, pour le
racourciſſement de l'obiet, quand il n'eſt pas expoſé parallelement au miroir plan. Aux miroirs conuexes, la premiere de ces
raiſons eſt plus grande que la ſeconde: & aux concaues, au contraire, la premiere raiſon eſt la moindre: mais dans ces deux derniers genres de miroirs, ſçauoir aux conuexes & aux concaues, les
propor-

proportions font plus difficiles à regler qu'aux miroirs plans, à caufe des diftances qui ne font pas fi bien ordonnées : mais cecy eft
d'vne confideration trop fubtile.

Touchant la conformité ou difformité de l'image auec fon obiet, d'où dépend la bonne ou mauuaife ordonnance de fes parties entre elles; veu que par vne image bien ordonnée, on entend
celle qui reffemble à l'obiet; il eft certain qu'il n'y a que les miroirs plans qui reprefentent cette conformité dans vne perfection
fenfible, eu efgard aux loix de la Perfpectiue, qui ne doiuent iamais eftre negligées. Et la raifon de cette conformité vient de ce
que toutes les perpendiculaires du miroir eftans paralleles entre
elles, on demonstre en confequence, que toutes les lignes droites
égales entre elles, paralleles au miroir, & diftantes également du
mefme miroir, paroiffent auffi par reflexion à vn œil feul confideré comme vn point, toutes égales entre elles, paralleles au
miroir, & diftantes également du mefme miroir : car de cette proprieté qui n'appartient qu'aux feuls miroirs plans, on peut affez
facilement conclure la conformité dont eft queftion. Aprés les
miroirs plans, les fpheriques font ceux qui reprefentent au plus
prés cette conformité; & particulieremét les fpheriques conuexes.

Il eft vray qu'ils diminuent l'efpece, mais cette diminution
fe faifant en tout fens, c'eft à dire tant en longueur qu'en largeur,
elle reuient à peu prés femblable à l'obiet; & ce d'autant plus, que
le miroir fera d'vne plus grande fphere, & que l'obiet fera plus
petit, & plus efloigné du miroir : car alors la partie du miroir que
l'efpece occupera, participera d'autant moins de la courbure, &
approchera d'autant plus du miroir plan, auquel confifte la perfection, pour la conformité dont nous traitons. Et en general,
plus vn miroir, foit conuexe ou concaue, approchera du plan
par la partie qui reflechit l'efpece d'vn obiet, plus cette efpece
aura de conformité auec le mefme obiet : comme au contraire,
vne image refléchie par vn miroir conuexe ou concaue, aura
d'autant moins de conformité auec fon obiet, que le miroir reffemblera moins à vn miroir plan, par la partie qui refléchit l'efpece du mefme obiet. Car quoy que le propre des miroirs conuexes, foit de diminuer les efpeces; & le propre des concaues, de
les augmenter de prés, & les diminuer de loin; toutefois cette augmentation, ou diminution n'eft iamais bien proportionnée en
toutes fes parties, eftant plus grande aux vnes qu'aux autres, en
vne mefme image : d'où il arriue de neceffité que cette image, par
vne telle reflexion, deuient mal proportionnée en fes parties, &
partant difforme ; c'eft à dire qu'elle n'eft point femblable à fon
obiet.

C'eft principalement fur ce principe que font fondées ces repre-
fentations que plufieurs trouuent admirables, & defquelles le R. P.

R

Niceron en a reprefenté quelques-vnes dans fa Thaumaturgie Catoptrique.

Car reprefentez-vous, pour exemple, qu'vn miroir foit de telle forme qu'en vn fens il diminuë les efpeces qu'il reçoit, & qu'en vn autre fens il les laiffe en leur naturelle grandeur pareille à celle du veritable obiet; comme il arriue au miroir cylindrique conuexe, qui par fa rondeur imite le fpherique, & diminuë les efpeces; & par fa longueur droite, imite le miroir plan, fans rien augmenter ny diminuer des mefmes efpeces: il eft clair qu'vn obiet expofé à vn tel miroir, comme vn vifage peint au naturel, paroiftra par reflexion fort difforme, fçauoir fort eftroit en vn fens & fort alongé en l'autre. Si donc quelqu'vn defire faire voir dans vn tel miroir par reflexion, vne image qui reffemble au vifage propofé, il faudra peindre vn autre vifage fort eflargy en vn fens; demeurant en l'autre fens en fon naturel; & que cét eflargiffement récompenfe la diminution qui doit venir de la part de ce miroir; car par ce moyen, ce vifage ainfi élargy eftant expofé au mefme miroir dans la diftance & fituation te quife, & l œil placé où il faut, fera corrigé par la reflexion, & ce qui eftoit trop large dans la peinture, fe retrecira dans le miroir, & paroiftra dans vne iufte proportion, pour reprefenter au naturel le vifage premierement propofé. Et il fe pourra faire que la derniere peinture artificielle fera tellement difforme, qu'elle ne reffemblera nullement au vifage qui en eft le prototipe: & ainfi on admirera que d'vne telle difformité il fe puiffe engendrer vne fi grande conformité que celle qui paroiftra dans le miroir. Ie laiffe mille autres confiderations fur le mefme fuiet, qui n'a point d'autres bornes ny plus refferrées que l'entendement de celuy qui voudra s'exercer à en faire la recherche.

PROPOSITION XVI.

Des miroirs bruflans.

PLufieurs penfent qu'il y a des miroirs qui raffemblent en vn feul & vnique point tous les rayons qu'ils reçoiuent de quelque luminaire, comme du Soleil; & qu'eftans prefts de s'affembler à ce point, qu'ils appellent le foyer; ou bien auffi toft après auoir paffé ce point, lors qu'ils font encor fort preffez & condenfez, on peut les receuoir fur vn autre miroir qui les rendra tous paralleles, & les renuoyera preffez comme ils font, à vne diftance infinie, dans laquelle ils feront capables d'illuminer, & d'échauffer puiffamment, iufques à brufler les corps combuftibles, tellement que s'ils ne mettent le feu par tout, ce n'eft que faute de matiere propre à faire de tels miroirs, ou que l'art ne peut pas arriuer à la precifion de la forme requife pour vn tel effet.

Il eft vray, que cette penfée n'eft pas purement imaginaire, & que ceux qui l'ont euë, auoient quelque forte de fondement pour l'eftablir : mais faute de bien confiderer ce fondement auec toutes les precautions requifes, ils n'en ont pas connu les bornes, & ainfi ils ont creu qu'il auoit bien plus d'eftenduë qu'il n'en a en effet ; ce qui a efté caufe qu'ils en ont tiré des confequences abfurdes & impoffibles dans l'ordre de la nature.

Ce fondement eft principalement eftably fur les miroirs paraboliques, hyperboliques, & elliptiques, dont les proprietez font telles, qu'au parabolique concaue tous les rayons qui viennent paralleles à l'axe, s'en retournent apres leur reflexion precifement vers vn mefme point qui eft le foyer, auquel point ils s'entrecroifent, pour puis apres s'écarter à l'infiny : & au contraire tous les rayons qui viennent precifement du foyer, s'en retournent apres leur reflexion, paralleles à l'axe à l'infini. Mais au parabolique conuexe, tous les rayons qui viennent paralleles à l'axe, s'en retournent apres leur reflexion, comme s'ils venoient precifement du foyer. Et au contraire tous les rayons qui viennent eftans dreffez precifement vers le foyer, s'en retournent apres leur reflexion, iuftement paralleles à l'axe à l'infiny. Au miroir hyperbolique concaue, tous les rayons qui viennét eftans precifement dreffez vers le foyer exterieur, s'en retournent apres leur reflexion, iuftemét vers le foyer interieur, où apres s'eftre entrecoupez, ils s'écartent à l'infiny : & au contraire, tous les rayons qui viennent precifement du foyer interieur, s'en retournent apres leur reflexion, comme s'ils venoient iuftement du foyer exterieur. Mais à l'hyperbolique conuexe, tous les rayons qui viennent eftans dreffez precifement vers le foyer interieur, s'en retournent aprés leur reflexion, vers le foyer exterieur, où aprés s'eftre entrecoupez ils s'écartent à l'infiny : & au contraire tous les rayons qui viennent precifement du foyer exterieur, s'en retournent aprés leur reflexion, comme s'ils venoient iuftement du foyer interieur. Enfin, au miroir elliptique concaue, tous les rayons qui viennent precifement de l'vn des deux foyers, s'en retournent aprés leur reflexion, iuftement à l'autre foyer, où aprés s'eftre entrecoupez, ils s'écartent à l'infiny. Mais à l'elliptique conuexe, tous les rayons qui viennent eftans dreffez precifement vers l'vn des foyers, s'en retournent aprés leur reflexion, comme s'ils venoient iuftement de l'autre foyer.

Or ce fondement eft tres veritable, & eftably fur des demonftrations claires & éuidentes, tirées de la Geometrie, & de l'Optique ; voyons donc par quel moyen ces autheurs en tirent leurs

R ij

confequences abfurdes : & à cét effet , chofiffons le miroir parabolique dont ils fe feruent principalement, au moyen du Soleil qui dans toute la nature , eft l'agent le plus propre à leur deffein; car ce que nous dirons de ce parabolique, fera facilement
appliqué aux autres.

Le Soleil , difent-ils , eft fi efloigné de la terre , que tous les
rayons qui viennent de luy iufques à nous, font comme paralleles , & quand on les prendra pour paralleles en effet , il n'y aura point d'erreur fenfible en vne telle fuppofition , pour toutes
les diftances, mefmes les plus grandes, dont nous auons affaire
fur la terre; veu que ces diftances comparées à celle d'icy au Soleil, n'ont point de comparaifon fenfible ; tellement que la plus
grande de celles-là , eft comme rien à comparaifon de celle-cy;
principalement lorfqu'il s'agit de pratique , en laquelle ce qui
eft infenfible, eft de nulle confideration. Cela eftant, fi on ex-
pofe au Soleil clair & net, vn grand miroir parabolique concaue
dont la matiere ny la forme n'ayent aucun deffaut fenfible , &
que l'axe de ce miroir foit dreffé precifement vers le Soleil , tous
les rayons de cét aftre, qui tomberont fur le miroir, feront comme paralleles tant entr'eux qu'à l'axe du miroir, & partant , par
le fondement precedent, après leur reflexion, ils s'en retourne-
ront tous vers le foyer, auquel point eftans affemblez , ils illumineront , & efchaufferont puiffamment , iufques à brufler les
corps combuftibles ; ce que l'experience confirme affez en des
miroirs dont la bonté de la matiere & de la forme , n'eft que
mediocre ; & neantmoins ils ne laiffent pas d'allumer du feu à
ce point & aux enuirons; fçauoir vn peu auant & vn peu après
le concours des rayons, où ils fe trouuent affez ramaffez & affez
condenfez pour cét effet. Si donc on difpofe à ce point ou foyer
vn autre petit miroir parabolique , foit conuexe ou concaue ,
mais pour le mieux, conuexe, dont le foyer conuienne precifement auec le foyer du grand ; ce petit miroir ayant la matiere
& la forme fans reproche, & receuant les rayons qui par la reflexion du grand concaue, font dreffez vers le foyer commun
des deux, & fort ramaffez & condenfez, affez pour brufler, c'eft
à dire fort proche du foyer, deuant ou après leurs concours, felon que le petit miroir fera conuexe ou concaue; les renuoyera
paralleles à l'axe du mefme petit miroir , par le mefme fondement; & dans cét eftat de parallelifme , eftans autant ramaffez
& condenfez qu'ils eftoient fur le petit miroir où ils eftoient capables de brufler, ils demeureront en fuite toufiours capables
de brufler, puis que le parallelifme les empefche de fe diffiper
& de perdre leur force : ainfi eftans portez fi loin qu'on voudra
fur quelque corps combuftile, ils le brufleront de mefme qu'ils
feroient tout proche du foyer : & en cette occafion on aura

cette commodité, que faifant le petit miroir mobile à l'entour de fon foyer, qui eft auffi le foyer, du grand miroir, pourueu qu'en tournant le petit miroir, ces deux foyers ne fe defvniffent iamais, & que l'axe du grand, demeure toufiours dreffé precifément vers le Soleil; on dreffera l'axe du petit vers telle part qu'on voudra, pour y allumer le feu, fi la matiere y eft difpofée.

Voila le raifonnement fallacieux de ces autheurs; dont le principal deffaut confifte en ce qu'ils prefuppofent que tous les rayons qui viennent du Soleil fur le grand miroir parabolique concaue, font comme paralleles; ce qui toute-fois eft fenfiblement efloigné de la verité: & pour le faire voir, dreffons ce miroir le mieux qu'il puiffe eftre, fçauoir que fon axe vife iuftement au centre du difque du Soleil; alors fi nous examinons la chofe par la regle de la raifon, nous verrons qu'il n'y a qu'vne fort petite partie de cét aftre dont les rayons tombans fur le miroir, foient paralleles tant entr'eux qu'à l'axe du mefme miroir, fçauoir cette partie qui eftant difpofée à l'entour du centre du difque, eft efgale à l'ouuerture du miroir; & que mefme tous les rayons de cette partie fi petite, ne font pas precifément paralleles à cét axe: mais feulement quelques-vns, fçauoir vn de chacun point lumineux; tous les autres qui font infiniment dauantage, (veu que chacun point lumineux enuoye fes rayons par tout le miroir) n'eftant que comme paralleles, de mefme que ceux des autres parties du difque qui font les plus proches de la partie du milieu cy-deffus fpecifiée: quant aux autres parties fenfiblement efloignées du milieu, leurs rayons ne font plus fenfiblement paralleles aux precedens: mefmes ceux qui viennent des bords du Soleil, font tellement inclinez aux premiers, qu'ils font auec eux des angles d'vn quart de degré ou enuiron, fçauoir autant que nous paroift grand le demy diametre du Soleil.

On peut donc dire des feuls rayons de ce petit efpace du milieu du Soleil, qu'ils font comme paralleles; & qu'il n'y a que ceux-là qui aprés la reflexion du grand miroir concaue, vont pour s'affembler au feul point du foyer, prés duquel eftans receus par le petit miroir, il les reflechit parallelement à fon axe. Mais tous ces rayons enfemble venans d'vne fi petite portion du Soleil, & laquelle fenfiblement parlant, n'eft rien à comparaifon du total, ne peut produire aucun effet fenfible; non plus que feroit le Soleil mefme, fi eftant où il eft, il n'eftoit pas plus grand que cette portion; auquel cas il ne pourroit pas eftre apperceu de la terre, quand on y employeroit les meilleures lunettes que nous ayons. Que fi quelqu'vn doute encor de cette confequence, croyant peut eftre, que l'affemblage des rayons condenfez à l'entour du foyer, puis renuoyez par le petit miroir paralleles à fon

axe, ne laifferoit pas de faire vn effet fenfible loin du miroir ;
quoy que ces rayons ne fuffent produits que par vne tres petite partie du Soleil, & laquelle n'auroit pas de comparaifon fenfible au total : que celuy-là confidere l'effet de tous les rayons
du Soleil entier, raffemblez au plus prés qu'ils puiffent l'eftre,
& fans empefchement, à l'entour du foyer du grand miroir concaue ; ie dis à l'entour, pource qu'outre les rayons de cette petite partie du milieu du Soleil, qui fe raffemblent enuiron precifement au foyer, comme il a eft: dit, tous les autres rayons qui
viennent de toutes les parties du Soleil, fur ce miroir concaue,
& qui ne font pas precifement paralleles ny entre eux ny aux
precedens ; quoy qu'ils ne fe raffemblent pas precifement au
foyer, toute fois ils en paffent fort prés, & tous enfemble proche de ce foyer, font contenus dans vn fort petit efpace, aprés
lequel paffans outre, ils s'écartent à l'infiny, & fe diffipent : &
quand on les receuroit fur le petit miroir difpofé comme il a
efté dit ; toutefois, n'eftans pas dreffez vers fon foyer, ils ne laif-
feroient pas de s'écarter, & fe diffiper aprés la reflexion de ce petit miroir ; il eft vray que ce ne feroit pas fi promptement, &
que durant quelque diftance ils demeureroient encor fenfiblement condenfez, mais s'efcartant tout doucement, cette diftance ne feroit pas de longue eftenduë. Confiderant donc l'effet de
tous ces rayons enfemble à l'entour du foyer, & fans aucun
empefchement ; on trouuera qu'en effet ils illuminent & échauf-
fent puiffamment, iufques à brufler fouuent mieux que noftre
feu ordinaire : mais voyons en la caufe. C'eft que toute la lumiere, & en confequence, toute la chaleur que les rayons du Soleil
refpandoient par toute la fuperficie du grand miroir, eft ramaffée & reduite en vn fort petit efpace qui n'eft peut eftre pas la
centiefme partie de celuy qu'elle occupoit fur le miroir : pofons
qu'il ne foit que la milliefme partie ou encore moindre, pour
fortifier l'argument de nos autheurs plus qu'il ne le peut eftre
en effet : par ce moyen, cette chaleur reduite dans ce petit efpace, fera condenfée mille fois autant à l'entour du foyer que
fur la fuperficie du miroir, ce qui fera caufe qu'à l'entour du
foyer elle bruflera, quoy que fur la fuperficie elle ne faffe qu'efchauffer mediocrement.

Que fi cette chaleur du foyer vient de rechef à eftre rarefiée autant ou plus qu'elle l'eftoit fur la fuperficie du miroir, il eft clair
qu'elle ne bruflera plus, mais qu'elle pourra peut-eftre feulement
efchauffer mediocrement. Mefmes fi elle vient à eftre rarefiée
cent mille fois, ou vn million de fois plus qu'elle n'eftoit à l'entour du foyer, ou encor beaucoup dauantage, il eft clair qu'on
en pourra venir à vn tel degré intelligible de rarefraction, qu'elle fera du tout infenfible, & de nul effet. Or cette grande rare-

faction peut estre reéllement & de fait causée en plusieurs sortes ; mais la suiuante qui fait à nostre suiet, est des plus considerables.

Puis que pour brusler à l'entour du foyer du miroir, la chaleur ordinaire du Soleil entier y est multipliée mille fois ; il est clair que s'il y a quelque endroit de pareille grandeur, qui ne soit éclairé que de la milliesme partie du disque du Soleil, il n'y aura en cét endroit que la milliesme partie de la chaleur qui est à l'entour du mesme foyer ; & cette milliesme partie ne sera équiualente qu'à la chaleur ordinaire du Soleil, laquelle ne fait qu'eschauffer mediocrement, bien loin de brusler. Et si quelque endroit de pareille grandeur que celuy qui contient tous les rayons du Soleil à l'entour du foyer, n'est éclairé que de la cent-milliesme partie du disque du Soleil, ou d'vne partie qui soit encor beaucoup moindre, la chaleur de cét endroit sera beaucoup moindre que la chaleur ordinaire du Soleil. Et ainsi on en pourra venir à vne chaleur insensible, si l'endroit proposé n'est éclairé que d'vne fort petite partie du Soleil, laquelle n'aye pas vne comparaison sensible auec le total.

C'est ce qui arriue reéllement & de fait aux deux miroirs paraboliques, sçauoir au grand & au petit disposez comme nous auons dit, pour compoſer vn ſeul miroir bruslant, selon la pensée de nos autheurs. Car à l'entour du foyer commun, il est vray que tous les rayons de toutes les parties du Soleil s'y trouuans rassemblez dans vn fort petit espace, y sont capables de brusler : il est vray encor, que le petit miroir parabolique empesche que ces mesmes rayons ainsi rassemblez, ne se dissipent en s'écartans tout à l'heure, & que durant quelque distance assez considerable, il les maintient assez vnis & condensez pour brusler : mais cette distance estant de fort peu de pas, sçauoir 1, 2, 3, ou 4, aux plus grands miroirs que les hommes puissent faire, elle se trouue fort esloignée de la distance sensiblement infinie pretenduë par nos autheurs : car apres cette distance de peu de pas, les rayons des plus grandes & principales parties du Soleil se trouuent trop escartez des autres & entre eux ; & il n'y en reste plus d'vnis que ceux de cette tres petite & insensible partie du milieu, qui sont rendus comme paralleles par le petit miroir ; qui par consequent, ne peuuent produire aucun effet sensible, par les raisons déduites cy-dessus ; puis qu'ils sont produits par vne partie du Soleil, qui n'a point de comparaison sensible auec le total.

Quelques-vns pensent que pour brusler à quelque point, il suffit qu'il puisse arriuer à ce mesme point vne infinité des rayons du Soleil, parlant Geometriquement & à la rigueur, & supposant sa superficie lumineuse estre diuisible à l'infiny : puis de ce fondement ils tirent des confequences quafi pareilles à celles des autheurs precedens pour les miroirs ardans.

Mais pour monftrer que ce fondement eft nul & contraire à la verité, il fuffit de confiderer l'illumination ordinaire du Soleil fur les obiets communs ; pour exemple, qu'il illumine ma main qui foit fimplement expofée aux rayons qui viennent directement de toutes les parties de fon difque : il eft fans doute que chacun point de cette main illuminée, receura vne infinité de rayons, au fens de ces autheurs, puis qu'il en reçoit de tous les points du difque lumineux ; partant il faudroit que ma main brûlaft, n'y ayant aucun point d elle qui ne receuft affez de rayons pour brufler ; ce qui toute-fois eft manifeftement contre l'experience.

En vn mot, dans les chofes Phyfiques, tous ces argumens qui font tirez de la diuifion Geometrique, foit de la ligne en points; foit de la fuperficie en lignes ou points; foit du folide en fuperficies, lignes, ou points; font toufiours douteux, & fouuent faux & captieux. Il faut au fuiet dont nous traitons, laiffer cette confideration des rayons par leur nombre, & s'arrefter à l'affemblage qui leur arriue lors que d'vn grand efpace qu'ils occupoient, ils font tous reduits en vn autre efpace bien moindre, comme quand de toute la fuperficie d'vn grand miroir concaue qu'ils occupoient, ils font raffemblez dans vn petit lieu qui n'eft pas la centiefme partie de l'ouuerture du miroir par fon entrée ; car c'eft ce feul raffemblage qui augmente la lumiere, & la chaleur, en cét endroit.

Que fi eftans ainfi raffemblez, on pouuoit les conferuer, & les renuoyer au loin fans qu'ils fe diffipaffent, ils pourroient faire l'effet pretendu par nos autheurs ; encor faudroit il que cette exceffiue chaleur ne gaftaft & ne corrompit pas le petit miroir; qui eft encor vne nouuelle condition peut eftre auffi impoffible que la premiere, qui eftoit d'empefcher la diffipation des rayons.

COROLLAIRE.

Partant il ne faut point attendre de miroirs bruflans à l'infini: ny mefme dans vne longue diftance excedant 20. ou 30. pas: car quoy qu'à vn grand miroir parabolique concaue, ioignant vn moindre hyperbolique conuexe dont le foyer interieur foit iuftement vni au foyer du parabolique, on puiffe beaucoup prolonger le concours des rayons, qui venans pour s'affembler à l'entour de ce foyer interieur, feront renuoyez au foyer exterieur plus efloigné: toutefois l'induftrie humaine n'eft pas capable de faire auec certitude vne bonne forme hyperbolique, dont les foyers foient diftans l'vn de l'autre de plufieurs pas: & quiconque

l'entre-

l'entreprendroit, courroit rifque de perdre beaucoup de temps &
de frais : veu que mefmes on trouue à peine des miroirs plans qui
eftans regardez de 20. ou 30. pas, ne montrent des difformitez fort
fenfibles; figne affeuré qu'ils font defectueux : puis donc qu'on
manque à la forme plane, de laquelle l'art eft cultiué depuis tant
de temps, & par vn fi grand nombre d'ouuriers ; que chacun iuge
ce qu'on doit efperer d'vne forme bien plus difficile, & bien
moins connuë ; & qui ayant efté effayée à diuerfes fois par des
hommes tres habiles, tant de l'efprit que de la main, ils n'ont toutefois pû inuenter l'art de la produire, non pas mefme pour de bien
petites diftances.

Quant à ce qu'on dit d'Archimede, & d'autres, que l'on pretend
auoir mis le feu à quelques vaiffeaux, au moyen des miroirs : les hiftoires en font trop incertaines pour eftre creuës au preiudice du
raifonnement. Il fe peut faire qu'auec quelques machines ils auront lancé du feu iufques dans ces vaiffeaux, qui en ce temps-là
eftans petits, & affez plats, s'approchoient fort pres des murailles : ce qui aura donné occafion aux hiftoriens d'attribuer cét effet aux miroirs : pour, felon leur couftume, rendre leurs hiftoires
plus admirables, y adiouftant des chofes fauffes, dont eux & le
vulgaire ignorent l'impoffibilité.

ADVERTISSEMENT.

POur finir ce traité, nous aduertirons le Lecteur d'vne apparence qui fe voit communement dans nos miroirs ordinaires
de verre, ou de cryftail, qui font neceffairement de la refraction
& de la reflexion tout enfemble; fçauoir que quand on regarde
obliquement dans vn tel miroir, vn objet fort illuminé, & de peu
de groffeur, comme la flamme d'vne chandelle, on en voit plufieurs images, & fouuent iufques à fix ou fept de fuitte; principalement fi le miroir eft bien plan de chacune de fes deux furfaces,
& fa glace affez efpaiffe, & affez large; quoy qu'on n'y applique
qu'vn œil feul; pourueu que ce foit dans vne obliquité requife; le
miroir eftant proche de l'objet. De ces efpeces, les deux plus proches du mefme objet, font les plus claires, & plus fortes; les autres
vont succeffiuement en s'affoibliffant de plus en plus; tellement
que la derniere plus proche de l'œil, ne fe voit qu'à peine.

Cette apparence fembleroit contredire la feptiefme prop.
mais il faut fçauoir que là nous entédions parler d'vn objet regardé auec peu ou point d'obliquité, comme quand quelqu'vn fe re-

S

garde foy-mefme dans le miroir, ou fes habillemens, ou ce qui y
eft attaché &c. & icy nous parlons d'vn autre objet éloigné du regardant, & qu'il ne peut voir dans le mefme miroir, que par vne
reflexion fort oblique.

Or la raifon de cette multiplicité d'images eft confiderable :
pour l'expliquer, nous nommerons premiere furface celle qui
fait le deuant du miroir, & qui eft fans enduit ; & celle qui fait le
derriere du miroir, où l'enduit eft attaché, fera nommée la feconde. Donc, des deux images les plus claires, l'vne, qui paroit la
plus nette & plus diftincte, vient de la reflexion de la premiere
furface, qui arrefte vne partie des rayons tombans obliquement
de l'objet fur le miroir, & les reflechiffant obliquement à l'œil,
fait voir cette image : l'autre vient de la reflexion de la feconde furface qui reçoit obliquement l'autre partie des rayons qui ont pe-
netre iufques au fond du miroir, d'où eftás reflechis obliquement
vers la premiere furface, elle en arrefte quelques vns, mais elle
laiffe fortir les autres, qui font voir cette autre image. Ces rayons
qui ont efte arreftez par la premiere furface qui les a empefché de
fortir du miroir, font reflechis obliquemét, par la mefme premiere
furface, vers la feconde, qui les receuant obliquement, les reflechit obliquement vers la premiere, qui en arrefte encore quelques vns, & laiffe fortir les autres, qui font paroiftre vne troifieme
image, mais affoiblie fenfiblement. Puis ces rayons qui à la feconde fortie ont efté arreftez par la premiere furface, font reflec-
chis par elle mefme vers la feconde, & cette feconde les renuoye
à la premiere, qui en arrefte encore vne partie, & laiffe fortir les
autres, qui font vne quatriefme image plus foible que la troifiefme. De mefme les rayons qui ont efté arreftez à la troifiefme fortie ; par la premiere furface, eftant reflechis vers la feconde, &
de là vers la premiere, celle cy en arrefte encore quelques vns,
& laiffe fortir les autres, qui reprefentent vne cinquiefme image
encore plus foible que la quatriefme. On expliquera de mefme
la fixiefme image, la feptiefme, & les autres, s'il en paroit dauantage, iufques à ce qu'elles feront tellement affoiblies que l'œil ne
les pourra plus apperceuoir.

F I N.

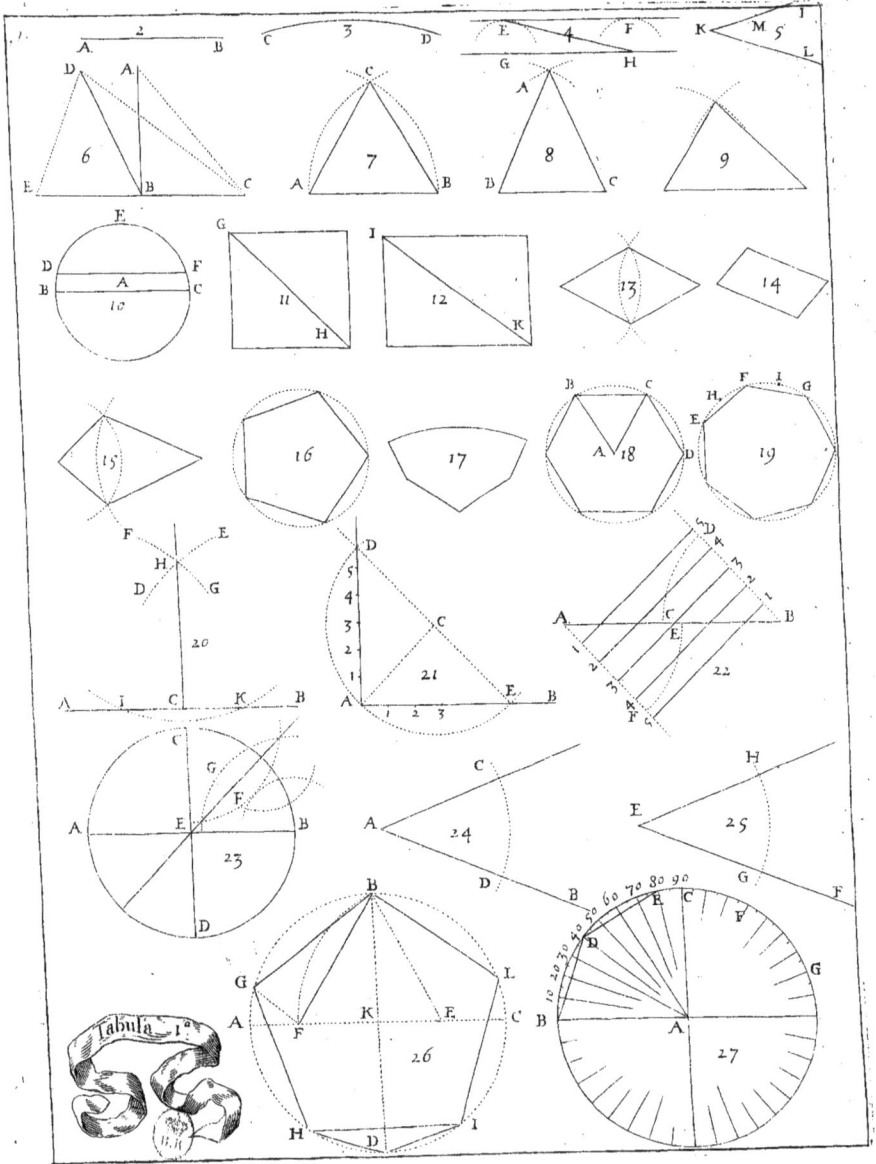

Tabula 1.ª

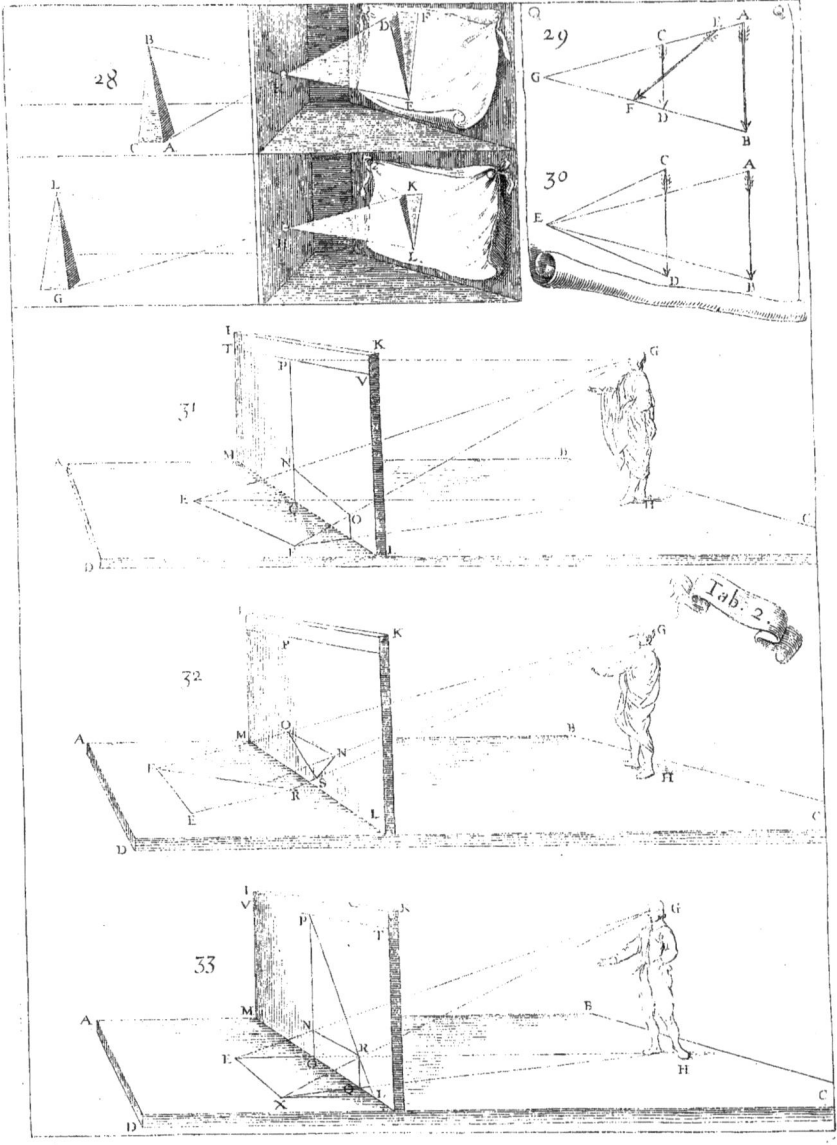

Tab. 2.

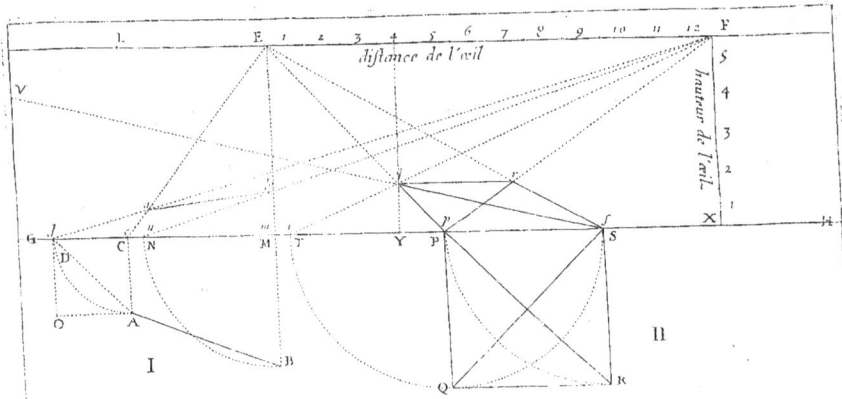

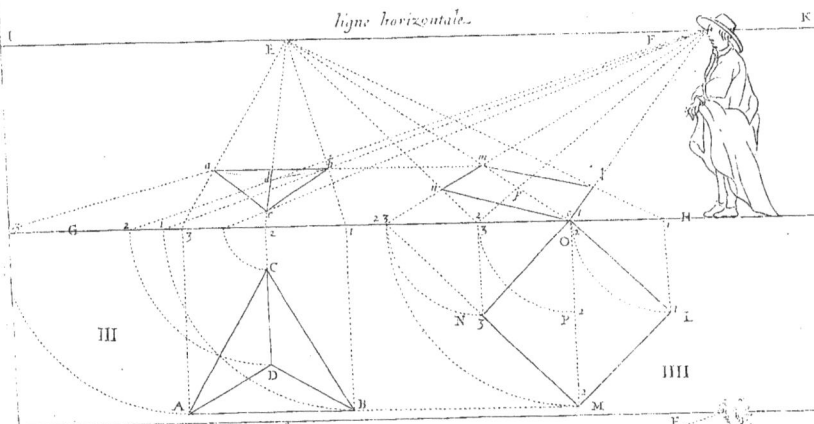

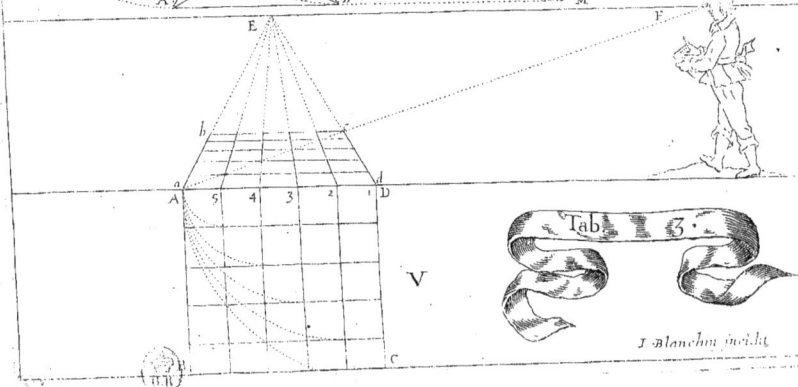

distance de l'œil

hauteur de l'œil

ligne horizontale.

I

II

III

IIII

V

Tab. 3.

J. Blanchin incidit

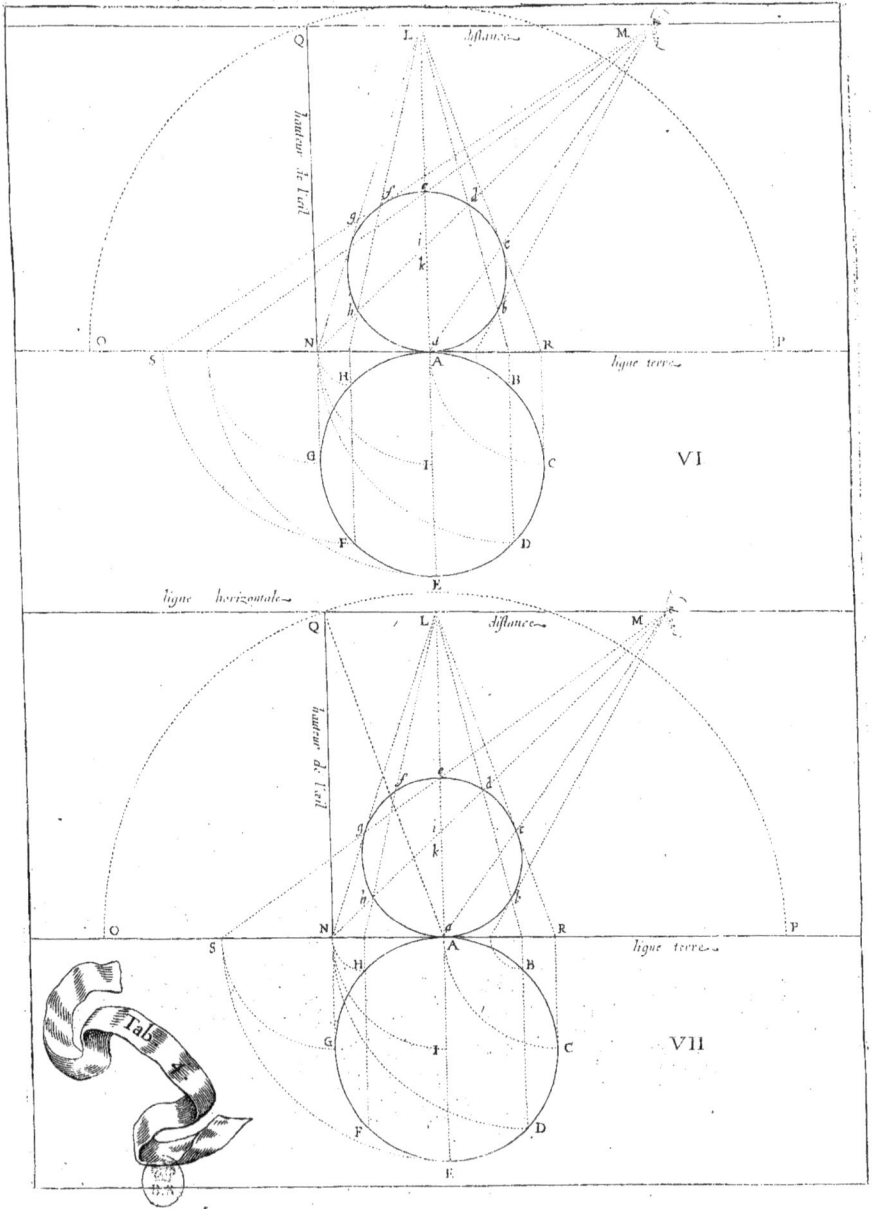

distance

hauteur de l'œil

ligne terre

VI

ligne horizontale

distance

hauteur de l'œil

ligne terre

VII

Tab.

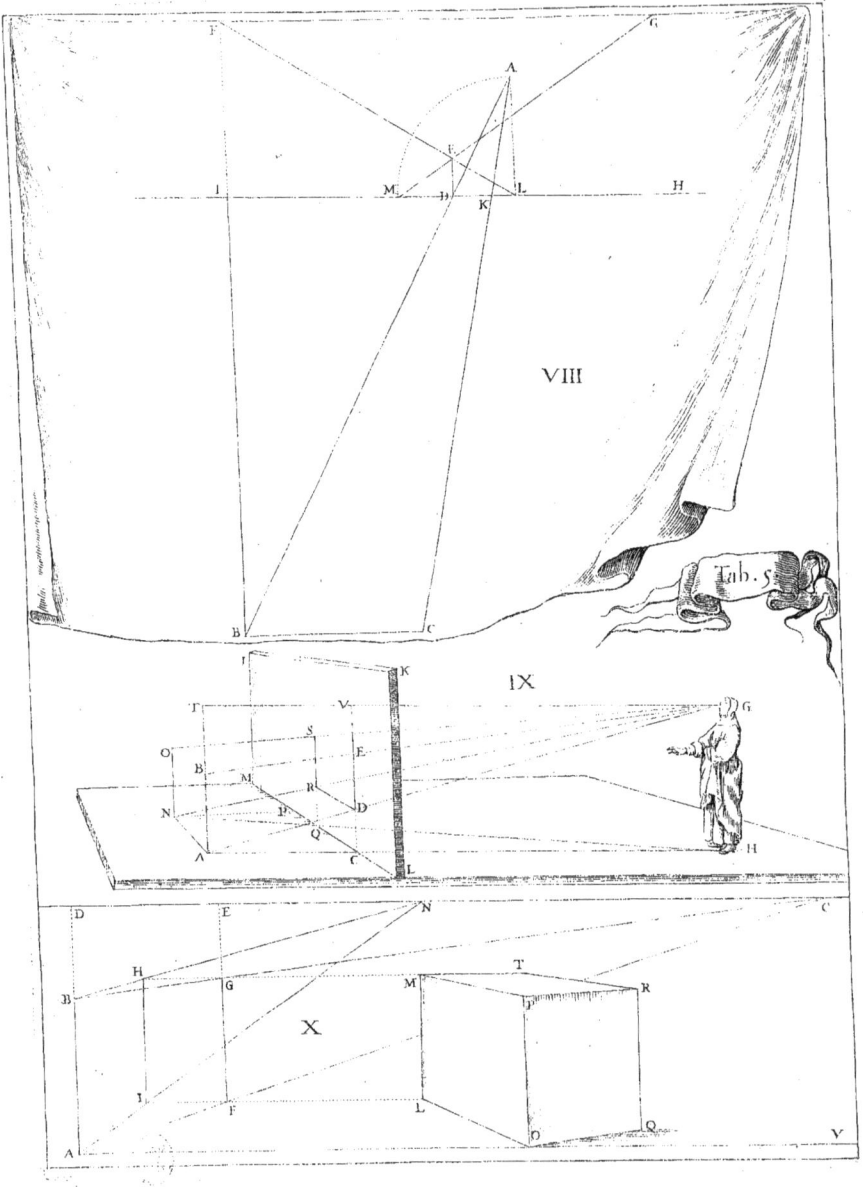

VIII

Tab. 5

IX

X

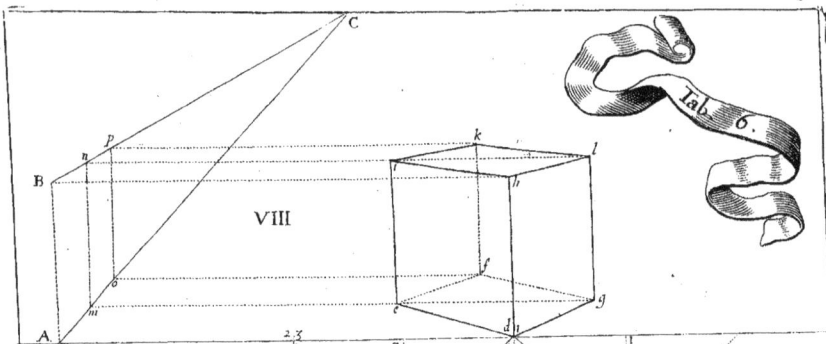

VIII

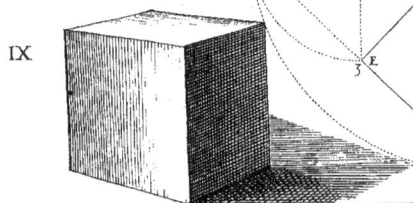

IX

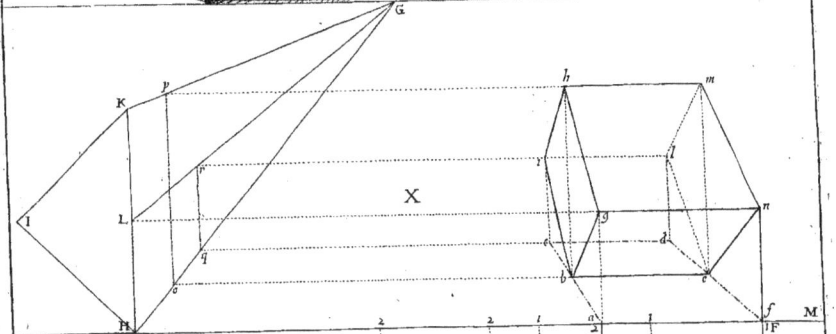

X

XI

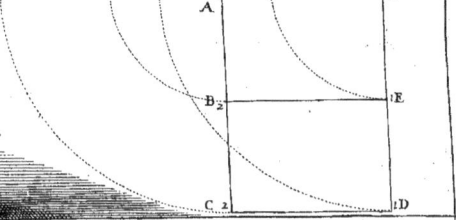

Tab. 6.

Tab. 7

XII

XIII

XIIII

XV

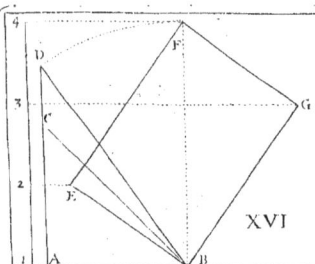

XVI

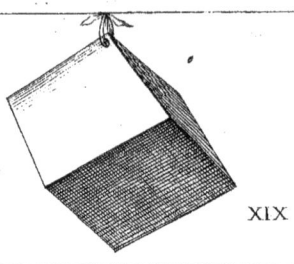

XIX

Tab. 8.

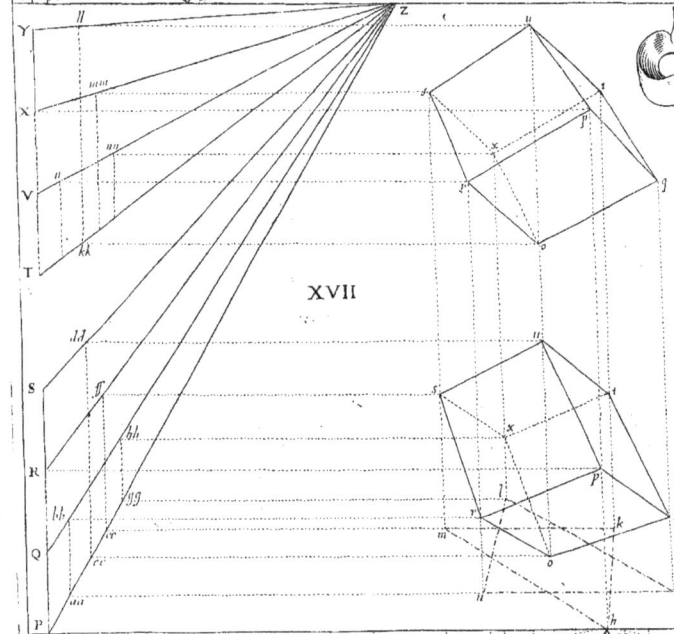

XVII

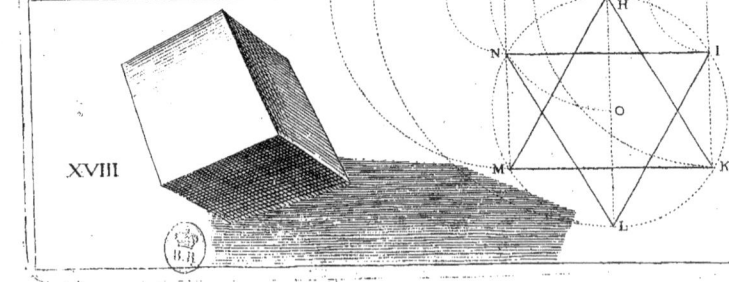

XVIII

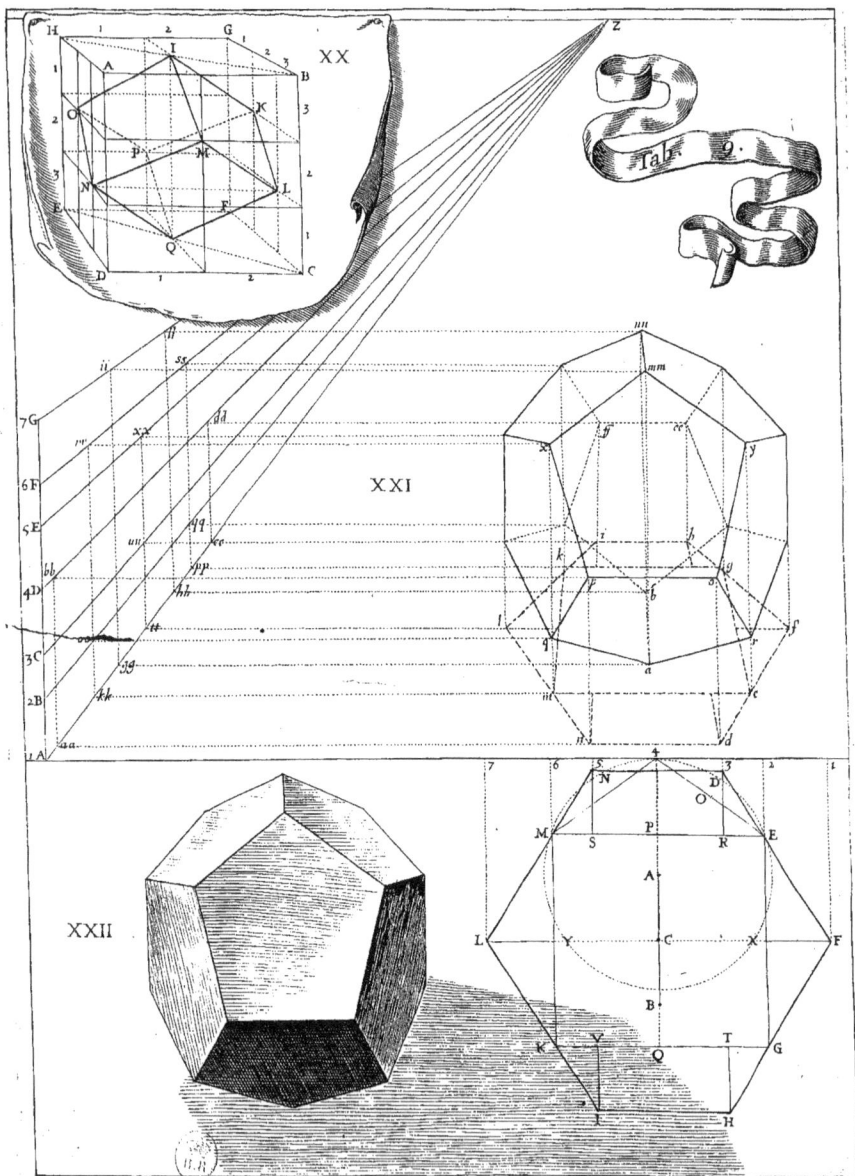

XX

XXI

Tab. 9.

XXII

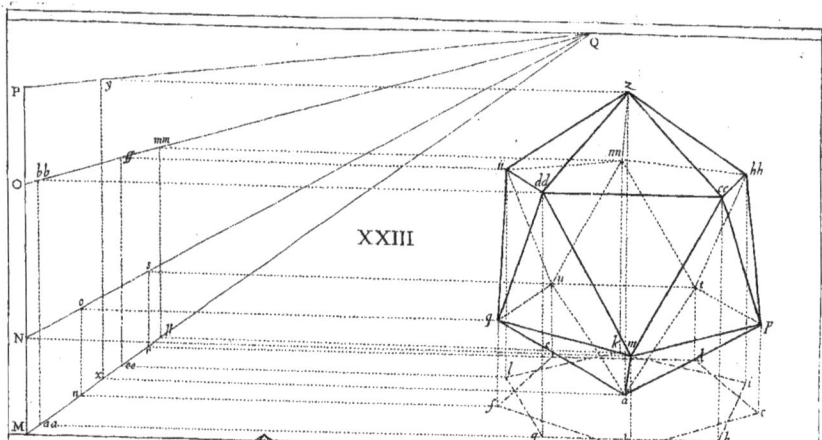

XXIII

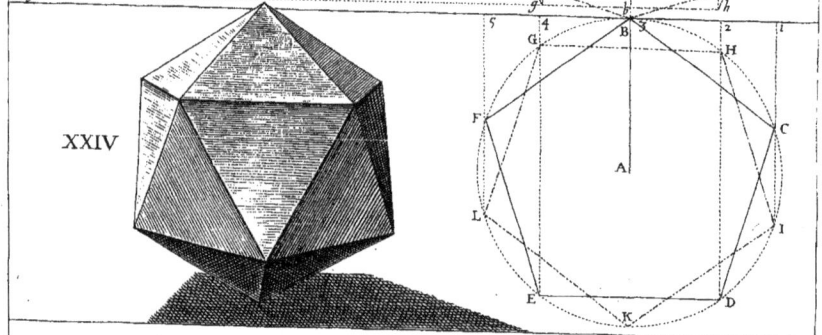

XXIV

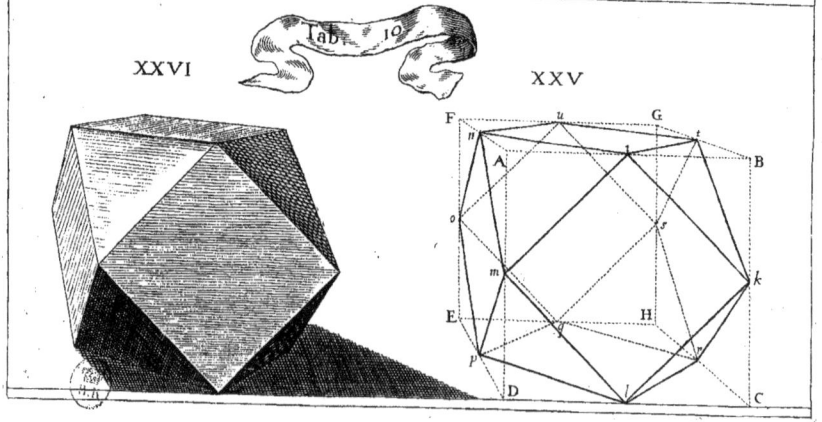

XXVI

Tab. 10

XXV

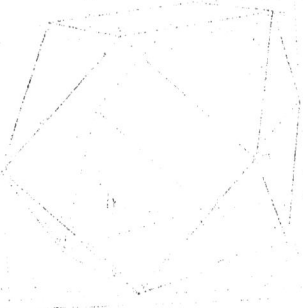

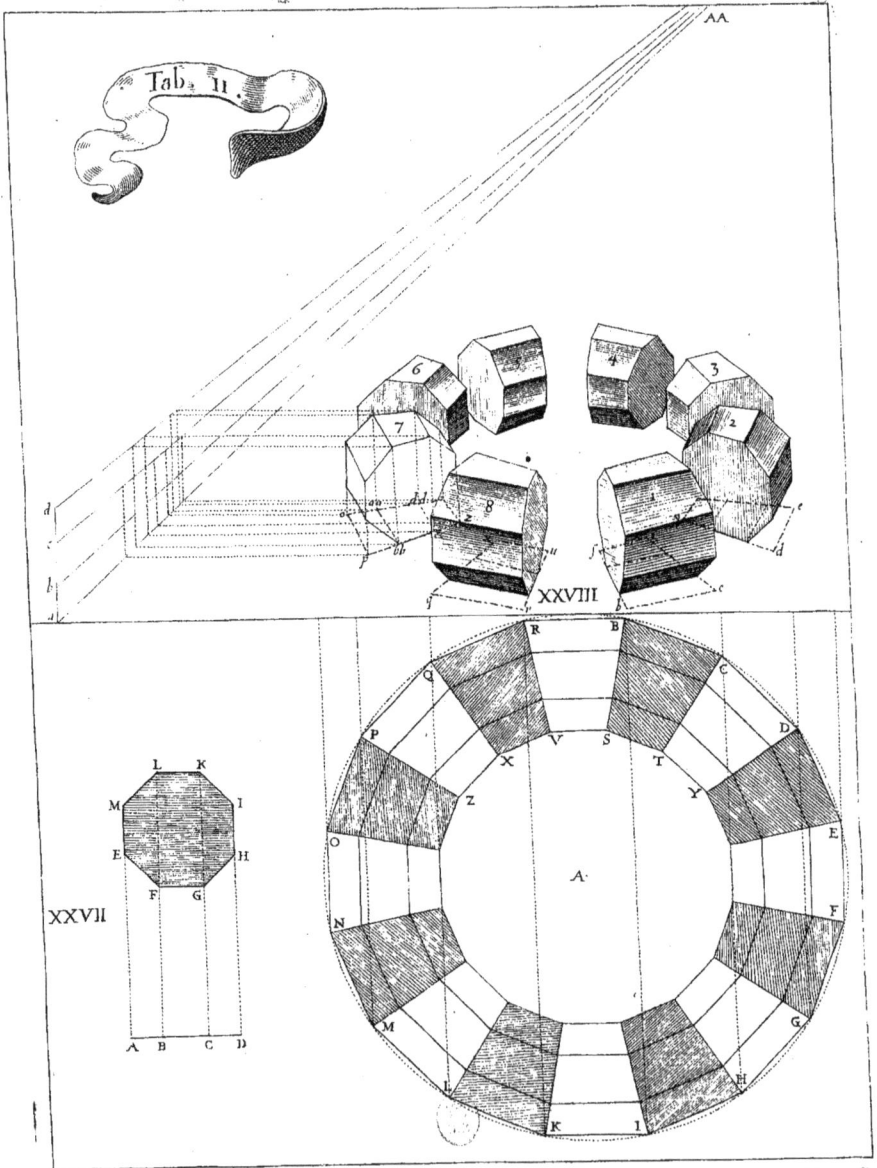

Tab. II.

AA

XXVIII

XXVII

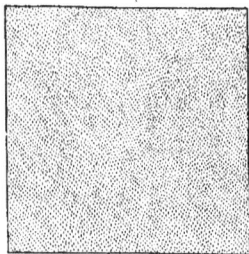

I

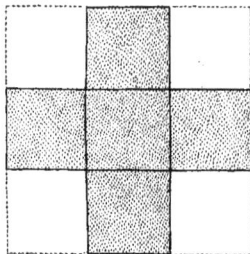

II

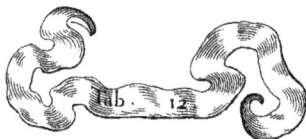

lib . 12

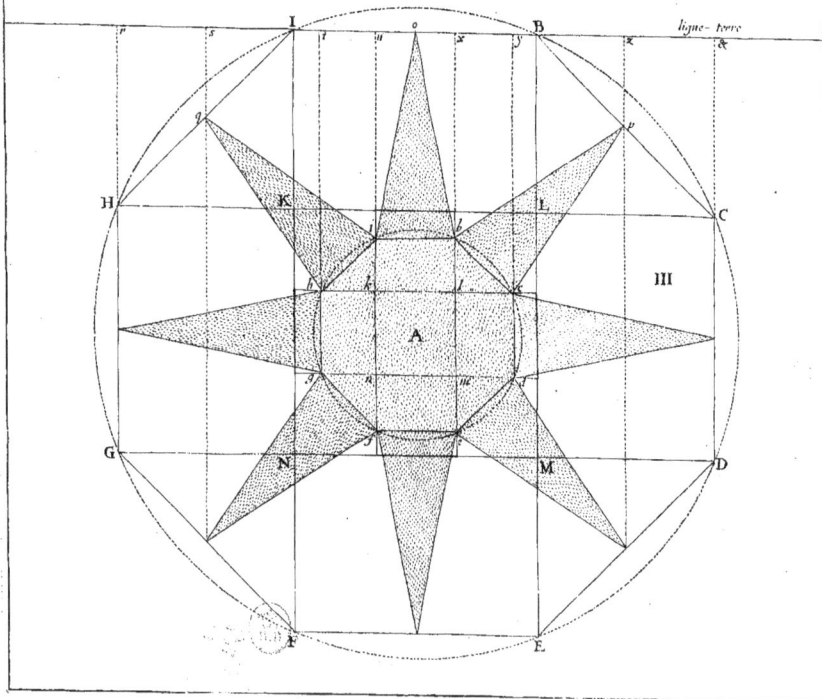

ligne-terre

III

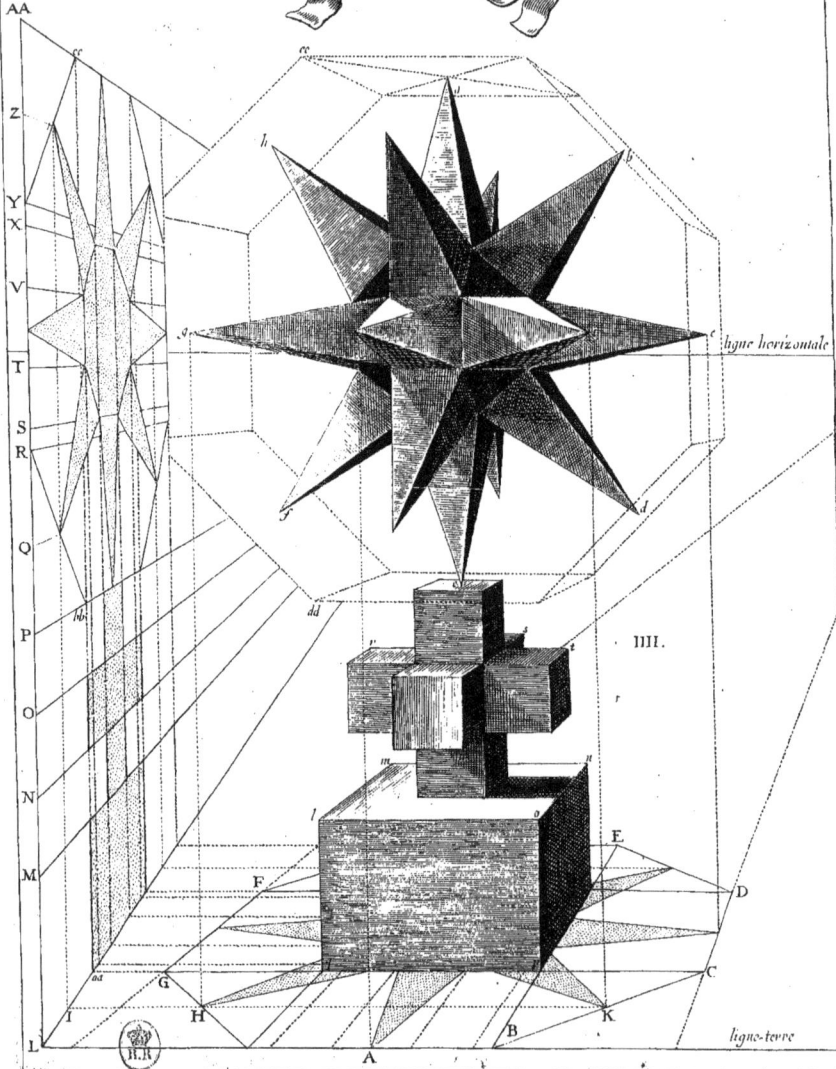

Tab. 13.

AA
Z
Y
X
V
T
S
R
Q
P
O
N
M

cc

cc

h

b

g

ligne horizontale

bb

dd

f

d

IIII.

r

t

m

n

l

o

F

E

D

F

C

dd

G

H

I

L

B

K

A

ligne-terre

B.R

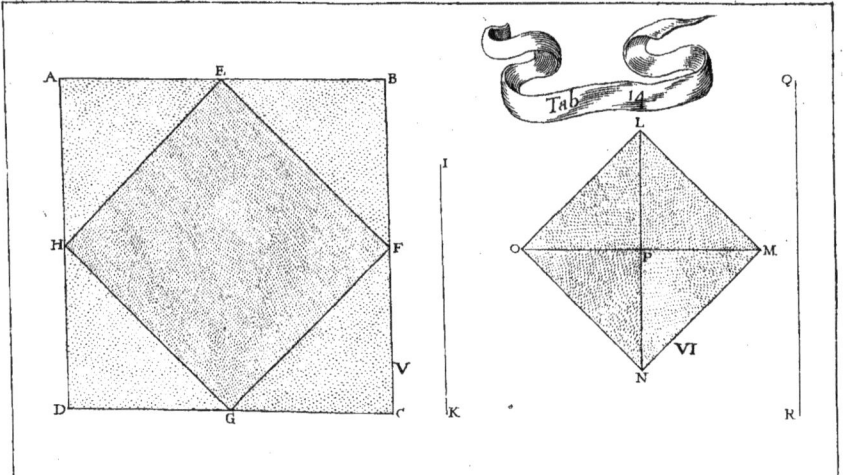

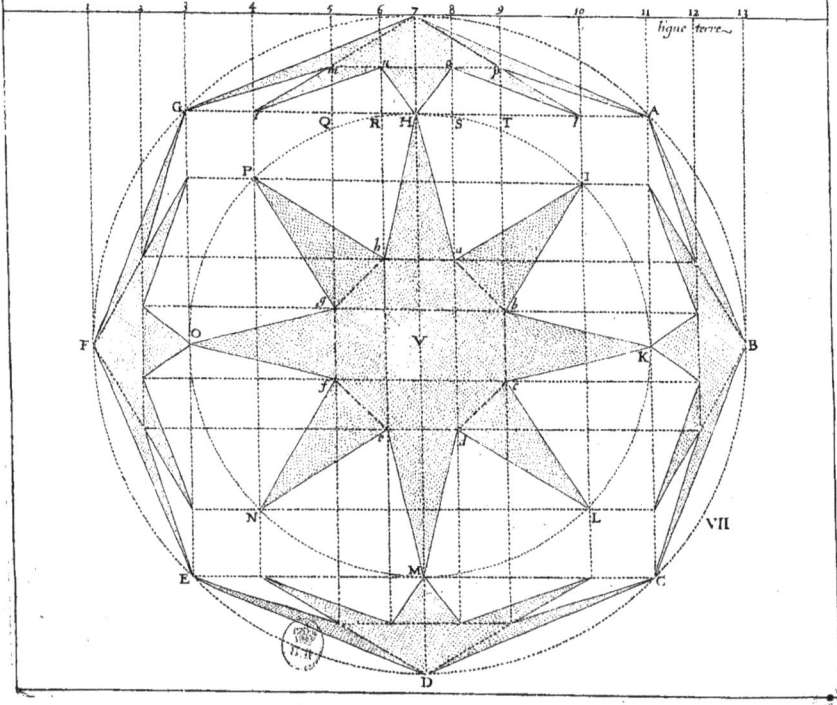

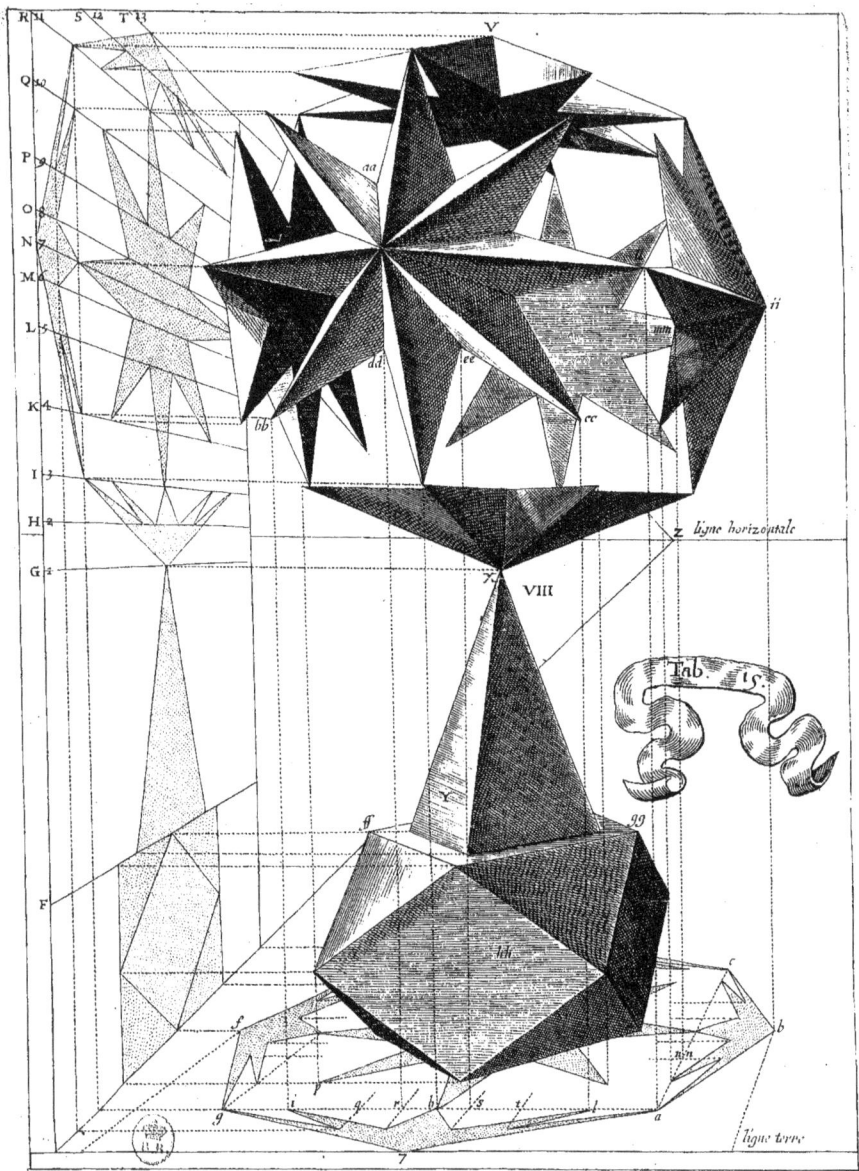

R 11   S 12   T 13   V

Q 10

P 9

O 8

N 7

M 6

L 5

K 4

I 3

H 2   z *ligne horizontale*

G 1   X   VIII

F

Tab. 15.

ligne terre

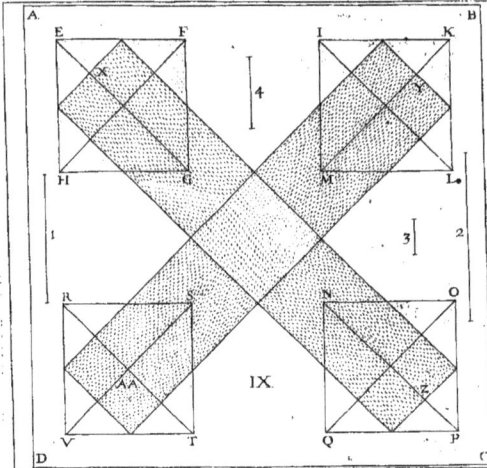

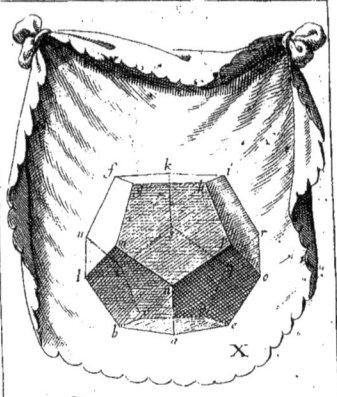

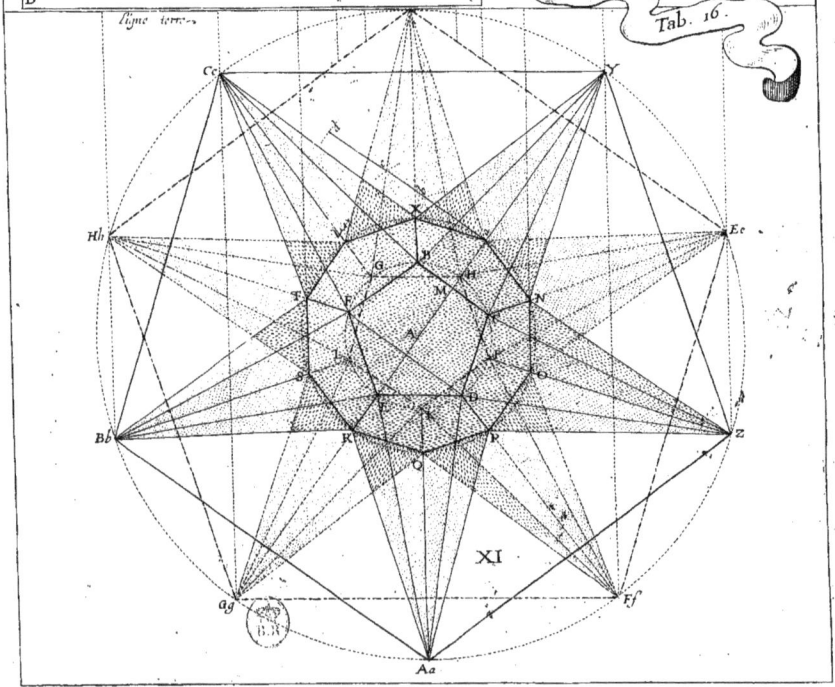

Tab. 16.

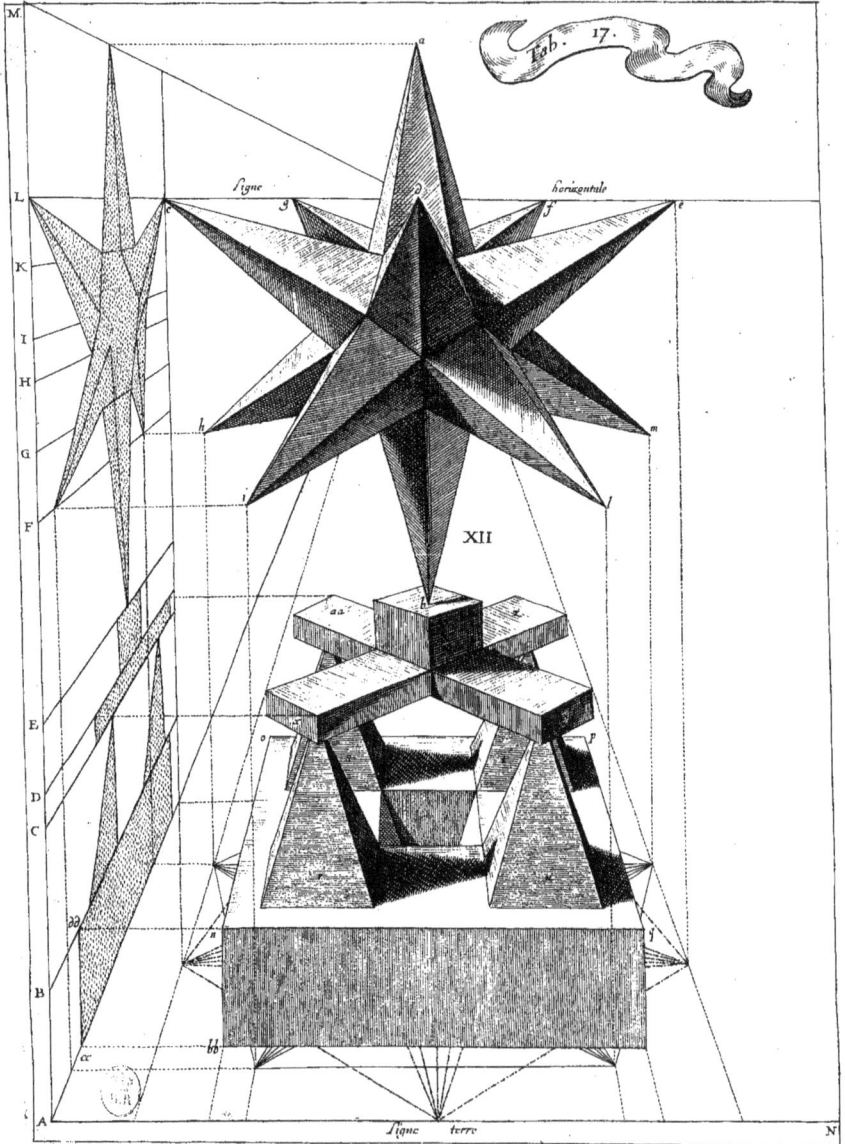

Tab. 17.

ligne   horizontale

Signe   terre

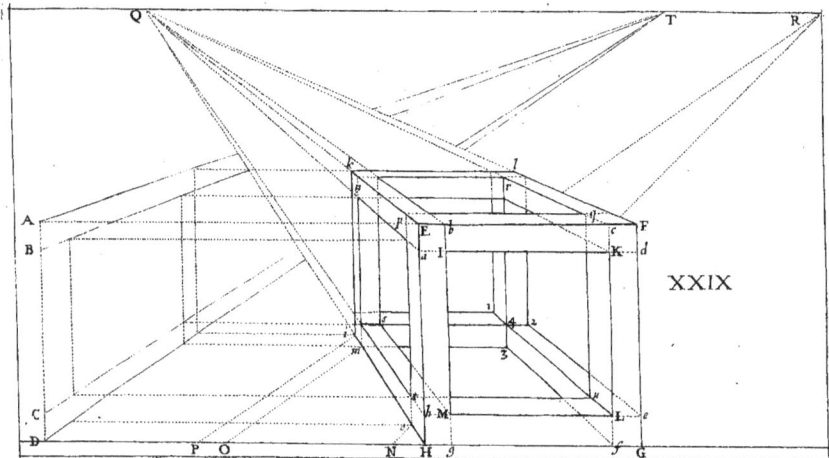

XXIX

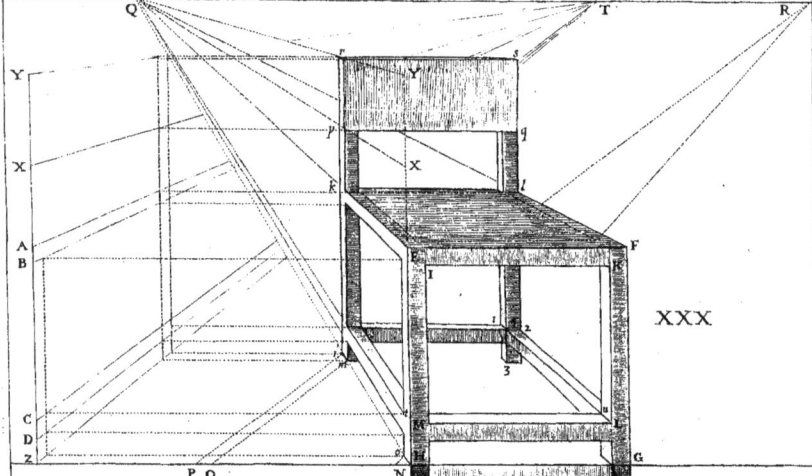

XXX

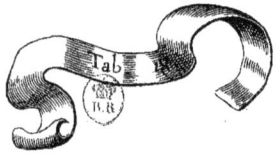

Joan. Blanchin incidit

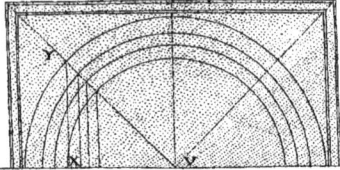

Tab. 19.

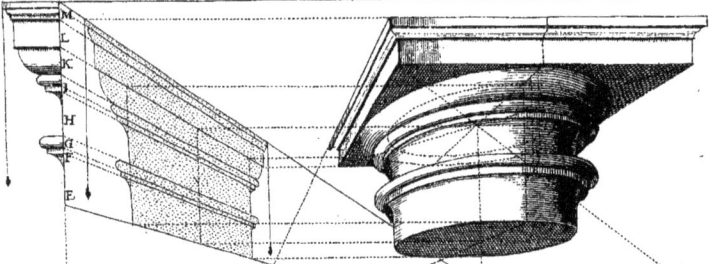

XXXI

Signo Boriçentale

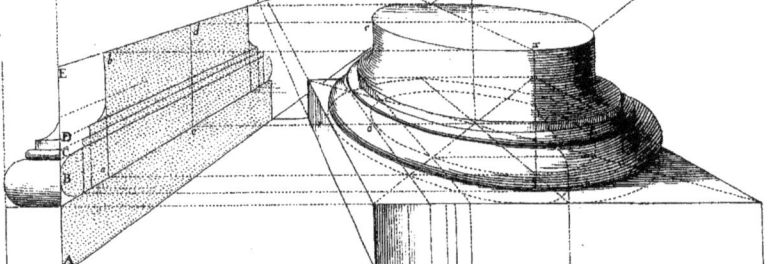

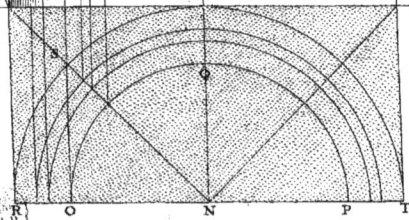

A. *Plinthus.*
B. *Torus.*
C. *Astragalus.*
D. *Imus Scapus.*
E. *Scapus.*
F. *Hypotrachelium.*

G. *Astragalus.*
H. *Zophorus Capitelli.*
I. *Cimatium.*
K. *Echinus.*
L. *Plinthus.*
M. *Cimatium.*

Modulus

N   P

R   O   N   P   T

(B.R)

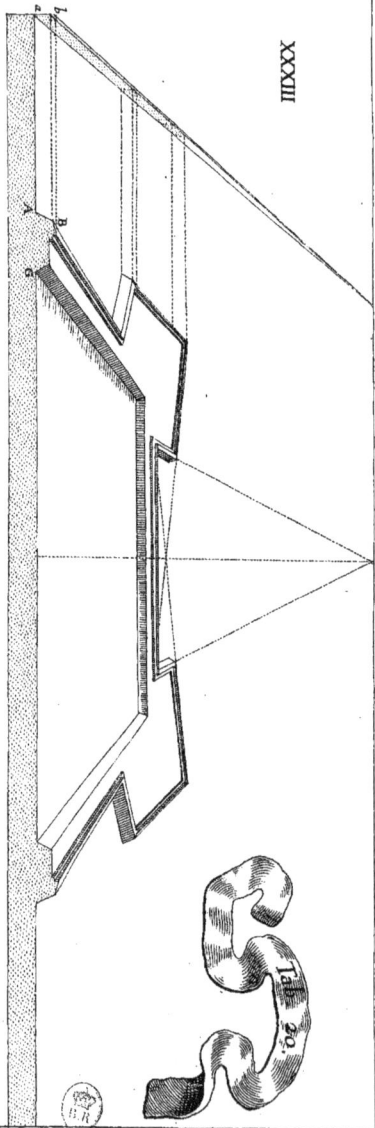

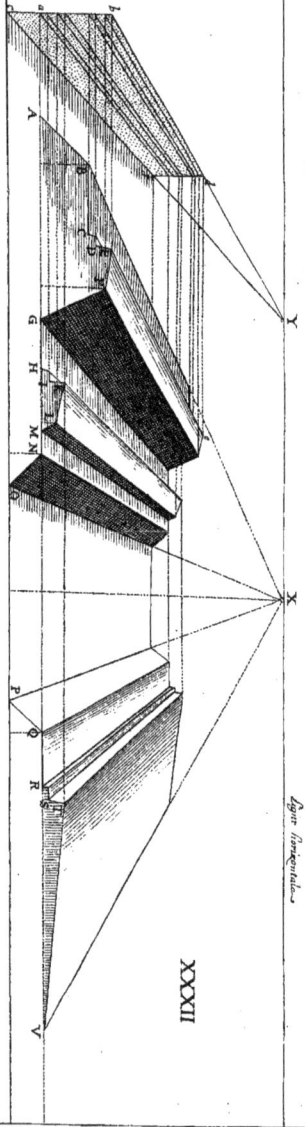

XXXIII

XXXII

XXX

Ligne horizontale

Echelle du Profil

10 20 30 40 50 60 70 80 90 100 pieds

Ligne horizontale

Tab. 70.

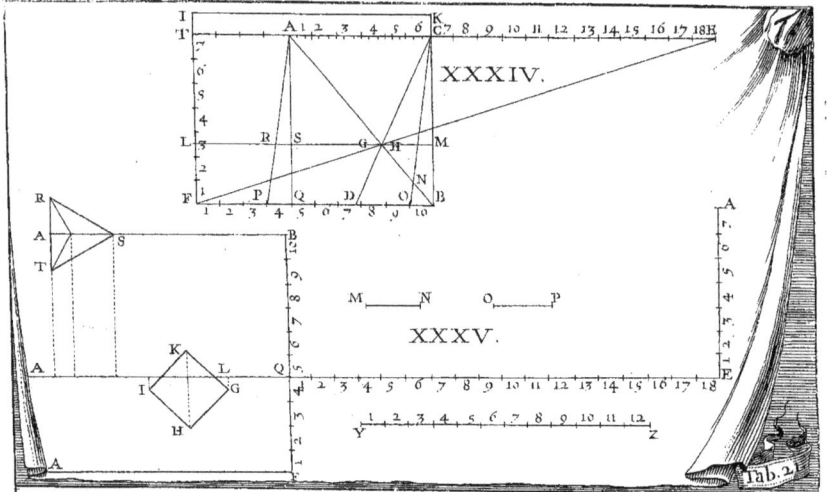

XXXIV.

XXXV.

Tab. 2.

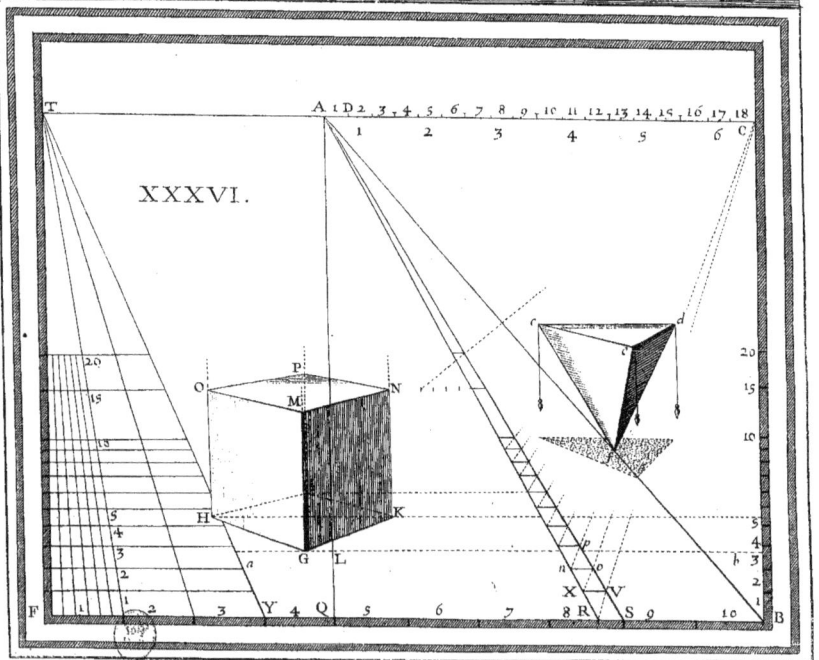

XXXVI.

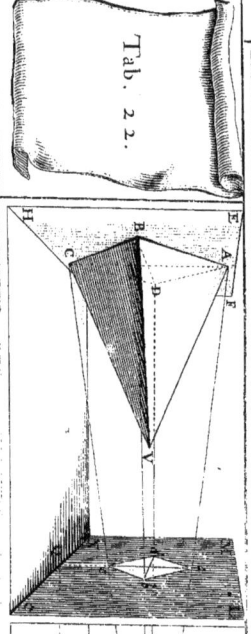

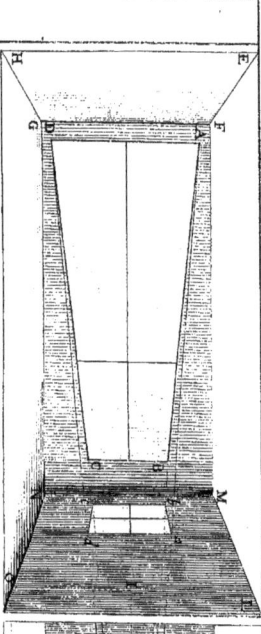

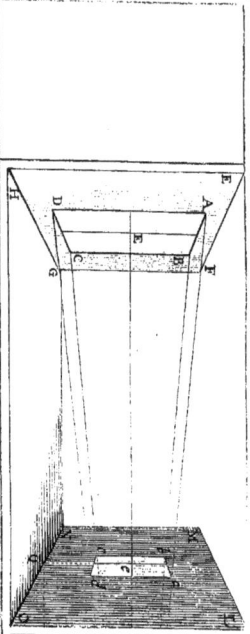

Tab. 2 2.

XXXXVII.

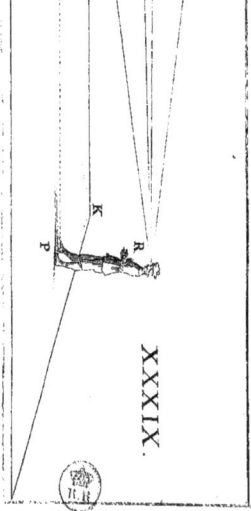

XXXXIX.

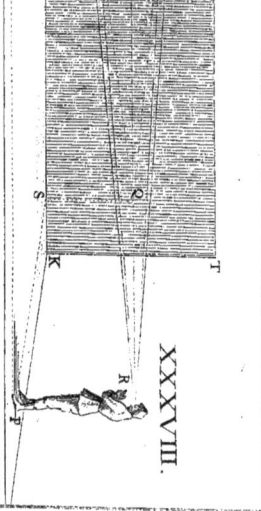

XXXVIII.

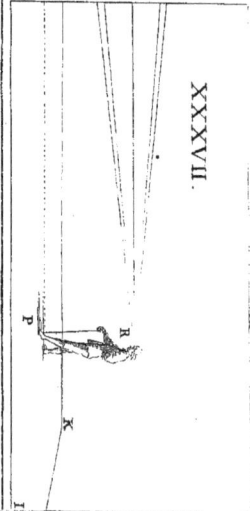

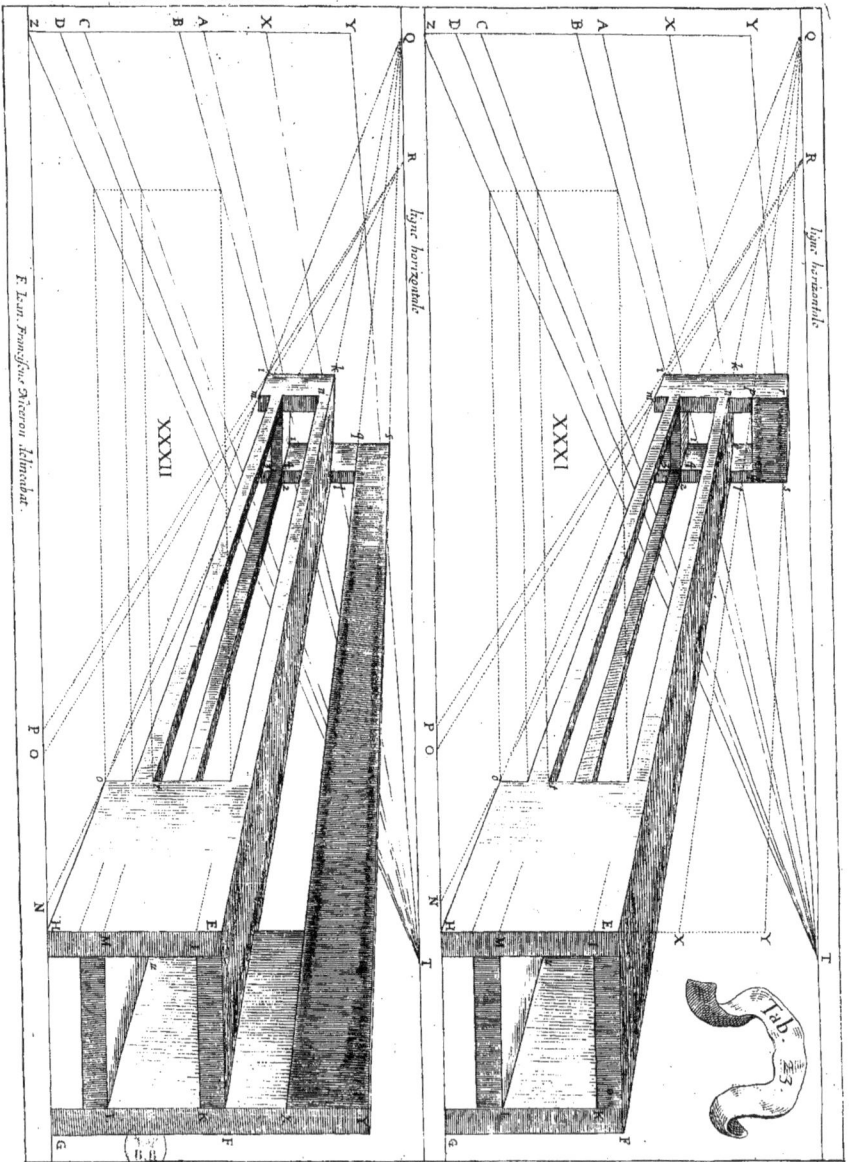

Tab. 53

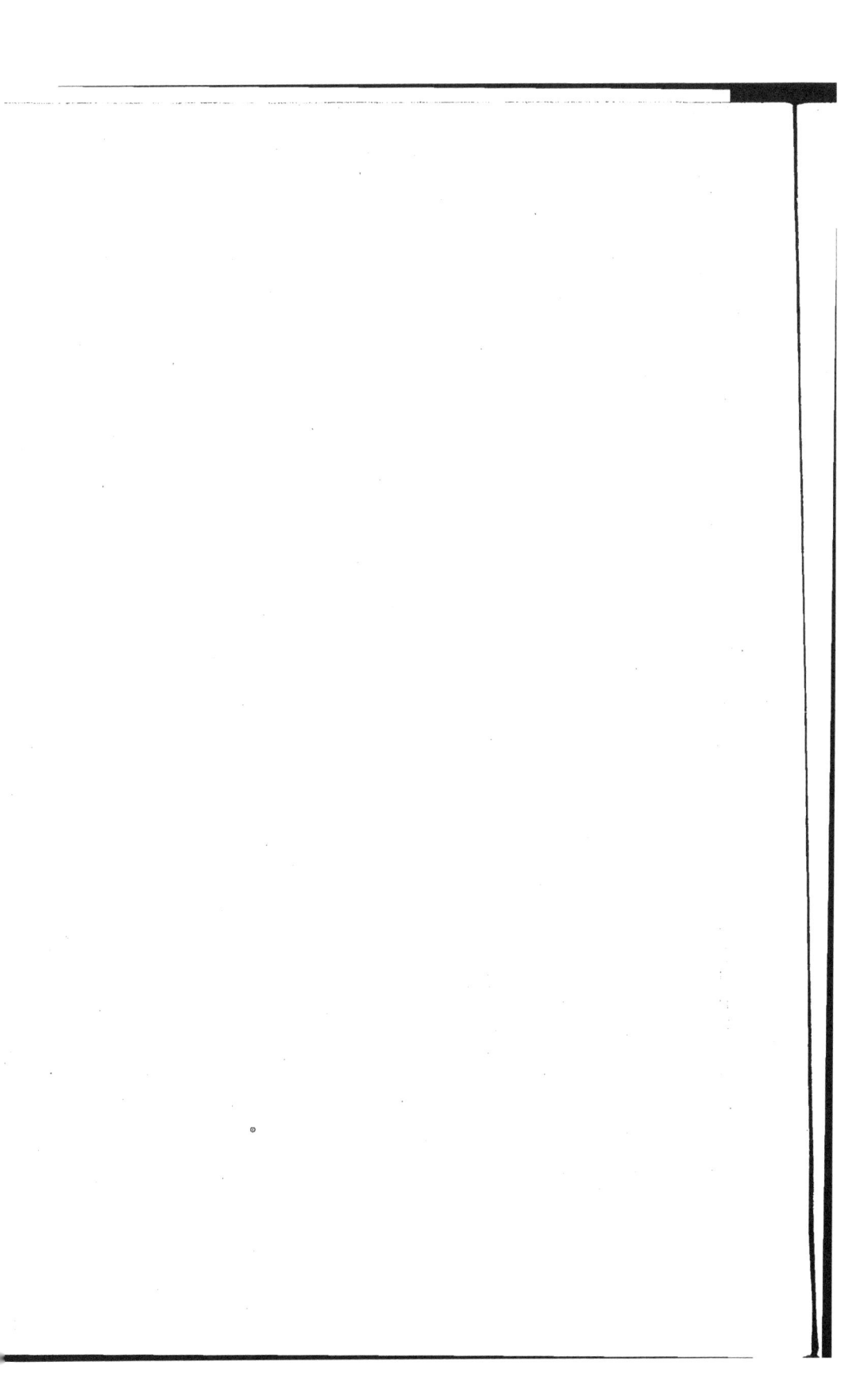

Tab. 24

XXXV

XXXIV

XXXIII

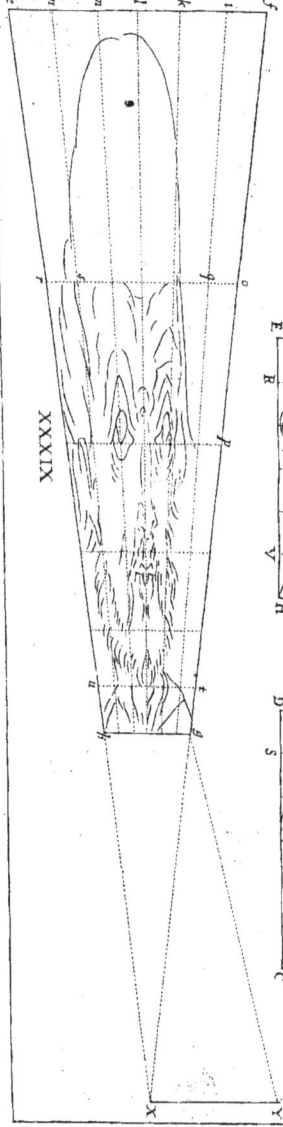

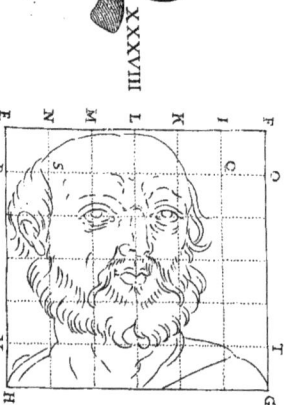

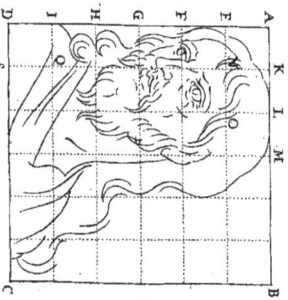

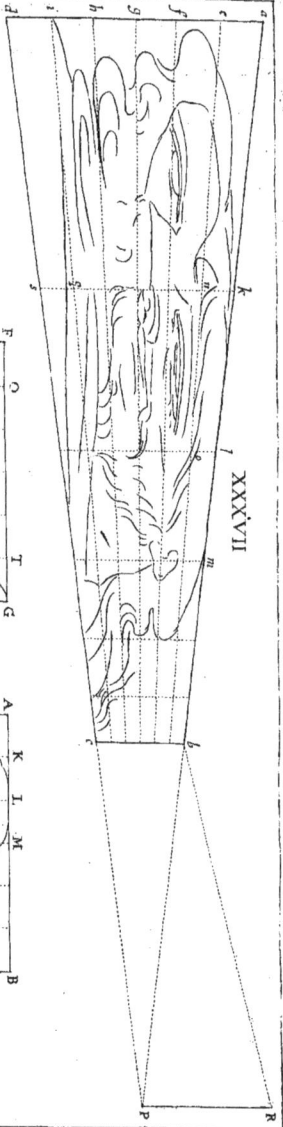

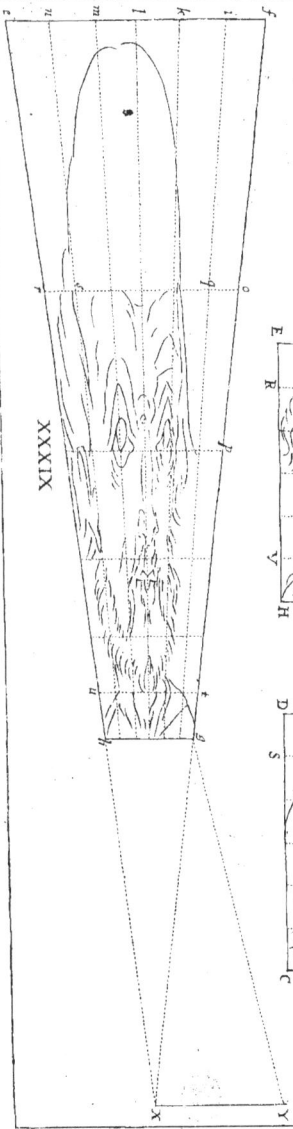

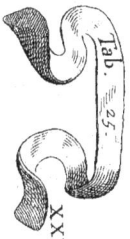

Tab 25

XXXXVIII

XXXIX

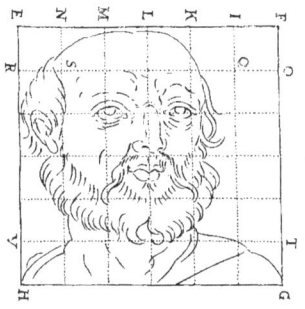

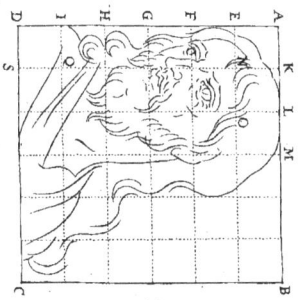

XXXVI

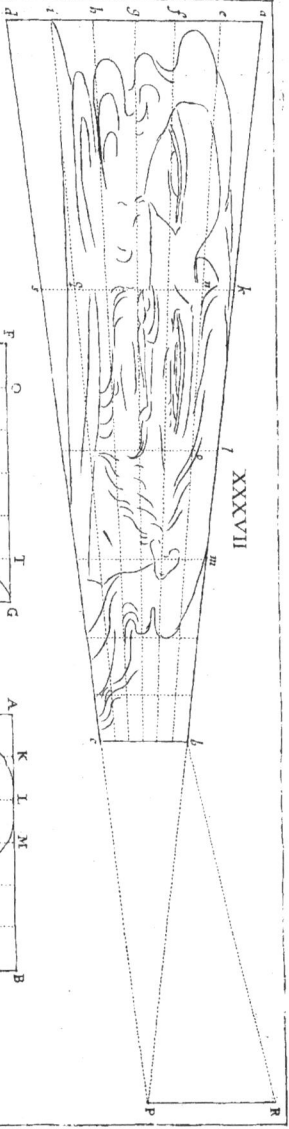

XXXVII

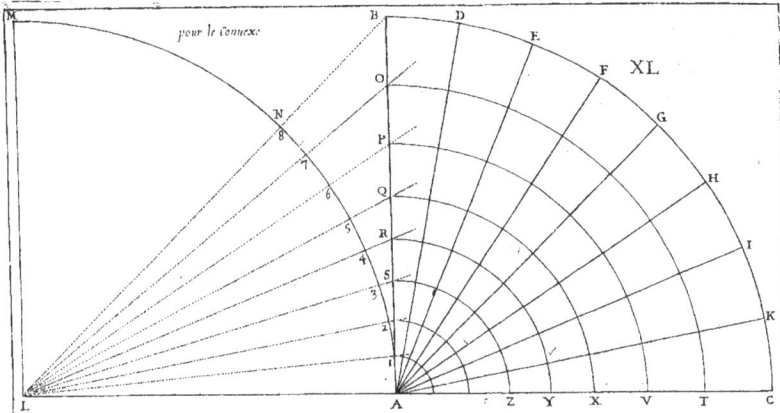

pour le Connex:

XL

Tab. 20.

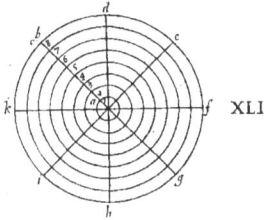

XLI

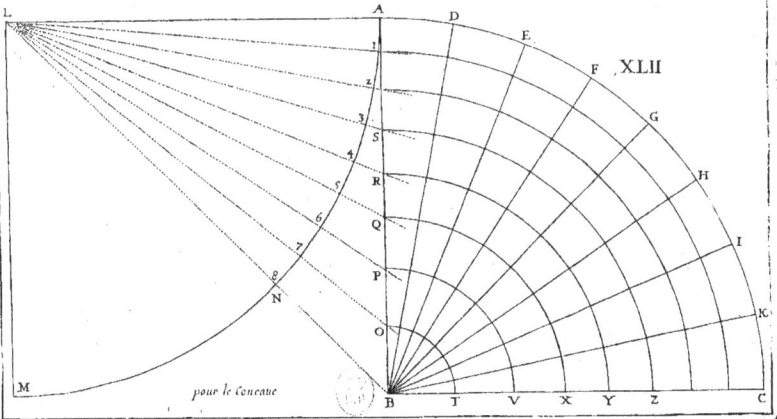

XLII

pour le Concaue

XLIII

Tab. 27.

XLIV

XLV

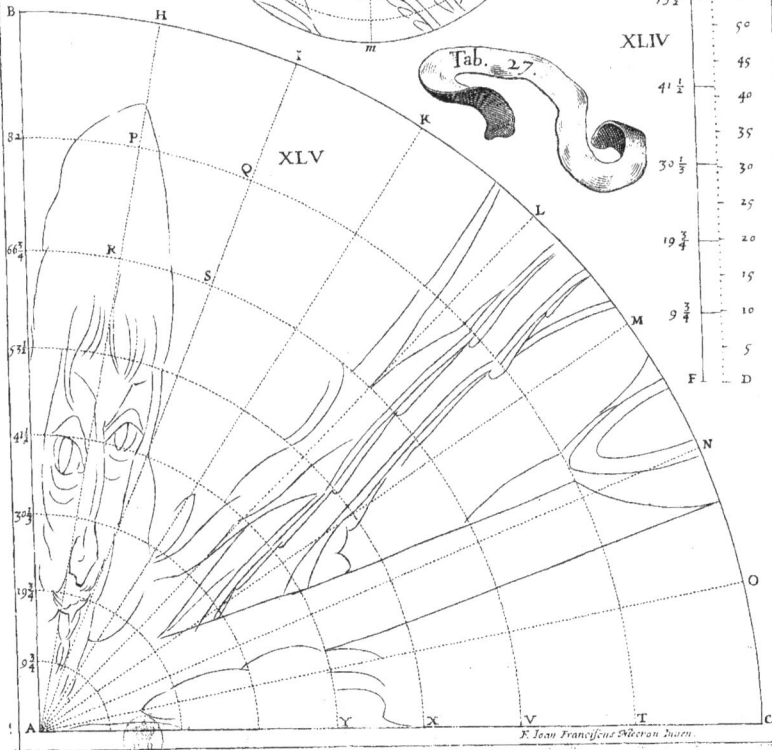

G₂ E100
95
90
85
82 80
75
70
66¾ 65
60
53½ 55
50
45
41½ 40
35
30⅓ 30
25
19¾ 20
15
9¾ 10
5
F D

F. Joan Francifcus Niceron Inuen.

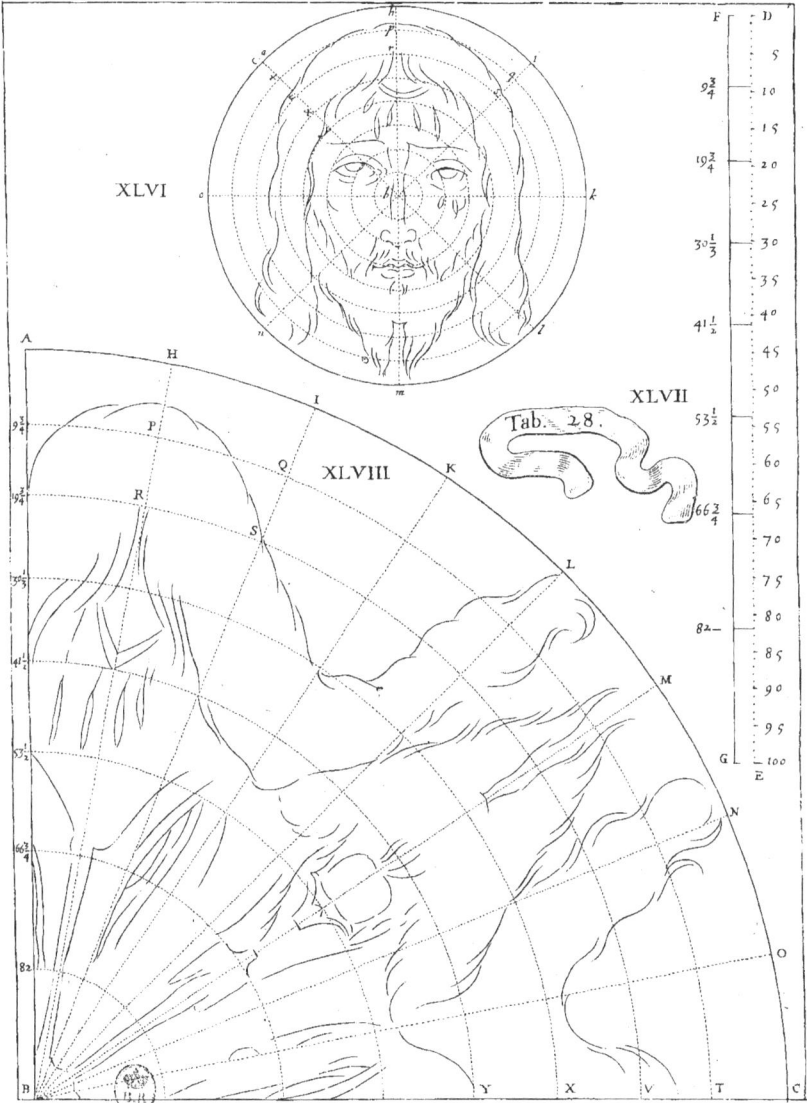

Tab. 28.

XLVI
XLVII
XLVIII

	F D
	5
$9\frac{3}{4}$	10
	15
$19\frac{3}{4}$	20
	25
$30\frac{1}{3}$	30
	35
$41\frac{1}{2}$	40
	45
	50
$53\frac{1}{2}$	55
	60
$66\frac{3}{4}$	65
	70
	75
82	80
	85
	90
	95
G	100
	E

XLIX

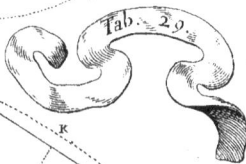

Tab. 29.

L

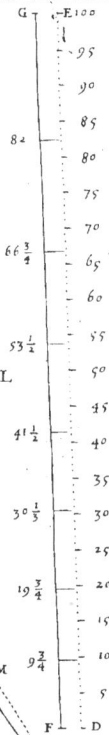

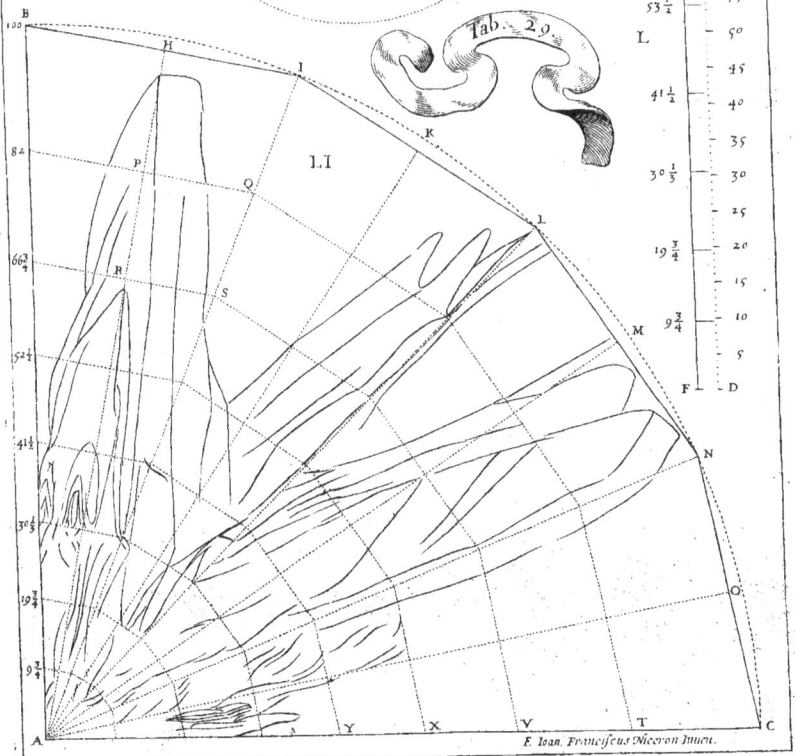

LI

F. Ioan. Franciscus Niceron Inuen.

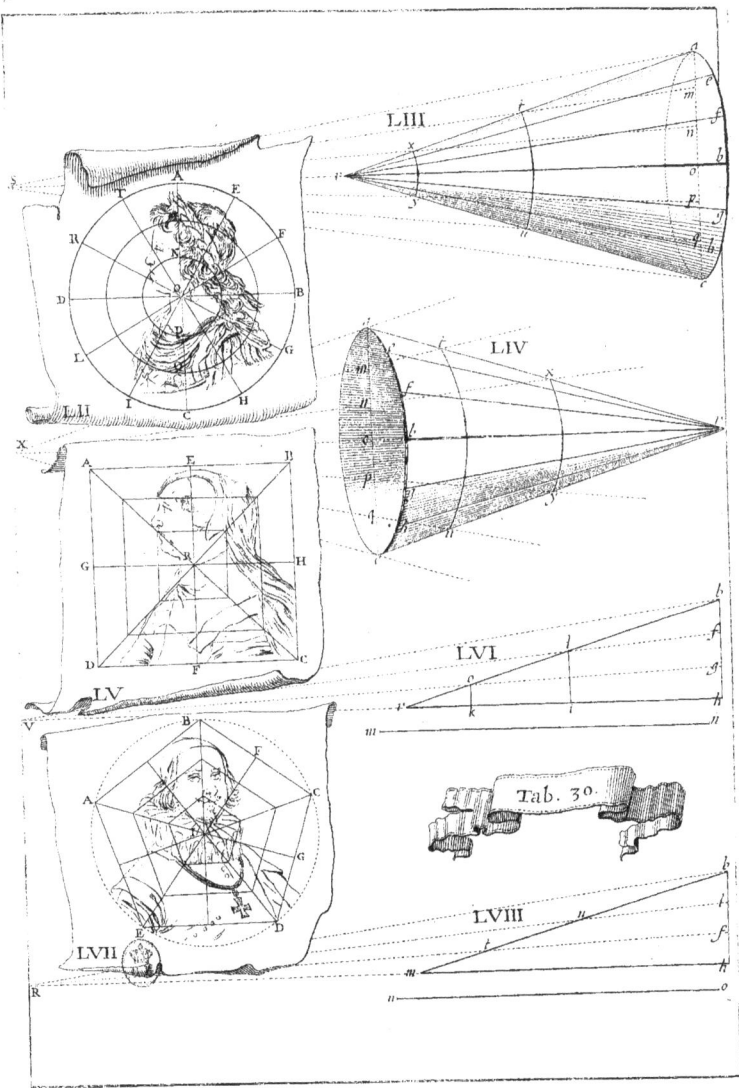

LIII

LIV

LII

LV

LVI

LVII

LVIII

Tab. 30.

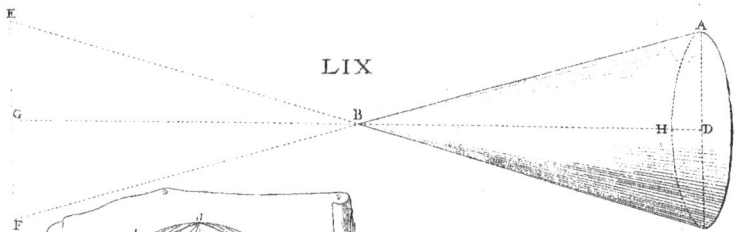

LIX

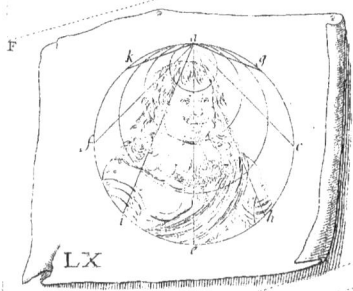

LX

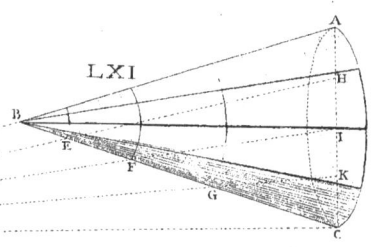

LXI

Tab. 31.

LXII

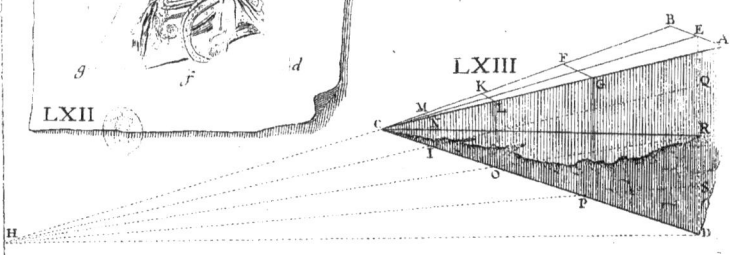

LXIII

LXIV

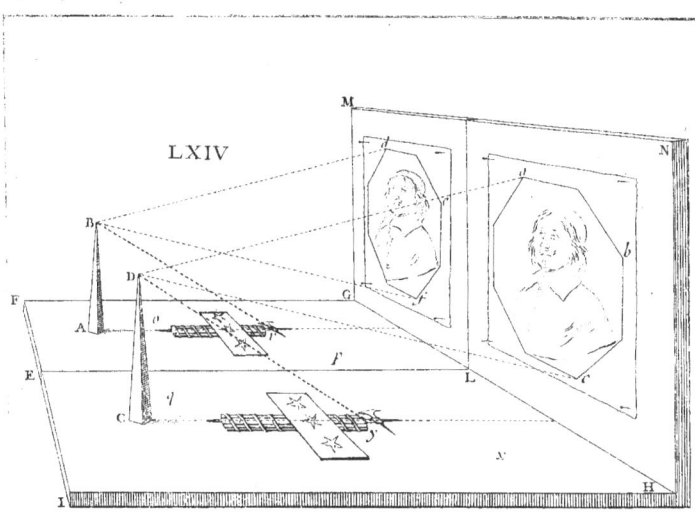

LXV

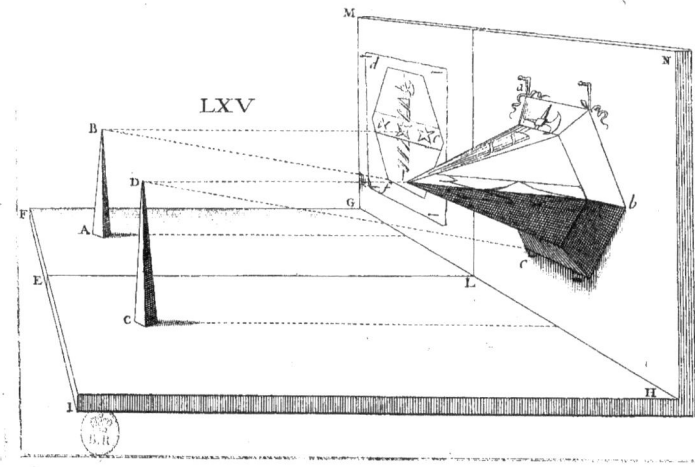

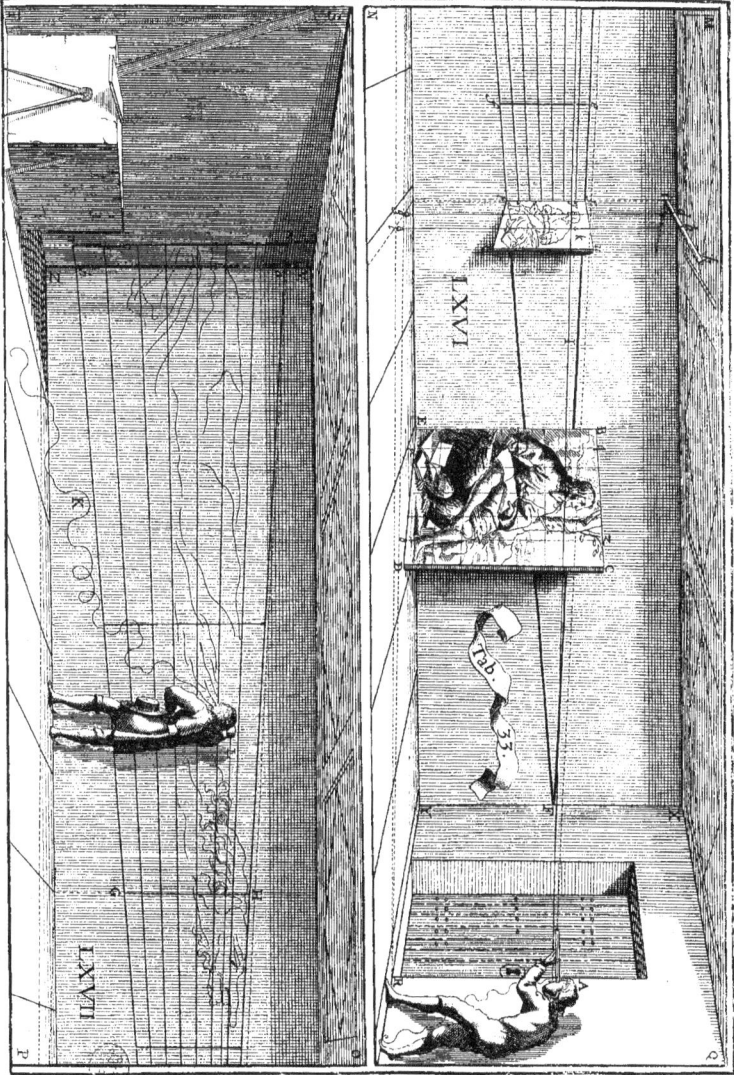

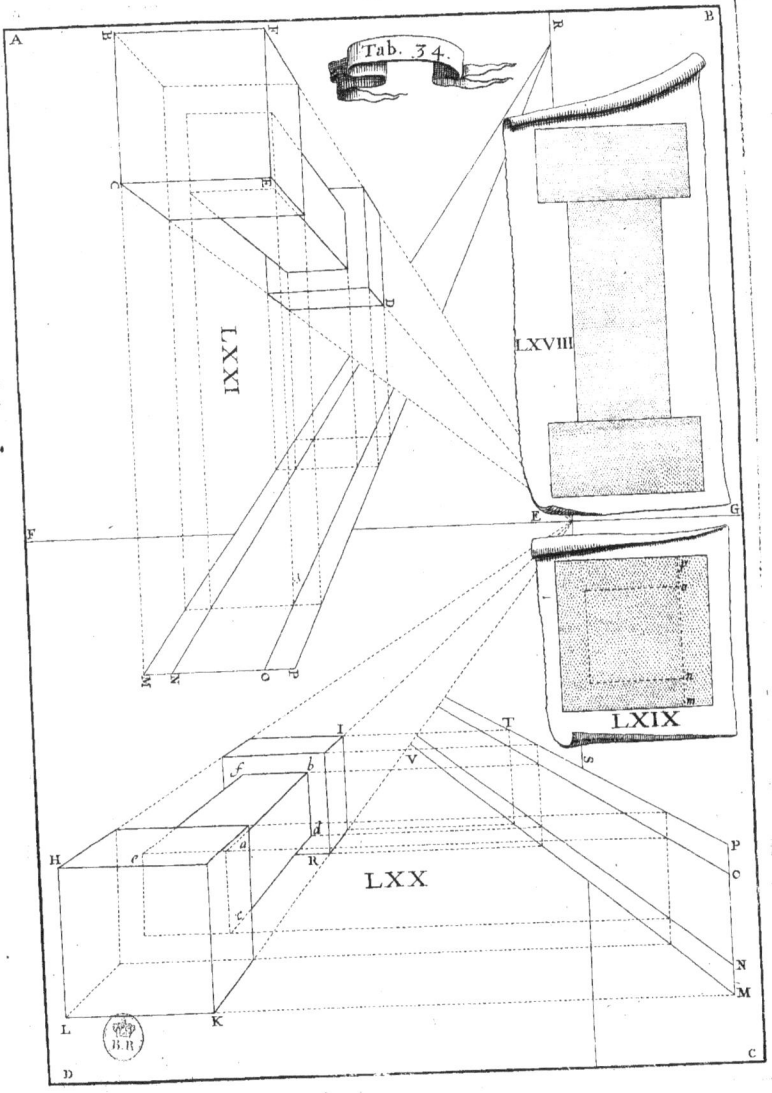

Tab. 34.

LXVIII

LXIX

LXXI

LXX

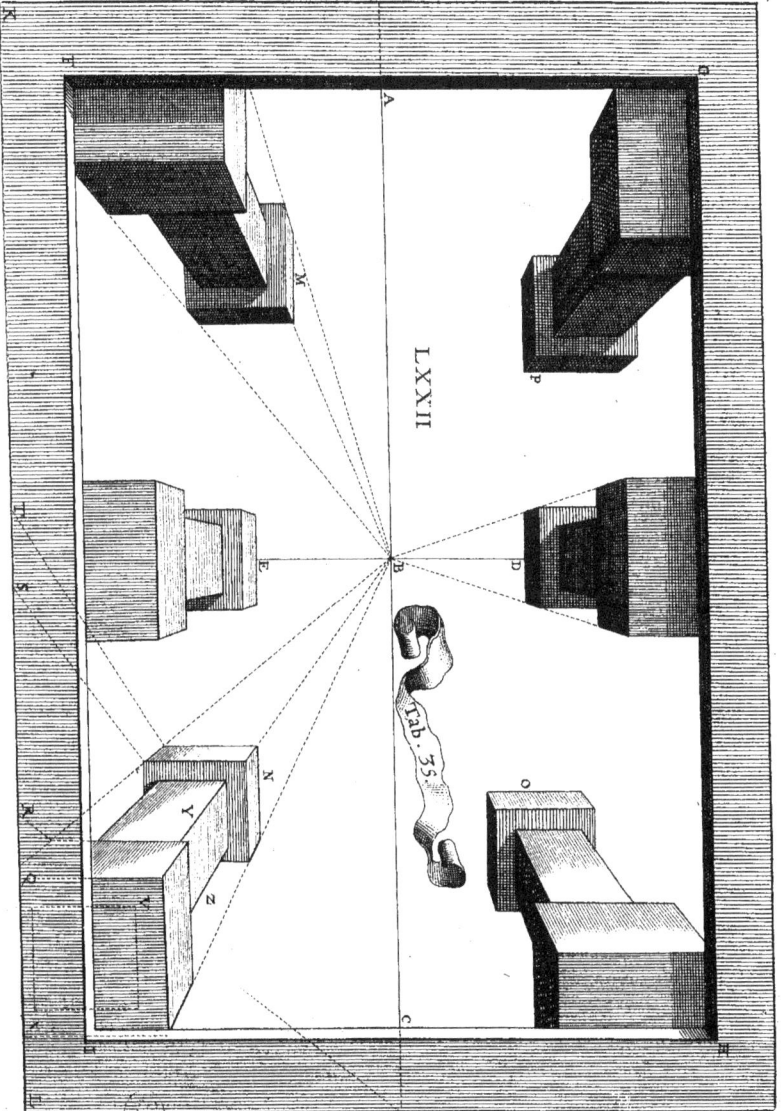

LXXII

Tab. 35.

Tab. 36.

LXXIII

échelle d'un pied de douze pouces

1 2 3 4 5 6 7 8 9 10 11 12 p

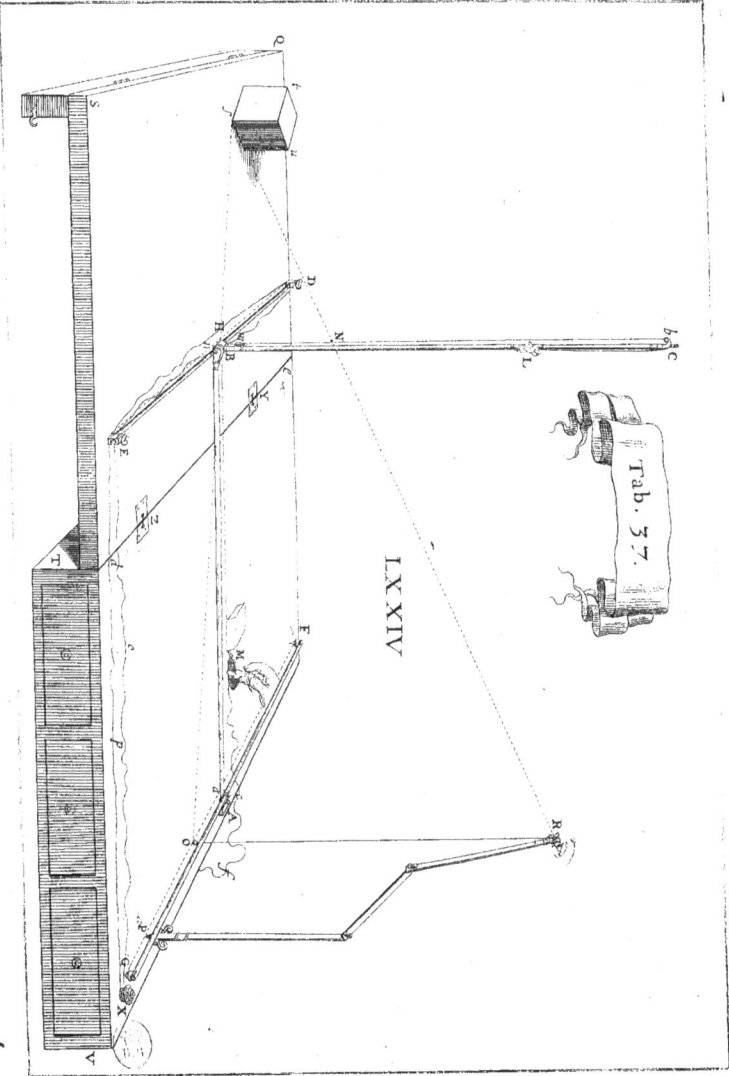

Tab. 37.

LXXIV

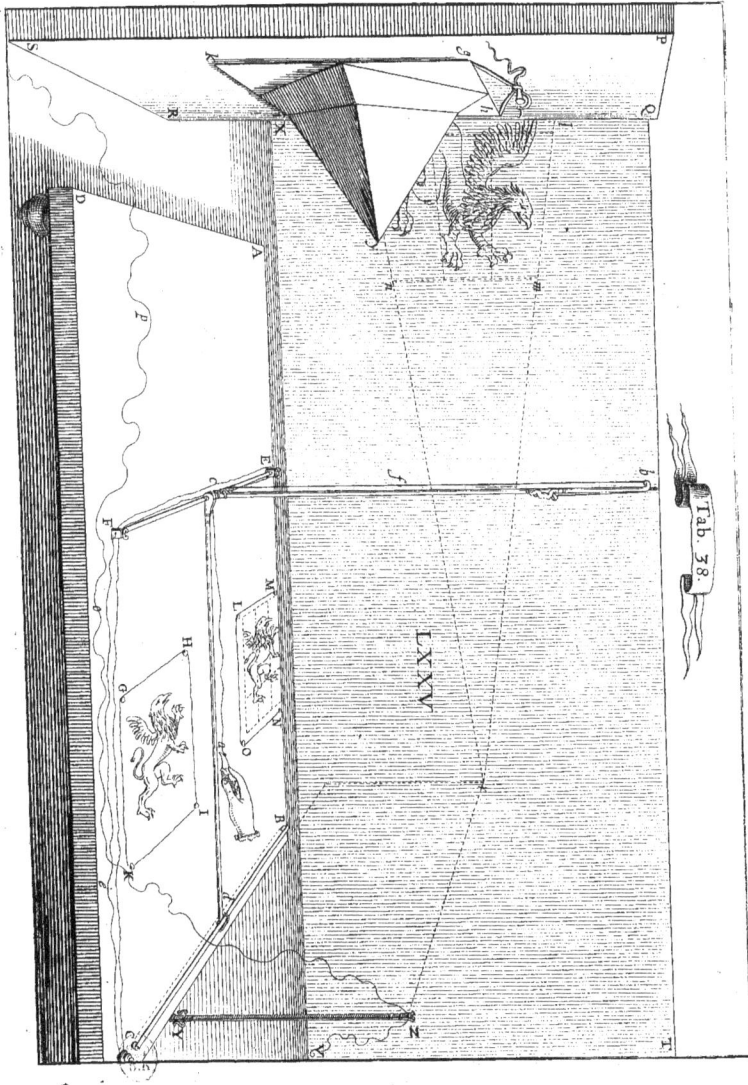

Tab. 38.

LXXV

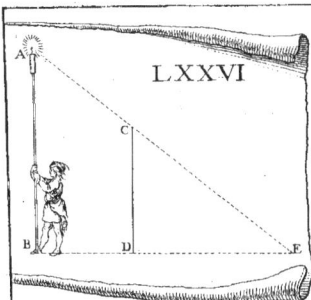

LXXVI

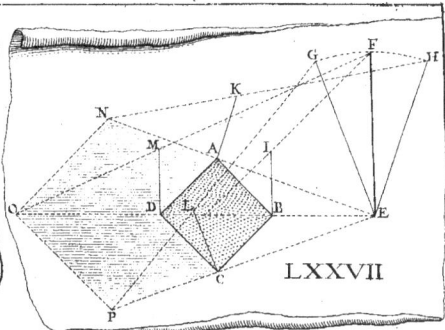

LXXVII

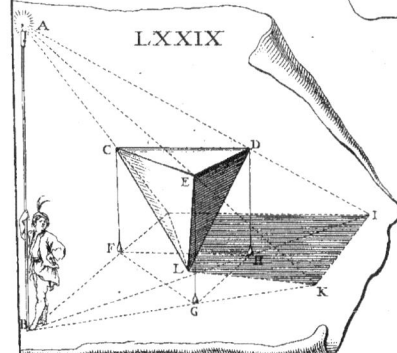

LXXIX

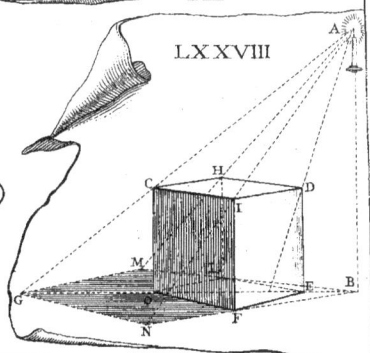

LXXVIII

Tab. 30.

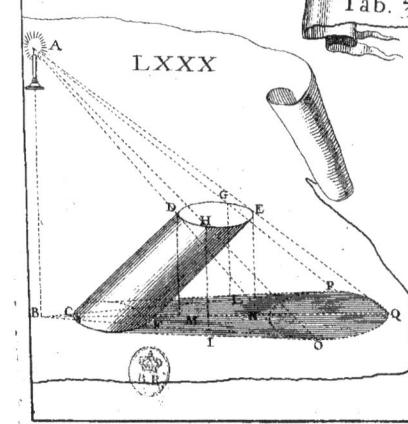

LXXX

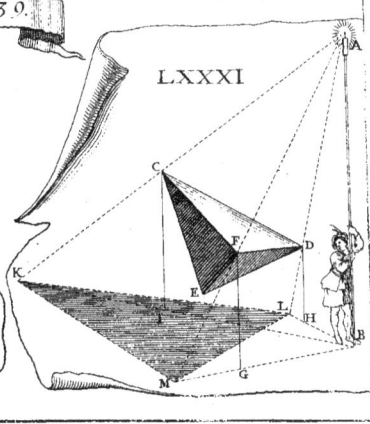

LXXXI

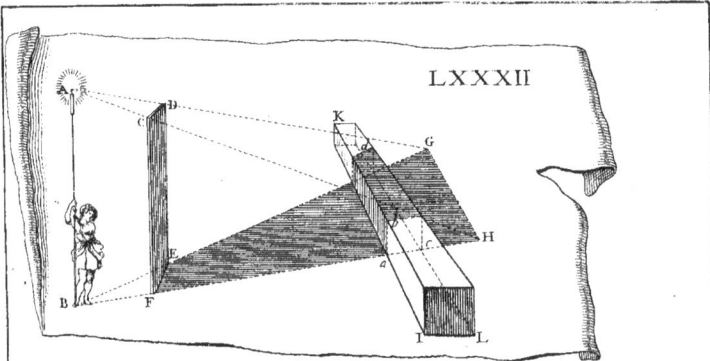

LXXXII

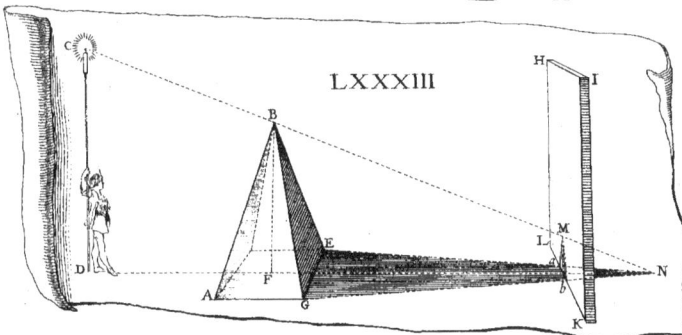

LXXXIII

Tab. 40.

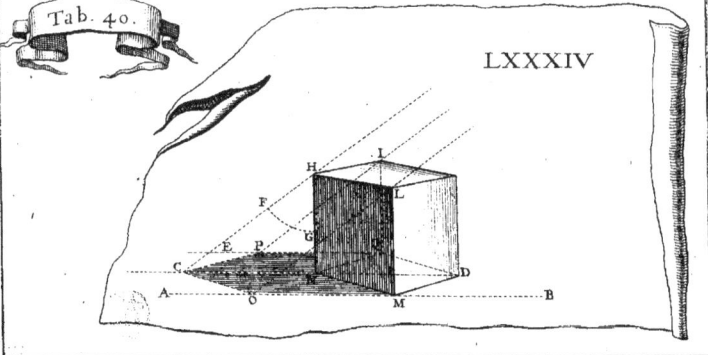

LXXXIV

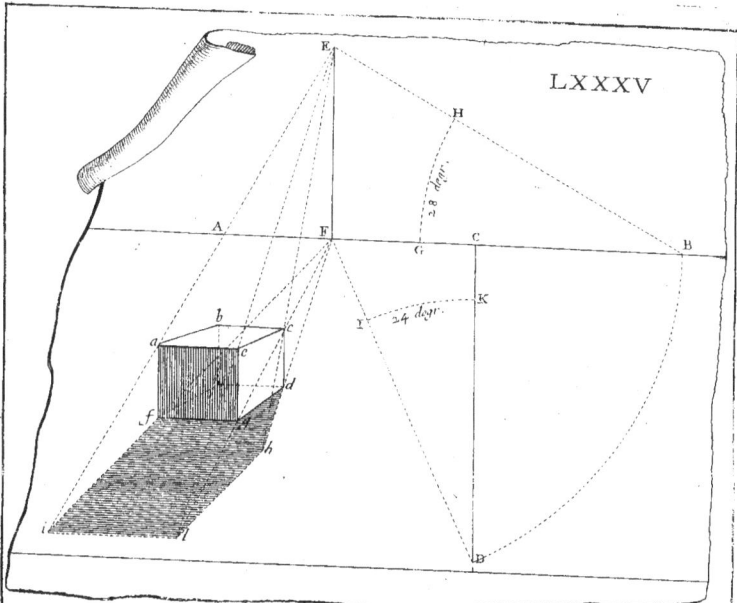

LXXXV

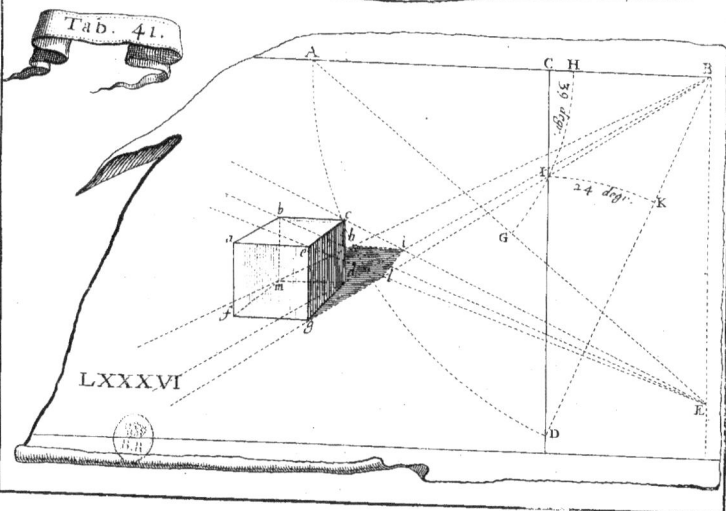

Tab. 41.

LXXXVI

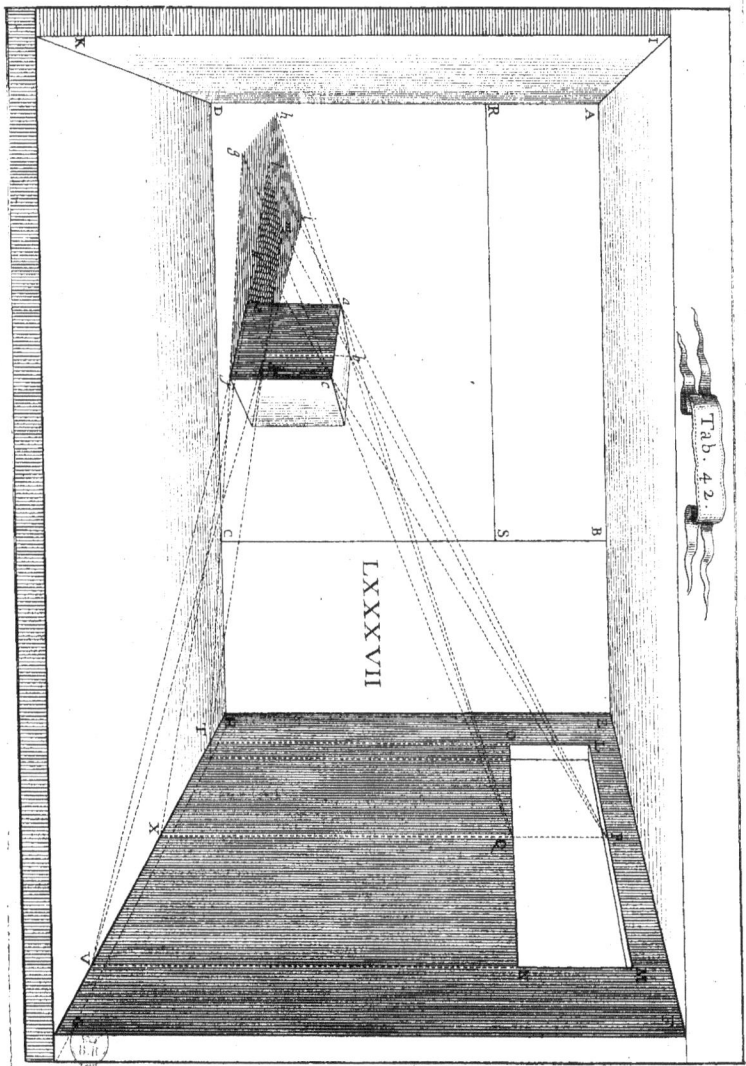

LXXXVII

Tab. 42.

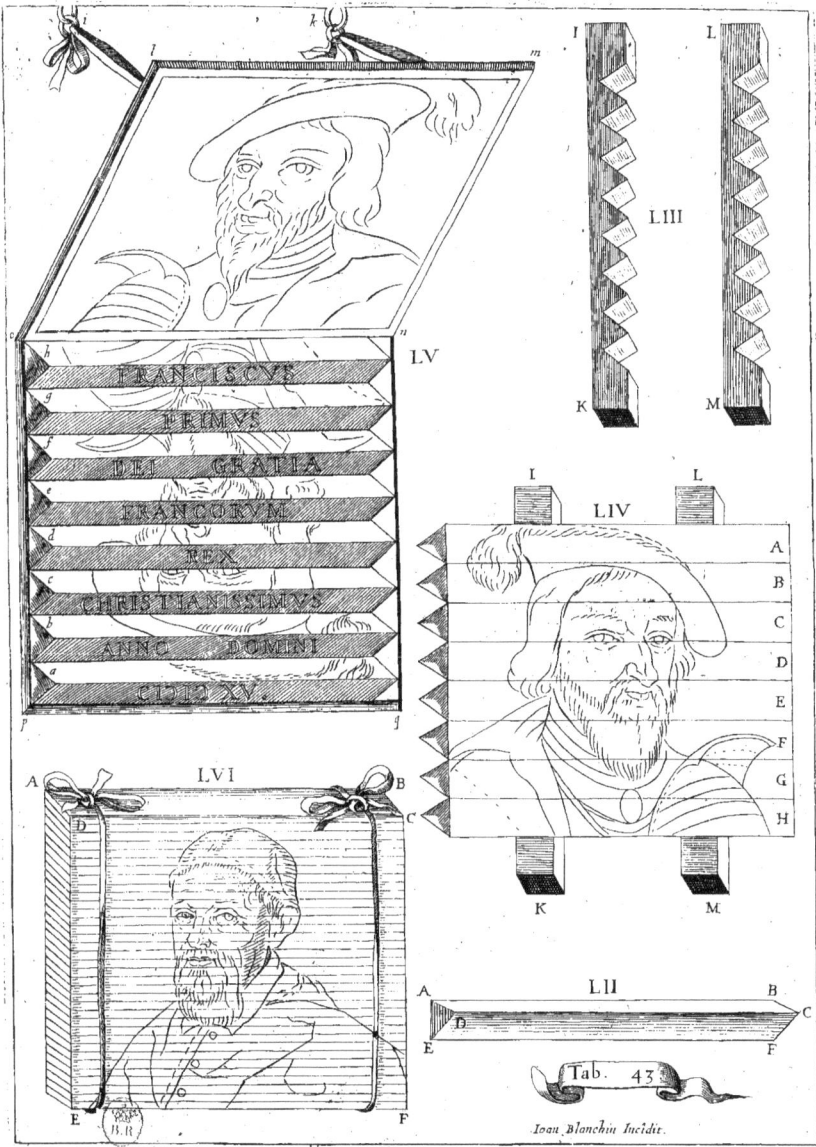

FRANCISCVS
PRIMVS
DEI GRATIA
FRANCORVM
REX
CHRISTIANISSIMVS
ANNO DOMINI
CIƆIƆXV.

LV

LIII

LIV

LII

Tab. 43

Ioan. Blanchin Incidit.

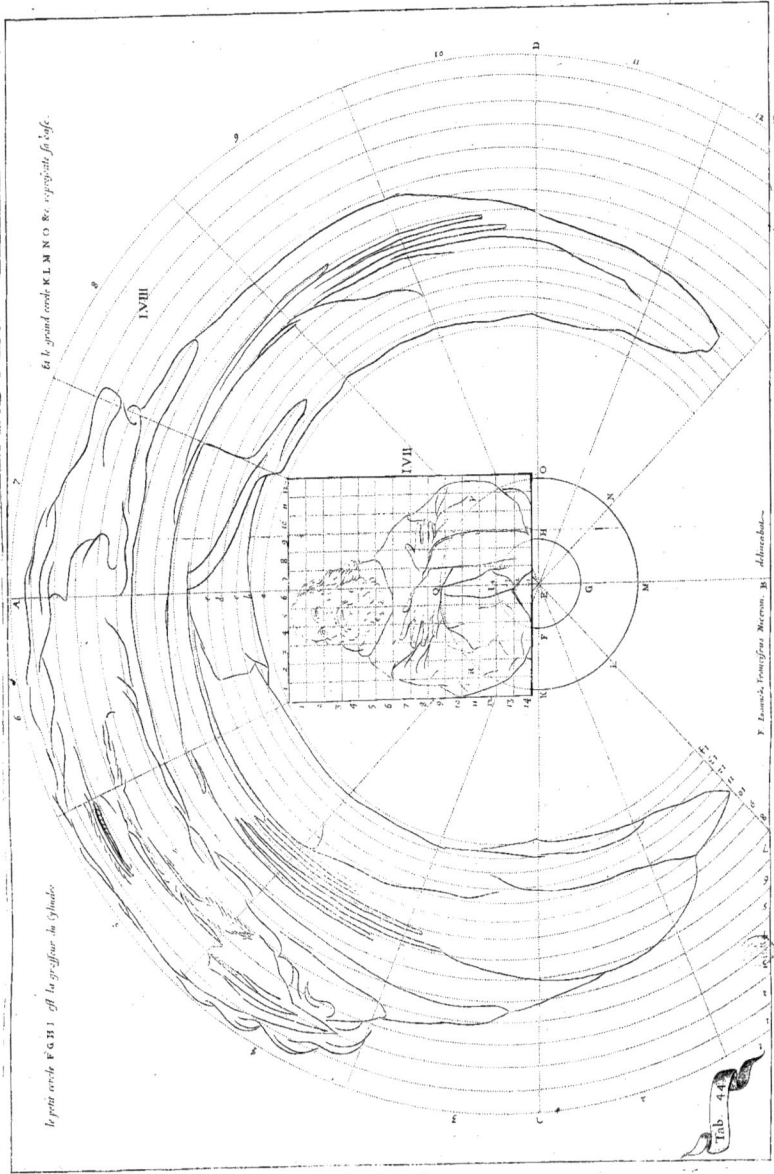

Et le grand cercle K L M N O &c. represente sa coste.

le petit cercle F G H I est la greffeur du cylindre.

IVIII

IVII

F. Lamech. Frontispires Novean. B. Delineabat.

Tab. 44

Tab. 45.

LIX.

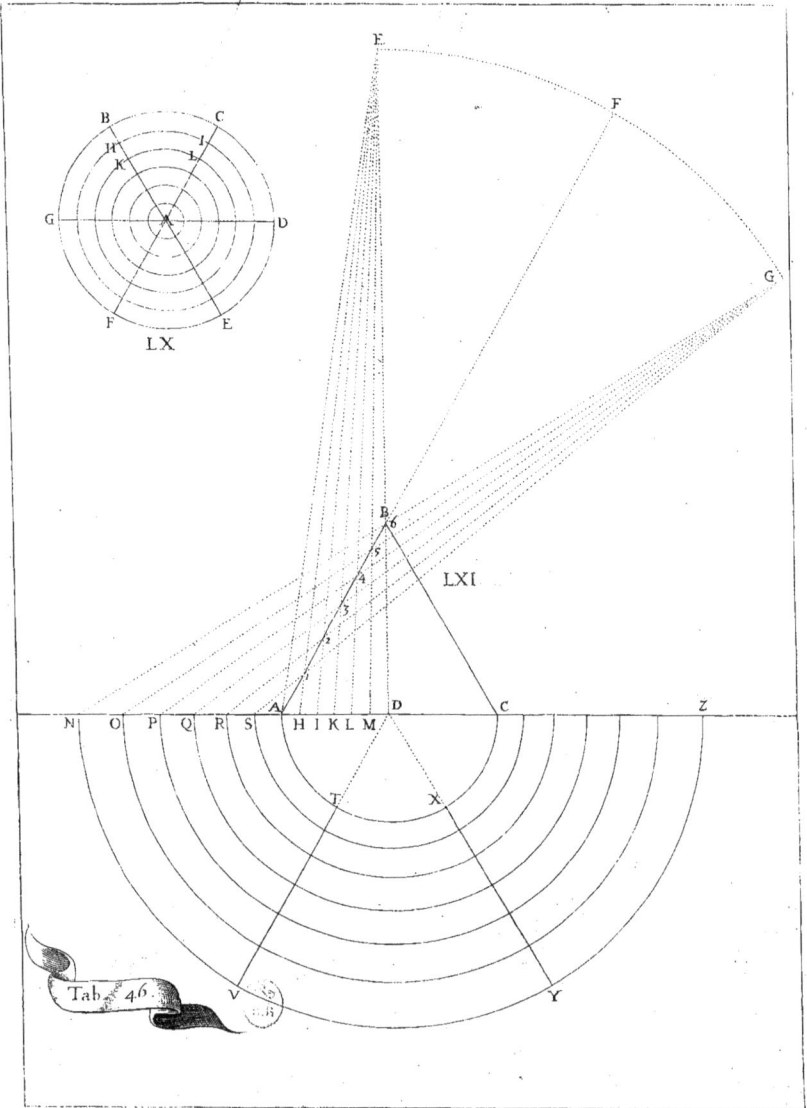

LX

LXI

Tab. 46.

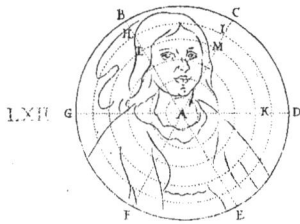

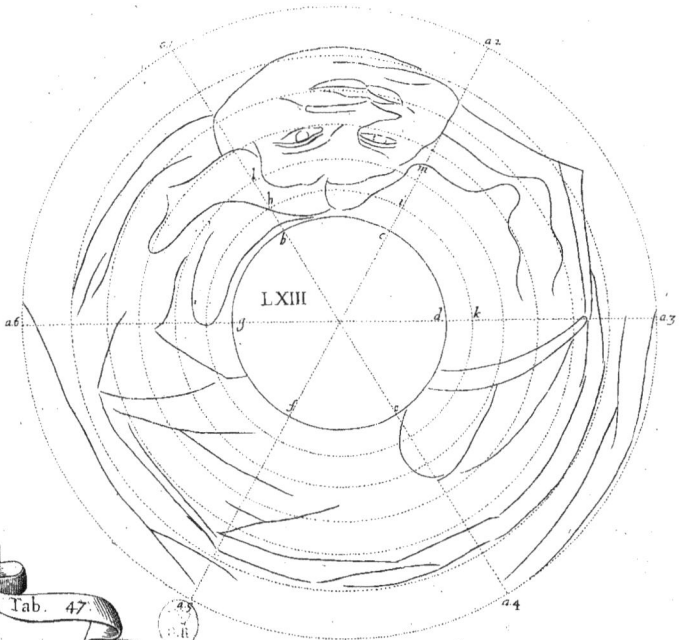

LXII

LXIII

Tab. 47.

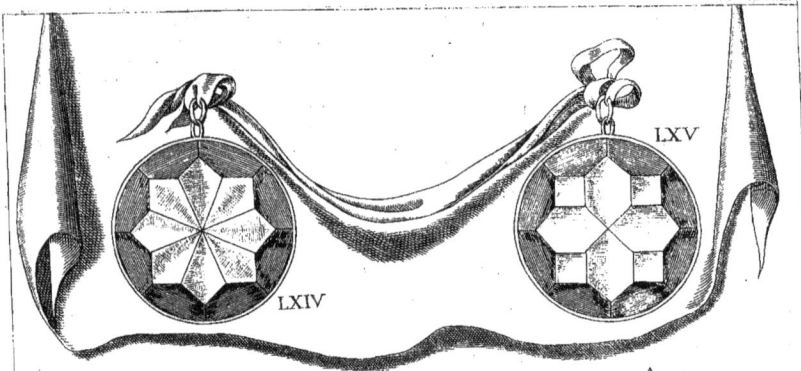

LXV

LXIV

A

B   LXVI   B

C

LXVIII

E

F

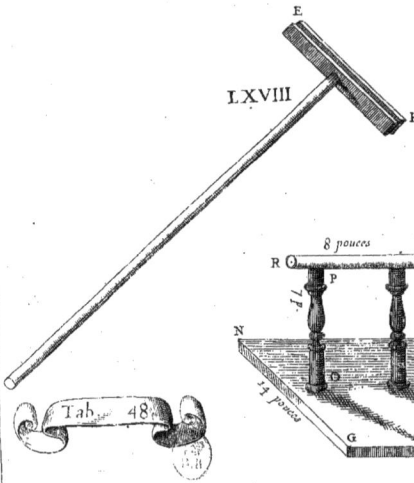

8 pouces

R   P   Q

N

D

G

Tab. 48

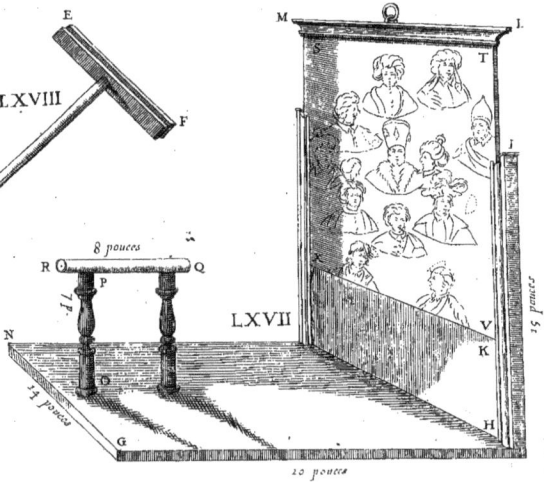

M   I.

S   T

J

LXVII

V

K

H

10 pouces

LXIX

Amurathes un.

Tab. 49.

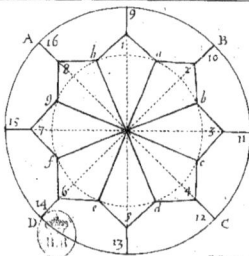

LXX

V
T
S
R

LXXI

F. Ioan. Franciscus Niceron Inuen.

LXXII

LXXIII

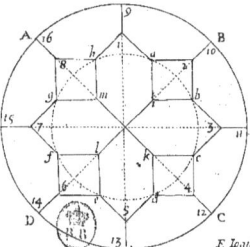

LXXIV

Tab. 50

X
V
T
S
R

F. Ioan. Franciscus Nicron Inuen.

6.

E. W

6.

C. W.

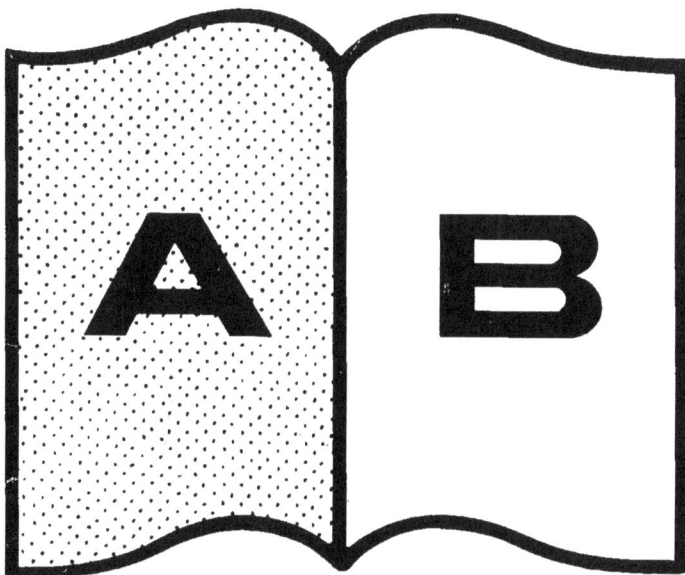

Contraste insuffisant

NF Z 43-120-14

www.ingramcontent.com/pod-product-compliance
Lightning Source LLC
Chambersburg PA
CBHW060517220326
41599CB00022B/3356